# 教科書ガイド

## 東京書籍 版

## 数学Ⅲ Advanced

TEXT BOOK GUIDE

あすとろ出版

# 目　次

## 4章　積分とその応用

### 1節　不定積分



### 2節　定積分



### 3節　面積・体積・長さ



## 巻末



## 探究・活用

# はじめに

本書は，東京書籍版教科書「数学Ⅲ Advanced」の内容を完全に理解し，予習や復習を能率的に進められるように編集した自習書です。

数学の力をもっと身に付けたいと思っているにも関わらず，どうも数学は苦手だとか，授業が難しいと感じているみなさんの予習や復習などのほか，家庭学習に役立てることができるよう編集してあります。

数学の学習は，レンガを積むのと同じです。基礎から一段ずつ積み上げて，理解していくものです。ですから，最初は本書を閉じて，自分自身で問題を考えてみましょう。そして，本書を参考にして改めて考えてみたり，結果が正しいかどうかを確かめたりしましょう。解答を丸写しにするのでは，決して実力はつきません。

本書は，自学自習ができるように，次のような構成になっています。

①**用語のまとめ**　学習項目ごとに，教科書の重要な用語をまとめ，学習の要点が分かるようになっています。

②**解き方のポイント**　内容ごとに，教科書の重要な定理・公式・解き方をまとめ，問題に即して解き方がまとめられるようになっています。

③**考え方**　解法の手がかりとなる着眼点を示してあります。独力で問題が解けなかったときに，これを参考にしてもう一度取り組んでみましょう。

④**解答**　詳しい解答を示してあります。最後の答えだけを見るのではなく，解答の筋道をしっかり理解するように努めましょう。

⑤**別解・参考・注意**　必要に応じて，別解や参考となる事柄，注意点を解説しています。

⑥**プラス＋**　やや進んだ考え方や解き方のテクニック，ヒントを掲載しています。

数学を理解するには，本を読んで覚えるだけでは不十分です。自分でよく考え，計算をしたり問題を解いたりしてみることが大切です。

本書を十分に活用して，数学の基礎力をしっかり身に付けてください。

# 1 章　関数と極限



## 関連する既習内容

**関数の平行移動**

- 関数 $y=f(x)$ のグラフを $x$ 軸方向に $p$, $y$ 軸方向に $q$ だけ平行移動したグラフの関数は
  $y-q=f(x-p)$
  すなわち　$y=f(x-p)+q$

**等比数列**

- 初項 $a$, 公比 $r$ の等比数列
  一般項は　$a_n=ar^{n-1}$
- 初項から第 $n$ 項までの和は
  $$S_n=\frac{a(1-r^n)}{1-r}=\frac{a(r^n-1)}{r-1}$$
  $(r \fallingdotseq 1)$

# 1節 関数

## 1 分数関数とそのグラフ

**用語のまとめ**

**分数関数**

- 分数式で表される関数を **分数関数** という。
- 分数関数の定義域は，分母を 0 にする $x$ の値を除く実数全体である。

### ● $y=\dfrac{k}{x}$ のグラフ ……解き方のポイント

**$k$ を 0 でない定数とするとき，分数関数 $y=\dfrac{k}{x}$ のグラフは，双曲線であり，右の図のようになる。**

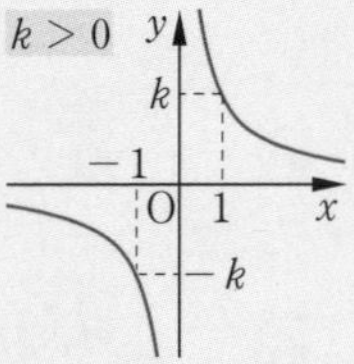


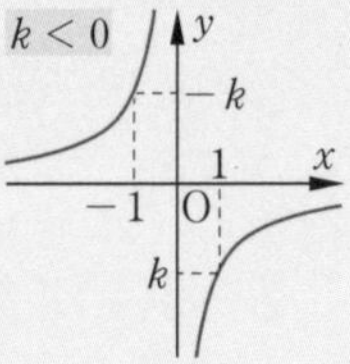


**$x$ 軸と $y$ 軸は双曲線 $y=\dfrac{k}{x}$ の漸近線である。**

**曲線 $y=\dfrac{k}{x}$ は，2 つの漸近線が直交するから直角双曲線とよばれる。**

教 p.6

**問 1**　関数 $y=\dfrac{3}{x}$，$y=-\dfrac{3}{x}$ のグラフをかけ。

**考え方**　$x$ 軸，$y$ 軸が漸近線になることや，通る点に注意してグラフをかく。

**解答**　グラフは，それぞれ右の図のようになる。

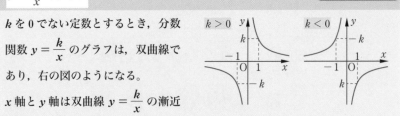

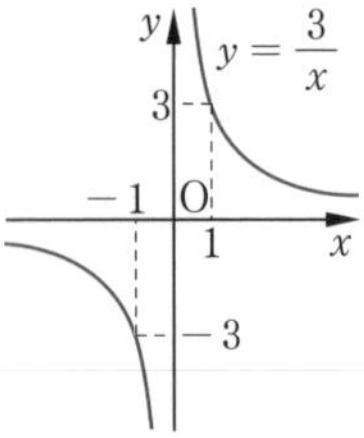


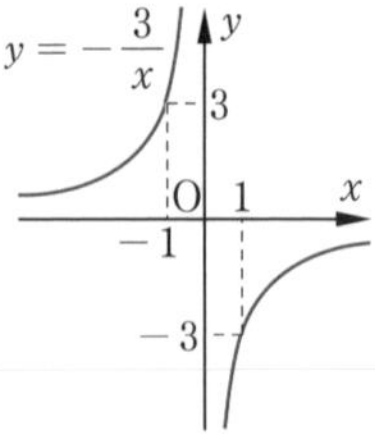

## ● $y=\dfrac{k}{x-p}+q$ のグラフ ……… 解き方のポイント

$y=\dfrac{k}{x-p}+q$ のグラフは，$y=\dfrac{k}{x}$ のグラフを $x$ 軸方向に $p$，$y$ 軸方向に $q$ だけ平行移動した直角双曲線である。

その漸近線は2直線 $x=p$，$y=q$ である。

**教 p.7**

**問2** 次の関数のグラフをかけ。また，その漸近線を求めよ。

(1) $y=\dfrac{3}{x+3}-1$　　(2) $y=-\dfrac{4}{x-2}-5$

**考え方** $y=\dfrac{k}{x-p}+q$ の形に変形すると，そのグラフの漸近線は2直線 $x=p$，$y=q$ である。

**解答** (1) $y=\dfrac{3}{x-(-3)}+(-1)$ と変形できる。

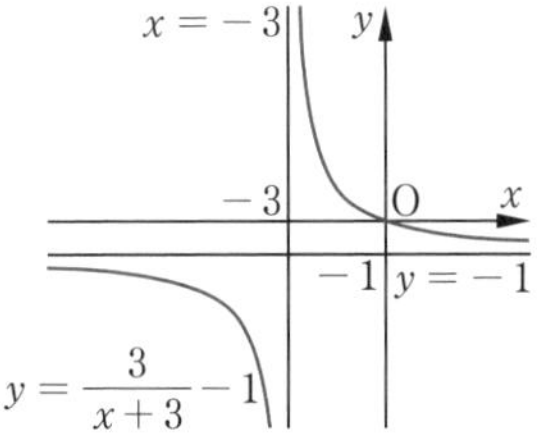


したがって，関数 $y=\dfrac{3}{x+3}-1$ のグラフは $y=\dfrac{3}{x}$ のグラフを $x$ 軸方向に $-3$，$y$ 軸方向に $-1$ だけ平行移動した直角双曲線である。

グラフは右の図のようになる。

漸近線は2直線 $x=-3$，$y=-1$

(2) $y=-\dfrac{4}{x-2}+(-5)$ と変形できる。

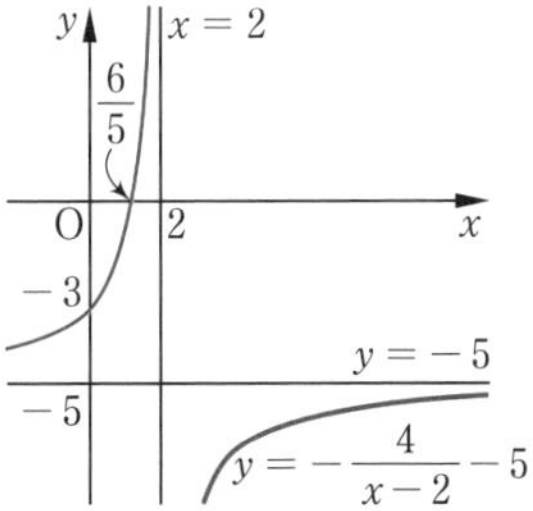


したがって，関数 $y=-\dfrac{4}{x-2}-5$ のグラフは $y=-\dfrac{4}{x}$ のグラフを $x$ 軸方向に2，$y$ 軸方向に $-5$ だけ平行移動した直角双曲線である。

グラフは右の図のようになる。

漸近線は2直線 $x=2$，$y=-5$

## $y=\dfrac{ax+b}{cx+d}$ のグラフ …… 解き方のポイント

分数関数 $y=\dfrac{ax+b}{cx+d}$ は，式を $y=\dfrac{k}{x-p}+q$ の形に変形することにより，

直角双曲線 $y=\dfrac{k}{x}$ のグラフをもとにして，このグラフをかくことができる。

教 p.8

**問3** 次の関数のグラフをかけ。また，その漸近線を求めよ。

(1) $y=\dfrac{3x}{x-2}$ (2) $y=\dfrac{2x-1}{x+2}$ (3) $y=\dfrac{-2x+5}{2x-1}$

**考え方** 式を $y=\dfrac{k}{x-p}+q$ の形に変形して漸近線を求め，グラフをかく。

**解答** (1) $\dfrac{3x}{x-2}=\dfrac{3(x-2)+6}{x-2}=\dfrac{6}{x-2}+3$

と変形できるから，与えられた関数は

$$y=\frac{6}{x-2}+3$$

と表される。

よって，この関数のグラフは $y=\dfrac{6}{x}$ の

グラフを $x$ 軸方向に 2，$y$ 軸方向に 3 だけ平行移動したものである。

グラフは右の図のようになる。

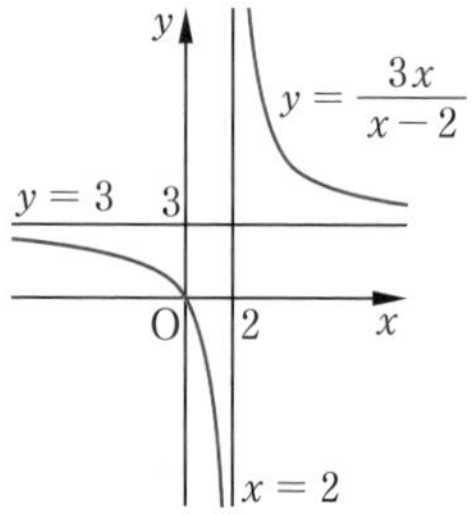


漸近線は 2 直線 $x=2$，$y=3$

(2) $\dfrac{2x-1}{x+2}=\dfrac{2(x+2)-5}{x+2}$

$$=-\frac{5}{x+2}+2$$

と変形できるから，与えられた関数は

$$y=-\frac{5}{x+2}+2$$

と表される。

よって，この関数のグラフは

$y=-\dfrac{5}{x}$ のグラフを $x$ 軸方向に $-2$，$y$ 軸方向に 2 だけ平行移動したものである。

グラフは右の図のようになる。

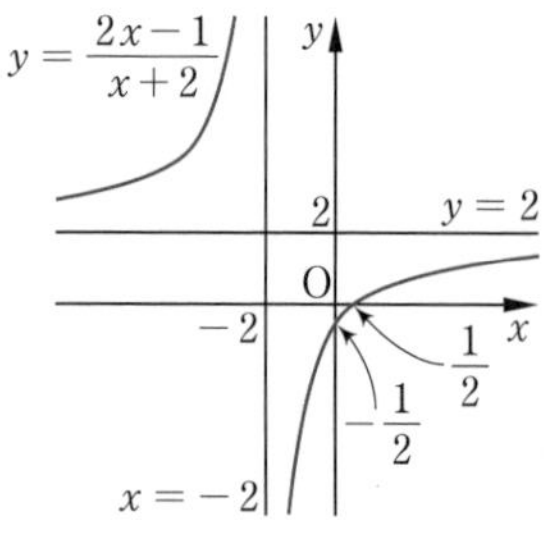


漸近線は 2 直線 $x=-2$，$y=2$

(3)
$$\frac{-2x+5}{2x-1}=\frac{-(2x-1)+4}{2x-1}$$
$$=\frac{4}{2x-1}-1$$
$$=\frac{2}{x-\frac{1}{2}}-1$$

と変形できるから，与えられた関数は

$$y=\frac{2}{x-\frac{1}{2}}-1$$

と表される。

よって，この関数のグラフは $y=\dfrac{2}{x}$ のグラフを $x$ 軸方向に $\dfrac{1}{2}$，$y$ 軸方向に $-1$ だけ平行移動したものである。

グラフは右の図のようになる。

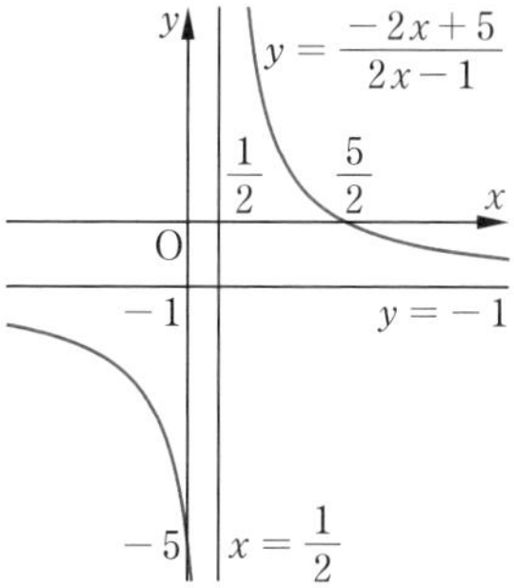


漸近線は 2 直線 $x=\dfrac{1}{2}$，$y=-1$

**プラス＋**　$y=\dfrac{k}{x-p}+q$ の形に変形するには，例えば(1)では次の(i)または(ii)のようにすればよい。

(i)
$$\begin{array}{r} 3 \\ x-2\,\overline{)\,3x\phantom{-6}} \\ \underline{3x-6} \\ 6 \end{array}$$
（分子）÷（分母）を計算する

(ii) $\dfrac{3x}{x-2}=\dfrac{3(x-2)+6}{x-2}$　分母と同じものを入れて，もとの分子に等しくなるように変形する

**教 p.9**

**問 4**　次の不等式を解け。

(1) $\dfrac{2x-1}{x-1}<x+1$　　(2) $\dfrac{3x}{x+2}\geqq 2x-1$

**考え方**　$y=$(左辺) と $y=$(右辺) のそれぞれのグラフをかいて，その共有点の $x$ 座標を求め，グラフの上下関係から不等式の解を読み取る。

**解　答**　(1)　$y=\dfrac{2x-1}{x-1}$　……①

$y=x+1$　……②

のグラフを利用する。

$y=\dfrac{2x-1}{x-1}=\dfrac{1}{x-1}+2$

により，①，② のグラフは右の図のようになる。

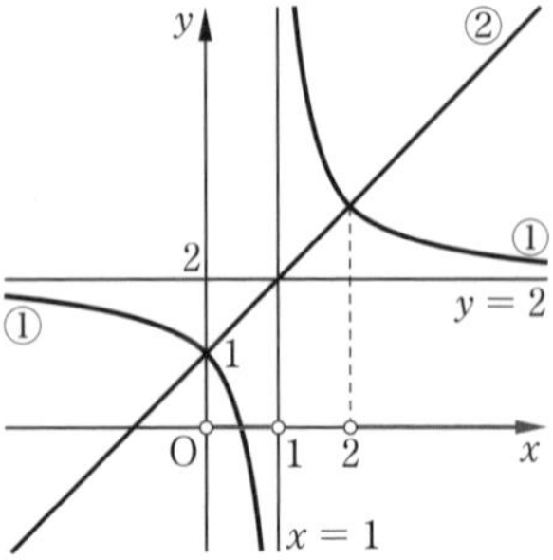


① と ② の共有点の $x$ 座標は，

方程式 $\dfrac{2x-1}{x-1}=x+1$　……③ の解である。

③ の両辺に $x-1$ を掛けると

$2x-1=(x+1)(x-1)$

すなわち　$x^2-2x=0$　（$x(x-2)=0$）

これを解くと　$x=0,\ 2$

求める不等式の解は，① のグラフが ② のグラフより下方にあるような $x$ の値の範囲であるから

$0<x<1,\ 2<x$

(2)　$y=\dfrac{3x}{x+2}$　……①

$y=2x-1$　……②

のグラフを利用する。

$y=\dfrac{3x}{x+2}=-\dfrac{6}{x+2}+3$

により，①，② のグラフは右の図のようになる。① と ② の共有点の $x$ 座標は，方程式

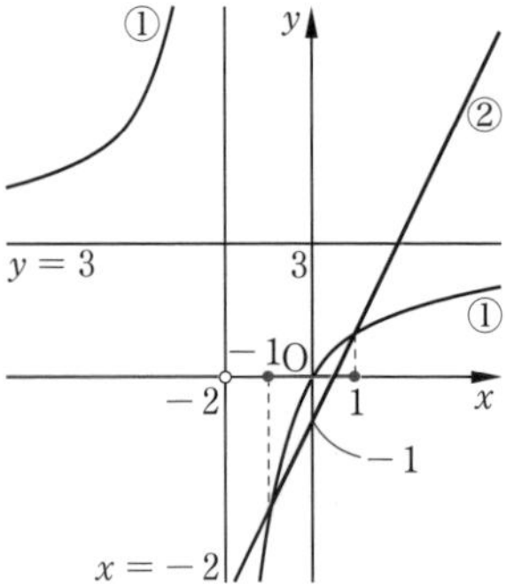


$\dfrac{3x}{x+2}=2x-1$　……③ の解である。

③ の両辺に $x+2$ を掛けると

$3x=(2x-1)(x+2)$

すなわち　$2x^2-2=0$　（$2(x^2-1)=0$，$2(x+1)(x-1)=0$）

これを解くと　$x=\pm 1$

求める不等式の解は，① のグラフが ② のグラフより上方にあるか一致するような $x$ の値の範囲であるから

$x<-2,\ -1\leqq x\leqq 1$

# 2 無理関数とそのグラフ

## 用語のまとめ

**無理関数**

- 根号の中に文字を含む式を **無理式** といい，無理式で表される関数を **無理関数** という。
- 無理関数の定義域は，根号の中を 0 以上にする $x$ の値全体である。

教 p.10

**問5** 次の無理関数の定義域を求めよ。

(1) $y=\sqrt{3x+2}$　　(2) $y=-\sqrt{-2x+3}$

**考え方** 根号の中を 0 以上にする $x$ の値の範囲が定義域である。

**解 答** (1) $3x+2\geqq 0$ より　$x\geqq -\dfrac{2}{3}$

(2) $-2x+3\geqq 0$ より　$x\leqq \dfrac{3}{2}$

### 無理関数のグラフ　　解き方のポイント

$y=\sqrt{ax}$ のグラフは，$a$ の正負によって次のようになる。

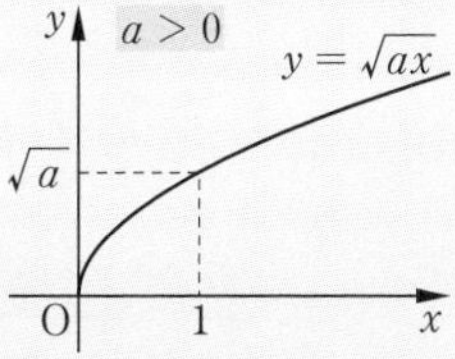


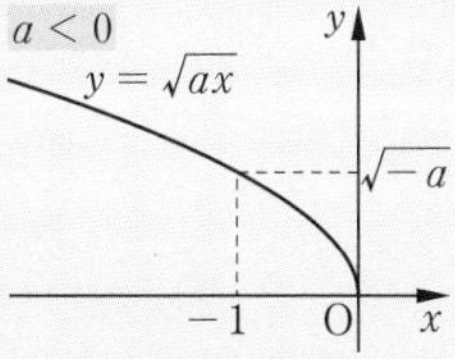


$y=\sqrt{ax}$ の定義域は，$a>0$ のとき $x\geqq 0$，$a<0$ のとき $x\leqq 0$ である。

$a>0$ のとき $y=\sqrt{ax}=\sqrt{a}\sqrt{x}$ のグラフは，関数 $y=\sqrt{x}$ のグラフを，$x$ 軸を基準にして，$y$ 軸方向に $\sqrt{a}$ 倍に拡大したものである。

$y=-\sqrt{ax}$ のグラフは，$y=\sqrt{ax}$ のグラフと $x$ 軸に関して対称である。

**教 p.11**

**問6** 次の無理関数のグラフをかけ。

(1) $y=\sqrt{3x}$　　(2) $y=-\sqrt{3x}$

(3) $y=\sqrt{-\dfrac{1}{2}x}$　　(4) $y=-\sqrt{-\dfrac{1}{2}x}$

**解答** (1) 関数 $y=\sqrt{3x}=\sqrt{3}\sqrt{x}$ のグラフは，関数 $y=\sqrt{x}$ のグラフを $x$ 軸を基準にして，$y$ 軸方向に $\sqrt{3}$ 倍に拡大したものである。

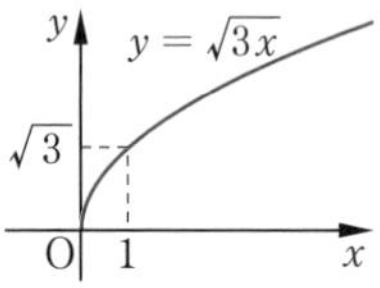


(2) $y=-\sqrt{3x}$ のグラフは，$y=\sqrt{3x}$ のグラフと $x$ 軸に関して対称である。

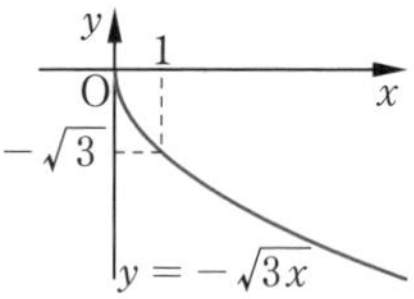


(3) 関数 $y=\sqrt{-\dfrac{1}{2}x}=\sqrt{\dfrac{1}{2}}\sqrt{-x}$ のグラフは，関数 $y=\sqrt{-x}$ のグラフを $x$ 軸を基準にして，$y$ 軸方向に $\sqrt{\dfrac{1}{2}}$ 倍に縮小したものである。

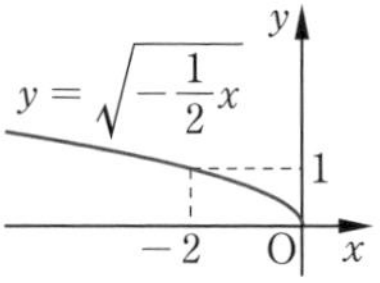


(4) $y=-\sqrt{-\dfrac{1}{2}x}$ のグラフは，$y=\sqrt{-\dfrac{1}{2}x}$ のグラフと $x$ 軸に関して対称である。

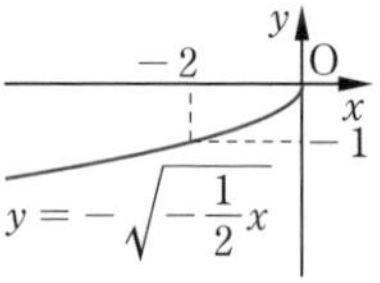


**$y=\sqrt{ax+b}$ のグラフ** …… **解き方のポイント**

**無理関数 $y=\sqrt{ax+b}$ のグラフは，$y=\sqrt{ax}$ のグラフを $x$ 軸方向に $-\dfrac{b}{a}$ だけ平行移動したものである。**

教 p.12

**問7** 次の無理関数のグラフをかけ。

(1) $y=\sqrt{x-3}$　　(2) $y=\sqrt{-2x+4}$

(3) $y=-\sqrt{3x+6}$　　(4) $y=-\sqrt{-3x-5}$

**考え方** $\sqrt{ax+b}=\sqrt{a\left(x+\dfrac{b}{a}\right)}$ と変形して，$y=\sqrt{ax}$ のグラフを平行移動する。

**解答** (1) $y=\sqrt{x-3}$ のグラフは，$y=\sqrt{x}$ のグラフを $x$ 軸方向に 3 だけ平行移動したもので，右の図のようになる。

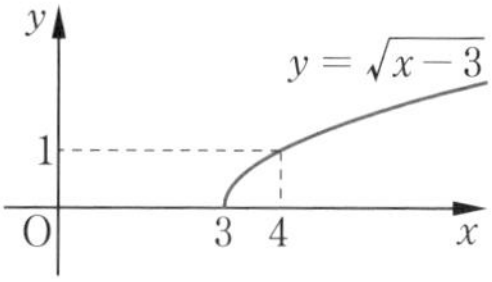


(2) $$y=\sqrt{-2x+4}=\sqrt{-2(x-2)}$$
と変形される。したがって，そのグラフは
$$y=\sqrt{-2x}$$
のグラフを $x$ 軸方向に 2 だけ平行移動したもので，右の図のようになる。

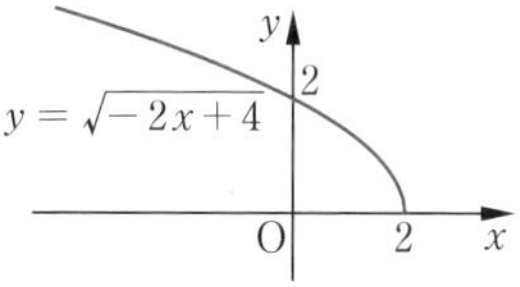


(3) $$y=-\sqrt{3x+6}=-\sqrt{3(x+2)}$$
と変形される。したがって，そのグラフは
$$y=-\sqrt{3x}$$
のグラフを $x$ 軸方向に $-2$ だけ平行移動したもので，右の図のようになる。

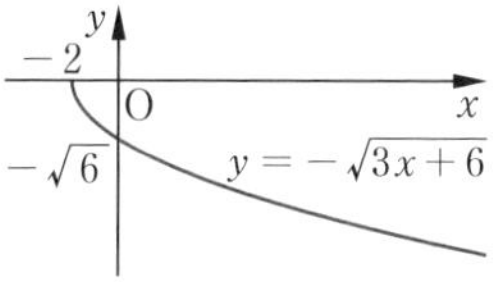


(4) $$y=-\sqrt{-3x-5}=-\sqrt{-3\left(x+\frac{5}{3}\right)}$$
と変形される。したがって，そのグラフは
$$y=-\sqrt{-3x}$$
のグラフを $x$ 軸方向に $-\dfrac{5}{3}$ だけ平行移動したもので，右の図のようになる。

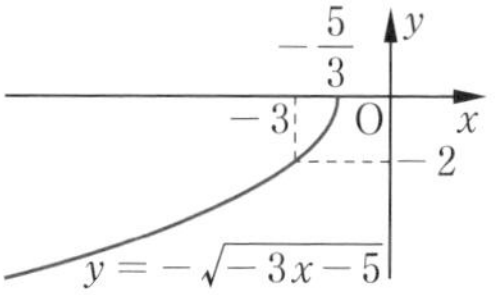


教 p.13

**問8** 次の不等式を解け。

(1) $\sqrt{2x+5}>\dfrac{1}{2}x$　　(2) $\sqrt{-2x+7}\leqq -x+2$

**考え方** $y=$(左辺) と $y=$(右辺) のそれぞれのグラフをかいて，その共有点の $x$ 座標を求め，グラフの上下関係から不等式の解を読み取る。

**解答** (1) $y=\sqrt{2x+5}$ ……①

$y=\dfrac{1}{2}x$ ……②

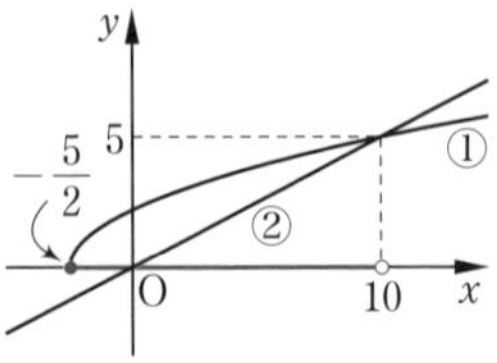


のグラフは右の図のようになる。

①と② の共有点の $x$ 座標は，方程式

$\sqrt{2x+5}=\dfrac{1}{2}x$ ……③

の解である。

③ の両辺を 2 乗すると　$2x+5=\dfrac{1}{4}x^2$

すなわち　$x^2-8x-20=0$　$(x+2)(x-10)=0$

これを解くと　$x=-2,\ 10$

このとき，$x=-2$ は ③ を満たさないが，$x=10$ は ③ を満たす。

求める不等式の解は，① のグラフが ② のグラフより上方にあるような $x$ の値の範囲であるから

$-\dfrac{5}{2}\leqq x<10$

(2) $y=\sqrt{-2x+7}$ ……①

$y=-x+2$ ……②

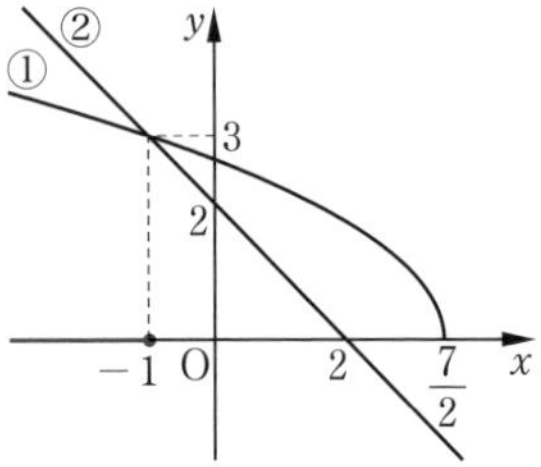


のグラフは右の図のようになる。

①と② の共有点の $x$ 座標は，方程式

$\sqrt{-2x+7}=-x+2$ ……③

の解である。

③ の両辺を 2 乗すると

$-2x+7=x^2-4x+4$

すなわち　$x^2-2x-3=0$　$(x-3)(x+1)=0$

これを解くと　$x=3,\ -1$

このとき，$x=3$ は③を満たさないが，$x=-1$ は ③ を満たす。

求める不等式の解は，① のグラフが ② のグラフより下方にあるか，一致するような $x$ の値の範囲であるから

$x\leqq-1$

# 3 逆関数と合成関数

## 用語のまとめ

**逆関数**

- 関数 $y=f(x)$ を $x$ に関する方程式と考えて $x$ について解き，ただ1つの解 $x=g(y)$ が得られたとする。これは $x$ が $y$ の関数であることを表している。ここで，$x$ と $y$ を入れかえて得られる関数 $y=g(x)$ を $y=f(x)$ の **逆関数** といい，$y=f^{-1}(x)$ で表す。

**合成関数 $y=g(f(x))$**

- 2つの関数 $f(x)$，$g(x)$ が与えられていて，$f(x)$ の値域が $g(x)$ の定義域に含まれているとき

$$y=g(u),\quad u=f(x)$$

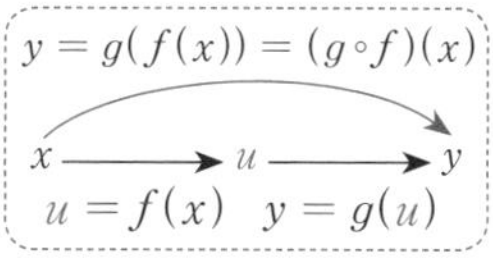


とおいて，$y=g(u)$ に $u=f(x)$ を代入すると，$y$ は $x$ の関数で

$$y=g(f(x))$$

と表される。このようにして得られる関数 $y=g(f(x))$ を，$f$ と $g$ の **合成関数** という。$f$ と $g$ の合成関数を $y=(g\circ f)(x)$ と書くこともある。

## 逆関数の求め方　　解き方のポイント

**関数 $y=f(x)$ の逆関数 $y=f^{-1}(x)$ を求めるには，関数 $y=f(x)$ を $x$ に関する方程式と考えて $x$ について解き，ただ1つの解が得られたとき，$x$ と $y$ を入れかえればよい。**

教 p.15

**問9**　次の関数の逆関数を求めよ。

(1)　$y=-3x+2$　　　(2)　$y=\dfrac{2x-1}{x-2}$

**考え方**　与えられた関数の式を $x$ について解き，$x$ と $y$ を入れかえる。

**解　答**　(1)　$y=-3x+2$ を $x$ について解くと

$$x=-\frac{1}{3}y+\frac{2}{3}$$

ここで，$x$ と $y$ を入れかえると，求める逆関数は

$$y=-\frac{1}{3}x+\frac{2}{3}$$

(2) $y=\dfrac{2x-1}{x-2}$ より　$(x-2)y=2x-1$

であるから，これを $x$ について解くと

$$(y-2)x=2y-1$$

$y \neq 2$ の範囲で

$$x=\frac{2y-1}{y-2}$$

ここで，$x$ と $y$ を入れかえると，求める逆関数は

$$y=\frac{2x-1}{x-2}$$

## 指数関数，対数関数の逆関数　解き方のポイント

**指数関数 $y=a^x$ の逆関数は対数関数 $y=\log_a x$ である。**
**対数関数 $y=\log_a x$ の逆関数は指数関数 $y=a^x$ である。**

教 p.15

**問 10**　次の関数の逆関数を求めよ。

(1) $y=\log_3 x$　　(2) $y=\left(\dfrac{1}{2}\right)^x$　　(3) $y=\log_2(x+1)$

**考え方**　$\log_a M=p \Longleftrightarrow a^p=M$ を用いて，まず，$x$ について解く。

**解答**　(1) $y=\log_3 x$ を $x$ について解くと　　$x=3^y$

ここで，$x$ と $y$ を入れかえると，求める逆関数は

$$y=3^x$$

(2) $y=\left(\dfrac{1}{2}\right)^x$ を $x$ について解くと　　$x=\log_{\frac{1}{2}} y$

ここで，$x$ と $y$ を入れかえると，求める逆関数は

$$y=\log_{\frac{1}{2}} x$$

(3) $y=\log_2(x+1)$ を $x$ について解くと　　$x+1=2^y$

すなわち　　$x=2^y-1$

ここで，$x$ と $y$ を入れかえると，求める逆関数は

$$y=2^x-1$$

教 p.16

**問 11**　次の関数の逆関数を求めよ。

(1) $y=x^2-9 \quad (x \geqq 0)$　　(2) $y=\dfrac{1}{2}x^2-2 \quad (x \leqq 0)$

考え方　$x$ について解いてから，$x$ と $y$ を入れかえる。$x$ の値の範囲に注意する。
**関数とその逆関数では，定義域と値域が入れかわる。**

解答　(1)　この関数の値域は $y \geqq -9$ である。

$y = x^2 - 9$ を $x$ について解くと

$$x = \pm\sqrt{y+9}$$

$x \geqq 0$ であるから

$$x = \sqrt{y+9}$$

ここで，$x$ と $y$ を入れかえると，求める逆関数は

$$y = \sqrt{x+9}$$

また，その定義域は $x \geqq -9$，値域は $y \geqq 0$ である。

(2)　この関数の値域は $y \geqq -2$ である。

$y = \frac{1}{2}x^2 - 2$ を $x$ について解くと

$$x = \pm\sqrt{2y+4}$$

$x \leqq 0$ であるから

$$x = -\sqrt{2y+4}$$

ここで，$x$ と $y$ を入れかえると，求める逆関数は

$$y = -\sqrt{2x+4}$$

また，その定義域は $x \geqq -2$，値域は $y \leqq 0$ である。

## 逆関数のグラフ　　解き方のポイント

**関数 $y = f(x)$ のグラフと，その逆関数 $y = f^{-1}(x)$ のグラフは，直線 $y = x$ に関して対称である。**

教 p.17

**問12**　次の関数の逆関数を求め，そのグラフをかけ。

(1)　$y = -\sqrt{-x+4}$　　(2)　$y = \log_{\frac{1}{2}} x$　　(3)　$y = -3^x$

解答　(1)　$y = -\sqrt{-x+4}$　…… ①

① の値域は $y \leqq 0$ であり，両辺を2乗して，$x$ について解くと

$$x = -y^2 + 4$$

であるから，① の逆関数は

$$y = -x^2 + 4 \quad (x \leqq 0)$$

グラフは右の図のようになる。

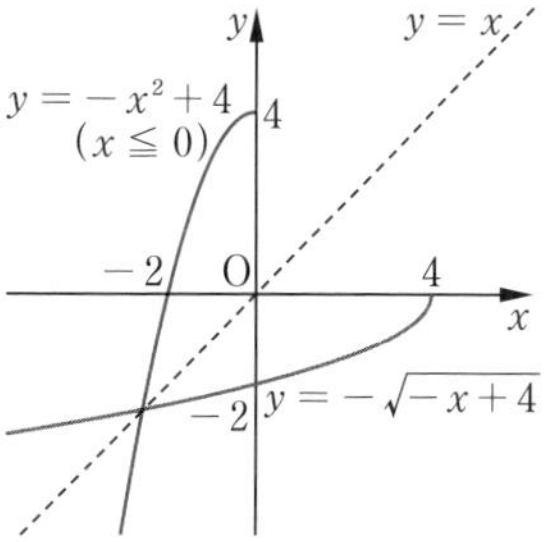

(2) $y=\log_{\frac{1}{2}}x$ ……①

① の値域は実数全体であり，$x$ について解くと

$$x=\left(\frac{1}{2}\right)^y$$

であるから，① の逆関数は

$$y=\left(\frac{1}{2}\right)^x \quad (x \text{ は実数全体})$$

グラフは右の図のようになる。

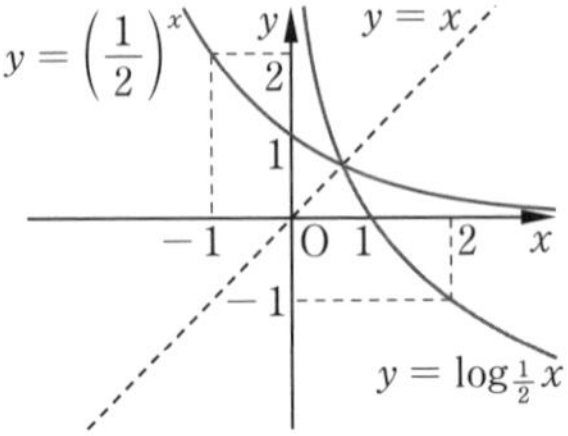


(3) $y=-3^x$ ……①

① の値域は $y<0$ であり，$-y=3^x$ より，両辺の 3 を底とする対数をとると

$$x=\log_3(-y)$$

であるから，① の逆関数は

$$y=\log_3(-x) \quad (x<0)$$

グラフは右の図のようになる。

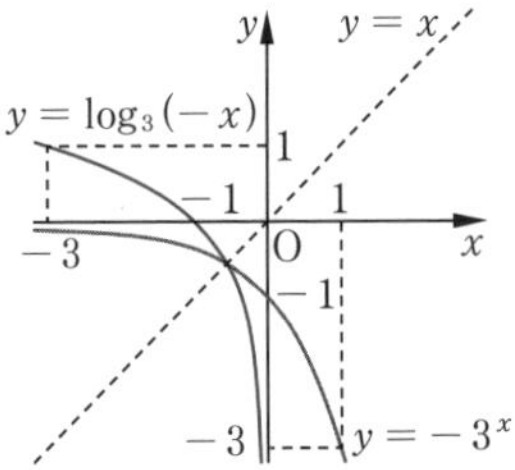


**教 p.18**

**問 13** $f(x)=4x^2$，$g(x)=-\frac{1}{2}(x+1)$ であるとき，合成関数 $(g\circ f)(x)$ と $(f\circ g)(x)$ を求めよ。

**考え方** $(g\circ f)(x)$ は $g(x)$ の $x$ に $f(x)$ を代入し，$(f\circ g)(x)$ は $f(x)$ の $x$ に $g(x)$ を代入する。

**解答**

$$\begin{aligned}(g\circ f)(x)&=g(f(x))\\&=g(4x^2)\\&=-\frac{1}{2}(4x^2+1)\\&=-2x^2-\frac{1}{2}\end{aligned}$$

$$\begin{aligned}(f\circ g)(x)&=f(g(x))\\&=f\left(-\frac{1}{2}(x+1)\right)\\&=4\left\{-\frac{1}{2}(x+1)\right\}^2\\&=(x+1)^2\end{aligned}$$

**注意** 一般に合成関数 $(g\circ f)(x)$ と $(f\circ g)(x)$ は一致しない。

## 合成関数と逆関数 　解き方のポイント

一般に，関数 $y=f(x)$ が逆関数 $f^{-1}(x)$ をもつとき，次の式が成り立つ。

$$(f^{-1}\circ f)(x)=f^{-1}(f(x))=x$$

$$(f\circ f^{-1})(y)=f(f^{-1}(y))=y$$

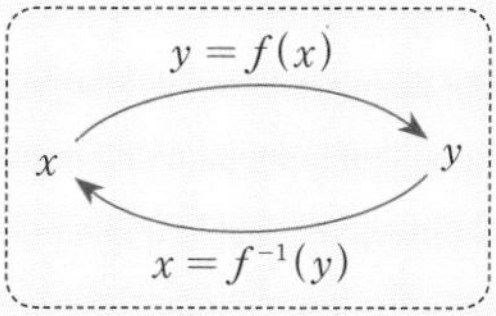


**教 p.19**

**問 14** $f(x)=2^x$，$g(x)=\log_2 x$ であるとき，合成関数 $(g\circ f)(x)$ と $(f\circ g)(x)$ を求めよ。また，それぞれの定義域を求めよ。

**考え方** 問 13 と同様に考える。$\log_a M^n=n\log_a M$，$a^{\log_a x}=x$ である。

**解　答**

$$(g\circ f)(x)=g(f(x))=g(2^x)=\log_2 2^x=x\log_2 2=x$$

定義域は，関数 $f(x)$ の定義域と等しく，**実数全体** である。

$$(f\circ g)(x)=f(g(x))=f(\log_2 x)=2^{\log_2 x}=x$$

定義域は，関数 $g(x)$ の定義域と等しく，$x>0$ である。

## 問　題 　教 p.19

**1** 次の関数のグラフをかけ。また，その漸近線を求めよ。

(1) $y=\dfrac{7-2x}{x-3}$　　(2) $y=\dfrac{6x}{3x+2}$

**考え方** $y=\dfrac{k}{x-p}+q$ の形に変形すると，漸近線は 2 直線 $x=p$，$y=q$ である。

**解　答** (1) $\dfrac{7-2x}{x-3}=\dfrac{-2(x-3)+1}{x-3}=\dfrac{1}{x-3}-2$

と変形できるから，与えられた関数は

$$y=\frac{1}{x-3}-2$$

と表される。

よって，この関数のグラフは $y=\dfrac{1}{x}$ のグラフを $x$ 軸方向に 3，$y$ 軸方向に $-2$ だけ平行移動したものである。

グラフは右の図のようになる。

漸近線は 2 直線 $x=3$，$y=-2$

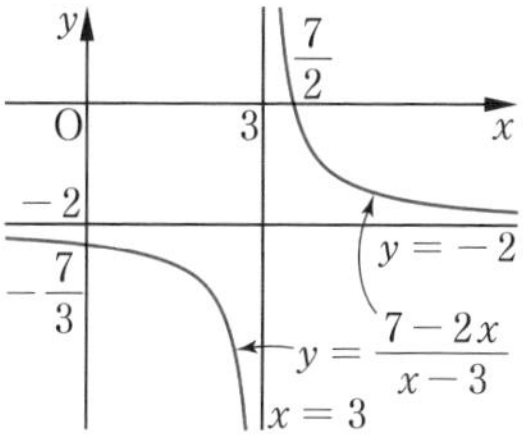

(2) $$\frac{6x}{3x+2}=\frac{2(3x+2)-4}{3x+2}$$

$$=-\frac{4}{3x+2}+2=-\frac{\frac{4}{3}}{x+\frac{2}{3}}+2$$

と変形できるから，与えられた関数は

$$y=-\frac{\frac{4}{3}}{x+\frac{2}{3}}+2$$

と表される。

よって，この関数のグラフは $y=-\dfrac{\frac{4}{3}}{x}$ のグラフを $x$ 軸方向に $-\dfrac{2}{3}$，$y$ 軸方向に 2 だけ平行移動したものである。

グラフは右の図のようになる。

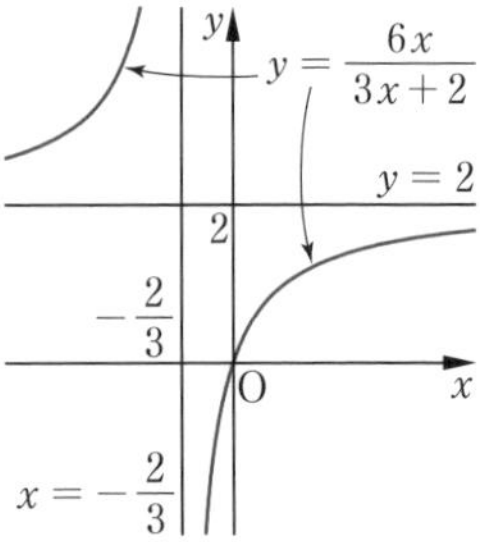


**漸近線は 2 直線 $x=-\dfrac{2}{3}$，$y=2$**

---

**2** 関数 $y=2\sqrt{x}$ のグラフを次のように移動したとき，それをグラフとする関数を求めよ。

(1) $y$ 軸に関して対称に移動する。

(2) 点 (7, 4) を通るように，$x$ 軸方向に平行移動する。

---

**考え方** 関数 $y=f(x)$ のグラフの移動は，次のように考える。

(1) $y$ 軸に関して対称移動 → $y=f(-x)$

(2) $x$ 軸方向に $p$ だけ平行移動 → $y=f(x-p)$

**解答** (1) $\boldsymbol{y=2\sqrt{-x}}$

(2) 関数 $y=2\sqrt{x}$ のグラフを $x$ 軸方向に $p$ だけ平行移動したグラフを表す関数は $y=2\sqrt{x-p}$ とおける。

これが点 (7, 4) を通るから

$4=2\sqrt{7-p}$ …… ①

両辺を 2 乗して　　$16=4(7-p)$

これを解いて　　$p=3$

これは ① を満たす。

したがって　　$\boldsymbol{y=2\sqrt{x-3}}$

**3** グラフを利用して，次の不等式を解け。

(1) $\dfrac{4x-5}{2x-1} < -x+3$　　(2) $\sqrt{3-2x} < 2x-1$

**考え方** $y=$(左辺)，$y=$(右辺) のグラフをかき，その上下関係から不等式の解を読み取る。

**解答** (1) $y=\dfrac{4x-5}{2x-1}=-\dfrac{3}{2x-1}+2$ ……①

$y=-x+3$ ……②

①，② のグラフは右の図のようになる。

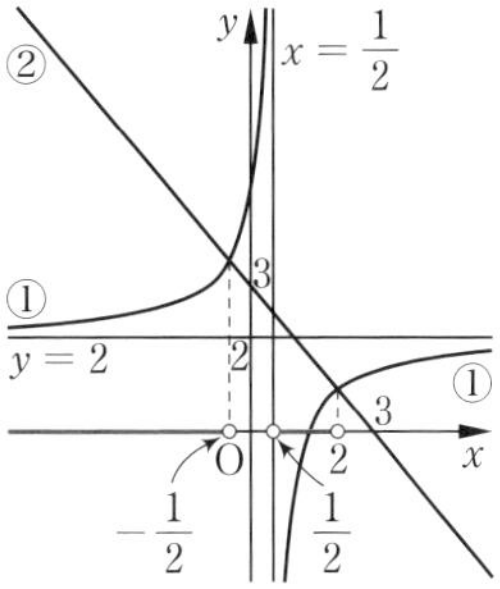


① と ② の共有点の $x$ 座標は，方程式

$\dfrac{4x-5}{2x-1}=-x+3$ ……③

の解である。

③ の両辺に $2x-1$ を掛けると

$4x-5=(-x+3)(2x-1)$

すなわち　$2x^2-3x-2=0$　　$(2x+1)(x-2)=0$

これを解くと　$x=-\dfrac{1}{2},\ 2$

求める不等式の解は，① のグラフが ② のグラフより下方にあるような $x$ の値の範囲であるから

$x<-\dfrac{1}{2},\ \dfrac{1}{2}<x<2$

(2) $y=\sqrt{3-2x}$ ……①

$y=2x-1$ ……②

①，② のグラフは右の図のようになる。

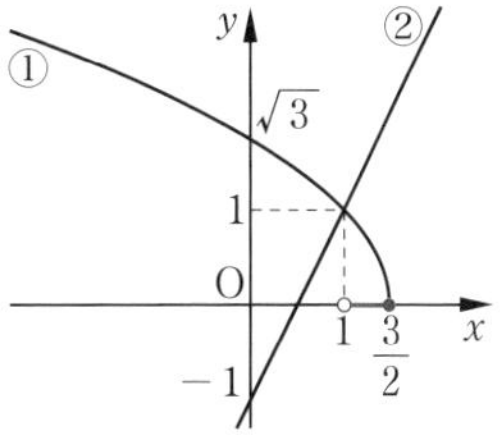


① と ② のグラフの共有点の $x$ 座標は，

方程式 $\sqrt{3-2x}=2x-1$ ……③

の解である。

③ の両辺を 2 乗すると　$3-2x=(2x-1)^2$

すなわち　$2x^2-x-1=0$　　$(2x+1)(x-1)=0$

これを解くと　$x=-\dfrac{1}{2},\ 1$

このとき，$x=-\dfrac{1}{2}$ は ③ を満たさないが，$x=1$ は ③を満たす。

求める不等式の解は，① のグラフが ② のグラフより下方にあるような $x$ の値の範囲であるから

$1<x\leqq\dfrac{3}{2}$

**4** 次の関数のグラフと直線 $y=x$ に関して対称な曲線をグラフとする関数を求めよ。

(1) $y=-\sqrt{1-x}$ (2) $y=2^{x+1}-1$

**考え方** 直線 $y=x$ に関して対称なグラフをもつ 2 つの関数は互いに他の逆関数である。与えられた関数の値域が逆関数の定義域になることに注意する。

**解答** (1) $y=-\sqrt{1-x}$ ……①

①の値域は $y \leqq 0$ である。

①の両辺を 2 乗して $x$ について解くと

$x=-y^2+1$

$x$ と $y$ を入れかえた逆関数が求める関数であるから，求める関数は

$y=-x^2+1 \quad (x \leqq 0)$

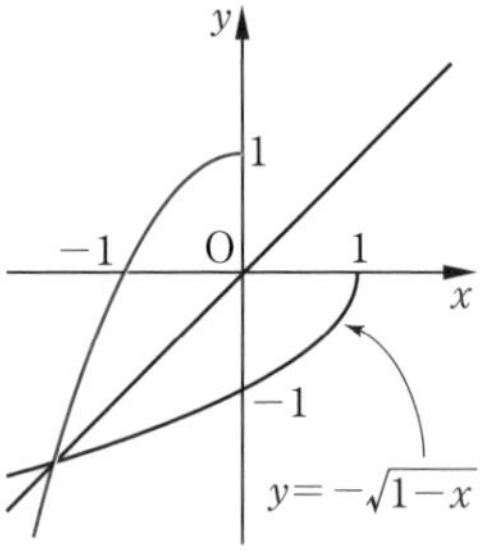


(2) $y=2^{x+1}-1$ ……①

①の値域は $y>-1$ である。

①より $y+1=2^{x+1}$

よって

$x+1=\log_2(y+1)$

$x$ について解くと

$x=\log_2(y+1)-1$

$x$ と $y$ を入れかえた逆関数が求める関数であるから，求める関数は

$y=\log_2(x+1)-1 \quad (x>-1)$

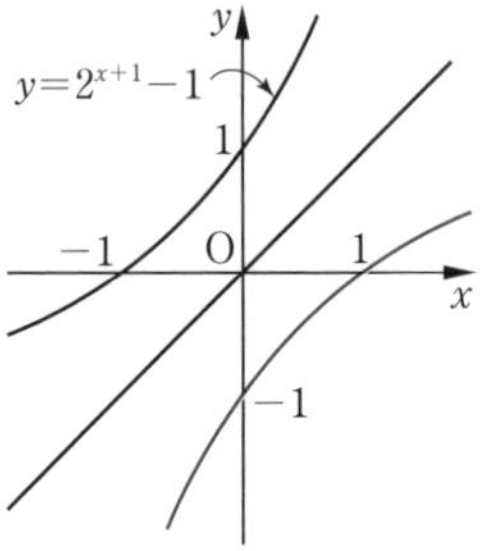


**5** 関数 $f(x)=\dfrac{3x+2}{x+2}$ について，$f^{-1}(x)=x$ を満たす $x$ の値を求めよ。

**考え方** まず逆関数 $f^{-1}(x)$ を求め，方程式 $f^{-1}(x)=x$ を解けばよい。

**解答** $y=\dfrac{3x+2}{x+2}$ とおく。

$(x+2)y=3x+2$ であるから，これを $x$ について解くと

$(y-3)x=-2y+2$

$y \neq 3$ の範囲で $x=\dfrac{-2y+2}{y-3}$

ここで，$x$ と $y$ を入れかえると

$y=\dfrac{-2x+2}{x-3}$

よって $f^{-1}(x)=\dfrac{-2x+2}{x-3}$

$f^{-1}(x)=x$ であるから　$\dfrac{-2x+2}{x-3}=x$

両辺に $x-3$ を掛けると

$-2x+2=x(x-3)$

すなわち　$x^2-x-2=0$　$(x+1)(x-2)=0$

これを解くと　$x=-1,\ 2$

**別解**　$f^{-1}(x)=x$ より　$f(f^{-1}(x))=f(x)$

すなわち　$x=f(x)$

よって　$\dfrac{3x+2}{x+2}=x$

両辺に $x+2$ を掛けると

$3x+2=x(x+2)$

これを解いて　$x=-1,\ 2$

**6**　$f(x)=\dfrac{1}{x-1}+2$，$g(x)=\dfrac{1}{x-3}+1$ であるとき，合成関数 $(f\circ g)(x)$ と $(g\circ f)(x)$ を求め，そのグラフをかけ。また，それぞれの定義域を求めよ。

**考え方**　$(f\circ g)(x)=f(g(x))$，$(g\circ f)(x)=g(f(x))$ である。

また，合成関数 $(f\circ g)(x)$ では，$g(x)$ の値域が $f(x)$ の定義域に含まれていなければならないことに注意する。$(g\circ f)(x)$ においても同様である。

**解答**

$$\begin{aligned}(f\circ g)(x)&=f(g(x))\\&=f\left(\frac{1}{x-3}+1\right)\\&=\frac{1}{\dfrac{1}{x-3}+1-1}+2\\&=\frac{1}{\dfrac{1}{x-3}}+2\\&=x-3+2\\&=\boldsymbol{x-1}\end{aligned}$$

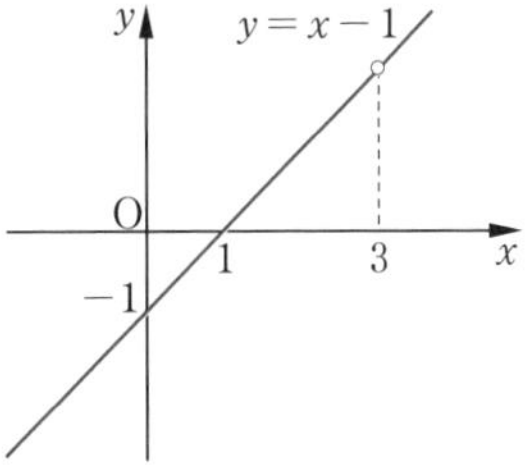


関数 $y=g(x)$ の値域は $y\neq1$ であり，関数 $f(x)$ の定義域に含まれている。

したがって，関数 $(f\circ g)(x)$ の **定義域は** 関数 $g(x)$ の定義域と等しく，

$\boldsymbol{x\neq3}$ である。

よって，$y=(f\circ g)(x)$，すなわち $y=x-1\quad(x\neq3)$ のグラフは上の図のようになる。

$$
\begin{aligned}
(g\circ f)(x) &= g(f(x)) \\
&= g\left(\frac{1}{x-1}+2\right) \\
&= \frac{1}{\frac{1}{x-1}+2-3}+1 \\
&= \frac{1}{\frac{-x+2}{x-1}}+1 \\
&= -\frac{x-1}{x-2}+1 \\
&= -\frac{1}{x-2}
\end{aligned}
$$

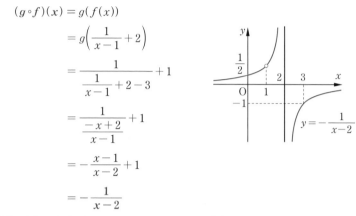

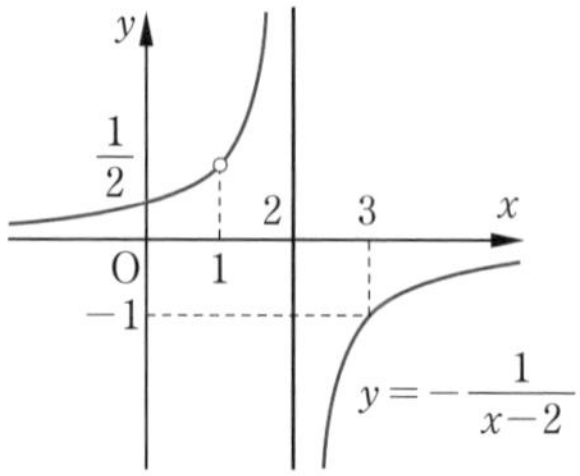


関数 $g(x)$ の定義域は $x \neq 3$ であり，関数 $f(x)$ の値域が関数 $g(x)$ の定義域に含まれていなければならない。ここで，$f(x)=3$，すなわち

$$\frac{1}{x-1}+2=3$$

を解くと　　$x=2$

よって，$x \neq 2$ とすると，$f(x)$ の値は 3 とはならない。

したがって，$f(x)=\frac{1}{x-1}+2$ の定義域が $x \neq 1$ であることにも注意して，関数 $(g\circ f)(x)$ の**定義域は $x \neq 1,\ 2$** となる。

よって，$y=(g\circ f)(x)$，すなわち $y=-\frac{1}{x-2}$　$(x \neq 1)$ のグラフは上の図のようになる。

# 探究 無理式を含む方程式・不等式［課題学習］ 教 p.20

**考察 1** 次の方程式や不等式を，グラフを利用して解いてみよう。

(1) $\sqrt{2x+8}=x$　　(2) $\sqrt{2x+8}<x$

**考え方** (1) 方程式の解は，2 つのグラフの共有点の $x$ 座標である。

(2) 不等式の解は，$y=\sqrt{2x+8}$ のグラフが $y=x$ のグラフより下方にあるような $x$ の値の範囲である。

**解答** (1)

$y=\sqrt{2x+8}$ ……①

$y=x$ ……②

のグラフは右の図のようになる。

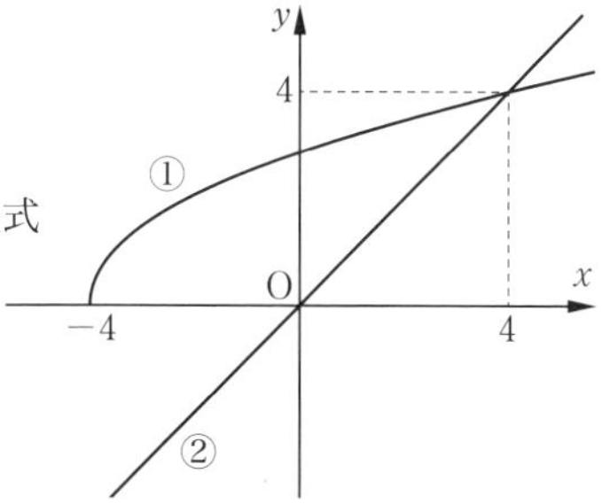


① と ② の共有点の $x$ 座標は，方程式

$\sqrt{2x+8}=x$ ……③

の解である。

③ の両辺を 2 乗すると

$2x+8=x^2$

すなわち　$x^2-2x-8=0$

これを解くと　$x=-2,\ 4$　　$(x+2)(x-4)=0$

このとき，$x=-2$ は ③ を満たさないが，$x=4$ は ③ を満たす。

したがって，方程式 ③ の解は

$x=4$

(2) 求める不等式の解は，① のグラフが ② のグラフより下方にあるような $x$ の値の範囲であるから

$4<x$

**考察 2** $k$ を定数とする。方程式 $\sqrt{4x+8}=x+k$ の異なる実数解の個数をグラフを利用して調べてみよう。

**考え方** 求める解の個数は，$y=\sqrt{4x+8}$ のグラフと $y=x+k$ のグラフの共有点の個数に等しい。

**解答**

$y=\sqrt{4x+8}$ ……①

$y=x+k$ ……②

のグラフは右の図のようになる。

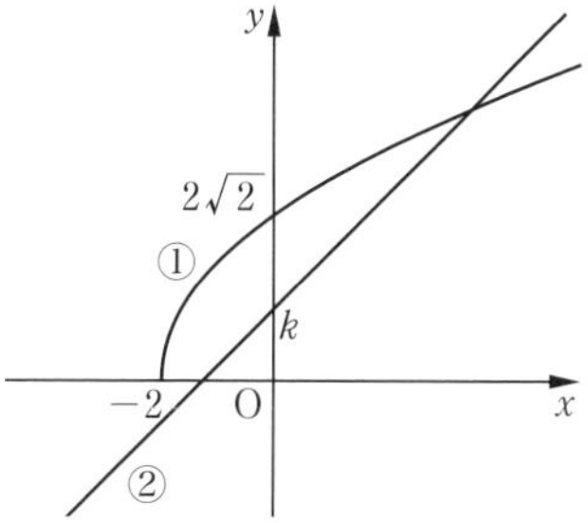


① と ② の共有点の $x$ 座標は，方程式

$\sqrt{4x+8}=x+k$ ……③

の解である。

すなわち，求める実数解の個数は ① と ② の共有点の個数と等しい。

③ の両辺を 2 乗して

$$4x+8=x^2+2kx+k^2$$

すなわち

$$x^2+2(k-2)x+(k^2-8)=0 \quad \cdots ④$$

2 次方程式 ④ の判別式を $D$ とすると

$$\frac{D}{4}=(k-2)^2-(k^2-8)$$

$$=-4k+12$$

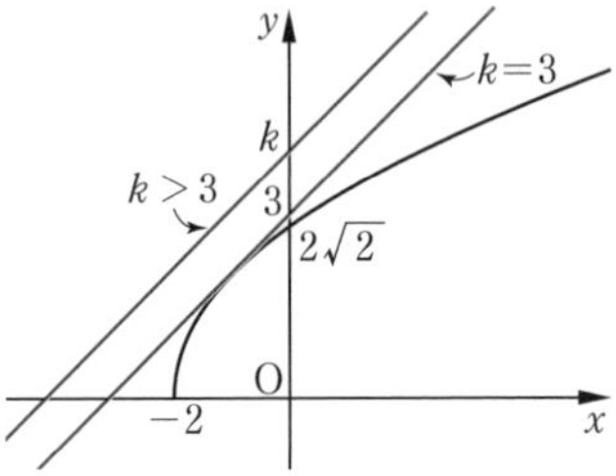


① と ② が接するとき，$D=0$ であるから

$$-4k+12=0$$

$$k=3$$

したがって，グラフから

$k=3$ のとき，共有点の個数は 1 個

$k>3$ のとき，共有点の個数は 0 個

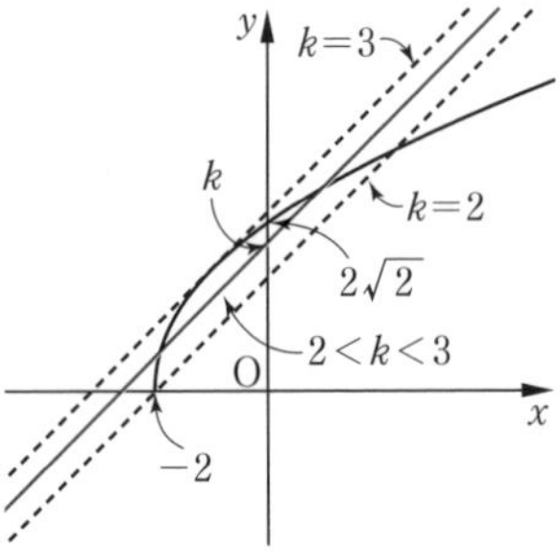


また，直線 ② が点 $(-2,\ 0)$ を通るのは

$$0=-2+k$$

すなわち　　$k=2$

のときであるから，グラフから

$2 \leqq k < 3$ のとき，共有点の個数は 2 個

$k<2$ のとき，共有点の個数は 1 個

となる。

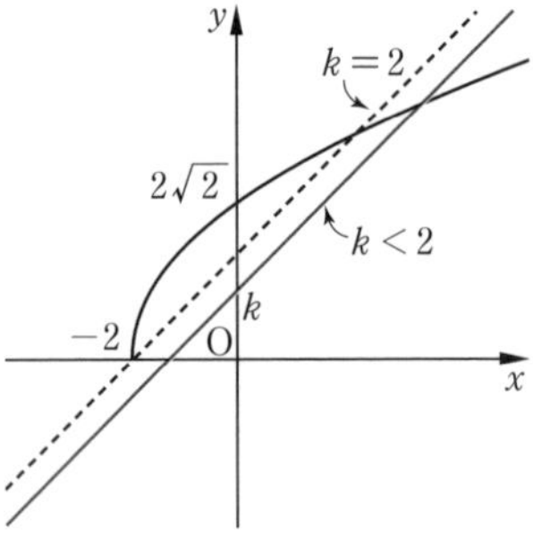


したがって，求める実数解の個数は

$$\begin{cases} k<2 \text{ のとき} & 1\text{ 個} \\ 2 \leqq k < 3 \text{ のとき} & 2\text{ 個} \\ k=3 \text{ のとき} & 1\text{ 個} \\ 3<k \text{ のとき} & 0\text{ 個} \end{cases}$$

> **考察 3**　$k$ を正の定数とする。1 以上のすべての実数 $x$ について，不等式 $x+2>\sqrt{k(x-1)}$ が成り立つような $k$ の値の範囲を求めてみよう。

**考え方**　$y=x+2$ と $y=\sqrt{k(x-1)}$ のグラフの上下関係を考える。そのためにまず，$y=x+2$ と $y=\sqrt{k(x-1)}$ のグラフが接するときの $k$ の値を求める。

**解答**

$y = \sqrt{k(x-1)}$ ……①

$y = x + 2$ ……②

のグラフは右の図のようになる。

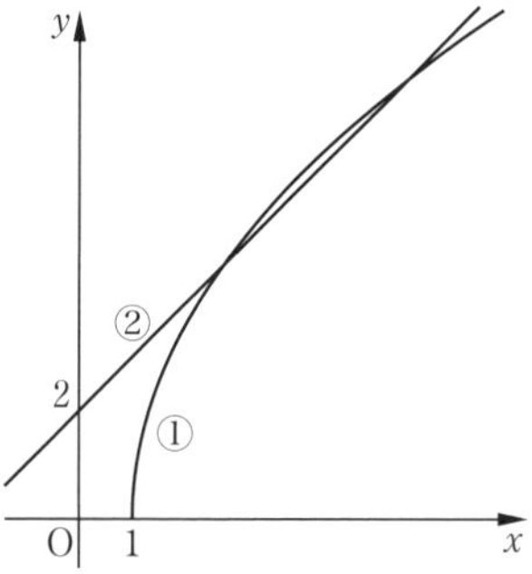


①と②の共有点の $x$ 座標は，方程式

$\sqrt{k(x-1)} = x + 2$ ……③

の解である。③の両辺を2乗して

$k(x-1) = x^2 + 4x + 4$

すなわち

$x^2 + (4-k)x + (4+k) = 0$ ……④

2次方程式④の判別式を $D$ とすると

$D = (4-k)^2 - 4(4+k) = k(k-12)$

①と②のグラフが接するとき，$D = 0$ であるから

$k(k-12) = 0$

$k > 0$ であるから　$k = 12$

$k \geqq 12$ の場合

①と②のグラフは $k = 12$ で接するか，または，右の図のように $k > 12$ で2個の共有点をもつ。すなわち

$\sqrt{k(x-1)} \geqq x + 2$

となる実数 $x$ が存在するので，不適である。

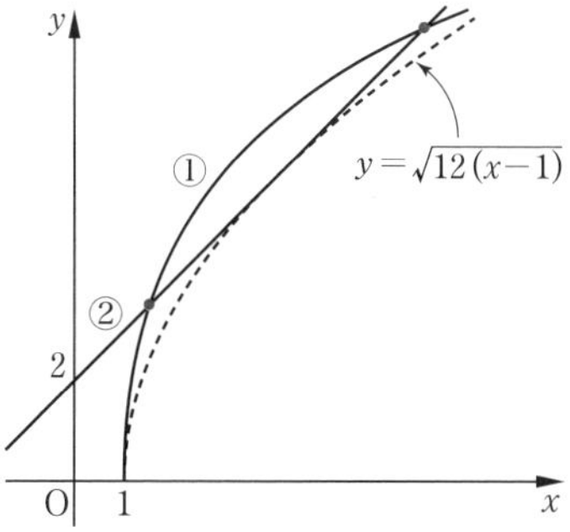


$0 < k < 12$ の場合

①と②のグラフは右の図のようになり，②のグラフが①のグラフより常に上方にあるので，1以上のすべての実数 $x$ について，常に

$x + 2 > \sqrt{k(x-1)}$

が成り立つ。

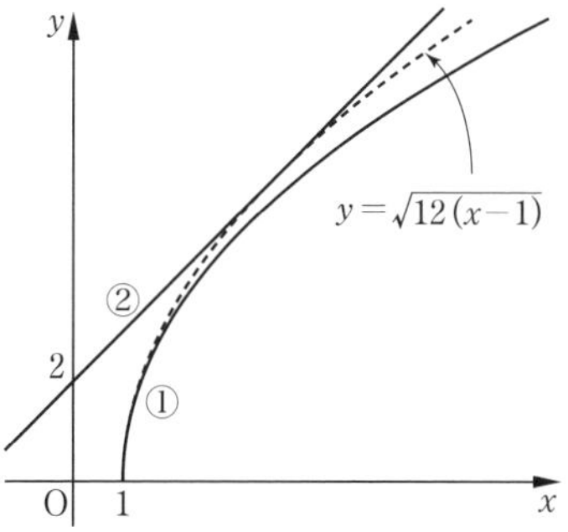


以上により，求める $k$ の値の範囲は

$0 < k < 12$

# 2節 数列の極限

## 1 数列の極限

### 用語のまとめ

**無限数列**

- 項が限りなく続く数列 $a_1$, $a_2$, $a_3$, …, $a_n$, …を **無限数列** という。$a_n$ をその第 $n$ 項といい，この無限数列を $\{a_n\}$ で表す。また，$a_n$ を $n$ の式で表したものを数列 $\{a_n\}$ の一般項という。

**数列の収束**

- 数列 $\{a_n\}$ において，$n$ が限りなく大きくなるにつれて，$a_n$ が一定の値 $\alpha$ に限りなく近づくとき，数列 $\{a_n\}$ は $\alpha$ に **収束** する，または，数列 $\{a_n\}$ の極限は $\alpha$ であるという。その値 $\alpha$ を数列 $\{a_n\}$ の **極限値** という。
  このことを，$\lim_{n\to\infty} a_n = \alpha$ または $n \to \infty$ のとき $a_n \to \alpha$ と書く。

**数列の発散**

- 数列 $\{a_n\}$ が収束しないとき，数列 $\{a_n\}$ は **発散** するという。
- 発散するとき，次の 3 つの場合がある。
  ① **正の無限大に発散** する……数列 $\{a_n\}$ において，$n$ を限りなく大きくすると，$a_n$ が限りなく大きくなることをいう。
  このことを，$\lim_{n\to\infty} a_n = \infty$ または $n \to \infty$ のとき $a_n \to \infty$ と書く。
  ② **負の無限大に発散** する……数列 $\{a_n\}$ において，$n$ を限りなく大きくすると，$a_n$ が負で，その絶対値 $|a_n|$ が限りなく大きくなることをいう。
  このことを，$\lim_{n\to\infty} a_n = -\infty$ または $n \to \infty$ のとき $a_n \to -\infty$ と書く。
  ③ **振動** する……数列 $\{a_n\}$ は収束せずに，正の無限大にも負の無限大にも発散しないことをいう。このとき，$\lim_{n\to\infty} a_n$ は存在しない。

### ● 数列の収束・発散 ……… 解き方のポイント

- 収束……$\lim_{n\to\infty} a_n = \alpha$ （一定の値 $\alpha$ に収束）
- 発散…
  - $\lim_{n\to\infty} a_n = \infty$ （正の無限大に発散）
  - $\lim_{n\to\infty} a_n = -\infty$ （負の無限大に発散）
  - 振動 （極限はない）

**教 p.23**

**問1** 次の数列の収束，発散を調べよ。

(1) $-5,\ -2,\ 1,\ \cdots,\ 3n-8,\ \cdots$　(2) $1,\ \frac{3}{2},\ \frac{5}{3},\ \cdots,\ 2-\frac{1}{n},\ \cdots$

(3) $-1,\ -4,\ -9,\ \cdots,\ -n^2,\ \cdots$　(4) $-3,\ 9,\ -27,\ \cdots,\ (-3)^n,\ \cdots$

**考え方** $n\to\infty$ のとき，一定の値に収束する，正の無限大または負の無限大に発散する，振動する，のどの場合であるかを考える。

**解答** (1) 数列 $\{3n-8\}$ において，$n$ を限りなく大きくすると，第 $n$ 項 $3n-8$ は限りなく大きくなる。したがって

**正の無限大に発散する。**

(2) 数列 $\left\{2-\frac{1}{n}\right\}$ において，$n$ を限りなく大きくすると，第 $n$ 項 $2-\frac{1}{n}$ は一定の値 2 に限りなく近づく。したがって

**2 に収束する。**

(3) 数列 $\{-n^2\}$ において，$n$ を限りなく大きくすると，第 $n$ 項 $-n^2$ が負でその絶対値が限りなく大きくなる。したがって

**負の無限大に発散する。**

(4) $-3,\ 9,\ -27,\ 81,\ -243,\ 729,\ \cdots$ となり，数列 $\{(-3)^n\}$ は収束しないから発散する。しかし，正の無限大にも負の無限大にも発散しない。したがって

**振動する。**

## 極限と四則(1)　解き方のポイント

数列 $\{a_n\}$，$\{b_n\}$ が収束して，$\lim_{n\to\infty} a_n=\alpha$，$\lim_{n\to\infty} b_n=\beta$ のとき

[1] $\lim_{n\to\infty} ka_n=k\alpha$　ただし，$k$ は定数

[2] $\lim_{n\to\infty}(a_n+b_n)=\alpha+\beta$，$\lim_{n\to\infty}(a_n-b_n)=\alpha-\beta$

[3] $\lim_{n\to\infty} a_nb_n=\alpha\beta$

[4] $\lim_{n\to\infty}\frac{a_n}{b_n}=\frac{\alpha}{\beta}$　ただし，$\beta \neq 0$

### ● 極限と四則(2)　解き方のポイント

数列 $\{a_n\}$, $\{b_n\}$ について，$\lim_{n\to\infty} a_n=\infty$, $\lim_{n\to\infty} b_n=\beta$ のとき

[1] $\lim_{n\to\infty}(a_n+b_n)=\infty$, $\lim_{n\to\infty}(a_n-b_n)=\infty$

[2] $\lim_{n\to\infty}\dfrac{b_n}{a_n}=0$

[3] $\lim_{n\to\infty} a_n b_n=\begin{cases}\infty & (\beta>0 \text{ のとき})\\ -\infty & (\beta<0 \text{ のとき})\end{cases}$

特に，数列 $\{b_n\}$ のすべての項が定数 $k$ である数列を考えると

$$\lim_{n\to\infty}\frac{k}{a_n}=0,\quad \lim_{n\to\infty} ka_n=\begin{cases}\infty & (k>0 \text{ のとき})\\ -\infty & (k<0 \text{ のとき})\end{cases}$$

### ● 極限と四則(3)　解き方のポイント

数列 $\{a_n\}$, $\{b_n\}$ について，$\lim_{n\to\infty} a_n=\infty$, $\lim_{n\to\infty} b_n=\infty$ のとき

[1] $\lim_{n\to\infty}(a_n+b_n)=\infty$

[2] $\lim_{n\to\infty} a_n b_n=\infty$

**教 p.25**

**問2**　次の極限を調べよ。

(1) $\lim_{n\to\infty}\dfrac{1}{n^2+1}$　　(2) $\lim_{n\to\infty}(n^3+4n^2)$

(3) $\lim_{n\to\infty}\dfrac{n-5}{2n+1}$　　(4) $\lim_{n\to\infty}\dfrac{n+2}{n^2-2}$

(5) $\lim_{n\to\infty}\dfrac{n^2+5n+4}{3-2n^2}$　　(6) $\lim_{n\to\infty}\left(2-\dfrac{n+1}{3n-1}\right)$

**考え方**　分数式については，分母，分子を分母の多項式の最も次数の高い項で割る。

**解　答**

(1) $\lim_{n\to\infty}\dfrac{1}{n^2+1}=\lim_{n\to\infty}\dfrac{\dfrac{1}{n^2}}{1+\dfrac{1}{n^2}}=\dfrac{0}{1+0}=0$　$\longleftarrow \lim_{n\to\infty}\dfrac{1}{n^2}=0$

(2) $\lim_{n\to\infty} n^3=\infty$, $\lim_{n\to\infty} 4n^2=\infty$ であるから

$$\lim_{n\to\infty}(n^3+4n^2)=\infty$$

(3) $\lim_{n\to\infty}\dfrac{n-5}{2n+1}=\lim_{n\to\infty}\dfrac{1-\dfrac{5}{n}}{2+\dfrac{1}{n}}=\dfrac{1-0}{2+0}=\dfrac{1}{2}$

(4) $\lim_{n\to\infty}\dfrac{n+2}{n^2-2}=\lim_{n\to\infty}\dfrac{\dfrac{1}{n}+\dfrac{2}{n^2}}{1-\dfrac{2}{n^2}}=\dfrac{0+0}{1-0}=0$

(5) $\lim_{n\to\infty}\dfrac{n^2+5n+4}{3-2n^2}=\lim_{n\to\infty}\dfrac{1+\dfrac{5}{n}+\dfrac{4}{n^2}}{\dfrac{3}{n^2}-2}=\dfrac{1+0+0}{0-2}=-\dfrac{1}{2}$

(6) $\lim_{n\to\infty}\left(2-\dfrac{n+1}{3n-1}\right)=\lim_{n\to\infty}\left(2-\dfrac{1+\dfrac{1}{n}}{3-\dfrac{1}{n}}\right)=2-\dfrac{1+0}{3-0}=2-\dfrac{1}{3}=\dfrac{5}{3}$

**別解** (1) $\lim_{n\to\infty}1=1$, $\lim_{n\to\infty}(n^2+1)=\infty$ であるから

$$\lim_{n\to\infty}\frac{1}{n^2+1}=0$$

(6) $\lim_{n\to\infty}\left(2-\dfrac{n+1}{3n-1}\right)=\lim_{n\to\infty}\left\{\dfrac{2(3n-1)-(n+1)}{3n-1}\right\}=\lim_{n\to\infty}\dfrac{5n-3}{3n-1}$

$$=\lim_{n\to\infty}\frac{5-\dfrac{3}{n}}{3-\dfrac{1}{n}}=\frac{5}{3}$$

**教 p.26**

**問3** 次の極限を調べよ。

(1) $\lim_{n\to\infty}(4n-3n^2)$　(2) $\lim_{n\to\infty}\dfrac{4n^2-n-7}{3n-2}$

(3) $\lim_{n\to\infty}(\sqrt{n+1}-\sqrt{n})$　(4) $\lim_{n\to\infty}(\sqrt{n^2-2n}-n)$

(5) $\lim_{n\to\infty}\dfrac{3}{\sqrt{n^2+2n}-n}$　(6) $\lim_{n\to\infty}\dfrac{2n}{\sqrt{n^2+2}-\sqrt{n}}$

**考え方** 次のように式の変形を工夫する。

(1) $n^2$ をくくり出す。

(2) 分母，分子を $n$ で割る。

(3), (4) 分母が1の分数とみなして分子を有理化する。

(5) 分母を有理化する。

(6) 分母の式から $n$ をくくり出す。

**解 答** (1) $\lim_{n\to\infty}(4n-3n^2)=\lim_{n\to\infty}n^2\left(\dfrac{4}{n}-3\right)$ において

$$\lim_{n\to\infty}n^2=\infty,\quad \lim_{n\to\infty}\left(\frac{4}{n}-3\right)=-3$$

であるから

$$\lim_{n\to\infty}(4n-3n^2)=-\infty$$

(2) $\displaystyle\lim_{n\to\infty}\frac{4n^2-n-7}{3n-2}=\lim_{n\to\infty}\frac{4n-1-\frac{7}{n}}{3-\frac{2}{n}}$ において

$$\lim_{n\to\infty}\left(4n-1-\frac{7}{n}\right)=\infty,\quad \lim_{n\to\infty}\left(3-\frac{2}{n}\right)=3$$

であるから

$$\lim_{n\to\infty}\frac{4n^2-n-7}{3n-2}=\infty$$

(3) $$\lim_{n\to\infty}(\sqrt{n+1}-\sqrt{n})=\lim_{n\to\infty}\frac{(\sqrt{n+1}-\sqrt{n})(\sqrt{n+1}+\sqrt{n})}{\sqrt{n+1}+\sqrt{n}}$$
$$=\lim_{n\to\infty}\frac{(n+1)-n}{\sqrt{n+1}+\sqrt{n}}$$
$$=\lim_{n\to\infty}\frac{1}{\sqrt{n+1}+\sqrt{n}}$$
$$=\lim_{n\to\infty}\frac{\frac{1}{\sqrt{n}}}{\sqrt{1+\frac{1}{n}}+1}$$
$$=0$$

(4) $$\lim_{n\to\infty}(\sqrt{n^2-2n}-n)=\lim_{n\to\infty}\frac{(\sqrt{n^2-2n}-n)(\sqrt{n^2-2n}+n)}{\sqrt{n^2-2n}+n}$$
$$=\lim_{n\to\infty}\frac{(n^2-2n)-n^2}{\sqrt{n^2-2n}+n}$$
$$=\lim_{n\to\infty}\frac{-2n}{\sqrt{n^2-2n}+n}$$
$$=\lim_{n\to\infty}\frac{-2n}{n\left(\sqrt{1-\frac{2}{n}}+1\right)}$$

$$\sqrt{n^2-2n}+n=\sqrt{n^2\left(1-\frac{2}{n}\right)}+n=n\sqrt{1-\frac{2}{n}}+n$$

$$=\lim_{n\to\infty}\frac{-2}{\sqrt{1-\frac{2}{n}}+1}$$
$$=\frac{-2}{1+1}=-1$$

(5) $$\lim_{n\to\infty}\frac{3}{\sqrt{n^2+2n}-n}=\lim_{n\to\infty}\frac{3(\sqrt{n^2+2n}+n)}{(\sqrt{n^2+2n}-n)(\sqrt{n^2+2n}+n)}$$
$$=\lim_{n\to\infty}\frac{3(\sqrt{n^2+2n}+n)}{(n^2+2n)-n^2}$$
$$=\lim_{n\to\infty}\frac{3(\sqrt{n^2+2n}+n)}{2n}$$

$$= \lim_{n\to\infty} \frac{3n\left(\sqrt{1+\frac{2}{n}}+1\right)}{2n}$$

$$= \lim_{n\to\infty} \frac{3\left(\sqrt{1+\frac{2}{n}}+1\right)}{2}$$

$$= \frac{3(1+1)}{2} = 3$$

(6) $\displaystyle \lim_{n\to\infty} \frac{2n}{\sqrt{n^2+2}-\sqrt{n}} = \lim_{n\to\infty} \frac{2n}{n\left(\sqrt{1+\frac{2}{n^2}}-\sqrt{\frac{1}{n}}\right)}$

$$= \lim_{n\to\infty} \frac{2}{\sqrt{1+\frac{2}{n^2}}-\sqrt{\frac{1}{n}}}$$

$$= \frac{2}{1-0} = 2$$

## ● 数列の極限と大小関係 …… 解き方のポイント

**1** 数列 $\{a_n\}$, $\{b_n\}$ において，$a_n \leqq b_n$ $(n=1, 2, 3, \cdots)$ のとき

$\displaystyle \lim_{n\to\infty} a_n = \alpha$, $\displaystyle \lim_{n\to\infty} b_n = \beta$ ならば $\alpha \leqq \beta$

**2** 数列 $\{a_n\}$, $\{b_n\}$ において，$a_n \leqq b_n$ $(n=1, 2, 3, \cdots)$ のとき

$\displaystyle \lim_{n\to\infty} a_n = \infty$ ならば $\displaystyle \lim_{n\to\infty} b_n = \infty$

**3** 数列 $\{a_n\}$, $\{b_n\}$, $\{c_n\}$ において，$a_n \leqq b_n \leqq c_n$ $(n=1, 2, 3, \cdots)$ のとき

$\displaystyle \lim_{n\to\infty} a_n = \lim_{n\to\infty} c_n = \alpha$ ならば，$\{b_n\}$ も収束して $\displaystyle \lim_{n\to\infty} b_n = \alpha$

性質 **3** は，**はさみうちの原理** とよばれている。

**教 p.27**

**問4** $\theta$ を定数とするとき，$\displaystyle \lim_{n\to\infty} \frac{1}{n}\sin^2 n\theta$ を求めよ。

**考え方** はさみうちの原理を用いる。

**解 答** $-1 \leqq \sin n\theta \leqq 1$ であるから　　$0 \leqq \sin^2 n\theta \leqq 1$

よって

$$0 \leqq \frac{1}{n}\sin^2 n\theta \leqq \frac{1}{n}$$

ここで，$\displaystyle \lim_{n\to\infty} \frac{1}{n} = 0$ であるから，はさみうちの原理により

$$\lim_{n\to\infty} \frac{1}{n}\sin^2 n\theta = 0$$

# 2 無限等比数列

**用語のまとめ**

**無限等比数列**

- 数列 $a$, $ar$, $ar^2$, $\cdots$, $ar^{n-1}$, $\cdots$ を初項 $a$, 公比 $r$ の **無限等比数列** という。

**数列 $\{r^n\}$ の極限** …… **解き方のポイント**

1. $r>1$ のとき $\lim_{n\to\infty} r^n=\infty$
2. $r=1$ のとき $\lim_{n\to\infty} r^n=1$
3. $|r|<1$ のとき $\lim_{n\to\infty} r^n=0$
4. $r\leqq -1$ のとき 数列 $\{r^n\}$ は振動し, $\lim_{n\to\infty} r^n$ は存在しない。

したがって　数列 $\{r^n\}$ が**収束** する $\iff -1<r\leqq 1$

教 p.29

**問5** 次の無限等比数列の極限を調べよ。

(1) $\dfrac{2}{3}$, $\dfrac{4}{9}$, $\dfrac{8}{27}$, $\dfrac{16}{81}$, $\cdots$　(2) $2$, $-4$, $8$, $-16$, $\cdots$

(3) $6$, $-\dfrac{9}{2}$, $\dfrac{27}{8}$, $-\dfrac{81}{32}$, $\cdots$　(4) $-2$, $-2\sqrt{3}$, $-6$, $-6\sqrt{3}$, $\cdots$

**考え方** 一般項を求め, 公比 $r$ と $1$, $-1$ との大小関係から判断する。

**解答** (1) 一般項は $\left(\dfrac{2}{3}\right)^n$ であり, 公比 $\dfrac{2}{3}$ が $0<\dfrac{2}{3}<1$ であるから

$$\lim_{n\to\infty}\left(\frac{2}{3}\right)^n=0$$

(2) 一般項は $2\cdot(-2)^{n-1}$ であり, 公比 $-2$ が $-2<-1$ であるから, 数列 $\{2\cdot(-2)^{n-1}\}$ は振動し, **極限は存在しない**。

(3) 一般項は $6\cdot\left(-\dfrac{3}{4}\right)^{n-1}$ であり, 公比 $-\dfrac{3}{4}$ が $\left|-\dfrac{3}{4}\right|<1$ であるから

$$\lim_{n\to\infty} 6\cdot\left(-\frac{3}{4}\right)^{n-1}=0$$

(4) 一般項は $-2\cdot(\sqrt{3})^{n-1}$ であり, 公比 $\sqrt{3}$ が $\sqrt{3}>1$ であるから

$$\lim_{n\to\infty}\{-2\cdot(\sqrt{3})^{n-1}\}=-\infty$$

**教 p.30**

**問6** 次の極限値を求めよ。

(1) $\displaystyle\lim_{n\to\infty}\frac{4^n+5^n}{6^n}$　(2) $\displaystyle\lim_{n\to\infty}\frac{3^n}{1+3^n}$　(3) $\displaystyle\lim_{n\to\infty}\frac{2^{n+1}-4^{n+1}}{3^n-4^n}$

**考え方** (1)，(2)では，$\displaystyle\lim_{n\to\infty}r^n=0$ $(|r|<1)$ が利用できる形に変形する。(3)では，分母の項のうちで底が大きい方の項で分母，分子を割る。

**解答** (1) $\displaystyle\lim_{n\to\infty}\frac{4^n+5^n}{6^n}=\lim_{n\to\infty}\left\{\left(\frac{4}{6}\right)^n+\left(\frac{5}{6}\right)^n\right\}=0+0=0$

(2) $\displaystyle\lim_{n\to\infty}\frac{3^n}{1+3^n}=\lim_{n\to\infty}\frac{1}{\left(\frac{1}{3}\right)^n+1}=\frac{1}{0+1}=1$　← $3^n$ で割る

(3) $\displaystyle\lim_{n\to\infty}\frac{2^{n+1}-4^{n+1}}{3^n-4^n}=\lim_{n\to\infty}\frac{2\cdot2^n-4\cdot4^n}{3^n-4^n}$

$\displaystyle=\lim_{n\to\infty}\frac{2\cdot\left(\frac{2}{4}\right)^n-4}{\left(\frac{3}{4}\right)^n-1}$　← $4^n$ で割る

$\displaystyle=\frac{2\cdot0-4}{0-1}=4$

**教 p.30**

**問7** 次の極限を調べよ。

(1) $\displaystyle\lim_{n\to\infty}\frac{3r^n}{2+r^n}$　ただし，$r>0$　(2) $\displaystyle\lim_{n\to\infty}\frac{1-r^n}{1+r^n}$　ただし，$r\neq-1$

**考え方** 数列 $\{r^n\}$ の公比 $r$ の値によって場合分けする。

**解答** (1) (i) $0<r<1$ のとき　$\displaystyle\lim_{n\to\infty}r^n=0$

よって　$\displaystyle\lim_{n\to\infty}\frac{3r^n}{2+r^n}=\frac{3\cdot0}{2+0}=0$

(ii) $r=1$ のとき　$\displaystyle\lim_{n\to\infty}r^n=1$

よって　$\displaystyle\lim_{n\to\infty}\frac{3r^n}{2+r^n}=\frac{3\cdot1}{2+1}=1$

(iii) $r>1$ のとき，$0<\dfrac{1}{r}<1$ であるから

$$\lim_{n\to\infty}\frac{1}{r^n}=\lim_{n\to\infty}\left(\frac{1}{r}\right)^n=0$$

よって　$\displaystyle\lim_{n\to\infty}\frac{3r^n}{2+r^n}=\lim_{n\to\infty}\frac{3}{\frac{2}{r^n}+1}=\frac{3}{2\cdot0+1}=3$

(2) (i) $|r|<1$ のとき $\lim_{n\to\infty} r^n=0$

よって $\lim_{n\to\infty}\dfrac{1-r^n}{1+r^n}=\dfrac{1-0}{1+0}=1$

(ii) $r=1$ のとき $\lim_{n\to\infty} r^n=1$

よって $\lim_{n\to\infty}\dfrac{1-r^n}{1+r^n}=\dfrac{1-1}{1+1}=0$

(iii) $|r|>1$ のとき $\left|\dfrac{1}{r}\right|=\dfrac{1}{|r|}<1$ であるから

$$\lim_{n\to\infty}\frac{1}{r^n}=\lim_{n\to\infty}\left(\frac{1}{r}\right)^n=0$$

よって $\lim_{n\to\infty}\dfrac{1-r^n}{1+r^n}=\lim_{n\to\infty}\dfrac{\dfrac{1}{r^n}-1}{\dfrac{1}{r^n}+1}=\dfrac{0-1}{0+1}=-1$

● **漸化式の変形** …… **解き方のポイント**

$a_{n+1}=pa_n+q$ $(p\neq 1,\ q\neq 0)$ の形の漸化式から一般項を求めるには，$\alpha=p\alpha+q$ を満たす $\alpha$ を求めて，$a_{n+1}-\alpha=p(a_n-\alpha)$ と変形し，数列 $\{a_n-\alpha\}$ が等比数列となることを用いる。

教 p.31

**問 8** $a_1=1,\ a_{n+1}=\dfrac{1}{3}a_n+1$ $(n=1,\ 2,\ 3,\ \cdots)$ で定められる数列 $\{a_n\}$ について，$\lim_{n\to\infty} a_n$ を求めよ。

**解 答** 与えられた漸化式を変形すると

$a_{n+1}-\dfrac{3}{2}=\dfrac{1}{3}\left(a_n-\dfrac{3}{2}\right)$ ←── $\alpha=\dfrac{1}{3}\alpha+1$ を解くと $\alpha=\dfrac{3}{2}$

ここで，$a_1-\dfrac{3}{2}=1-\dfrac{3}{2}=-\dfrac{1}{2}$ であるから，数列 $\left\{a_n-\dfrac{3}{2}\right\}$ は初項 $-\dfrac{1}{2}$，公比 $\dfrac{1}{3}$ の等比数列である。

したがって $a_n-\dfrac{3}{2}=-\dfrac{1}{2}\cdot\left(\dfrac{1}{3}\right)^{n-1}$

すなわち $a_n=\dfrac{3}{2}-\dfrac{1}{2}\cdot\left(\dfrac{1}{3}\right)^{n-1}$

$\lim_{n\to\infty}\left(\dfrac{1}{3}\right)^{n-1}=0$ であるから $\lim_{n\to\infty} a_n=\dfrac{3}{2}$

# 3 無限級数

## 用語のまとめ

**無限級数**

- 無限数列 $\{a_n\}$ が与えられたとき

$$a_1+a_2+a_3+\cdots+a_n+\cdots$$

の形の式を **無限級数** といい，$a_n$ をこの無限級数の **第 $n$ 項** という。

この無限級数を記号 $\sum$ を用いて $\sum_{n=1}^{\infty} a_n$ とも書く。

$$\sum_{n=1}^{\infty} a_n = a_1+a_2+a_3+\cdots+a_n+\cdots$$

- $S_n=\sum_{k=1}^{n} a_k = a_1+a_2+a_3+\cdots+a_n$ を，この無限級数の **第 $n$ 項までの部分和** という。
- 数列 $\{S_n\}$ が収束して，その極限値が $S$ であるとき，すなわち

$$\lim_{n\to\infty} S_n = \lim_{n\to\infty}\sum_{k=1}^{n} a_k = S$$

であるとき，無限級数 $\sum_{n=1}^{\infty} a_n$ は $S$ に **収束** するといい，$S$ をこの無限級数の **和** という。このとき

$$a_1+a_2+a_3+\cdots+a_n+\cdots=S \quad \text{または} \quad \sum_{n=1}^{\infty} a_n = S$$

と書く。

- 数列 $\{S_n\}$ が発散するとき，無限級数 $\sum_{n=1}^{\infty} a_n$ は **発散** するという。

教 p.33

**問9** 次の無限級数の収束，発散を調べ，収束するときはその和を求めよ。

(1) $\dfrac{1}{1\cdot 3}+\dfrac{1}{3\cdot 5}+\cdots+\dfrac{1}{(2n-1)(2n+1)}+\cdots$

(2) $\dfrac{1}{\sqrt{3}+1}+\dfrac{1}{\sqrt{5}+\sqrt{3}}+\cdots+\dfrac{1}{\sqrt{2n+1}+\sqrt{2n-1}}+\cdots$

**考え方** まず第 $n$ 項までの部分和 $S_n$ を求めて，数列 $\{S_n\}$ の極限を調べる。

**解答** (1) $$\frac{1}{(2n-1)(2n+1)}=\frac{1}{2}\left(\frac{1}{2n-1}-\frac{1}{2n+1}\right)$$

と変形できるから，第 $n$ 項までの部分和 $S_n$ は

$$S_n=\frac{1}{1\cdot3}+\frac{1}{3\cdot5}+\cdots+\frac{1}{(2n-1)(2n+1)}$$

$$=\frac{1}{2}\left\{\left(1-\frac{1}{3}\right)+\left(\frac{1}{3}-\frac{1}{5}\right)+\cdots+\left(\frac{1}{2n-1}-\frac{1}{2n+1}\right)\right\}$$

$$=\frac{1}{2}\left(1-\frac{1}{2n+1}\right)$$

よって

$$\lim_{n\to\infty}S_n=\lim_{n\to\infty}\frac{1}{2}\left(1-\frac{1}{2n+1}\right)=\frac{1}{2}$$

したがって，この無限級数は **収束し，その和は $\frac{1}{2}$** である。

(2) $$\frac{1}{\sqrt{2n+1}+\sqrt{2n-1}}=\frac{\sqrt{2n+1}-\sqrt{2n-1}}{(\sqrt{2n+1}+\sqrt{2n-1})(\sqrt{2n+1}-\sqrt{2n-1})}$$

$$=\frac{\sqrt{2n+1}-\sqrt{2n-1}}{(2n+1)-(2n-1)}$$

$$=\frac{1}{2}(\sqrt{2n+1}-\sqrt{2n-1})$$

と変形できるから，第 $n$ 項までの部分和 $S_n$ は

$$S_n=\frac{1}{2}\{(\sqrt{3}-1)+(\sqrt{5}-\sqrt{3})+(\sqrt{7}-\sqrt{5})+\cdots+(\sqrt{2n+1}-\sqrt{2n-1})\}$$

$$=\frac{1}{2}(\sqrt{2n+1}-1)$$

よって

$$\lim_{n\to\infty}S_n=\lim_{n\to\infty}\frac{1}{2}(\sqrt{2n+1}-1)=\infty$$

したがって，この無限級数は **発散** する。

# 4 無限等比級数

**用語のまとめ**

**無限等比級数**

- 初項 $a$，公比 $r$ の無限等比数列 $\{ar^{n-1}\}$ からつくられた無限級数

$$\sum_{n=1}^{\infty} ar^{n-1} = a + ar + ar^2 + \cdots + ar^{n-1} + \cdots$$

を初項 $a$，公比 $r$ の **無限等比級数** という。

**循環小数**

有限小数または循環小数……有理数

循環しない無限小数…………無理数

**無限等比級数の収束・発散** 解き方のポイント

無限等比級数 $a + ar + ar^2 + \cdots + ar^{n-1} + \cdots$

の収束，発散は次のようになる。ただし，$a \neq 0$ とする。

[1] $|r| < 1$ のとき収束して，その和は $\dfrac{a}{1-r}$

[2] $|r| \geqq 1$ のとき発散する。

教 p.35

**問 10** 次の無限等比級数の収束，発散を調べ，収束するときはその和を求めよ。

(1) $64 + 32 + 16 + 8 + \cdots$

(2) $5 - 5 + 5 - 5 + \cdots$

(3) $1 - \dfrac{1}{10} + \dfrac{1}{100} - \dfrac{1}{1000} + \cdots$

**考え方** 初項 $a$ と公比 $r$ を求め，$r$ の値によって収束，発散を判断する。

**解答** (1) 初項 $a = 64$，公比 $r = \dfrac{1}{2}$ の無限等比級数である。

$|r| < 1$ であるから，この無限等比級数は **収束** し，その **和は**

$$\frac{64}{1-\frac{1}{2}} = \frac{64}{\frac{1}{2}} = 128$$

(2) 初項 $a = 5$，公比 $r = -1$ の無限等比級数である。

$|r| \geqq 1$ であるから，この無限等比級数は **発散** する。

(3) 初項 $a=1$，公比 $r=-\frac{1}{10}$ の無限等比級数である。

$|r|<1$ であるから，この無限等比級数は **収束** し，その **和は**

$$\frac{1}{1-\left(-\frac{1}{10}\right)}=\frac{1}{\frac{11}{10}}=\boldsymbol{\frac{10}{11}}$$

**教 p.35**

**問 11** 次の無限等比級数が収束するような実数 $x$ の値の範囲を求めよ。また，収束するときの和を求めよ。

(1) $1+\frac{x}{3}+\frac{x^2}{9}+\frac{x^3}{27}+\cdots$

(2) $4+4(1-x)+4(1-x)^2+\cdots$

**考え方** 公比 $r$ が $|r|<1$ となる条件から，$x$ の値の範囲を求める。

**解 答** (1) 初項 1，公比 $\frac{x}{3}$ の無限等比級数であるから，収束するのは $\left|\frac{x}{3}\right|<1$，すなわち，$-3<x<3$ **のとき** であり，その和は

$$\frac{1}{1-\frac{x}{3}}=\boldsymbol{\frac{3}{3-x}}$$

(2) 初項 4，公比 $1-x$ の無限等比級数であるから，収束するのは $|1-x|<1$，すなわち，$-1<1-x<1$ より，$0<x<2$ **のとき** であり，その和は

$$\frac{4}{1-(1-x)}=\boldsymbol{\frac{4}{x}}$$

**教 p.36**

**問 12** $\angle A=30^\circ$，$\angle B=90^\circ$，$AB=a$ の直角三角形 ABC がある。この三角形の内部に右の図のように正方形 $S_1$，$S_2$，$S_3$，… が限りなく並んでいる。これらの正方形の面積の総和を求めよ。

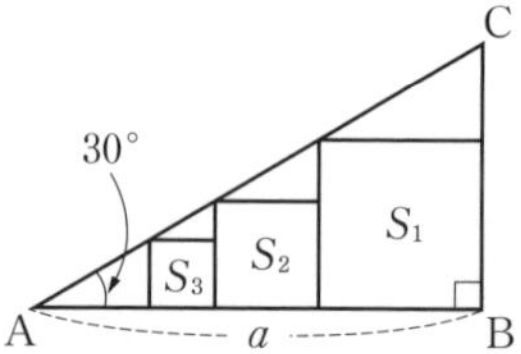


**考え方** まず，$S_1$ の面積を求め，次に $S_{n+1}$ の面積を $S_n$ の面積で表すことを考える。隣り合う正方形の面積の関係を調べるには，それぞれの辺の長さの関係が分かればよい。

**解答** 正方形 $S_n$ の1辺の長さを $x_n$，面積を $T_n$ とおくと，右の図で

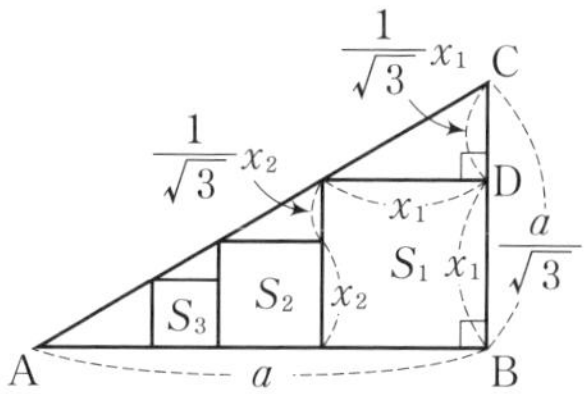


$\mathrm{BC}=\mathrm{BD}+\mathrm{DC}=\left(1+\dfrac{1}{\sqrt{3}}\right)x_1$ より　※

$$\mathrm{BC}=\frac{\sqrt{3}+1}{\sqrt{3}}x_1$$

すなわち

$$x_1=\frac{\sqrt{3}}{\sqrt{3}+1}\mathrm{BC}$$

$$=\frac{\sqrt{3}}{\sqrt{3}+1}\cdot\frac{a}{\sqrt{3}}$$

$$=\frac{a}{\sqrt{3}+1}$$

※

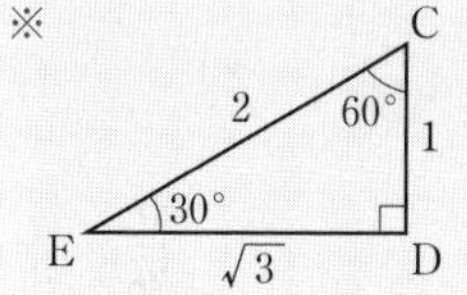


DC：DE$=1:\sqrt{3}$ より

DC：$x_1=1:\sqrt{3}$

$\mathrm{DC}=\dfrac{1}{\sqrt{3}}x_1$

また，$x_2$ を $x_1$ で表すと，上と同様にして，

$\left(1+\dfrac{1}{\sqrt{3}}\right)x_2=x_1$ であるから

$$x_2=\frac{\sqrt{3}}{\sqrt{3}+1}x_1$$

同様に考えて，$x_{n+1}$ を $x_n$ で表すと

$$x_{n+1}=\frac{\sqrt{3}}{\sqrt{3}+1}x_n$$

よって

$$T_1={x_1}^2=\left(\frac{a}{\sqrt{3}+1}\right)^2=\frac{a^2}{4+2\sqrt{3}}$$

$$T_{n+1}={x_{n+1}}^2=\left(\frac{\sqrt{3}}{\sqrt{3}+1}x_n\right)^2=\frac{3}{4+2\sqrt{3}}{x_n}^2=\frac{3}{4+2\sqrt{3}}T_n$$

したがって，正方形の面積の総和 $T_1+T_2+T_3+\cdots+T_n+\cdots$ は，初項 $T_1={x_1}^2=\dfrac{a^2}{4+2\sqrt{3}}$，公比 $\dfrac{3}{4+2\sqrt{3}}$ の無限等比級数である。

$0<\dfrac{3}{4+2\sqrt{3}}<1$ より，この無限等比級数は収束し，その和は

$$\frac{\dfrac{a^2}{4+2\sqrt{3}}}{1-\dfrac{3}{4+2\sqrt{3}}}=\frac{a^2}{(4+2\sqrt{3})-3}=\frac{a^2}{2\sqrt{3}+1}$$

$$=\frac{(2\sqrt{3}-1)a^2}{(2\sqrt{3}+1)(2\sqrt{3}-1)}=\frac{2\sqrt{3}-1}{11}a^2$$

教 p.37

**問 13** 次の循環小数を分数で表せ。

(1) $0.\dot{6}$　　(2) $0.\dot{2}7\dot{0}$　　(3) $4.2\dot{5}\dot{4}$

**考え方** 循環小数において，数字が繰り返される部分を無限等比級数で表して，その和を求める。

**解答** (1)
$$0.\dot{6} = 0.6666\cdots$$
$$= 0.6 + 0.06 + 0.006 + \cdots$$

この右辺は，初項 0.6，公比 0.1 の無限等比級数である。

$|0.1| < 1$ であるから，収束して

$$0.\dot{6} = \frac{0.6}{1-0.1} = \frac{6}{9} = \frac{2}{3}$$

(2)
$$0.\dot{2}7\dot{0} = 0.270270270\cdots$$
$$= 0.270 + 0.000270 + 0.000000270 + \cdots$$

この右辺は，初項 0.270，公比 0.001 の無限等比級数である。

$|0.001| < 1$ であるから，収束して

$$0.\dot{2}7\dot{0} = \frac{0.270}{1-0.001} = \frac{270}{999} = \frac{10}{37}$$

(3) $4.2\dot{5}\dot{4} = 4.2545454\cdots$
$$= 4.2 + 0.054 + 0.00054 + \cdots$$

この右辺の第 2 項以下は，初項 0.054，公比 0.01 の無限等比級数である。

$|0.01| < 1$ であるから，収束して

$$4.2\dot{5}\dot{4} = 4.2 + \frac{0.054}{1-0.01} = 4.2 + \frac{54}{990} = \frac{21}{5} + \frac{3}{55} = \frac{234}{55}$$

# 5 いろいろな無限級数

## 用語のまとめ

**無限級数の和・差・実数倍**

- 無限級数 $\displaystyle\sum_{n=1}^{\infty} a_n$, $\displaystyle\sum_{n=1}^{\infty} b_n$ が収束して，その和がそれぞれ $S$, $T$ であるとき，次の性質が成り立つ。

[1] $\displaystyle\sum_{n=1}^{\infty} ka_n = kS$　ただし，$k$ は定数

[2] $\displaystyle\sum_{n=1}^{\infty} (a_n + b_n) = S + T$

[3] $\displaystyle\sum_{n=1}^{\infty} (a_n - b_n) = S - T$

教 p.38

**問 14**　次の無限級数の和を求めよ。

(1) $\displaystyle\sum_{n=1}^{\infty} \frac{5^n - 2^n}{10^n}$　　(2) $\displaystyle\sum_{n=1}^{\infty} \frac{3\cdot 2^n + (-3)^n}{5^n}$

**考え方**　与えられた無限級数を，収束する無限等比級数の和や差の形に変形する。

**解答**　(1)

$$\frac{5^n - 2^n}{10^n} = \frac{1}{2^n} - \frac{1}{5^n}$$

無限等比級数 $\displaystyle\sum_{n=1}^{\infty} \frac{1}{2^n}$, $\displaystyle\sum_{n=1}^{\infty} \frac{1}{5^n}$ の公比はそれぞれ $\frac{1}{2}$, $\frac{1}{5}$ であるから，これらはいずれも収束して，その和は

$$\sum_{n=1}^{\infty} \frac{1}{2^n} = \frac{\frac{1}{2}}{1 - \frac{1}{2}} = 1$$

$$\sum_{n=1}^{\infty} \frac{1}{5^n} = \frac{\frac{1}{5}}{1 - \frac{1}{5}} = \frac{1}{4}$$

したがって

$$\sum_{n=1}^{\infty} \frac{5^n - 2^n}{10^n} = \sum_{n=1}^{\infty} \frac{1}{2^n} - \sum_{n=1}^{\infty} \frac{1}{5^n} = 1 - \frac{1}{4} = \frac{3}{4}$$

(2)

$$\frac{3\cdot 2^n + (-3)^n}{5^n} = 3\cdot\left(\frac{2}{5}\right)^n + \left(-\frac{3}{5}\right)^n$$

無限等比級数 $\sum_{n=1}^{\infty}\left(\frac{2}{5}\right)^n$, $\sum_{n=1}^{\infty}\left(-\frac{3}{5}\right)^n$ の公比はそれぞれ $\frac{2}{5}$, $-\frac{3}{5}$ であるから，これらはいずれも収束して，その和は

$$\sum_{n=1}^{\infty}\left(\frac{2}{5}\right)^n=\frac{\frac{2}{5}}{1-\frac{2}{5}}=\frac{2}{3}$$

$$\sum_{n=1}^{\infty}\left(-\frac{3}{5}\right)^n=\frac{-\frac{3}{5}}{1-\left(-\frac{3}{5}\right)}=-\frac{3}{8}$$

したがって

$$\sum_{n=1}^{\infty}\frac{3\cdot 2^n+(-3)^n}{5^n}=3\sum_{n=1}^{\infty}\left(\frac{2}{5}\right)^n+\sum_{n=1}^{\infty}\left(-\frac{3}{5}\right)^n=3\cdot\frac{2}{3}-\frac{3}{8}=\frac{13}{8}$$

**● 無限級数の収束・発散** 解き方のポイント

1 無限級数 $\sum_{n=1}^{\infty}a_n$ が収束する $\Longrightarrow$ $\lim_{n\to\infty}a_n=0$

2 数列 $\{a_n\}$ が 0 に収束しない $\Longrightarrow$ 無限級数 $\sum_{n=1}^{\infty}a_n$ は発散する

教 p.39

**問 15** 無限級数 $\sum_{n=1}^{\infty}\frac{1+2+3+\cdots+n}{n^2}$ は発散することを示せ。

**考え方** まず，第 $n$ 項 $a_n$ を $n$ の式で表し，$n\to\infty$ のとき $a_n$ が 0 に収束しないことを示せばよい。

**証明**

$$\frac{1+2+3+\cdots+n}{n^2}=\frac{\frac{1}{2}n(n+1)}{n^2}=\frac{n+1}{2n}=\frac{1}{2}+\frac{1}{2n}$$

であるから，数列 $\left\{\frac{1+2+3+\cdots+n}{n^2}\right\}$ は

$$\lim_{n\to\infty}\frac{1+2+3+\cdots+n}{n^2}=\lim_{n\to\infty}\left(\frac{1}{2}+\frac{1}{2n}\right)=\frac{1}{2}$$

で 0 に収束しないから，無限級数

$$\sum_{n=1}^{\infty}\frac{1+2+3+\cdots+n}{n^2}=\frac{1}{1^2}+\frac{1+2}{2^2}+\frac{1+2+3}{3^2}+\cdots+\frac{1+2+3+\cdots+n}{n^2}+\cdots$$

は発散する。

## 問題

教 p.40

**7** $\lim_{n\to\infty} a_n = \infty$, $\lim_{n\to\infty} b_n = 0$ である数列 $\{a_n\}$, $\{b_n\}$ の中で，次のようになる数列 $\{a_n\}$, $\{b_n\}$ の例を挙げよ。

(1) $\lim_{n\to\infty} a_n b_n = 0$　(2) $\lim_{n\to\infty} a_n b_n = \infty$　(3) $\lim_{n\to\infty} a_n b_n = 3$

**考え方** $\lim_{n\to\infty} a_n = \infty$ となる数列 $\{a_n\}$ として

$$a_n = n,\ n^2,\ \cdots$$

などが考えられる。また，$\lim_{n\to\infty} b_n = 0$ となる数列 $\{b_n\}$ として

$$b_n = \frac{1}{n},\ \frac{1}{n^2},\ \cdots$$

などが考えられる。$\lim_{n\to\infty} a_n b_n$ が条件を満たすように，$a_n$, $b_n$ の組み合わせを考える。

**解答** (1) $a_n = n$, $b_n = \frac{1}{n^2}$ とする。

$$\lim_{n\to\infty} a_n = \infty,\ \lim_{n\to\infty} b_n = 0$$

である。また，$a_n b_n = \frac{1}{n}$ であるから

$$\lim_{n\to\infty} a_n b_n = 0$$

となり，条件を満たしている。

(2) $a_n = n^2$, $b_n = \frac{1}{n}$ とする。

$$\lim_{n\to\infty} a_n = \infty,\ \lim_{n\to\infty} b_n = 0$$

である。また，$a_n b_n = n$ であるから

$$\lim_{n\to\infty} a_n b_n = \infty$$

となり，条件を満たしている。

(3) $a_n = n$, $b_n = \frac{3}{n}$ とする。

$$\lim_{n\to\infty} a_n = \infty,\ \lim_{n\to\infty} b_n = 0$$

である。また，$a_n b_n = 3$ であるから

$$\lim_{n\to\infty} a_n b_n = 3$$

となり，条件を満たしている。

**8** 次の極限を調べよ。

(1) $\displaystyle\lim_{n\to\infty}\frac{5-3n^2}{(n+1)(n+2)}$　　(2) $\displaystyle\lim_{n\to\infty}\frac{5-2n^3}{3n^2+4}$

(3) $\displaystyle\lim_{n\to\infty}\{\sqrt{(n+2)(n+3)}-\sqrt{(n-2)(n-3)}\}$

(4) $\displaystyle\lim_{n\to\infty}\frac{1}{n^2}\cos\frac{n\pi}{4}$　　(5) $\displaystyle\lim_{n\to\infty}\frac{3^n-(-5)^n}{(-5)^n+3^n}$

**考え方** (1), (2) 分母，分子を分母の多項式の最も次数が高い項 $n^2$ で割る。

(3) 分母が 1 の分数の形とみなして分子を有理化する。

(4) はさみうちの原理を用いる。

(5) 分母，分子を $(-5)^n$ で割る。

**解 答** (1) $$\lim_{n\to\infty}\frac{5-3n^2}{(n+1)(n+2)}=\lim_{n\to\infty}\frac{5-3n^2}{n^2+3n+2}$$

$$=\lim_{n\to\infty}\frac{\frac{5}{n^2}-3}{1+\frac{3}{n}+\frac{2}{n^2}}$$

$$=\frac{0-3}{1+0+0}=-3$$

(2) $$\lim_{n\to\infty}\frac{5-2n^3}{3n^2+4}=\lim_{n\to\infty}\frac{\frac{5}{n^2}-2n}{3+\frac{4}{n^2}}$$

$$\lim_{n\to\infty}\left(\frac{5}{n^2}-2n\right)=-\infty,\quad \lim_{n\to\infty}\left(3+\frac{4}{n^2}\right)=3$$

であるから

$$\lim_{n\to\infty}\frac{5-2n^3}{3n^2+4}=-\infty$$

(3) $$\lim_{n\to\infty}\{\sqrt{(n+2)(n+3)}-\sqrt{(n-2)(n-3)}\}$$

$$=\lim_{n\to\infty}\frac{\{\sqrt{(n+2)(n+3)}-\sqrt{(n-2)(n-3)}\}\{\sqrt{(n+2)(n+3)}+\sqrt{(n-2)(n-3)}\}}{\sqrt{(n+2)(n+3)}+\sqrt{(n-2)(n-3)}}$$

$$=\lim_{n\to\infty}\frac{(n+2)(n+3)-(n-2)(n-3)}{\sqrt{(n+2)(n+3)}+\sqrt{(n-2)(n-3)}}$$

$$=\lim_{n\to\infty}\frac{(n^2+5n+6)-(n^2-5n+6)}{\sqrt{n^2+5n+6}+\sqrt{n^2-5n+6}}$$

$$=\lim_{n\to\infty}\frac{10n}{\sqrt{n^2+5n+6}+\sqrt{n^2-5n+6}}$$

$$= \lim_{n\to\infty} \frac{10}{\sqrt{1+\frac{5}{n}+\frac{6}{n^2}}+\sqrt{1-\frac{5}{n}+\frac{6}{n^2}}}$$

$$= \frac{10}{1+1} = 5$$

(4) $-1 \leqq \cos\frac{n\pi}{4} \leqq 1$ であるから

$$-\frac{1}{n^2} \leqq \frac{1}{n^2}\cos\frac{n\pi}{4} \leqq \frac{1}{n^2}$$

ここで，$\lim_{n\to\infty}\left(-\frac{1}{n^2}\right)=0$，$\lim_{n\to\infty}\frac{1}{n^2}=0$ であるから

$$\lim_{n\to\infty}\frac{1}{n^2}\cos\frac{n\pi}{4} = 0$$ ⟵ はさみうちの原理

(5) $\lim_{n\to\infty}\frac{3^n-(-5)^n}{(-5)^n+3^n} = \lim_{n\to\infty}\frac{\left(-\frac{3}{5}\right)^n-1}{1+\left(-\frac{3}{5}\right)^n} = \frac{0-1}{1+0} = -1$

**9** 無限等比数列 3，$6a$，$12a^2$，$24a^3$，…が収束するような定数 $a$ の値の範囲を求めよ。また，そのときの極限値を求めよ。

**考え方** 公比 $r$ を $a$ で表し，$-1 < r \leqq 1$ となる $a$ の値の範囲を求める。

**解答** 初項 3，公比 $2a$ の無限等比数列であるから，収束するような $a$ の値の範囲は

$$-1 < 2a \leqq 1 \quad すなわち \quad -\frac{1}{2} < a \leqq \frac{1}{2}$$

一般項が $3\cdot(2a)^{n-1}$ であるから

$2a=1$ すなわち $a=\frac{1}{2}$ のとき，極限値は $\lim_{n\to\infty}3\cdot\left(2\cdot\frac{1}{2}\right)^{n-1}=3$

$|2a|<1$ すなわち $-\frac{1}{2}<a<\frac{1}{2}$ のとき，極限値は $\lim_{n\to\infty}3\cdot(2a)^{n-1}=0$

**10** $a_1=5$，$a_{n+1}=-\frac{1}{3}a_n+4$ $(n=1, 2, 3, \cdots)$ で定められる数列 $\{a_n\}$ について，$\lim_{n\to\infty}a_n$ を求めよ。

**考え方** $\alpha=-\frac{1}{3}\alpha+4$ の解を用いて $a_{n+1}-\alpha=-\frac{1}{3}(a_n-\alpha)$ の形に変形する。このとき数列 $\{a_n-\alpha\}$ は等比数列となる。

**解　答**　与えられた漸化式を変形すると

$$a_{n+1}-3=-\frac{1}{3}(a_n-3)$$

$\alpha=-\frac{1}{3}\alpha+4$ を解いて　$\alpha=3$

ここで，$a_1-3=5-3=2$ であるから，数列 $\{a_n-3\}$ は初項 2，公比 $-\frac{1}{3}$ の等比数列である。

したがって　　$a_n-3=2\cdot\left(-\frac{1}{3}\right)^{n-1}$

すなわち　　$a_n=3+2\cdot\left(-\frac{1}{3}\right)^{n-1}$

$\lim_{n\to\infty}\left(-\frac{1}{3}\right)^{n-1}=0$ であるから　　$\lim_{n\to\infty}a_n=3$

**11**　次の無限級数の収束，発散を調べ，収束するときはその和を求めよ。

(1)　$\left(\frac{1}{2}+\frac{1}{3}\right)+\left(\frac{1}{4}+\frac{1}{6}\right)+\left(\frac{1}{8}+\frac{1}{12}\right)+\left(\frac{1}{16}+\frac{1}{24}\right)+\cdots$

(2)　$\sum_{n=1}^{\infty}\frac{2}{\sqrt{n+2}+\sqrt{n}}$　　　(3)　$\sum_{n=1}^{\infty}\frac{n^2-1}{n^2+3n}$

**考え方**　(1)　第 $n$ 項を $n$ の式で表すと，1 つの無限等比級数にまとめられる。

(2)　第 $n$ 項までの部分和を求めるために，$\frac{2}{\sqrt{n+2}+\sqrt{n}}$ の分母を有理化して，差の形をつくる。

(3)　数列 $\{a_n\}$ が 0 に収束しなければ，無限級数 $\sum_{n=1}^{\infty}a_n$ は発散することを利用する。

**解　答**　(1)

$$\left(\frac{1}{2}+\frac{1}{3}\right)+\left(\frac{1}{4}+\frac{1}{6}\right)+\left(\frac{1}{8}+\frac{1}{12}\right)+\left(\frac{1}{16}+\frac{1}{24}\right)+\cdots$$

$$=\left(\frac{1}{2}+\frac{1}{4}+\frac{1}{8}+\frac{1}{16}+\cdots\right)+\left(\frac{1}{3}+\frac{1}{6}+\frac{1}{12}+\frac{1}{24}+\cdots\right)$$

$$=\sum_{n=1}^{\infty}\left\{\left(\frac{1}{2}\right)^n+\frac{1}{3}\cdot\left(\frac{1}{2}\right)^{n-1}\right\}=\sum_{n=1}^{\infty}\left(\frac{1}{2}+\frac{1}{3}\right)\left(\frac{1}{2}\right)^{n-1}$$

$$=\sum_{n=1}^{\infty}\frac{5}{6}\cdot\left(\frac{1}{2}\right)^{n-1}$$

よって，この無限級数は初項 $\frac{5}{6}$，公比 $\frac{1}{2}$ の無限等比級数であるから **収束** し，その **和は**　$\dfrac{\frac{5}{6}}{1-\frac{1}{2}}=\frac{5}{3}$

(2) $\dfrac{2}{\sqrt{n+2}+\sqrt{n}}$

$$=\frac{2(\sqrt{n+2}-\sqrt{n})}{(\sqrt{n+2}+\sqrt{n})(\sqrt{n+2}-\sqrt{n})}$$

$$=\frac{2(\sqrt{n+2}-\sqrt{n})}{(n+2)-n}$$

$$=\sqrt{n+2}-\sqrt{n}$$

と変形できるから，第 $n$ 項までの部分和 $S_n$ は

$$S_n=(\sqrt{3}-1)+(\sqrt{4}-\sqrt{2})+(\sqrt{5}-\sqrt{3})+(\sqrt{6}-\sqrt{4})+\cdots$$
$$+(\sqrt{n}-\sqrt{n-2})+(\sqrt{n+1}-\sqrt{n-1})+(\sqrt{n+2}-\sqrt{n})$$
$$=-1-\sqrt{2}+\sqrt{n+1}+\sqrt{n+2}$$

よって

$$\lim_{n\to\infty}S_n=\lim_{n\to\infty}(-1-\sqrt{2}+\sqrt{n+1}+\sqrt{n+2})=\infty$$

したがって，与えられた無限級数は **発散** する。

(3) $$\lim_{n\to\infty}\frac{n^2-1}{n^2+3n}=\lim_{n\to\infty}\frac{1-\frac{1}{n^2}}{1+\frac{3}{n}}=1$$

よって，数列 $\left\{\dfrac{n^2-1}{n^2+3n}\right\}$ は 0 に収束しないから，与えられた無限級数は **発散** する。

**12** AB ＝ $a$，$\angle$B ＝ 90° の直角二等辺三角形 ABC がある。点 A を中心とし，辺 AB を半径とする円と辺 AC との交点を $P_1$ とし，扇形 $ABP_1$ をつくる。次に，$P_1$ から辺 BC に垂線 $P_1Q_1$ を引き，同じようにして，扇形 $P_1Q_1P_2$ をつくる。このような操作を無限に続けるとき，これらの扇形の弧の長さの総和を求めよ。

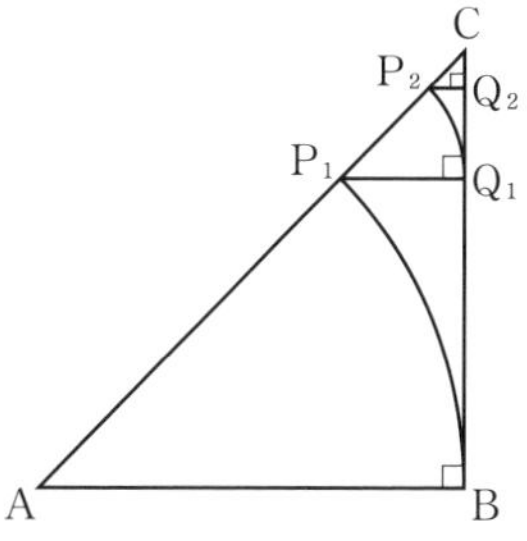


**考え方** この操作でつくられる扇形の弧の長さは，(半径) × (中心角) である。また，つくられる扇形はすべて相似であり，隣り合う扇形の相似比を用いる。

**解 答** 中心角 $\angle\text{CAB}=\dfrac{\pi}{4}$ であるから　弧 $P_1B=a\cdot\dfrac{\pi}{4}=\dfrac{\pi a}{4}$

点 A を $P_0$，点 B を $Q_0$ とみなすことにする。

扇形 $P_nQ_nP_{n+1}$ ∽ 扇形 $P_{n+1}Q_{n+1}P_{n+2}$ $(n=0,\ 1,\ 2,\ \cdots)$

であり，相似比は

$\dfrac{P_1Q_1}{AB}$

また，$\triangle ABC \backsim \triangle P_1Q_1C$ であり

$$\frac{P_1Q_1}{AB}=\frac{P_1C}{AC}=\frac{AC-AP_1}{AC}=\frac{\sqrt{2}\,a-a}{\sqrt{2}\,a}=\frac{\sqrt{2}-1}{\sqrt{2}}=\frac{2-\sqrt{2}}{2}$$

したがって，扇形の弧の長さの総和は，初項 $\dfrac{\pi a}{4}$，公比 $\dfrac{2-\sqrt{2}}{2}$ の無限等比級数の和である。

$0<\dfrac{2-\sqrt{2}}{2}<1$ より，この無限等比級数は収束して，その和は

$$\frac{\dfrac{\pi a}{4}}{1-\dfrac{2-\sqrt{2}}{2}}=\frac{\dfrac{\pi a}{4}}{\dfrac{\sqrt{2}}{2}}=\frac{\pi a}{2\sqrt{2}}=\frac{\sqrt{2}\,\pi a}{4}$$

## 探究　いろいろな漸化式と極限値［課題学習］　教 p.41

**考察 1**　次の $a_{n+1}=pa_n+q$ $(n=1,\ 2,\ 3,\ \cdots)$ の式で定められる数列 $\{a_n\}$ の極限を調べてみよう。また，右上の図（省略）のようにして，数列 $\{a_n\}$ の極限と，2 直線 $y=px+q$，$y=x$ の関係について調べてみよう。

(1)　$a_1=2$，$a_{n+1}=2a_n-1$　$(n=1,\ 2,\ 3,\ \cdots)$

(2)　$a_1=-1$，$a_{n+1}=-\dfrac{1}{3}a_n+2$　$(n=1,\ 2,\ 3,\ \cdots)$

(3)　$a_1=1$，$a_{n+1}=-a_n+6$　$(n=1,\ 2,\ 3,\ \cdots)$

**解答**　(1)　与えられた漸化式を変形すると

$$a_{n+1}-1=2(a_n-1)$$

（$\alpha=2\alpha-1$ を解いて　$\alpha=1$）

ここで，$a_1-1=2-1=1$ であるから，数列 $\{a_n-1\}$ は初項 1，公比 2 の等比数列である。

したがって　　$a_n-1=2^{n-1}$

すなわち　　$a_n=1+2^{n-1}$

$\displaystyle\lim_{n\to\infty}2^{n-1}=\infty$ であるから

$$\lim_{n\to\infty}a_n=\infty$$

$f(x)=2x-1$ とおくと，与えられた関係式は

$$a_{n+1}=f(a_n),\quad a_1=2$$

と表される。

2 直線 $y=2x-1$ と $y=x$ の

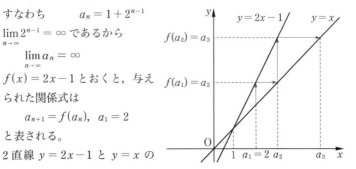

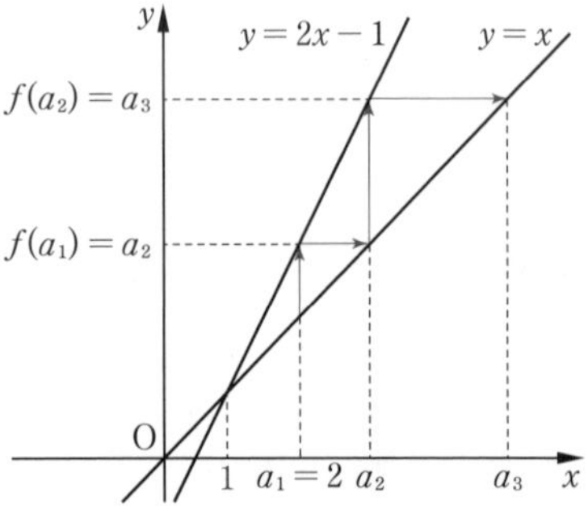

交点の $x$ 座標は

$$2x-1=x$$

すなわち　$x=1$

であるから，数列 $\{a_n\}$ の極限値は，2 直線 $y=2x-1$ と $y=x$ の交点の $x$ 座標 1 と一致しない。

(2) 与えられた漸化式を変形すると

$$a_{n+1}-\frac{3}{2}=-\frac{1}{3}\left(a_n-\frac{3}{2}\right)$$

$\alpha=-\frac{1}{3}\alpha+2$ を解いて　$\alpha=\frac{3}{2}$

ここで，$a_1-\frac{3}{2}=-1-\frac{3}{2}=-\frac{5}{2}$ であるから，数列 $\left\{a_n-\frac{3}{2}\right\}$ は初項 $-\frac{5}{2}$，公比 $-\frac{1}{3}$ の等比数列である。

したがって　$a_n-\frac{3}{2}=-\frac{5}{2}\cdot\left(-\frac{1}{3}\right)^{n-1}$

すなわち　$a_n=\frac{3}{2}-\frac{5}{2}\cdot\left(-\frac{1}{3}\right)^{n-1}$

$\lim_{n\to\infty}\left\{-\frac{5}{2}\cdot\left(-\frac{1}{3}\right)^{n-1}\right\}=0$ であるから　$\lim_{n\to\infty}a_n=\frac{3}{2}$

$f(x)=-\frac{1}{3}x+2$ とおくと，与えられた関係式は

$$a_{n+1}=f(a_n),\quad a_1=-1$$

と表される。

2 直線 $y=-\frac{1}{3}x+2$ と $y=x$ の交点の $x$ 座標は

$$-\frac{1}{3}x+2=x$$

すなわち　$x=\frac{3}{2}$

であるから，数列 $\{a_n\}$ の極限値は，2 直線 $y=-\frac{1}{3}x+2$ と $y=x$ の交点の $x$ 座標 $\frac{3}{2}$ と一致する。

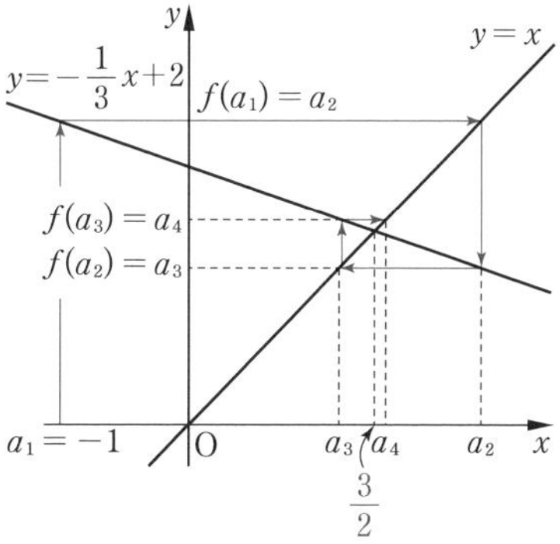


(3) 与えられた漸化式を変形すると

$$a_{n+1}-3=-(a_n-3)$$

$\alpha=-\alpha+6$ を解いて　$\alpha=3$

ここで，$a_1-3=1-3=-2$ であるから，数列 $\{a_n-3\}$ は初項 $-2$，公比 $-1$ の等比数列である。

したがって　$a_n-3=-2\cdot(-1)^{n-1}$

すなわち　　$a_n=3-2\cdot(-1)^{n-1}$

数列 $\{-2\cdot(-1)^{n-1}\}$ は振動するから，数列 $\{a_n\}$ も振動して，**極限は存在しない。**

$f(x)=-x+6$ とおくと，与えられた関係式は

$a_{n+1}=f(a_n)$，$a_1=1$

と表される。

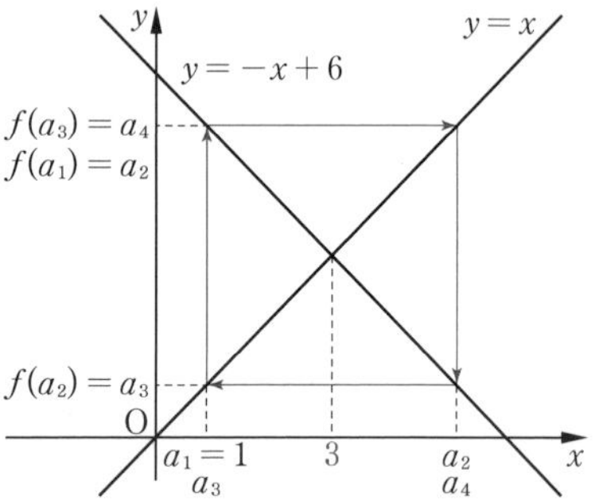


2 直線 $y=-x+6$ と $y=x$ の交点の $x$ 座標は

$-x+6=x$

すなわち　　$x=3$

であるから，数列 $\{a_n\}$ の極限値は，2 直線 $y=-x+6$ と $y=x$ の交点の $x$ 座標 3 と **一致しない。**

**考察 2**　(1)　$a_1=1$，$a_{n+1}=\sqrt{a_n+6}$ $(n=1, 2, 3, \cdots)$ で定められる数列 $\{a_n\}$ の極限値を $y=x$ と $y=\sqrt{x+6}$ のグラフを用いて推測してみよう。

(2)　(1)の数列 $\{a_n\}$ が，不等式 $|a_{n+1}-3|\leqq\dfrac{1}{3}|a_n-3|$ を満たすことを示してみよう。また，数列 $\{a_n\}$ の極限値を求めてみよう。

**解答**　(1)

$y=\sqrt{x+6}$　……①

$y=x$　……②

のグラフは右の図のようになる。

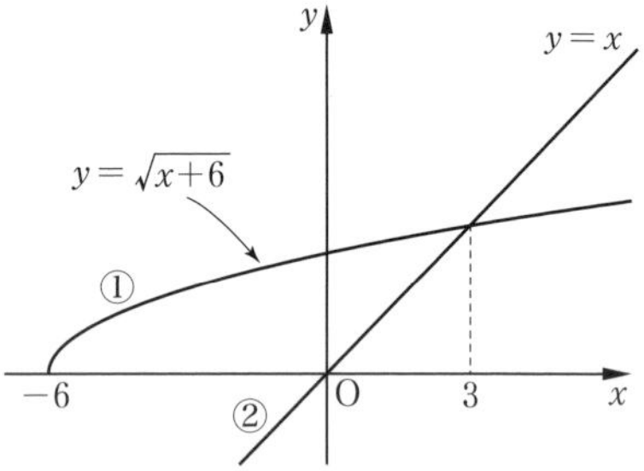


① と ② の共有点の $x$ 座標は，方程式

$\sqrt{x+6}=x$　……③

の解である。

③ の両辺を 2 乗すると

$x+6=x^2$

すなわち　　$x^2-x-6=0$

これを解くと

$x=-2, 3$

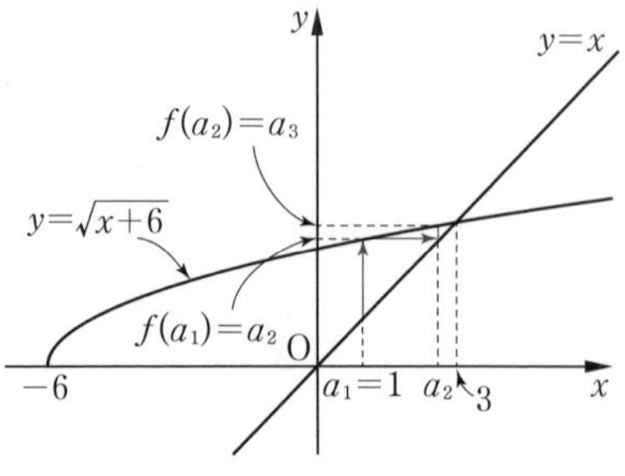


このとき，$x=-2$ は ③ を満たさないが，$x=3$ は ③

を満たす。よって，前ページの下の図から，数列 $\{a_n\}$ の極限値は 3 と推測できる。

(2) $a_{n+1}=\sqrt{a_n+6}$ より

$$|a_{n+1}-3|=|\sqrt{a_n+6}-3|$$
$$=\left|\frac{(\sqrt{a_n+6}-3)(\sqrt{a_n+6}+3)}{\sqrt{a_n+6}+3}\right|$$
$$=\left|\frac{(a_n+6)-9}{\sqrt{a_n+6}+3}\right|$$
$$=\frac{|a_n-3|}{\sqrt{a_n+6}+3}$$

$\sqrt{a_n+6}\geqq 0$ であるから

$$\sqrt{a_n+6}+3\geqq 3,\ すなわち\ \frac{1}{\sqrt{a_n+6}+3}\leqq\frac{1}{3}$$

したがって

$$|a_{n+1}-3|\leqq\frac{1}{3}|a_n-3|$$

が成り立つ。したがって

$$|a_n-3|\leqq\frac{1}{3}|a_{n-1}-3|$$
$$|a_{n-1}-3|\leqq\frac{1}{3}|a_{n-2}-3|$$
$$\cdots\cdots$$
$$|a_2-3|\leqq\frac{1}{3}|a_1-3|$$

となる。

よって

$$|a_n-3|\leqq\frac{1}{3}|a_{n-1}-3|\leqq\left(\frac{1}{3}\right)^2|a_{n-2}-3|\leqq\cdots\leqq\left(\frac{1}{3}\right)^{n-1}|a_1-3|$$

$|a_1-3|=2$ であるから

$$0\leqq|a_n-3|\leqq 2\cdot\left(\frac{1}{3}\right)^{n-1}$$

ここで，$\displaystyle\lim_{n\to\infty}2\cdot\left(\frac{1}{3}\right)^{n-1}=0$ であるから

$$\lim_{n\to\infty}|a_n-3|=0$$

したがって

$$\lim_{n\to\infty}a_n=3$$

# 3節 関数の極限

## 1 関数の極限

**用語のまとめ**

**極限 $\lim_{x \to a} f(x)$**

- 関数 $f(x)$ において，$x$ が $a$ と異なる値をとりながら限りなく $a$ に近づくとき，$f(x)$ の値が一定の値 $\alpha$ に限りなく近づくならば

$$\lim_{x \to a} f(x) = \alpha \quad \text{または} \quad x \to a \text{ のとき } f(x) \to \alpha$$

と表し，$\alpha$ を $x \to a$ のときの $f(x)$ の **極限値** という。

- この場合，“$x \to a$ のとき $f(x)$ は $\alpha$ に **収束** する”という。

**極限 $\lim_{x \to a} f(x) = \infty$，$\lim_{x \to a} f(x) = -\infty$**

- 関数 $f(x)$ において，$x$ が $a$ と異なる値をとりながら限りなく $a$ に近づくとき，$f(x)$ の値が限りなく大きくなるならば

$$\lim_{x \to a} f(x) = \infty \quad \text{または} \quad x \to a \text{ のとき } f(x) \to \infty$$

と表し，“$x \to a$ のとき $f(x)$ は **正の無限大に発散** する”という。

- 関数 $f(x)$ において，$f(x)$ の値が負でその絶対値が限りなく大きくなるならば

$$\lim_{x \to a} f(x) = -\infty \quad \text{または} \quad x \to a \text{ のとき } f(x) \to -\infty$$

と表し，“$x \to a$ のとき $f(x)$ は **負の無限大に発散** する”という。

**右側からの極限，左側からの極限**

- 関数 $f(x)$ において，$x$ が $a$ より大きい値をとりながら限りなく $a$ に近づくとき，$f(x)$ の値が限りなく $\alpha$ に近づくならば，$\alpha$ を“$x$ が右側から $a$ に近づくときの $f(x)$ の極限値”といい，$\lim_{x \to a+0} f(x) = \alpha$ と表す。
- “$x$ が左側から $a$ に近づくときの $f(x)$ の極限値”も同様に定義され，その極限値 $\beta$ が存在するならば，$\lim_{x \to a-0} f(x) = \beta$ と表す。
- 特に，$a = 0$ の場合は

$$x \to 0+0 \text{ を } x \to +0, \quad x \to 0-0 \text{ を } x \to -0$$

と表す。

- $\lim_{x \to a} f(x) = \alpha$ というのは

$$\lim_{x \to a+0} f(x) \text{ も } \lim_{x \to a-0} f(x) \text{ も存在して，ともに } \alpha$$

となることである。

- 右側からの極限値 $\lim_{x \to a+0} f(x)$ と左側からの極限値 $\lim_{x \to a-0} f(x)$ がともに存在しても，それらが異なるならば $\lim_{x \to a} f(x)$ は存在しない。

**$x \to \infty$，$x \to -\infty$ のときの極限**

- 関数 $f(x)$ において，$x$ が限りなく大きくなるとき，$f(x)$ の値が一定の値 $\alpha$ に近づくならば

$$\lim_{x \to \infty} f(x) = \alpha$$

と表し，$\alpha$ を $x \to \infty$ のときの $f(x)$ の **極限値** という。

$\lim_{x \to -\infty} f(x) = \alpha$ などの意味についても同様である。

## 極限値と四則(1)　解き方のポイント

$\lim_{x \to a} f(x) = \alpha$，$\lim_{x \to a} g(x) = \beta$ のとき

1. $\lim_{x \to a} kf(x) = k\alpha$　　ただし，$k$ は定数
2. $\lim_{x \to a} \{f(x) + g(x)\} = \alpha + \beta$
   $\lim_{x \to a} \{f(x) - g(x)\} = \alpha - \beta$
3. $\lim_{x \to a} \{f(x)g(x)\} = \alpha\beta$
4. $\lim_{x \to a} \dfrac{f(x)}{g(x)} = \dfrac{\alpha}{\beta}$　　ただし，$\beta \neq 0$

注意　定数関数 $f(x) = c$ については，$\lim_{x \to a} f(x) = c$ である。

教 p.43

**問1**　次の極限値を求めよ。

(1) $\lim_{x \to 2} (x^3 - 2x + 1)$　　(2) $\lim_{x \to 1} \dfrac{2x+1}{x^2 - x + 1}$

**考え方**　$\lim_{x \to a} f(x) = f(a)$ となる。

**解答**　(1)

$$\begin{aligned}\lim_{x \to 2} (x^3 - 2x + 1) &= 2^3 - 2 \cdot 2 + 1 \\ &= 8 - 4 + 1 \\ &= 5\end{aligned}$$

(2)

$$\begin{aligned}\lim_{x \to 1} \frac{2x+1}{x^2 - x + 1} &= \frac{2 \cdot 1 + 1}{1^2 - 1 + 1} \\ &= \frac{2+1}{1-1+1} \\ &= 3\end{aligned}$$

教 p.43

**問 2** 次の極限値を求めよ。

(1) $\displaystyle\lim_{x\to-1}\frac{x^2-x-2}{x+1}$ (2) $\displaystyle\lim_{x\to1}\frac{2x^2-5x+3}{x^2+2x-3}$

(3) $\displaystyle\lim_{x\to3}\frac{\sqrt{x+1}-2}{x-3}$ (4) $\displaystyle\lim_{x\to0}\frac{1}{x}\left(\frac{1}{6+x}-\frac{1}{6}\right)$

**考え方** 分母→0のままでは極限値が求められないので，式を変形する。

(1)，(2) 分母，分子を約分してから $x=a$ を代入する。

(3) 分子を有理化してから約分し，$x=3$ を代入する。

(4) 通分してから約分し，$x=0$ を代入する。

**解 答** (1) $\displaystyle\lim_{x\to-1}\frac{x^2-x-2}{x+1}=\lim_{x\to-1}\frac{(x+1)(x-2)}{x+1}$

$\displaystyle=\lim_{x\to-1}(x-2)=-3$

(2) $\displaystyle\lim_{x\to1}\frac{2x^2-5x+3}{x^2+2x-3}=\lim_{x\to1}\frac{(x-1)(2x-3)}{(x-1)(x+3)}$

$\displaystyle=\lim_{x\to1}\frac{2x-3}{x+3}=-\frac{1}{4}$

(3) $\displaystyle\lim_{x\to3}\frac{\sqrt{x+1}-2}{x-3}=\lim_{x\to3}\frac{(\sqrt{x+1}-2)(\sqrt{x+1}+2)}{(x-3)(\sqrt{x+1}+2)}$

$\displaystyle=\lim_{x\to3}\frac{x-3}{(x-3)(\sqrt{x+1}+2)}$

$\displaystyle=\lim_{x\to3}\frac{1}{\sqrt{x+1}+2}=\frac{1}{4}$

(4) $\displaystyle\lim_{x\to0}\frac{1}{x}\left(\frac{1}{6+x}-\frac{1}{6}\right)=\lim_{x\to0}\frac{1}{x}\cdot\frac{6-(6+x)}{6(6+x)}$

$\displaystyle=\lim_{x\to0}\frac{1}{x}\cdot\frac{-x}{6(6+x)}$

$\displaystyle=\lim_{x\to0}\frac{-1}{6(6+x)}=-\frac{1}{36}$

● **極限値と四則(2)** …………… **解き方のポイント**

関数 $f(x)$，$g(x)$ について，次のことが成り立つ。

$\displaystyle\lim_{x\to a}\frac{f(x)}{g(x)}=\alpha$，$\displaystyle\lim_{x\to a}g(x)=0$ ならば $\displaystyle\lim_{x\to a}f(x)=0$

**教 p.44**

**問3** 次の等式が成り立つような定数 $a$, $b$ の値を求めよ。

(1) $\displaystyle\lim_{x\to-2}\frac{x^2+ax+b}{x+2}=3$　　(2) $\displaystyle\lim_{x\to1}\frac{a\sqrt{x+1}-b}{x-1}=\sqrt{2}$

**考え方** $\dfrac{分子}{分母}\to\alpha$, 分母 $\to0$ ならば 分子 $\to0$ である。これより $a$ と $b$ の関係式をつくり，与式の左辺に代入して計算し，極限値を $a$ で表す。

**解答** (1) $\displaystyle\lim_{x\to-2}\frac{x^2+ax+b}{x+2}=3$ が成り立つとすると，

$\displaystyle\lim_{x\to-2}(x+2)=0$ であるから　$\displaystyle\lim_{x\to-2}(x^2+ax+b)=0$

すなわち　$4-2a+b=0$

ゆえに　$b=2a-4$　……①

このとき

$$\lim_{x\to-2}\frac{x^2+ax+b}{x+2}$$
$$=\lim_{x\to-2}\frac{x^2+ax+(2a-4)}{x+2}$$
$$=\lim_{x\to-2}\frac{(x+2)(x+a-2)}{x+2}$$
$$=\lim_{x\to-2}(x+a-2)$$
$$=a-4$$

よって　$a-4=3$ より　$a=7$

これと①から　$b=10$

したがって　$a=7$, $b=10$

(2) $\displaystyle\lim_{x\to1}\frac{a\sqrt{x+1}-b}{x-1}=\sqrt{2}$ が成り立つとすると，

$\displaystyle\lim_{x\to1}(x-1)=0$ であるから　$\displaystyle\lim_{x\to1}(a\sqrt{x+1}-b)=0$

すなわち　$\sqrt{2}\,a-b=0$

ゆえに　$b=\sqrt{2}\,a$　……①

このとき

$$\lim_{x\to1}\frac{a\sqrt{x+1}-b}{x-1}=\lim_{x\to1}\frac{a\sqrt{x+1}-\sqrt{2}\,a}{x-1}$$
$$=\lim_{x\to1}\frac{a(\sqrt{x+1}-\sqrt{2})}{x-1}$$

$$= \lim_{x \to 1} \frac{a(\sqrt{x+1} - \sqrt{2})(\sqrt{x+1} + \sqrt{2})}{(x-1)(\sqrt{x+1} + \sqrt{2})}$$

$$= \lim_{x \to 1} \frac{a(x-1)}{(x-1)(\sqrt{x+1} + \sqrt{2})}$$

$$= \lim_{x \to 1} \frac{a}{\sqrt{x+1} + \sqrt{2}}$$

$$= \frac{a}{2\sqrt{2}}$$

よって　$\dfrac{a}{2\sqrt{2}} = \sqrt{2}$ より　$a = 4$

これと ① から　$b = 4\sqrt{2}$

したがって　$a = 4$，$b = 4\sqrt{2}$

**教 p.45**

**問4**　$\displaystyle \lim_{x \to -2} \left\{1 - \frac{1}{(x+2)^2}\right\}$ を求めよ。

**考え方**　$x + 2 = t$ とおくと，$x \to -2$ すなわち $t \to 0$ に着目して，与えられた極限値を調べる。

**解　答**　$x + 2 = t$ とおくと，$x \to -2$ のとき $x + 2 \to 0$ であるから $t \to 0$ となる。

よって　$\displaystyle \lim_{x \to -2} \frac{1}{(x+2)^2} = \lim_{t \to 0} \frac{1}{t^2} = \infty$

ゆえに　$\displaystyle \lim_{x \to -2} \left\{1 - \frac{1}{(x+2)^2}\right\} = -\infty$

**教 p.46**

**問5**　$\displaystyle \lim_{x \to 3+0} \frac{x^2 - 3x}{|x-3|}$，$\displaystyle \lim_{x \to 3-0} \frac{x^2 - 3x}{|x-3|}$ をそれぞれ求めよ。

**考え方**　$x \to 3+0$，すなわち，$x$ が右側から 3 に近づくときは $x - 3 > 0$, $x \to 3-0$, すなわち，$x$ が左側から 3 に近づくときは $x - 3 < 0$ であることに注意して，絶対値記号を外す。

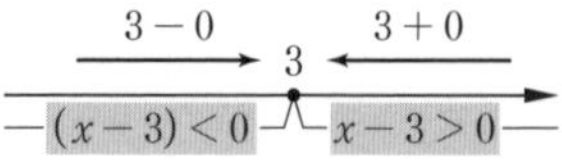


**解　答**　$x \to 3+0$ のとき，$x - 3 > 0$ より，$|x-3| = x-3$ であるから

$$\lim_{x \to 3+0} \frac{x^2 - 3x}{|x-3|} = \lim_{x \to 3+0} \frac{x(x-3)}{x-3} = \lim_{x \to 3+0} x = 3$$

$x \to 3-0$ のとき，$x - 3 < 0$ より，$|x-3| = -(x-3)$ であるから

$$\lim_{x \to 3-0} \frac{x^2 - 3x}{|x-3|} = \lim_{x \to 3-0} \frac{x(x-3)}{-(x-3)} = \lim_{x \to 3-0} (-x) = -3$$

教 p.47

**問6** 次の極限値を求めよ。

(1) $\displaystyle\lim_{x\to\infty}\frac{x-2}{x+2}$　　(2) $\displaystyle\lim_{x\to\infty}\frac{2x-1}{x^2+5x-3}$

(3) $\displaystyle\lim_{x\to\infty}(\sqrt{4x^2-x+1}-2x)$

**考え方** (1), (2) $\infty\div\infty$ の形であるから，分母の多項式の最も次数の高い項 ((1) は $x$，(2) は $x^2$) で分母，分子を割って，分母が 0 以外に収束する形に変形して，極限を考える。

(3) $\infty-\infty$ の形であるから，分母が 1 の分数とみて分子を有理化して差の形をなくす。ここでは $(-\infty)\div\infty$ の形になるから，(1), (2)と同様に，分母が 0 以外に収束する形に変形する。

**解答** (1) $\displaystyle\lim_{x\to\infty}\frac{x-2}{x+2}=\lim_{x\to\infty}\frac{1-\dfrac{2}{x}}{1+\dfrac{2}{x}}$

$\displaystyle=\frac{1-0}{1+0}=1$

(2) $\displaystyle\lim_{x\to\infty}\frac{2x-1}{x^2+5x-3}=\lim_{x\to\infty}\frac{\dfrac{2}{x}-\dfrac{1}{x^2}}{1+\dfrac{5}{x}-\dfrac{3}{x^2}}$

$\displaystyle=\frac{0-0}{1+0-0}=0$

(3) $\displaystyle\lim_{x\to\infty}(\sqrt{4x^2-x+1}-2x)$

$\displaystyle=\lim_{x\to\infty}\frac{(\sqrt{4x^2-x+1}-2x)(\sqrt{4x^2-x+1}+2x)}{\sqrt{4x^2-x+1}+2x}$

$\displaystyle=\lim_{x\to\infty}\frac{-x+1}{\sqrt{4x^2-x+1}+2x}$

$\displaystyle=\lim_{x\to\infty}\frac{-1+\dfrac{1}{x}}{\sqrt{4-\dfrac{1}{x}+\dfrac{1}{x^2}}+2}$

$\displaystyle=\frac{-1}{\sqrt{4}+2}=-\frac{1}{4}$

教 p.48

**問7** 次の極限値を求めよ。

$$\lim_{x\to-\infty}(\sqrt{x^2+3x-1}+x)$$

**考え方** $x=-t$ とおき，$t\to\infty$ のときの極限に置き換えて考える。

**解 答** $x=-t$ とおくと

$$\sqrt{x^2+3x-1}+x=\sqrt{t^2-3t-1}-t$$

また，$x\to-\infty$ のとき，$t\to\infty$ であるから

$$\begin{aligned}&\lim_{x\to-\infty}(\sqrt{x^2+3x-1}+x)\\&=\lim_{t\to\infty}(\sqrt{t^2-3t-1}-t)\\&=\lim_{t\to\infty}\frac{(\sqrt{t^2-3t-1}-t)(\sqrt{t^2-3t-1}+t)}{\sqrt{t^2-3t-1}+t}\\&=\lim_{t\to\infty}\frac{-3t-1}{\sqrt{t^2-3t-1}+t}\\&=\lim_{t\to\infty}\frac{-3-\frac{1}{t}}{\sqrt{1-\frac{3}{t}-\frac{1}{t^2}}+1}\\&=\frac{-3}{\sqrt{1}+1}=-\frac{3}{2}\end{aligned}$$

教 p.48

**問8** 次の極限を調べよ。

(1) $\lim_{x\to\infty}(x^4-3x-1)$ (2) $\lim_{x\to-\infty}\frac{x^3}{x(x+5)}$ (3) $\lim_{x\to\infty}\frac{x^4+4}{x^3-3}$

**考え方** (1) $x^4$ でくくる。

(2), (3) 分母の多項式の最も次数の高い項で分母，分子を割って，分母が0以外に収束する形に変形する。

**解 答** (1) $\lim_{x\to\infty}(x^4-3x-1)=\lim_{x\to\infty}x^4\left(1-\frac{3}{x^3}-\frac{1}{x^4}\right)=\infty$

(2) $\lim_{x\to-\infty}\frac{x^3}{x(x+5)}=\lim_{x\to-\infty}\frac{x^3}{x^2+5x}=\lim_{x\to-\infty}\frac{x}{1+\frac{5}{x}}=-\infty$

(3) $\lim_{x\to\infty}\frac{x^4+4}{x^3-3}=\lim_{x\to\infty}\frac{x+\frac{4}{x^3}}{1-\frac{3}{x^3}}=\infty$

## ● 指数関数・対数関数と極限　　解き方のポイント

**指数関数 $a^x$ の $x \to \infty$, $x \to -\infty$ のときの極限**

[1] $a > 1$ のとき　$\displaystyle\lim_{x\to\infty} a^x = \infty$,　$\displaystyle\lim_{x\to-\infty} a^x = 0$

[2] $0 < a < 1$ のとき　$\displaystyle\lim_{x\to\infty} a^x = 0$,　$\displaystyle\lim_{x\to-\infty} a^x = \infty$

[1] $a > 1$

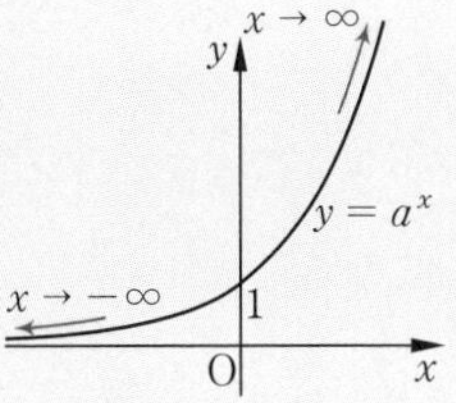


[2] $0 < a < 1$

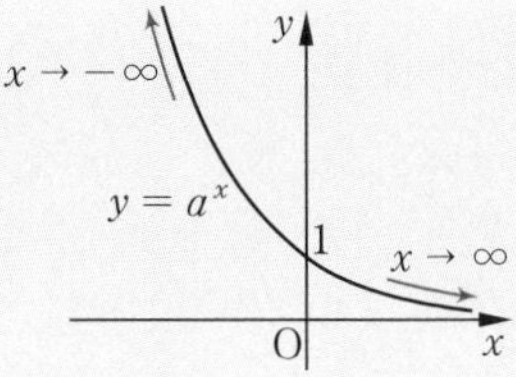


**対数関数 $\log_a x$ の $x \to \infty$, $x \to +0$ のときの極限**

[3] $a > 1$ のとき　$\displaystyle\lim_{x\to\infty} \log_a x = \infty$,　$\displaystyle\lim_{x\to+0} \log_a x = -\infty$

[4] $0 < a < 1$ のとき　$\displaystyle\lim_{x\to\infty} \log_a x = -\infty$,　$\displaystyle\lim_{x\to+0} \log_a x = \infty$

[3] $a > 1$

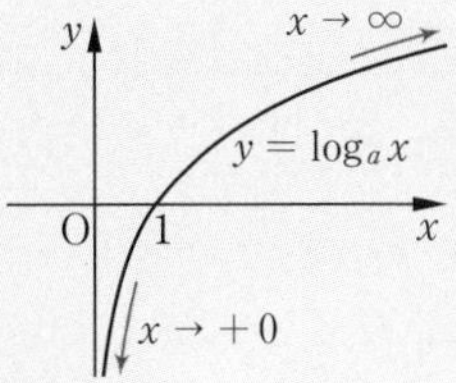


[4] $0 < a < 1$

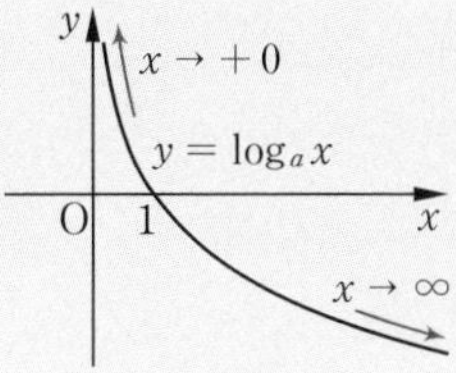


**教 p.49**

**問9**　次の極限を調べよ。

(1) $\displaystyle\lim_{x\to\infty} 2^{-x}$　　(2) $\displaystyle\lim_{x\to\infty} (2^x - 3^x)$　　(3) $\displaystyle\lim_{x\to+0} \log_2 \frac{1}{x}$

**考え方**　(1) $2^{-x} = \left(\dfrac{1}{2}\right)^x$ と変形する。

(2) $3^x$ でくくる。

(3) $\log_2 \dfrac{1}{x} = -\log_2 x$ と変形する。

**解 答**　(1) $\displaystyle\lim_{x\to\infty} 2^{-x} = \lim_{x\to\infty}\left(\frac{1}{2}\right)^x = 0$

(2) $\displaystyle\lim_{x\to\infty}(2^x - 3^x) = \lim_{x\to\infty} 3^x\left\{\left(\frac{2}{3}\right)^x - 1\right\} = -\infty$

(3) $\displaystyle\lim_{x\to+0} \log_2 \frac{1}{x} = \lim_{x\to+0}(-\log_2 x) = \infty$

# 2 三角関数と極限

## ● 関数の極限値と大小関係 …… 解き方のポイント

1 $a$ の近くで不等式

$f(x) \leqq g(x)$ が成り立ち，かつ

$$\lim_{x\to a} f(x) = \alpha,\quad \lim_{x\to a} g(x) = \beta$$

ならばゞ　$\alpha \leqq \beta$

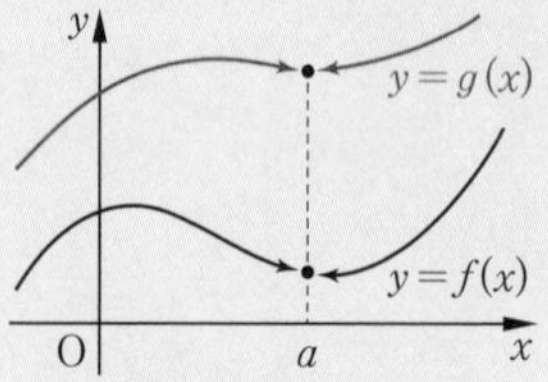


2 $a$ の近くで不等式

$f(x) \leqq g(x) \leqq h(x)$ が成り立ち，かつ

$$\lim_{x\to a} f(x) = \lim_{x\to a} h(x) = \alpha$$

ならば　$\displaystyle\lim_{x\to a} g(x) = \alpha$

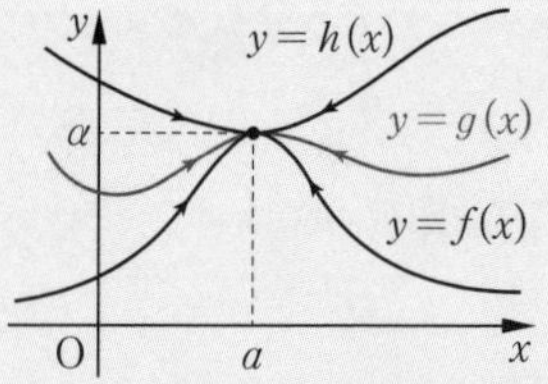


2 は はさみうちの原理 とよばれる。

注意　1，2 は $x \to \infty$ や $x \to -\infty$ のときにも成り立つ。

**教 p.51**

**問10**　次の極限値を求めよ。

(1) $\displaystyle\lim_{x\to 0} x\cos\frac{1}{x}$　　(2) $\displaystyle\lim_{x\to\infty} \frac{\sin x}{x}$

**考え方**　(1) では $0 \leqq \left|\cos\dfrac{1}{x}\right| \leqq 1$，(2) では $0 \leqq |\sin x| \leqq 1$ が常に成り立つことを用いる。

**解　答**　(1)　$0 \leqq \left|\cos\dfrac{1}{x}\right| \leqq 1$ であるから

$$0 \leqq \left|x\cos\frac{1}{x}\right| = |x|\cdot\left|\cos\frac{1}{x}\right| \leqq |x|$$

よって

$$0 \leqq \left|x\cos\frac{1}{x}\right| \leqq |x|$$

$x \to 0$ のとき $|x| \to 0$ であるから

$$\lim_{x\to 0}\left|x\cos\frac{1}{x}\right| = 0 \quad \longleftarrow \text{はさみうちの原理}$$

したがって　$\displaystyle\lim_{x\to 0} x\cos\frac{1}{x} = 0$

(2) $0 \leqq |\sin x| \leqq 1$ であるから

$x \neq 0$ のとき

$$0 \leqq \left|\frac{\sin x}{x}\right| = \frac{|\sin x|}{|x|} \leqq \frac{1}{|x|}$$

よって

$$0 \leqq \left|\frac{\sin x}{x}\right| \leqq \frac{1}{|x|}$$

$x \to \infty$ のとき $\dfrac{1}{|x|} \to 0$ であるから

$$\lim_{x \to \infty}\left|\frac{\sin x}{x}\right| = 0 \quad \longleftarrow \text{はさみうちの原理}$$

したがって

$$\lim_{x \to \infty}\frac{\sin x}{x} = 0$$

## $\dfrac{\sin\theta}{\theta}$ の極限 …… 解き方のポイント

$$\lim_{\theta \to 0}\frac{\sin\theta}{\theta} = 1$$

教 p.53

**問 11** 次の極限値を求めよ。

(1) $\displaystyle\lim_{x \to 0}\frac{\sin 4x}{x}$ (2) $\displaystyle\lim_{x \to 0}\frac{\sin x + \sin 2x}{\sin 3x}$ (3) $\displaystyle\lim_{x \to 0}\frac{\sin x - \sin 5x}{2x}$

**考え方** $\displaystyle\lim_{x \to 0}\frac{\sin kx}{kx} = 1$ を利用できる形に変形する。

**解 答** (1) $\displaystyle\lim_{x \to 0}\frac{\sin 4x}{x} = \lim_{x \to 0}4\left(\frac{\sin 4x}{4x}\right) = 4\cdot 1 = 4$

(2) $$\lim_{x \to 0}\frac{\sin x + \sin 2x}{\sin 3x} = \lim_{x \to 0}\frac{\dfrac{\sin x}{x} + 2\cdot\dfrac{\sin 2x}{2x}}{3\cdot\dfrac{\sin 3x}{3x}}$$

$$= \frac{1 + 2\cdot 1}{3\cdot 1} = 1$$

(3) $$\lim_{x \to 0}\frac{\sin x - \sin 5x}{2x} = \lim_{x \to 0}\left(\frac{1}{2}\cdot\frac{\sin x}{x} - \frac{5}{2}\cdot\frac{\sin 5x}{5x}\right)$$

$$= \frac{1}{2}\cdot 1 - \frac{5}{2}\cdot 1 = -2$$

教 p.53

**問 12** 次の極限値を求めよ。

(1) $\displaystyle\lim_{x\to 0}\frac{\tan x}{x}$　　(2) $\displaystyle\lim_{x\to 0}\frac{1-\cos 2x}{x^2}$

**考え方** (1) では $\tan x=\dfrac{\sin x}{\cos x}$，(2) では $\cos 2x=1-2\sin^2 x$ を利用して，

$\displaystyle\lim_{\theta\to 0}\frac{\sin\theta}{\theta}=1$ が使える形に変形する。

**解 答** (1) $\displaystyle\lim_{x\to 0}\frac{\tan x}{x}=\lim_{x\to 0}\left(\frac{\sin x}{x}\cdot\frac{1}{\cos x}\right)=1\cdot\frac{1}{1}=1$

(2)
$$\begin{aligned}\lim_{x\to 0}\frac{1-\cos 2x}{x^2}&=\lim_{x\to 0}\frac{1-(1-2\sin^2 x)}{x^2}\\&=\lim_{x\to 0}\frac{2\sin^2 x}{x^2}\\&=\lim_{x\to 0}2\cdot\left(\frac{\sin x}{x}\right)^2\\&=2\cdot 1^2=2\end{aligned}$$

教 p.54

**問 13** 例題 6 において，$\displaystyle\lim_{\theta\to+0}\frac{\mathrm{AH}}{\mathrm{BH}^2}$ を求めよ。

**考え方** $\dfrac{\mathrm{AH}}{\mathrm{BH}^2}$ を $\theta$ の式で表し，分母 → 0 とならないように式を変形する。

**解 答**

$\mathrm{AH}=\mathrm{OA}-\mathrm{OH}=r-r\cos\theta=r(1-\cos\theta)$

$\mathrm{BH}=r\sin\theta$

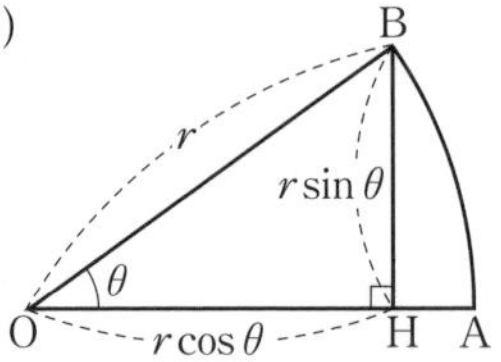


よって

$$\begin{aligned}\lim_{\theta\to+0}\frac{\mathrm{AH}}{\mathrm{BH}^2}&=\lim_{\theta\to+0}\frac{r(1-\cos\theta)}{r^2\sin^2\theta}\\&=\lim_{\theta\to+0}\frac{1-\cos\theta}{r(1-\cos^2\theta)}\\&=\lim_{\theta\to+0}\frac{1-\cos\theta}{r(1+\cos\theta)(1-\cos\theta)}\\&=\lim_{\theta\to+0}\frac{1}{r(1+\cos\theta)}\\&=\frac{1}{r(1+1)}=\frac{1}{2r}\end{aligned}$$

# 3 関数の連続性

## 用語のまとめ

**関数の連続，不連続**

- 関数 $f(x)$ の定義域に属する $x$ の値 $a$ に対し，$\lim_{x \to a} f(x)$ が存在してその値が $f(a)$ に等しいとき，関数 $f(x)$ は $x=a$ で **連続** であるという。
- 関数 $f(x)$，$g(x)$ がともに $x=a$ で連続ならば，関数

$$f(x)+g(x),\ \ f(x)-g(x),\ \ f(x)g(x),\ \ \frac{f(x)}{g(x)}\quad (g(a) \neq 0)$$

も $x=a$ で連続である。
- 関数 $f(x)$ が，定義域に属する $x$ の値 $a$ において連続でないとき，$f(x)$ は $x=a$ で **不連続** であるという。

**区間における連続**

- 不等式

$$a<x<b,\ \ a \leqq x<b,\ \ a<x \leqq b,\ \ a \leqq x \leqq b$$

を満たす実数 $x$ の値の範囲を **区間** といい，それぞれ記号

$$(a,\ b),\ [a,\ b),\ (a,\ b],\ [a,\ b]$$

で表す。$(a,\ b)$ を **開区間**，$[a,\ b]$ を **閉区間** という。
- 不等式

$$a<x,\ \ a \leqq x,\ \ x<b,\ \ x \leqq b$$

を満たす実数 $x$ の値の範囲も区間といい，それぞれ記号

$$(a,\ \infty),\ [a,\ \infty),\ (-\infty,\ b),\ (-\infty,\ b]$$

で表す。
- 実数全体も 1 つの区間と考え，記号 $(-\infty,\ \infty)$ で表す。
- 関数 $f(x)$ がある区間 $I$ に属するすべての値 $x$ で連続であるとき，$f(x)$ は **区間 $I$ で連続** である，または区間 $I$ で **連続関数** であるという。

**ガウス記号**

- 実数 $x$ に対して，$x$ を超えない最大の整数を $[x]$ で表す。この記号 [ ] を **ガウス記号** という。

**$x=a$ における連続** …… 解き方のポイント

関数 $f(x)$ は，$\lim_{x \to a} f(x)=f(a)$ のとき，$x=a$ で **連続** である。

**教 p.56**

**問 14** 次の不等式を満たす実数 $x$ の値の範囲を，区間を示す記号で表せ。

(1) $2 < x < 5$　　(2) $-3 \leqq x \leqq 4$　　(3) $x \leqq 7$

**考え方** $a < x < b$ は $(a,\ b)$，$a \leqq x \leqq b$ は $[a,\ b]$，$x \leqq a$ は $(-\infty,\ a]$ と表す。

**解 答** (1) $(2,\ 5)$　　(2) $[-3,\ 4]$　　(3) $(-\infty,\ 7]$

**教 p.57**

**問 15** 次の関数が連続である区間を求めよ。

(1) $\dfrac{x^2+4}{x+2}$　　(2) $\dfrac{6}{x(x^2-9)}$　　(3) $\sqrt{-3x+2}$

**考え方** いずれも定義域において連続な関数である。

**解 答** (1) 分母 $x+2$ を 0 にする $x$ の値は

$x+2=0$ より　$x=-2$

したがって，関数 $\dfrac{x^2+4}{x+2}$ は，その定義域である 2 つの区間

$(-\infty,\ -2)$，$(-2,\ \infty)$

で連続である。

(2) 分母 $x(x^2-9)$ を 0 にする $x$ の値は

$x(x+3)(x-3)=0$ より　$x=-3,\ 0,\ 3$

したがって，関数 $\dfrac{6}{x(x^2-9)}$ は，その定義域である 4 つの区間

$(-\infty,\ -3)$，$(-3,\ 0)$，$(0,\ 3)$，$(3,\ \infty)$

で連続である。

(3) 根号の中が 0 となるのは　$-3x+2=0$　すなわち　$x=\dfrac{2}{3}$

したがって，関数 $f(x)=\sqrt{-3x+2}$ は，区間 $\left(-\infty,\ \dfrac{2}{3}\right)$ で連続で，

$\displaystyle\lim_{x\to\frac{2}{3}-0} f(x)=0=f\left(\dfrac{2}{3}\right)$ である。よって，$f(x)=\sqrt{-3x+2}$ はその

定義域

$\left(-\infty,\ \dfrac{2}{3}\right]$

で連続である。

**注 意** 区間 $(a,\ b]$ で $f(x)$ が $x=b$ で連続であるというのは，$\displaystyle\lim_{x\to b-0} f(x)=f(b)$ が成り立つことである。

**プラス＋** 分数関数は (分母) $\neq 0$，無理関数は (根号の中) $\geqq 0$ の区間で連続となる。

教 p.57

**問 16**　関数 $f(x)=x[x]$ の $x=0$, $x=1$ における連続性を調べよ。

**考え方**　関数 $f(x)$ が $x=a$ において連続とは，$\lim_{x\to a+0} f(x)$, $\lim_{x\to a-0} f(x)$, $f(a)$ の3つがすべて同じ値になるということである。まず，$-1\leqq x<0$, $0\leqq x<1$, $1\leqq x<2$ の場合に分けて，$f(x)$ を［　］を含まない形で表す。

**解答**　$-1\leqq x<0$ のとき　$[x]=-1$

$0\leqq x<1$ のとき　$[x]=0$

$1\leqq x<2$ のとき　$[x]=1$

であるから

$$f(x)=\begin{cases}-x & (-1\leqq x<0)\\ 0 & (0\leqq x<1)\\ x & (1\leqq x<2)\end{cases}$$

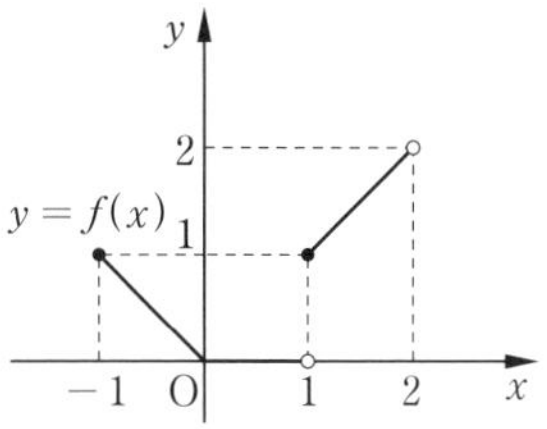


**$x=0$ における連続性**

$$\lim_{x\to+0} f(x)=\lim_{x\to+0} 0=0,\quad \lim_{x\to-0} f(x)=\lim_{x\to-0}(-x)=0,\quad f(0)=0$$

よって，関数 $f(x)$ は $x=0$ で**連続**である。

**$x=1$ における連続性**

$$\lim_{x\to1+0} f(x)=\lim_{x\to1+0} x=1,\quad \lim_{x\to1-0} f(x)=\lim_{x\to1-0} 0=0,\quad f(1)=1$$

であるから，$\lim_{x\to1} f(x)$ は存在しない。

よって，関数 $f(x)$ は $x=1$ で**不連続**である。

## ● 連続関数の最大値・最小値　　解き方のポイント

**閉区間で連続な関数**は，その区間で**最大値および最小値をもつ**。

教 p.58

**問 17**　次の関数の最大値，最小値があれば，それらを求めよ。

(1)　$f(x)=\tan x\ \left(-\frac{\pi}{4}\leqq x<\frac{\pi}{2}\right)$　(2)　$f(x)=\log_{\frac{1}{2}} x\ (2\leqq x\leqq 8)$

**考え方**　範囲が閉区間ならば必ず最大値・最小値があるが，閉区間でないときはそれらが存在するとは限らない。

**解答**　(1)　**最大値なし**，$x=-\frac{\pi}{4}$ のとき **最小値 $-1$**

(2)　$x=2$ のとき **最大値 $-1$**

$x=8$ のとき **最小値 $-3$**

## 中間値の定理　解き方のポイント

**中間値の定理 1**

関数 $f(x)$ が閉区間 $[a,\ b]$ で連続で，$f(a) \neq f(b)$ ならば，$f(a)$ と $f(b)$ の間の任意の値 $m$ に対して

$$f(c)=m$$

となるような実数 $c$ が $a$ と $b$ の間に少なくとも 1 つ存在する。

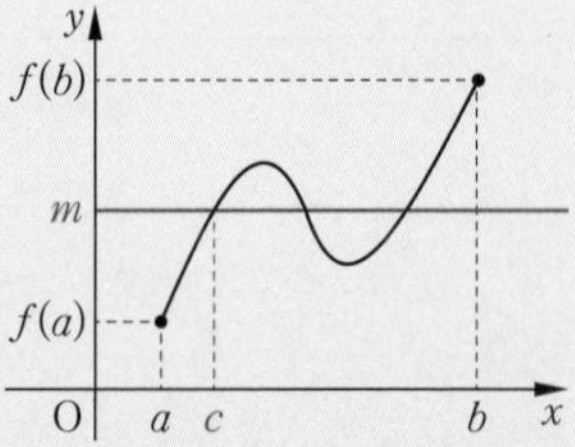


**中間値の定理 2**

関数 $f(x)$ が閉区間 $[a,\ b]$ で連続であり，$f(a)$ と $f(b)$ が異符号であるとき，方程式 $f(x)=0$ は，$a$ と $b$ の間に少なくとも 1 つの実数解をもつ。

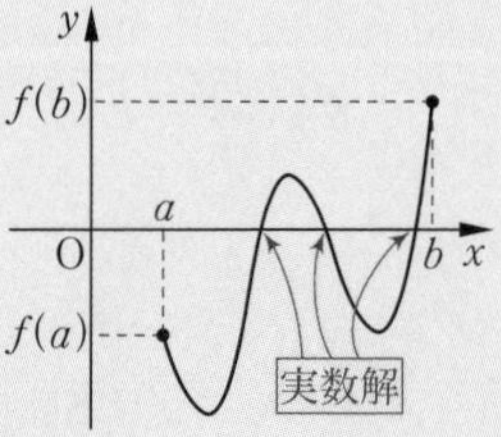


教 p.59

**問 18**　方程式 $x-2\sin x-3=0$ は，$0<x<\pi$ の範囲に少なくとも 1 つの実数解をもつことを証明せよ。

**考え方**　左辺を $f(x)$ とおいて，$f(0)$ と $f(\pi)$ の符号を調べる。

**証明**　$f(x)=x-2\sin x-3$ とおく。

$f(x)$ は閉区間 $[0,\ \pi]$ で連続であって

$$f(0)=-3<0,\quad f(\pi)=\pi-3>0$$

である。

したがって，中間値の定理により，方程式 $f(x)=0$ は $0<x<\pi$ の範囲に少なくとも 1 つの実数解をもつ。

## 問題 教 p.60

**13** 次の極限値を求めよ。

(1) $\displaystyle\lim_{x\to 2}\frac{1}{x-2}\left(\frac{1}{x^2}-\frac{1}{4}\right)$　　(2) $\displaystyle\lim_{x\to +0}\frac{1-\sqrt{x+1}}{\sqrt{x}}$

(3) $\displaystyle\lim_{x\to -\infty}\frac{4^x}{1-4^x}$　　(4) $\displaystyle\lim_{x\to\infty}\{\log_2(x+2)-\log_2 x\}$

(5) $\displaystyle\lim_{x\to 0}\frac{\sin 3x}{\tan x}$　　(6) $\displaystyle\lim_{x\to\pi}\frac{\sin x}{x-\pi}$

**考え方** (1) 括弧の中を通分して因数分解し，$x-2$ で約分する。

(2) 分子を有理化する。

(3) $x\to-\infty$ のとき $4^x\to 0$ である。

(4) $\log_2 M-\log_2 N=\log_2\dfrac{M}{N}$ を用いて変形し，真数の極限を考える。

(5) $\displaystyle\lim_{x\to 0}\frac{\sin kx}{kx}=1$ を利用できる形に変形する。

(6) $x-\pi=\theta$ とおいて，$\displaystyle\lim_{\theta\to 0}\frac{\sin\theta}{\theta}=1$ を利用する。

**解 答** (1)
$$\lim_{x\to 2}\frac{1}{x-2}\left(\frac{1}{x^2}-\frac{1}{4}\right)=\lim_{x\to 2}\frac{1}{x-2}\cdot\frac{4-x^2}{4x^2}$$
$$=\lim_{x\to 2}\frac{1}{x-2}\cdot\frac{-(x+2)(x-2)}{4x^2}$$
$$=\lim_{x\to 2}\frac{-(x+2)}{4x^2}$$
$$=\frac{-(2+2)}{4\cdot 2^2}=\frac{-4}{16}=-\frac{1}{4}$$

(2)
$$\lim_{x\to +0}\frac{1-\sqrt{x+1}}{\sqrt{x}}=\lim_{x\to +0}\frac{(1-\sqrt{x+1})(1+\sqrt{x+1})}{\sqrt{x}(1+\sqrt{x+1})}$$
$$=\lim_{x\to +0}\frac{1-(x+1)}{\sqrt{x}(1+\sqrt{x+1})}$$
$$=\lim_{x\to +0}\frac{-x}{\sqrt{x}(1+\sqrt{x+1})}$$
$$=\lim_{x\to +0}\frac{-\sqrt{x}}{1+\sqrt{x+1}}$$
$$=\frac{0}{1+1}=0$$

(3) $\displaystyle\lim_{x\to-\infty}\frac{4^x}{1-4^x}=\frac{0}{1-0}=0$

(4) $\displaystyle\lim_{x\to\infty}\{\log_2(x+2)-\log_2 x\}=\lim_{x\to\infty}\log_2\frac{x+2}{x}=\lim_{x\to\infty}\log_2\left(1+\frac{2}{x}\right)$

$$=\log_2 1=0$$

(5) $\displaystyle\lim_{x\to0}\frac{\sin 3x}{\tan x}=\lim_{x\to0}\frac{\sin 3x\cos x}{\sin x}$

$$=\lim_{x\to0}\frac{3\cdot\dfrac{\sin 3x}{3x}\cdot\cos x}{\dfrac{\sin x}{x}}$$

$$=\frac{3\cdot1\cdot1}{1}=3$$

(6) $x-\pi=\theta$ とおくと，$x=\theta+\pi$，$x\to\pi$ のとき $\theta\to0$ であるから

$$\lim_{x\to\pi}\frac{\sin x}{x-\pi}=\lim_{\theta\to0}\frac{\sin(\theta+\pi)}{\theta}=\lim_{\theta\to0}\frac{-\sin\theta}{\theta}=-1$$

**別解** (5) 教科書 p.53 の問 12 の (1) の $\displaystyle\lim_{x\to0}\frac{\tan x}{x}=1$ を利用してもよい。

$$\lim_{x\to0}\frac{\sin 3x}{\tan x}=\lim_{x\to0}\left(\frac{\sin 3x}{3x}\cdot\frac{x}{\tan x}\cdot3\right)=1\cdot1\cdot3=3$$

**14** $x\to\infty$ のとき，$f(x)=\sqrt{x^2+1}-ax$ が収束するような正の定数 $a$ の値を求めよ。また，そのときの $\displaystyle\lim_{x\to\infty}f(x)$ を求めよ。

**考え方** まず，分母が 1 の分数とみて分子を有理化する。次に分母が 0 以外の値に収束するように式を変形して，その式の分子が収束するように $a$ の値を定める。

**解 答**

$$\sqrt{x^2+1}-ax=\frac{(\sqrt{x^2+1}-ax)(\sqrt{x^2+1}+ax)}{\sqrt{x^2+1}+ax}=\frac{(1-a^2)x^2+1}{\sqrt{x^2+1}+ax}$$

$$=\frac{(1-a^2)x+\dfrac{1}{x}}{\sqrt{1+\dfrac{1}{x^2}}+a}\qquad\cdots\cdots①$$

ここで，$a>0$ であるので，$x\to\infty$ のとき分母は $1+a$ に収束する。

また，$a>0$ かつ $a^2\neq1$ すなわち $a>0$ かつ $a\neq1$ の場合は，$x\to\infty$ のとき $(1-a^2)x+\dfrac{1}{x}$ は発散する。

よって，収束するための条件は　$a=1$

このとき，① より

$$\lim_{x\to\infty} f(x)=\lim_{x\to\infty}\frac{\frac{1}{x}}{\sqrt{1+\frac{1}{x^2}}+1}=\frac{0}{1+1}=0$$

**15** 次の極限値を求めよ。

(1) $\displaystyle\lim_{x\to 0} x^2\sin\frac{1}{x}$　　(2) $\displaystyle\lim_{x\to\infty} x\sin\frac{1}{x}$

**考え方** (1) $x\to 0$ のとき $x^2\to 0$，$0\leqq\left|\sin\dfrac{1}{x}\right|\leqq 1$ であることに着目する。

(2) $x\to\infty$ のとき $\dfrac{1}{x}\to +0$ であるから，$\dfrac{1}{x}=\theta$ とおいて，$\displaystyle\lim_{\theta\to +0}\frac{\sin\theta}{\theta}=1$ を利用する。

**解答** (1) $0\leqq\left|\sin\dfrac{1}{x}\right|\leqq 1$ であるから

$$0\leqq\left|x^2\sin\frac{1}{x}\right|=x^2\cdot\left|\sin\frac{1}{x}\right|\leqq x^2$$

よって

$$0\leqq\left|x^2\sin\frac{1}{x}\right|\leqq x^2$$

$x\to 0$ のとき $x^2\to 0$ であるから　$\displaystyle\lim_{x\to 0}\left|x^2\sin\frac{1}{x}\right|=0$

したがって　　$\displaystyle\lim_{x\to 0} x^2\sin\frac{1}{x}=0$

(2) $\dfrac{1}{x}=\theta$ とおくと，$x\to\infty$ のとき $\theta\to +0$ であるから

$$\lim_{x\to\infty} x\sin\frac{1}{x}=\lim_{\theta\to +0}\frac{1}{\theta}\sin\theta=\lim_{\theta\to +0}\frac{\sin\theta}{\theta}=1$$

**16** 半径 1 の円に内接する正 $n$ 角形の面積を $S_n$ とするとき

$\displaystyle\lim_{n\to\infty} S_n$

を求めよ。

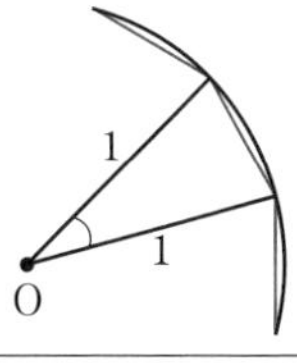


**考え方** 正 $n$ 角形の各頂点と円の中心を結んでできる $n$ 個の二等辺三角形の面積を考える。$\displaystyle\lim_{\theta\to 0}\frac{\sin\theta}{\theta}=1$ が使えるように置き換えをする。

**解答** 円の中心Oと正$n$角形の隣り合う頂点を結んでできる二等辺三角形の面積は

$$\frac{1}{2}\cdot 1\cdot 1\cdot \sin\frac{2\pi}{n}=\frac{1}{2}\sin\frac{2\pi}{n}$$

よって　$S_n=\dfrac{n}{2}\sin\dfrac{2\pi}{n}$

ここで，$\dfrac{2\pi}{n}=\theta$ とおくと，$n\to\infty$ のとき $\theta\to+0$ であるから

$$\lim_{n\to\infty}S_n=\lim_{n\to\infty}\pi\cdot\frac{n}{2\pi}\sin\frac{2\pi}{n}=\lim_{\theta\to+0}\frac{\pi}{\theta}\sin\theta=\lim_{\theta\to+0}\left(\pi\cdot\frac{\sin\theta}{\theta}\right)=\pi\cdot 1=\pi$$

**別解** 円の中心Oから正$n$角形の1辺ABに下ろした垂線をOHとし，$\angle\mathrm{AOH}=\theta$ とおくと

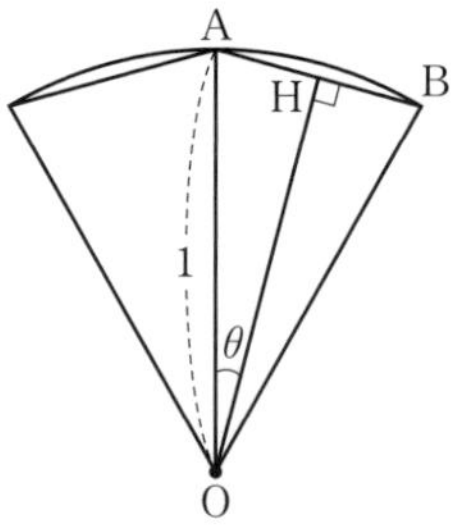


$\theta=\dfrac{2\pi}{2n}=\dfrac{\pi}{n}$ より　$n=\dfrac{\pi}{\theta}$

$$\mathrm{AB}=2\mathrm{AH}=2\sin\theta$$

$$\mathrm{OH}=\cos\theta$$

$\triangle\mathrm{OAB}$ の面積は

$$\frac{1}{2}\mathrm{AB}\cdot\mathrm{OH}=\sin\theta\cos\theta$$

よって

$$S_n=n\triangle\mathrm{OAB}=n\sin\theta\cos\theta=\frac{\pi}{\theta}\sin\theta\cos\theta$$

$n\to\infty$ のとき $\theta\to+0$ であるから

$$\lim_{n\to\infty}S_n=\lim_{\theta\to+0}\left(\pi\cdot\frac{\sin\theta}{\theta}\cdot\cos\theta\right)=\pi\cdot 1\cdot 1=\pi$$

**プラス+** $n\to\infty$ のとき正$n$角形は円に限りなく近づくから，面積の極限値は円の面積と等しくなる。

**17** 次の関数が連続である区間を求めよ。

(1)　$f(x)=\dfrac{3}{4^x-2}$　　(2)　$f(x)=\log_2|x|$

**考え方** 定義域内では連続な関数であるから，定義域を調べればよい。

**解答** (1)　(分母)$=0$ とする$x$の値は，$4^x=2$ より　$2^{2x}=2^1$

よって　$x=\dfrac{1}{2}$

すなわち，$f(x)$ の定義域は $x\neq\dfrac{1}{2}$ であり，$f(x)$ が連続である区間は

$$\left(-\infty,\ \frac{1}{2}\right),\ \left(\frac{1}{2},\ \infty\right)$$

(2) $|x|=0$，すなわち $x=0$ のとき $f(x)$ は定義されず，$f(x)$ の定義域は

$$x \neq 0$$

よって，$f(x)$ が連続である区間は

$$(-\infty,\ 0),\ (0,\ \infty)$$



**18** 方程式 $\log_{10} x - \dfrac{x}{20} = 0$ は，$10 < x < 10\sqrt{10}$ の範囲に少なくとも 1 つの実数解をもつことを証明せよ。

**考え方** 中間値の定理を用いる。

**証明** $f(x) = \log_{10} x - \dfrac{x}{20}$ とおく。

$f(x)$ は閉区間 $[10,\ 10\sqrt{10}\,]$ で連続であって

$$f(10) = \log_{10} 10 - \frac{1}{2} = 1 - \frac{1}{2} = \frac{1}{2} > 0$$

$$\begin{aligned} f(10\sqrt{10}) &= \log_{10} 10\sqrt{10} - \frac{\sqrt{10}}{2} \\ &= \log_{10} 10^{\frac{3}{2}} - \frac{\sqrt{10}}{2} \\ &= \frac{3}{2} - \frac{\sqrt{10}}{2} \\ &= \frac{3-\sqrt{10}}{2} < 0 \end{aligned}$$

← $3=\sqrt{9}$ より
$3-\sqrt{10}=\sqrt{9}-\sqrt{10}<0$

である。

したがって，中間値の定理により，方程式 $f(x)=0$ は $10 < x < 10\sqrt{10}$ の範囲に少なくとも 1 つの実数解をもつ。

**19** 中間値の定理を用いて，係数がすべて実数である 3 次方程式は実数解を少なくとも 1 つもつことを示せ。

**考え方** $f(x) = ax^3 + bx^2 + cx + d$ とおいて，$\displaystyle\lim_{x\to\infty} f(x)$，$\displaystyle\lim_{x\to-\infty} f(x)$ を考える。

**証明** 3 次方程式を $ax^3 + bx^2 + cx + d = 0\ (a > 0)$ とおく。

$f(x) = ax^3 + bx^2 + cx + d$ とおくと

$$f(x) = x^3\left(a + \frac{b}{x} + \frac{c}{x^2} + \frac{d}{x^3}\right)$$

したがって

$$\lim_{x\to\infty} x^3 = \infty$$

$$\lim_{x\to\infty}\left(a + \frac{b}{x} + \frac{c}{x^2} + \frac{d}{x^3}\right) = a$$

であるから，$a>0$ より

$$\lim_{x\to\infty} f(x)=\infty$$

また

$$\lim_{x\to-\infty} x^3=-\infty,\quad \lim_{x\to-\infty}\left(a+\frac{b}{x}+\frac{c}{x^2}+\frac{d}{x^3}\right)=a$$

であるから，$a>0$ より

$$\lim_{x\to-\infty} f(x)=-\infty$$

$\lim_{x\to\infty} f(x)=\infty$ より，$x$ が十分大きな値 $s$ をとるとき，$f(s)$ は正の値をとる。

同様に，$\lim_{x\to-\infty} f(x)=-\infty$ より，$x$ が十分小さな値 $t$ をとるとき，$f(t)$ は負の値をとる。

以上より，$f(x)$ は閉区間 $[t,\ s]$ で連続であって，$f(t)<0$，$f(s)>0$ である。

したがって，中間値の定理により，3 次方程式 $f(x)=0$ は実数解を少なくとも 1 つもつ。

**注意** $a<0$ の場合は両辺を $-1$ 倍して考えればよい。したがって，$a>0$ と仮定してよい。

## 探究 2つの関数の商と差の極限［課題学習］ 教 p.61

**考察 1** $a$，$b$ は 0 でない定数とする。多項式で表される次の関数 $f(x)$，$g(x)$ について，$\lim_{x\to\infty}\dfrac{f(x)}{g(x)}$ と $\lim_{x\to\infty}\{f(x)-g(x)\}$ を調べてみよう。

(1) $f(x)=ax^3$，$g(x)=bx^2$

(2) $f(x)=x^2+ax$，$g(x)=x^2+b$

**考え方** $a$，$b$ の正負によって，場合分けをして調べる。

**解 答** (1) $\dfrac{f(x)}{g(x)}=\dfrac{a}{b}x$ であるから

$\begin{cases}a>0\\b>0\end{cases}$ または $\begin{cases}a<0\\b<0\end{cases}$ のとき　$\lim_{x\to\infty}\dfrac{f(x)}{g(x)}=\infty$

$\begin{cases}a>0\\b<0\end{cases}$ または $\begin{cases}a<0\\b>0\end{cases}$ のとき　$\lim_{x\to\infty}\dfrac{f(x)}{g(x)}=-\infty$

$f(x)-g(x)=ax^3-bx^2=x^3\left(a-\dfrac{b}{x}\right)$ であるから，

$\displaystyle\lim_{x\to\infty}x^3=\infty$，$\displaystyle\lim_{x\to\infty}\left(a-\frac{b}{x}\right)=a$ より

$a>0$ のとき　$\displaystyle\lim_{x\to\infty}\{f(x)-g(x)\}=\infty$

$a<0$ のとき　$\displaystyle\lim_{x\to\infty}\{f(x)-g(x)\}=-\infty$

(2)　$$\lim_{x\to\infty}\frac{f(x)}{g(x)}=\lim_{x\to\infty}\frac{x^2+ax}{x^2+b}=\lim_{x\to\infty}\frac{1+\dfrac{a}{x}}{1+\dfrac{b}{x^2}}=1$$

であるから　$\displaystyle\lim_{x\to\infty}\frac{f(x)}{g(x)}=1$

$f(x)-g(x)=ax-b=x\left(a-\dfrac{b}{x}\right)$ であるから，$\displaystyle\lim_{x\to\infty}\left(a-\frac{b}{x}\right)=a$ より

$a>0$ のとき　$\displaystyle\lim_{x\to\infty}\{f(x)-g(x)\}=\infty$

$a<0$ のとき　$\displaystyle\lim_{x\to\infty}\{f(x)-g(x)\}=-\infty$

**考察 2**　$a$ は定数とする。次の関数 $f(x)$，$g(x)$ において，$\displaystyle\lim_{x\to\infty}\frac{f(x)}{g(x)}$ と $\displaystyle\lim_{x\to\infty}\{f(x)-g(x)\}$ を予測し，調べてみよう。

(1)　$f(x)=\sin x$，$g(x)=x$

(2)　$f(x)=4^x+3^x$，$g(x)=5^x-4^x$

(3)　$f(x)=\sqrt{x^2+x}$，$g(x)=x+a$

**考え方**　$\dfrac{f(x)}{g(x)}$，$f(x)-g(x)$ がどのような関数になるかを求め，極限を予測しながら調べる。

**解答**　(1)　$\dfrac{f(x)}{g(x)}=\dfrac{\sin x}{x}$ である。

$0\leqq|\sin x|\leqq1$ であるから　$0\leqq\left|\dfrac{\sin x}{x}\right|\leqq\dfrac{1}{|x|}$

$x\to\infty$ のとき $\dfrac{1}{|x|}\to0$ であるから　$\displaystyle\lim_{x\to\infty}\left|\frac{\sin x}{x}\right|=0$

したがって　$\displaystyle\lim_{x\to\infty}\frac{f(x)}{g(x)}=\lim_{x\to\infty}\frac{\sin x}{x}=0$

また

$$f(x)-g(x)=\sin x-x=x\left(\frac{\sin x}{x}-1\right)$$

であるから，$\lim_{x\to\infty}\frac{\sin x}{x}=0$ より

$$\lim_{x\to\infty}\{f(x)-g(x)\}=-\infty$$

したがって

$$\lim_{x\to\infty}\frac{f(x)}{g(x)}=0,\ \ \lim_{x\to\infty}\{f(x)-g(x)\}=-\infty$$

(2)
$$\lim_{x\to\infty}\frac{f(x)}{g(x)}=\lim_{x\to\infty}\frac{4^x+3^x}{5^x-4^x}=\lim_{x\to\infty}\frac{\left(\frac{4}{5}\right)^x+\left(\frac{3}{5}\right)^x}{1-\left(\frac{4}{5}\right)^x}=0$$

$$\begin{aligned}\lim_{x\to\infty}\{f(x)-g(x)\}&=\lim_{x\to\infty}(2\cdot4^x+3^x-5^x)\\&=\lim_{x\to\infty}5^x\left\{2\cdot\left(\frac{4}{5}\right)^x+\left(\frac{3}{5}\right)^x-1\right\}\\&=-\infty\end{aligned}$$

したがって

$$\lim_{x\to\infty}\frac{f(x)}{g(x)}=0,\ \ \lim_{x\to\infty}\{f(x)-g(x)\}=-\infty$$

(3)
$$\lim_{x\to\infty}\frac{f(x)}{g(x)}=\lim_{x\to\infty}\frac{\sqrt{x^2+x}}{x+a}=\lim_{x\to\infty}\frac{\sqrt{1+\frac{1}{x}}}{1+\frac{a}{x}}=1$$

$$\begin{aligned}\lim_{x\to\infty}\{f(x)-g(x)\}&=\lim_{x\to\infty}\{\sqrt{x^2+x}-(x+a)\}\\&=\lim_{x\to\infty}\frac{\{\sqrt{x^2+x}-(x+a)\}\{\sqrt{x^2+x}+(x+a)\}}{\sqrt{x^2+x}+(x+a)}\\&=\lim_{x\to\infty}\frac{x^2+x-(x+a)^2}{\sqrt{x^2+x}+(x+a)}\\&=\lim_{x\to\infty}\frac{(1-2a)x-a^2}{\sqrt{x^2+x}+(x+a)}\\&=\lim_{x\to\infty}\frac{(1-2a)-\frac{a^2}{x}}{\sqrt{1+\frac{1}{x}}+1+\frac{a}{x}}\\&=\frac{1-2a}{2}\end{aligned}$$

したがって

$$\lim_{x\to\infty}\frac{f(x)}{g(x)}=1,\ \ \lim_{x\to\infty}\{f(x)-g(x)\}=\frac{1-2a}{2}$$

## 練　習　問　題　A　　教 p.62

**1**　分数関数 $y=\dfrac{bx+c}{x+a}$ のグラフは，点 (1，3) を通り，2 直線 $x=-1$，$y=4$ を漸近線にもつという。定数 $a$，$b$，$c$ の値を求めよ。また，そのグラフをかけ。

**考え方**　$y=\dfrac{k}{x-p}+q$ の形に変形されるとき，2 直線 $x=p$，$y=q$ が漸近線となる。

**解　答**

$$\frac{bx+c}{x+a}=\frac{b(x+a)+c-ab}{x+a}$$

$$=\frac{c-ab}{x+a}+b$$

と変形できるから，与えられた関数は

$$y=\frac{c-ab}{x+a}+b$$

と表される。このとき，漸近線は 2 直線

$$x=-a,\ \ y=b$$

であるから

$-a=-1$，$b=4$ より

$$a=1,\ \ b=4$$

$y=\dfrac{4x+c}{x+1}$ が点 (1，3) を通るから

$$3=\frac{4+c}{2}\ \text{より}\quad c=2$$

すなわち　$\boldsymbol{a=1,\ b=4,\ c=2}$

グラフは右の図のようになる。

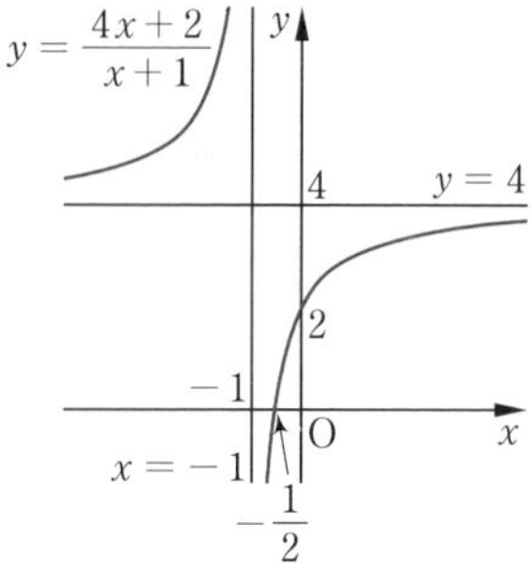


**別解**　漸近線が 2 直線 $x=-1$，$y=4$ であることから

$$y=\frac{k}{x+1}+4\qquad(k\neq 0)$$

とおくことができる。点 (1，3) を通ることから　　$3=\dfrac{k}{2}+4$

すなわち　　$k=-2$

したがって

$$y=\frac{-2}{x+1}+4=\frac{-2+4(x+1)}{x+1}=\frac{4x+2}{x+1}\quad\longleftarrow=\frac{bx+c}{x+a}$$

より　$a=1$，$b=4$，$c=2$

**2** 不等式 $\sqrt{ax+b} > \frac{1}{2}x-1$ の解が $4 < x < 8$ となるように，定数 $a$，$b$ の値を定めよ。

**考え方** $4 < x < 8$ において，$y=\sqrt{ax+b}$ のグラフが $y=\frac{1}{2}x-1$ のグラフより上方にあるための必要条件をまず考える。

**解答** $4 < x < 8$ において $y=\sqrt{ax+b}$ のグラフが $y=\frac{1}{2}x-1$ のグラフの上方にあればよい。そのためには2つのグラフが $x=4$，$8$ で交点をもつことが必要である。

$x=4$ のとき　　$y=\frac{1}{2}\cdot 4-1=1$

$x=8$ のとき　　$y=\frac{1}{2}\cdot 8-1=3$

であるから，$y=\sqrt{ax+b}$ のグラフが2点 $(4,\ 1)$，$(8,\ 3)$ を通るとき

$\sqrt{4a+b}=1$ より　$4a+b=1$　……①

$\sqrt{8a+b}=3$ より　$8a+b=9$　……②

①，② を解いて　$a=2$，$b=-7$

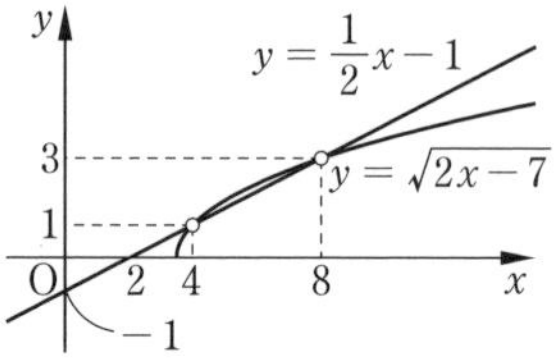


ここで，$y=\sqrt{2x-7}$ のグラフは右の図のように $4 < x < 8$ において $y=\frac{1}{2}x-1$ のグラフの上方にあるので，条件に適する。

よって　　$a=2$，$b=-7$

**3** 2つの関数 $f(x)=ax-3$，$g(x)=-x+a$ について，$(f\circ g)(x)=(g\circ f)(x)$ が常に成り立つような定数 $a$ の値を求めよ。

**考え方** $(f\circ g)(x)$ と $(g\circ f)(x)$ をそれぞれ求め，$(f\circ g)(x)=(g\circ f)(x)$ が常に成り立つような $a$ の値を求める。

**解答**

$(f\circ g)(x)=f(g(x))=f(-x+a)=a(-x+a)-3=-ax+a^2-3$

$(g\circ f)(x)=g(f(x))=g(ax-3)=-(ax-3)+a=-ax+a+3$

$(f\circ g)(x)=(g\circ f)(x)$ が常に成り立つことから

$a^2-3=a+3$

すなわち

$a^2-a-6=0$

これを解いて　$a=-2$，$3$

**4** 次の数列の極限値を求めよ。

$$1,\ \frac{1+4}{2^2},\ \frac{1+4+7}{3^2},\ \frac{1+4+7+10}{4^2},\ \cdots$$

**考え方** 第 $n$ 項は，分母が $n^2$ で，分子が初項 1，末項 $3n-2$，項数 $n$ の等差数列の和である。

**解　答** 第 $n$ 項を $a_n$ とすると

$$a_n=\frac{1+4+7+\cdots+(3n-2)}{n^2}$$

分子は，初項 1，項数 $n$，末項 $3n-2$ の等差数列の和であるから

$$a_n=\frac{1}{n^2}\cdot\frac{1}{2}n\{1+(3n-2)\}=\frac{3n-1}{2n}$$

よって　$\displaystyle\lim_{n\to\infty}a_n=\lim_{n\to\infty}\frac{3n-1}{2n}=\lim_{n\to\infty}\frac{3-\frac{1}{n}}{2}=\frac{3}{2}$

**5** 第 $n$ 項が次の式で表される数列の極限を調べよ。

(1)　$\dfrac{r^{2n+1}}{1+r^{2n}}$　　　(2)　$\dfrac{r^{2n}-2^{2n+1}}{r^{2n}+4^n}$

**考え方** (2)　$r^{2n}$ と $4^n$ の大小で場合分けをする。$|r|<2$ のときは $2^{2n}$ で，$|r|>2$ のときは $r^{2n}$ で分母，分子を割る。

**解　答** (1)　(i)　$|r|<1$ のとき

$\displaystyle\lim_{n\to\infty}r^{2n}=\lim_{n\to\infty}r^{2n+1}=0$ であるから

$$\lim_{n\to\infty}\frac{r^{2n+1}}{1+r^{2n}}=\frac{0}{1+0}=0$$

(ii)　$r=-1$ のとき

$r^{2n}=1$，$r^{2n+1}=-1$ であるから

$$\lim_{n\to\infty}\frac{r^{2n+1}}{1+r^{2n}}=\frac{-1}{1+1}=-\frac{1}{2}$$

(iii)　$r=1$ のとき

$r^{2n}=r^{2n+1}=1$ であるから

$$\lim_{n\to\infty}\frac{r^{2n+1}}{1+r^{2n}}=\frac{1}{1+1}=\frac{1}{2}$$

(iv)　$|r|>1$ のとき

$\left|\dfrac{1}{r}\right|=\dfrac{1}{|r|}<1$ であるから

$$\lim_{n\to\infty}\frac{1}{r^{2n}}=\lim_{n\to\infty}\left(\frac{1}{r}\right)^{2n}=0$$

よって

$$\lim_{n\to\infty}\frac{r^{2n+1}}{1+r^{2n}}=\lim_{n\to\infty}\frac{r}{\dfrac{1}{r^{2n}}+1}=\frac{r}{0+1}=r$$

(i)〜(iv)より

$|r|<1$ のとき　$0$

$r=-1$ のとき　$-\dfrac{1}{2}$

$r=1$ のとき　$\dfrac{1}{2}$

$|r|>1$ のとき　$r$

(2)　(i)　$r^2<4$，すなわち $|r|<2$ のとき

$\left|\dfrac{r}{2}\right|<1$ であるから　　$\displaystyle\lim_{n\to\infty}\left(\frac{r}{2}\right)^{2n}=0$

よって

$$\lim_{n\to\infty}\frac{r^{2n}-2^{2n+1}}{r^{2n}+4^n}=\lim_{n\to\infty}\frac{\left(\dfrac{r}{2}\right)^{2n}-2}{\left(\dfrac{r}{2}\right)^{2n}+1}$$ ← 分母，分子を $2^{2n}=4^n$ で割る

$$=\frac{0-2}{0+1}=-2$$

(ii)　$r^2=4$，すなわち $|r|=2$ のとき

$r^2=4$ であるから

$$\lim_{n\to\infty}\frac{r^{2n}-2^{2n+1}}{r^{2n}+4^n}=\lim_{n\to\infty}\frac{4^n-2\cdot4^n}{4^n+4^n}=\lim_{n\to\infty}\frac{-4^n}{2\cdot4^n}=-\frac{1}{2}$$

(iii)　$r^2>4$，すなわち $|r|>2$ のとき

$\left|\dfrac{2}{r}\right|<\dfrac{2}{|r|}<1$ であるから　　$\displaystyle\lim_{n\to\infty}\left(\frac{2}{r}\right)^{2n}=0$

よって

$$\lim_{n\to\infty}\frac{r^{2n}-2^{2n+1}}{r^{2n}+4^n}=\lim_{n\to\infty}\frac{1-2\cdot\left(\dfrac{2}{r}\right)^{2n}}{1+\left(\dfrac{2}{r}\right)^{2n}}$$ ← 分母，分子を $r^{2n}$ で割る

$$=\frac{1-2\cdot0}{1+0}=1$$

(i)〜(iii)より

$|r|<2$ のとき　$-2$

$|r|=2$ のとき　$-\dfrac{1}{2}$

$|r|>2$ のとき　$1$

**6** 無限級数 $\dfrac{1}{1\cdot2\cdot3}+\dfrac{1}{2\cdot3\cdot4}+\dfrac{1}{3\cdot4\cdot5}+\cdots$ について，次の問に答えよ。

(1) $\dfrac{1}{k(k+1)(k+2)}=\dfrac{1}{2}\left\{\dfrac{1}{k(k+1)}-\dfrac{1}{(k+1)(k+2)}\right\}$ となることを用いて，この無限級数の第 $n$ 項までの部分和 $S_n$ を求めよ。

(2) この無限級数の和を求めよ。

**考え方** (1) 無限級数の各項を差の形に変形して，消し合う項を考えて $S_n$ を求める。

(2) $\displaystyle\lim_{n\to\infty}S_n$ を調べる。

**解 答** (1) 
$$S_n=\frac{1}{1\cdot2\cdot3}+\frac{1}{2\cdot3\cdot4}+\frac{1}{3\cdot4\cdot5}+\cdots+\frac{1}{n(n+1)(n+2)}$$
$$=\sum_{k=1}^{n}\frac{1}{k(k+1)(k+2)}$$
$$=\frac{1}{2}\sum_{k=1}^{n}\left\{\frac{1}{k(k+1)}-\frac{1}{(k+1)(k+2)}\right\}$$
$$=\frac{1}{2}\left[\left(\frac{1}{1\cdot2}-\frac{1}{2\cdot3}\right)+\left(\frac{1}{2\cdot3}-\frac{1}{3\cdot4}\right)+\left(\frac{1}{3\cdot4}-\frac{1}{4\cdot5}\right)+\cdots+\left\{\frac{1}{n(n+1)}-\frac{1}{(n+1)(n+2)}\right\}\right]$$
$$=\frac{1}{2}\left\{\frac{1}{2}-\frac{1}{(n+1)(n+2)}\right\}$$

(2) 求める無限級数の和は $\displaystyle\lim_{n\to\infty}S_n=\frac{1}{2}\left(\frac{1}{2}-0\right)=\frac{1}{4}$

**7** 次の極限を調べよ。

(1) $\displaystyle\lim_{x\to\infty}\frac{3^x-3^{-x}}{3^x+3^{-x}}$

(2) $\displaystyle\lim_{x\to0}\frac{\tan x-\sin x}{x^3}$

(3) $\displaystyle\lim_{x\to\pi}\frac{(x-\pi)^2}{1+\cos x}$

(4) $\displaystyle\lim_{x\to0}\left(2^{\frac{1}{x}}+1\right)\left(2^{-\frac{1}{x}}+1\right)$

**考え方** (1) 分母，分子を $3^x$ で割って，分母が 0 以外の値に収束する形に変形する。

(2) $\displaystyle\lim_{\theta\to0}\frac{\sin\theta}{\theta}=1$ が使えるように式を変形する。ここでは，$\tan x=\dfrac{\sin x}{\cos x}$ や $1-\cos x=\dfrac{(1-\cos x)(1+\cos x)}{1+\cos x}=\dfrac{\sin^2x}{1+\cos x}$ を利用する。

(3) $x-\pi=\theta$ とおいて，$\displaystyle\lim_{\theta\to0}\frac{\sin\theta}{\theta}=1$ が使えるように式を変形する。

(4) $x\to+0$ のときと $x\to-0$ のときの極限をそれぞれ調べる。

**解答** (1) $\displaystyle\lim_{x\to\infty}\frac{3^x-3^{-x}}{3^x+3^{-x}}=\lim_{x\to\infty}\frac{1-3^{-2x}}{1+3^{-2x}}=\lim_{x\to\infty}\frac{1-\frac{1}{3^{2x}}}{1+\frac{1}{3^{2x}}}=\frac{1-0}{1+0}=1$

(2) $\displaystyle\lim_{x\to0}\frac{\tan x-\sin x}{x^3}=\lim_{x\to0}\frac{1}{x^3}\left(\frac{\sin x}{\cos x}-\sin x\right)$

$\displaystyle=\lim_{x\to0}\frac{\sin x(1-\cos x)}{x^3\cos x}=\lim_{x\to0}\frac{\sin x(1-\cos x)(1+\cos x)}{x^3\cos x(1+\cos x)}$

$\displaystyle=\lim_{x\to0}\frac{\sin x(1-\cos^2 x)}{x^3\cos x(1+\cos x)}=\lim_{x\to0}\left(\frac{\sin x}{x}\right)^3\cdot\frac{1}{\cos x(1+\cos x)}$

$\displaystyle=1^3\cdot\frac{1}{1\cdot(1+1)}=\frac{1}{2}$

(3) $x-\pi=\theta$ とおくと　$x=\theta+\pi$

$x\to\pi$ のとき $\theta\to0$ であるから

$$\lim_{x\to\pi}\frac{(x-\pi)^2}{1+\cos x}=\lim_{\theta\to0}\frac{\theta^2}{1+\cos(\theta+\pi)}=\lim_{\theta\to0}\frac{\theta^2}{1-\cos\theta}$$

$$=\lim_{\theta\to0}\frac{\theta^2(1+\cos\theta)}{(1-\cos\theta)(1+\cos\theta)}=\lim_{\theta\to0}\frac{\theta^2(1+\cos\theta)}{1-\cos^2\theta}$$

$$=\lim_{\theta\to0}\frac{\theta^2(1+\cos\theta)}{\sin^2\theta}=\lim_{\theta\to0}\frac{1+\cos\theta}{\left(\frac{\sin\theta}{\theta}\right)^2}$$

$$=\frac{1+1}{1^2}=2$$

(4) $x\to+0$ のとき　$\dfrac{1}{x}\to\infty$, $-\dfrac{1}{x}\to-\infty$ より

$$\lim_{x\to+0}2^{\frac{1}{x}}=\infty,\quad \lim_{x\to+0}2^{-\frac{1}{x}}=0$$

であるから

$$\lim_{x\to+0}\left(2^{\frac{1}{x}}+1\right)\left(2^{-\frac{1}{x}}+1\right)=\infty \qquad \cdots\cdots①$$

$x\to-0$ のとき　$\dfrac{1}{x}\to-\infty$, $-\dfrac{1}{x}\to\infty$ より

$$\lim_{x\to-0}2^{\frac{1}{x}}=0,\quad \lim_{x\to-0}2^{-\frac{1}{x}}=\infty$$

であるから

$$\lim_{x\to-0}\left(2^{\frac{1}{x}}+1\right)\left(2^{-\frac{1}{x}}+1\right)=\infty \qquad \cdots\cdots②$$

①, ② より

$$\lim_{x\to0}\left(2^{\frac{1}{x}}+1\right)\left(2^{-\frac{1}{x}}+1\right)=\infty$$

## 練習問題B

教 p.63

**8** 次の関数の逆関数がもとの関数と一致するように，定数 $a$ の値を定めよ。

(1) $y=ax+1 \quad (a \neq 0)$　　(2) $y=\dfrac{ax-2}{x-2} \quad (a \neq 1)$

**解答** (1) $a \neq 0$ であるから，$y=ax+1$ は逆関数をもつ。

$y=ax+1$ を $x$ について解くと，$a \neq 0$ であるから

$$x=\frac{y-1}{a}$$

ここで，$x$ と $y$ を入れかえると，逆関数は

$$y=\frac{1}{a}x-\frac{1}{a}$$

これがもとの関数と一致するから

$$ax+1=\frac{1}{a}x-\frac{1}{a}$$

係数を比較すると　$\dfrac{1}{a}=a,\ -\dfrac{1}{a}=1$

したがって　$a=-1$

(2) $y=\dfrac{ax-2}{x-2}$ ……① を変形すると

$$y=\frac{2a-2}{x-2}+a$$

$a \neq 1$ であるから ① は逆関数をもつ。また，① は分数関数であり，その値域は　$y \neq a$

$y=\dfrac{ax-2}{x-2}\ (a \neq 1)$ を $x$ について解くと，$(y-a)x=2y-2$ であり，$y \neq a$ であるから

$$x=\frac{2y-2}{y-a}$$

ここで，$x$ と $y$ を入れかえると，逆関数は

$$y=\frac{2x-2}{x-a}$$

これがもとの関数と一致するから

$$\frac{ax-2}{x-2}=\frac{2x-2}{x-a}$$

分母の定数項が一致することが必要であるので　$a=2$

このとき，両辺の分子も一致する。したがって

$$a=2$$

**9** 無限等比級数 $x+x(1-x^2)+x(1-x^2)^2+\cdots$ が収束するような実数 $x$ の値の範囲を求めよ。また，収束するときの和を求めよ。

**考え方** 無限等比級数が収束するのは，(初項) = 0 または |公比| < 1 の場合である。

**解答** 与えられた無限等比級数の初項は $x$，公比は $1-x^2$ である。

(i) (初項) = 0　すなわち，$x=0$ のとき，収束して，和は 0

(ii) (初項) ≠ 0　すなわち，$x \neq 0$ のとき，収束する条件は

$$|1-x^2|<1$$

であるから，$-1<1-x^2<1$ より　　$0<x^2<2$

すなわち　　$-\sqrt{2}<x<0,\ 0<x<\sqrt{2}$

このとき，和は　　$\dfrac{x}{1-(1-x^2)}=\dfrac{1}{x}$

(i), (ii)より，収束するような $x$ の値の範囲は　　$-\sqrt{2}<x<\sqrt{2}$

以上のことより

**$x=0$ のとき，和は　0**

**$-\sqrt{2}<x<0,\ 0<x<\sqrt{2}$ のとき，和は　$\dfrac{1}{x}$**

**10** $a_n=\log_{10}\dfrac{n+1}{n}$ $(n=1,\ 2,\ 3,\ \cdots)$ について，次の問に答えよ。

(1) $\displaystyle\lim_{n\to\infty} a_n$ を求めよ。

(2) $\displaystyle\sum_{n=1}^{\infty} a_n$ の収束，発散を調べよ。

**考え方** (1) まず，$\dfrac{n+1}{n}$ の極限値を求める。

(2) $\log_a \dfrac{M}{N}=\log_a M-\log_a N$ を用いる。

**解答** (1)

$$\lim_{n\to\infty}\frac{n+1}{n}=\lim_{n\to\infty}\left(1+\frac{1}{n}\right)=1$$

よって　$\displaystyle\lim_{n\to\infty} a_n=\lim_{n\to\infty}\log_{10}\frac{n+1}{n}=\log_{10}1=0$

(2) $S_n=\displaystyle\sum_{k=1}^{n} a_k$ とおくと

$$S_n=\sum_{k=1}^{n}\log_{10}\frac{k+1}{k}=\sum_{k=1}^{n}\{\log_{10}(k+1)-\log_{10}k\}$$

$$=(\log_{10}2-\log_{10}1)+(\log_{10}3-\log_{10}2)+\cdots$$

$$+\{\log_{10}(n+1)-\log_{10}n\}$$

$$= -\log_{10} 1 + \log_{10}(n+1)$$
$$= \log_{10}(n+1)$$

であるから

$$\sum_{n=1}^{\infty} a_n = \lim_{n\to\infty} S_n = \lim_{n\to\infty} \log_{10}(n+1) = \infty$$

よって，$\sum_{n=1}^{\infty} a_n$ は正の無限大に **発散** する。

**別解** (2) $S_n = \sum_{k=1}^{n} a_k$ とおくと

$$S_n = \log_{10}\frac{2}{1} + \log_{10}\frac{3}{2} + \log_{10}\frac{4}{3} + \cdots\cdots + \log_{10}\frac{n+1}{n}$$
$$= \log_{10}\left(\frac{2}{1}\cdot\frac{3}{2}\cdot\frac{4}{3}\cdot\cdots\cdot\frac{n+1}{n}\right)$$
$$= \log_{10}(n+1)$$

であるから

$$\lim_{n\to\infty} S_n = \lim_{n\to\infty} \log_{10}(n+1) = \infty$$

よって，$\sum_{n=1}^{\infty} a_n$ は正の無限大に発散する。

**11** 数列 1，$-1$，1，$-1$，1，… の初項から第 $n$ 項までの和を $S_n$，また $T_n = \dfrac{1}{n}(S_1 + S_2 + \cdots + S_n)$ とするとき，次の問に答えよ。

(1) $S_n$ および $T_n$ を求めよ。　(2) 数列 $\{T_n\}$ の極限を調べよ。

**考え方** (1) この数列は初項が 1，公比が $-1$ の等比数列とみることができる。

(2) はさみうちの原理を用いる。

**解答** (1) $S_n$ は初項が 1，公比が $-1$ の等比数列の第 $n$ 項までの和であるから

$$S_n = \frac{1\cdot\{1-(-1)^n\}}{1-(-1)} = \frac{1-(-1)^n}{2}$$

$$T_n = \frac{1}{n}\sum_{k=1}^{n} S_k = \frac{1}{n}\sum_{k=1}^{n}\frac{1-(-1)^k}{2} = \frac{1}{2n}\sum_{k=1}^{n}1 - \frac{1}{2n}\sum_{k=1}^{n}(-1)^k$$
$$= \frac{1}{2n}\cdot n - \frac{1}{2n}\cdot(-1)\cdot\frac{1-(-1)^n}{1-(-1)}$$
$$= \frac{1}{2} + \frac{1-(-1)^n}{4n}$$

**$n$ が奇数のとき**　$T_n = \dfrac{1}{2} + \dfrac{1-(-1)}{4n} = \dfrac{1}{2} + \dfrac{1}{2n}$

**$n$ が偶数のとき**　$T_n = \dfrac{1}{2} + \dfrac{1-1}{4n} = \dfrac{1}{2}$

(2) (1) より　$\frac{1}{2} \leqq T_n \leqq \frac{1}{2}+\frac{1}{2n}$

$n \to \infty$ のとき，$\frac{1}{2}+\frac{1}{2n} \to \frac{1}{2}$ であるから，はさみうちの原理により

$$\lim_{n \to \infty} T_n = \frac{1}{2}$$

**12** $\displaystyle\lim_{x \to 0} \frac{\sqrt{x^2+2}-(ax+b)}{x} = 2$ が成り立つような定数 $a$，$b$ の値を求めよ。

**考え方**　$x \to 0$ のとき 分母 $\to 0$ であるから，分子 $\to 0$ である。これより $b$ の値を求めて極限の式に代入する。極限値を求めるには，分子の有理化を考える。

**解答**　$\displaystyle\lim_{x \to 0} \frac{\sqrt{x^2+2}-(ax+b)}{x} = 2$ が成り立つとすると，

$\displaystyle\lim_{x \to 0} x = 0$ より　分母 $\to 0$ であるから

$$\lim_{x \to 0} \{\sqrt{x^2+2}-(ax+b)\} = 0$$

すなわち　$\sqrt{2}-b=0$　より　$b=\sqrt{2}$

このとき

$$\begin{aligned}
&\lim_{x \to 0} \frac{\sqrt{x^2+2}-(ax+b)}{x} \\
&= \lim_{x \to 0} \frac{\sqrt{x^2+2}-(ax+\sqrt{2})}{x} \\
&= \lim_{x \to 0} \frac{\{\sqrt{x^2+2}-(ax+\sqrt{2})\}\{\sqrt{x^2+2}+(ax+\sqrt{2})\}}{x\{\sqrt{x^2+2}+(ax+\sqrt{2})\}} \\
&= \lim_{x \to 0} \frac{x^2+2-(ax+\sqrt{2})^2}{x(\sqrt{x^2+2}+ax+\sqrt{2})} \\
&= \lim_{x \to 0} \frac{(1-a^2)x^2-2\sqrt{2}\,ax}{x(\sqrt{x^2+2}+ax+\sqrt{2})} \\
&= \lim_{x \to 0} \frac{(1-a^2)x-2\sqrt{2}\,a}{\sqrt{x^2+2}+ax+\sqrt{2}} \\
&= \frac{-2\sqrt{2}\,a}{\sqrt{2}+\sqrt{2}} = -a
\end{aligned}$$

よって　$-a=2$ より　$a=-2$

したがって

$$a=-2,\ b=\sqrt{2}$$

**13** 関数 $f(x)=\lim_{n\to\infty}\dfrac{x^{2n+1}+1}{x^{2n}+1}$ のグラフをかき，$f(x)$ が不連続となる $x$ の値を求めよ。

**考え方** $x^n$ を含む関数の極限は，$|x|$ と 1 の大小によって場合分けをして，$f(x)$ を lim を含まない形で表して考える。

**解答** $|x|<1$ のとき

$$\lim_{n\to\infty}x^{2n}=\lim_{n\to\infty}x^{2n+1}=0$$

よって

$$f(x)=\lim_{n\to\infty}\frac{x^{2n+1}+1}{x^{2n}+1}=\frac{0+1}{0+1}=1$$

$x=1$ のとき

$$f(1)=\lim_{n\to\infty}\frac{1^{2n+1}+1}{1^{2n}+1}=\frac{1+1}{1+1}=1$$

$x=-1$ のとき

$$f(-1)=\lim_{n\to\infty}\frac{(-1)^{2n+1}+1}{(-1)^{2n}+1}$$
$$=\lim_{n\to\infty}\frac{\{(-1)^2\}^n\cdot(-1)+1}{\{(-1)^2\}^n+1}$$
$$=\frac{-1+1}{1+1}=0$$

$|x|>1$ のとき

$\left|\dfrac{1}{x}\right|<1$ であるから

$$\lim_{n\to\infty}\frac{1}{x^{2n}}=\lim_{n\to\infty}\left(\frac{1}{x}\right)^{2n}=0$$

よって

$$f(x)=\lim_{n\to\infty}\frac{x^{2n+1}+1}{x^{2n}+1}$$
$$=\lim_{n\to\infty}\frac{x+\dfrac{1}{x^{2n}}}{1+\dfrac{1}{x^{2n}}}$$
$$=\frac{x+0}{1+0}=x$$

以上から，$f(x)$ が不連続となる $x$ の値は $x=-1$ であり，$y=f(x)$ のグラフは右の図のようになる。

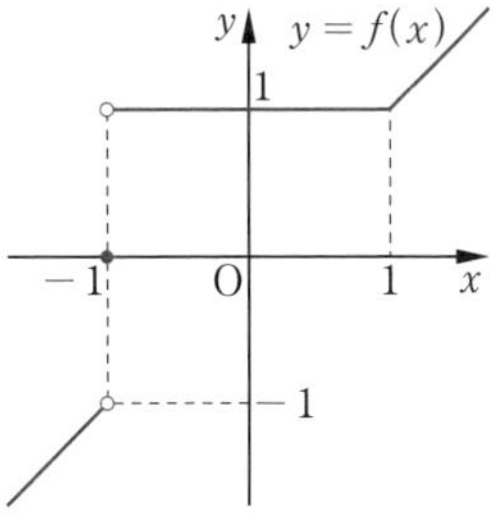

**14** 放物線 $y=x^2$ 上の動点Pと $x$ 軸の正の部分にある動点Qが，常に $\mathrm{OP}=\mathrm{OQ}$ の関係を保ちながら動くとき，直線PQが $y$ 軸と交わる点をRとする。今，Pが第1象限にあって原点Oに限りなく近づくとき，点Rはどのような点に近づくか。

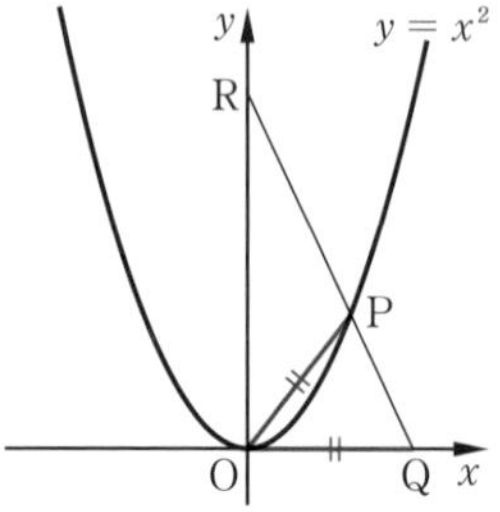


**考え方** $\mathrm{P}(t,\ t^2)\ (t>0)$ とおき，$\mathrm{OP}=\mathrm{OQ}$ より点Qの座標を $t$ で表し，さらに直線PQの方程式を求めれば，点Rの $y$ 座標を $t$ で表すことができる。あとは $t\to+0$ のときの極限を考えればよい。

**解 答** $\mathrm{P}(t,\ t^2)\ (t>0)$ とおくと

$$\mathrm{OP}=\sqrt{t^2+t^4}=t\sqrt{1+t^2}$$

$\mathrm{OP}=\mathrm{OQ}$ であるから，Qの座標は

$$\mathrm{Q}(t\sqrt{1+t^2},\ 0)$$

よって，直線PQの方程式は

$$y=\frac{0-t^2}{t\sqrt{1+t^2}-t}(x-t\sqrt{1+t^2})$$

すなわち　$$y=\frac{t}{1-\sqrt{1+t^2}}x-\frac{t^2\sqrt{1+t^2}}{1-\sqrt{1+t^2}}$$

したがって，点Rの $y$ 座標は

$$\frac{-t^2\sqrt{1+t^2}}{1-\sqrt{1+t^2}}$$

これより，点Pが第1象限にあって原点に限りなく近づくときの点Rの $y$ 座標の極限は

$$\begin{aligned}\lim_{t\to+0}\frac{-t^2\sqrt{1+t^2}}{1-\sqrt{1+t^2}}&=\lim_{t\to+0}\frac{-t^2\sqrt{1+t^2}(1+\sqrt{1+t^2})}{(1-\sqrt{1+t^2})(1+\sqrt{1+t^2})}\\&=\lim_{t\to+0}\frac{-t^2\sqrt{1+t^2}(1+\sqrt{1+t^2})}{-t^2}\\&=\lim_{t\to+0}\sqrt{1+t^2}(1+\sqrt{1+t^2})\\&=1\cdot(1+1)\\&=2\end{aligned}$$

よって，点Rは**点(0, 2)**に限りなく近づく。

# 活用 ニュートン法［課題学習］ 教 p.64

## 用語のまとめ

**ニュートン法**

- 接線を利用して方程式の解の近似値を算出する方法を **ニュートン法** という。

**考察1** $f(x)=x^2-2$, $a_1=2$ として, $x=a_n$ における $y=f(x)$ の接線が $x$ 軸と交わる点の $x$ 座標を $a_{n+1}$ とする。

(1) $a_{n+1}$ を $a_n$ を用いて表してみよう。

(2) 上のような図（省略）を考えることで, $\lim_{n\to\infty} a_n$ を推測してみよう。

**解答** (1) $(a_n,\ f(a_n))$ における接線の方程式は

$$y-f(a_n)=f'(a_n)(x-a_n)$$

$f'(x)=2x$ であるから

$$y-(a_n{}^2-2)=2a_n(x-a_n)$$

$$y=2a_nx-a_n{}^2-2$$

よって, この接線が $x$ 軸と交わる点の $x$ 座標は

$$0=2a_nx-a_n{}^2-2$$

すなわち　$x=\dfrac{a_n{}^2+2}{2a_n}$

したがって　$\boldsymbol{a_{n+1}=\dfrac{a_n{}^2+2}{2a_n}}$　……①

(2) $a_n$ は $f(x)=0$ の解に近づいた値になるから, $\lim_{n\to\infty} a_n=\sqrt{2}$ と推測できる。(図は省略)

**考察2** 考察1で定めた数列 $\{a_n\}$ について, $a_2$, $a_3$, $a_4$ を求めてみよう。また, その値を小数で表し, $\sqrt{2}$ と比較してみよう。

**解答**

$$a_2=\frac{a_1{}^2+2}{2a_1}=\frac{2^2+2}{2\cdot 2}=\frac{6}{4}=\frac{3}{2}=1.5$$

$$a_3=\frac{a_2{}^2+2}{2a_2}=\frac{\frac{9}{4}+2}{3}=\frac{17}{12}=1.41666\cdots$$

$$a_4=\frac{a_3{}^2+2}{2a_3}=\frac{\frac{289}{144}+2}{\frac{17}{6}}=\frac{577}{408}=1.414215686\cdots$$

これらの値と $\sqrt{2}=1.414213562\cdots$ との差は

$$a_2-\sqrt{2}=0.085\cdots$$

$$a_3-\sqrt{2}=0.0024\cdots$$

$$a_4-\sqrt{2}=0.00000212\cdots$$

となり，0 に近づいていく。

すなわち $a_2$，$a_3$，$a_4$，…の値は $\sqrt{2}$ に近づいていく。

**考察 3**　考察 1 で定めた数列 $\{a_n\}$ について，次の等式を証明してみよう。

$$a_{n+1}-\sqrt{2}=\frac{1}{2a_n}(a_n-\sqrt{2})^2 \quad (n=1,\ 2,\ 3,\ \cdots)$$

**証明**　考察 1 の(1)で求めた式 ① より

$$a_{n+1}-\sqrt{2}=\frac{a_n{}^2+2}{2a_n}-\sqrt{2}$$

$$=\frac{a_n{}^2-2\sqrt{2}\,a_n+2}{2a_n}$$

$$=\frac{1}{2a_n}(a_n-\sqrt{2})^2$$

したがって，$a_{n+1}-\sqrt{2}=\frac{1}{2a_n}(a_n-\sqrt{2})^2$ が成り立つ。

# 2章 微分

## 1節 微分法

## 2節 いろいろな関数の導関数

**関連する既習内容**

微分係数の定義

- $f'(a)=\lim_{h\to 0}\frac{f(a+h)-f(a)}{h}$

導関数の定義

- $f'(x)=\lim_{h\to 0}\frac{f(x+h)-f(x)}{h}$

導関数の公式

- $n$ が正の整数のとき　$(x^n)'=nx^{n-1}$
- $c$ が定数のとき　$(c)'=0$
- $k$ が定数のとき
  $\{kf(x)\}'=kf'(x)$
- $\{f(x)+g(x)\}'=f'(x)+g'(x)$
- $\{f(x)-g(x)\}'=f'(x)-g'(x)$

# 1節 微分法

## 1 導関数

**用語のまとめ**

**微分係数**

- 関数 $f(x)$ について，極限値 $\lim_{h\to 0}\dfrac{f(a+h)-f(a)}{h}$ が存在するとき，この値を関数 $f(x)$ の $x=a$ における **微分係数** または変化率といい，$f'(a)$ で表す。

  すなわち　$f'(a)=\lim_{h\to 0}\dfrac{f(a+h)-f(a)}{h}$　……①
- このとき，$f(x)$ は $x=a$ で **微分可能** であるという。
- $f'(a)$ の定義式①において $a+h=x$ とおくと，$h\to 0$ のとき $x\to a$ であるから，次のように書くこともできる。

  $f'(a)=\lim_{x\to a}\dfrac{f(x)-f(a)}{x-a}$

**微分可能と連続**

- 関数 $f(x)$ が $x=a$ で微分可能ならば，$f(x)$ は $x=a$ で連続である。
- 関数 $f(x)$ がある区間 $I$ に属するすべての値 $a$ で微分可能であるとき，$f(x)$ は **区間 $I$ で微分可能** であるという。このとき，$f(x)$ は区間 $I$ で連続である。

**導関数**

- 関数 $f(x)$ がある区間 $I$ で微分可能であるとき，$I$ に属するそれぞれの値 $a$ に微分係数 $f'(a)$ を対応させると，$I$ で定義された $x$ の関数 $f'(x)$ が得られる。これを関数 $f(x)$ の **導関数** といい，導関数 $f'(x)$ を求めることを，関数 $f(x)$ を **$x$ で微分する** という。

教 p.66

**問 1**　関数 $f(x)=\dfrac{1}{x^2}$ について，$x=2$ における微分係数を求めよ。

**考え方**　$f'(a)=\lim_{h\to 0}\dfrac{f(a+h)-f(a)}{h}$ に $a=2$ を代入して求める。

**解　答**　$f'(2)=\lim_{h\to 0}\dfrac{f(2+h)-f(2)}{h}$

$$=\lim_{h\to 0}\frac{\dfrac{1}{(2+h)^2}-\dfrac{1}{2^2}}{h}=\lim_{h\to 0}\frac{\dfrac{2^2-(2+h)^2}{2^2\cdot(2+h)^2}}{h}$$

$$= \lim_{h \to 0} \frac{-h(4+h)}{4h(2+h)^2} = \lim_{h \to 0} \frac{-(4+h)}{4(2+h)^2} = -\frac{1}{4}$$

## 微分可能と連続　解き方のポイント

関数 $f(x)$ が $x=a$ で **微分可能** ならば，

　$f(x)$ は $x=a$ で **連続** である。

このことの逆は，一般には成り立たない。

すなわち

関数 $f(x)$ が $x=a$ で **連続であっても，**

　$f(x)$ は $x=a$ で **微分可能であるとは限らない。**

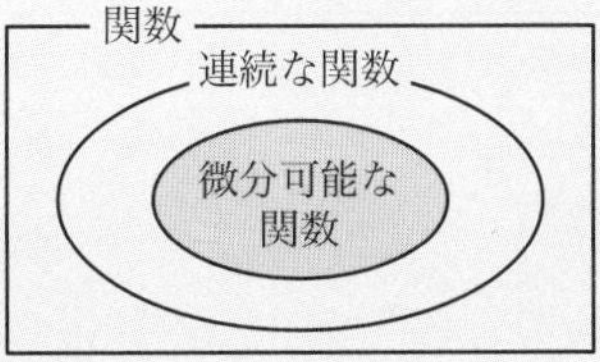


**教 p.67**

**問 2**　関数 $f(x)=|x(x-2)|$ が $x=2$ で微分可能であるかどうかを調べよ。

**考え方**　$\lim_{h \to +0} \frac{f(2+h)-f(2)}{h}$ と $\lim_{h \to -0} \frac{f(2+h)-f(2)}{h}$ が一致すれば，$x=2$ で微分可能であるといえる。

**解答**

$$\lim_{h \to +0} \frac{f(2+h)-f(2)}{h} = \lim_{h \to +0} \frac{|(2+h)h|}{h} = \lim_{h \to +0} \frac{(2+h)h}{h}$$

$$= \lim_{h \to +0}(2+h) = 2$$

$$\lim_{h \to -0} \frac{f(2+h)-f(2)}{h} = \lim_{h \to -0} \frac{|(2+h)h|}{h} = \lim_{h \to -0} \frac{-(2+h)h}{h}$$

$$= \lim_{h \to -0}\{-(2+h)\} = -2$$

となり，$f'(2)$ は存在しない。

すなわち，$f(x)=|x(x-2)|$ は $x=2$ で **微分可能ではない。**

**参考**　$f(x)=|x(x-2)|$ は，$x=2$ で微分可能ではないが，$x=2$ で連続である。

## 導関数の定義　解き方のポイント

関数 $f(x)$ の導関数 $f'(x)$ は次の式によって定義される。

$$f'(x) = \lim_{h \to 0} \frac{f(x+h)-f(x)}{h}$$

関数 $y=f(x)$ において，$x$ の増分を $\Delta x$，それに対する $y$ の増分を $\Delta y$ とすると，$f'(x)$ は次のように表すこともできる。

$$f'(x) = \lim_{\Delta x \to 0} \frac{\Delta y}{\Delta x} = \lim_{\Delta x \to 0} \frac{f(x+\Delta x)-f(x)}{\Delta x}$$

教 p.68

**問3** 導関数の定義にしたがって，次の関数を微分せよ。

(1) $f(x)=\dfrac{3}{x}$　　(2) $f(x)=\sqrt{x+2}$

**考え方** (2) $(a+b)(a-b)=a^2-b^2$ を利用して分子を有理化する。

**解答** (1)

$$f'(x)=\lim_{h\to0}\frac{f(x+h)-f(x)}{h}=\lim_{h\to0}\frac{\dfrac{3}{x+h}-\dfrac{3}{x}}{h}$$

$$=\lim_{h\to0}\frac{\dfrac{3x-3(x+h)}{x(x+h)}}{h}=\lim_{h\to0}\frac{3x-3(x+h)}{hx(x+h)}=\lim_{h\to0}\frac{-3h}{hx(x+h)}$$

$$=\lim_{h\to0}\frac{-3}{x(x+h)}=-\frac{3}{x^2}$$

(2)

$$f'(x)=\lim_{h\to0}\frac{f(x+h)-f(x)}{h}=\lim_{h\to0}\frac{\sqrt{x+h+2}-\sqrt{x+2}}{h}$$

$$=\lim_{h\to0}\frac{(\sqrt{x+h+2}-\sqrt{x+2})(\sqrt{x+h+2}+\sqrt{x+2})}{h(\sqrt{x+h+2}+\sqrt{x+2})}$$

$$=\lim_{h\to0}\frac{x+h+2-(x+2)}{h(\sqrt{x+h+2}+\sqrt{x+2})}=\lim_{h\to0}\frac{h}{h(\sqrt{x+h+2}+\sqrt{x+2})}$$

$$=\lim_{h\to0}\frac{1}{\sqrt{x+h+2}+\sqrt{x+2}}=\frac{1}{2\sqrt{x+2}}$$

## ● 定数関数の導関数　解き方のポイント

$c$ が定数のとき　$(c)'=0$

## ● $x^n$ の導関数(1)　解き方のポイント

$n$ が正の整数のとき　$(x^n)'=nx^{n-1}$

教 p.69

**問4** 上の公式を用いて，次の関数の導関数を求めよ。

(1) $y=x^5$　　(2) $y=x^6$　　(3) $y=x^{12}$

**考え方** $(x^n)'=nx^{n-1}$ で，$n=5$，$n=6$，$n=12$ のときである。

**解答**

(1) $y'=5x^{5-1}=5x^4$

(2) $y'=6x^{6-1}=6x^5$

(3) $y'=12x^{12-1}=12x^{11}$

## ● 導関数の公式　解き方のポイント

2つの関数 $f(x)$, $g(x)$ が微分可能であるとき，次の公式が成り立つ。

[1] $\{kf(x)\}' = kf'(x)$　　ただし，$k$ は定数

[2] $\{f(x)+g(x)\}' = f'(x)+g'(x)$

[3] $\{f(x)-g(x)\}' = f'(x)-g'(x)$

**教 p.70**

**問5**　導関数の定義にしたがって，公式[1]を証明せよ。

**証明**　導関数の定義にしたがって

$$\{kf(x)\}' = \lim_{h\to 0}\frac{kf(x+h)-kf(x)}{h} = \lim_{h\to 0}\left\{k\cdot\frac{f(x+h)-f(x)}{h}\right\}$$

極限値の性質により

$$\{kf(x)\}' = k\lim_{h\to 0}\frac{f(x+h)-f(x)}{h}$$

したがって　$\{kf(x)\}' = kf'(x)$

**教 p.70**

**問6**　上の公式を用いて，次の式が成り立つことを示せ。
関数 $f(x)$, $g(x)$ について，$k$, $l$ を定数とするとき

$$\{kf(x)+lg(x)\}' = kf'(x)+lg'(x)$$

**考え方**　導関数の公式[1], [2]を用いる。

**証明**　公式[2]により　$\{kf(x)+lg(x)\}' = \{kf(x)\}'+\{lg(x)\}'$

公式[1]により　$\{kf(x)\}' = kf'(x)$, $\{lg(x)\}' = lg'(x)$

したがって　$\{kf(x)+lg(x)\}' = kf'(x)+lg'(x)$

**教 p.70**

**問7**　次の関数を微分せよ。

(1)　$y = x^5+5x^4-7x^3+4$　　(2)　$y=(x^3-1)^2$

**考え方**　導関数の公式[1]～[3]と $(x^n)' = nx^{n-1}$ を用いる。
(2)では，まず右辺を展開する。

**解答**　(1)　$y' = 5x^4+5\cdot 4x^3-7\cdot 3x^2$

$= 5x^4+20x^3-21x^2$

(2)　$y=(x^3-1)^2 = x^6-2x^3+1$ であるから

$y' = 6x^5-2\cdot 3x^2$

$= 6x^5-6x^2$

# 2 積・商の微分法

**● 積の導関数** …… 解き方のポイント

$$\{f(x)g(x)\}'=f'(x)g(x)+f(x)g'(x)$$

教 p.71

**問 8** 次の関数を微分せよ。

(1) $y=(3x+1)(x^2-4)$ (2) $y=(5x^2-3x-4)(2x+1)$

(3) $y=(x^2+3)(x^2-2x+2)$ (4) $y=(x^3+1)(1-x^4)$

**解 答**

(1) $y'=(3x+1)'\cdot(x^2-4)+(3x+1)\cdot(x^2-4)'$

$=3(x^2-4)+(3x+1)\cdot 2x$

$=3x^2-12+6x^2+2x$

$=\boldsymbol{9x^2+2x-12}$

(2) $y'=(5x^2-3x-4)'\cdot(2x+1)+(5x^2-3x-4)\cdot(2x+1)'$

$=(10x-3)(2x+1)+(5x^2-3x-4)\cdot 2$

$=20x^2+4x-3+10x^2-6x-8$

$=\boldsymbol{30x^2-2x-11}$

(3) $y'=(x^2+3)'\cdot(x^2-2x+2)+(x^2+3)\cdot(x^2-2x+2)'$

$=2x(x^2-2x+2)+(x^2+3)(2x-2)$

$=2x^3-4x^2+4x+2x^3-2x^2+6x-6$

$=\boldsymbol{4x^3-6x^2+10x-6}$

(4) $y'=(x^3+1)'\cdot(1-x^4)+(x^3+1)\cdot(1-x^4)'$

$=3x^2(1-x^4)+(x^3+1)\cdot(-4x^3)$

$=3x^2-3x^6-4x^6-4x^3$

$=\boldsymbol{-7x^6-4x^3+3x^2}$

**● 商の導関数** …… 解き方のポイント

$$\left\{\frac{f(x)}{g(x)}\right\}'=\frac{f'(x)g(x)-f(x)g'(x)}{\{g(x)\}^2}$$

特に $\left\{\dfrac{1}{g(x)}\right\}'=-\dfrac{g'(x)}{\{g(x)\}^2}$

微分

問9 次の関数を微分せよ。

(1) $y = \dfrac{1}{4x-1}$　　　(2) $y = \dfrac{x}{1+x^2}$　　　(3) $y = \dfrac{2x-5}{3x^2+1}$

解答 (1) $y' = -\dfrac{(4x-1)'}{(4x-1)^2} = -\dfrac{4}{(4x-1)^2}$

(2) $y' = \dfrac{(x)'\cdot(1+x^2)-x\cdot(1+x^2)'}{(1+x^2)^2} = \dfrac{1\cdot(1+x^2)-x\cdot 2x}{(1+x^2)^2} = \dfrac{1-x^2}{(1+x^2)^2}$

(3) $y' = \dfrac{(2x-5)'\cdot(3x^2+1)-(2x-5)\cdot(3x^2+1)'}{(3x^2+1)^2}$

$\qquad = \dfrac{2\cdot(3x^2+1)-(2x-5)\cdot 6x}{(3x^2+1)^2}$

$\qquad = \dfrac{-6x^2+30x+2}{(3x^2+1)^2}$

● $x^n$ の導関数(2) ・・・・・・・・・・・・・・・・・・・・・・・・・・・・・・・・・・・・・・・・・・・・・・・・・・・・・・・・・ 解き方のポイント

$n$ が整数のとき　　$(x^n)' = nx^{n-1}$

問10 次の関数を微分せよ。

(1) $y = \dfrac{1}{6x^3}$　　　(2) $y = x + \dfrac{1}{x}$　　　(3) $y = \dfrac{x^4+3x-2}{x^2}$

考え方 $\dfrac{1}{x^m} = x^{-m}$ と変形してから $(x^n)' = nx^{n-1}$ の公式を用いる。

(3) まず分子の項ごとに分ける。

解答 (1) $y = \dfrac{1}{6}x^{-3}$ となるから

$$y' = \left(\dfrac{1}{6}x^{-3}\right)' = \dfrac{1}{6}\cdot(-3)x^{-4} = -\dfrac{1}{2}x^{-4} = -\dfrac{1}{2x^4}$$

(2) $y = x + x^{-1}$ となるから

$$y' = (x+x^{-1})' = 1 + (-1)x^{-2} = 1 - \dfrac{1}{x^2}$$

(3) $y = x^2 + \dfrac{3}{x} - \dfrac{2}{x^2} = x^2 + 3x^{-1} - 2x^{-2}$ となるから

$$y' = (x^2 + 3x^{-1} - 2x^{-2})'$$

$$= 2x + 3\cdot(-1)x^{-2} - 2\cdot(-2)x^{-3}$$

$$= 2x - \dfrac{3}{x^2} + \dfrac{4}{x^3}$$

# 3 合成関数の微分法

## ● 合成関数の微分法 …… 解き方のポイント

関数 $y=f(u)$ と関数 $u=g(x)$ がともに微分可能ならば，合成関数 $y=f(g(x))$ も微分可能であり，次の公式が成り立つ。

$$\frac{dy}{dx}=\frac{dy}{du}\cdot\frac{du}{dx}$$

この公式は，次のように表すこともできる。

$$\{f(g(x))\}'=f'(g(x))g'(x)$$

教 p.74

**問11** 次の関数を微分せよ。

(1) $y=(x^2-2)^3$　　(2) $y=(2x^3+5)^7$

**考え方** かっこの中の式を $u$ とおいて合成関数の微分法の公式を用いる。

**解答** (1) $u=x^2-2$ とおくと，$y=u^3$ であるから

$$\frac{dy}{du}=3u^2,\quad \frac{du}{dx}=2x$$

よって

$$\begin{aligned}\frac{dy}{dx}&=\frac{dy}{du}\cdot\frac{du}{dx}\\&=3u^2\cdot 2x\\&=3(x^2-2)^2\cdot 2x\\&=6x(x^2-2)^2\end{aligned}$$

(2) $u=2x^3+5$ とおくと，$y=u^7$ であるから

$$\frac{dy}{du}=7u^6,\quad \frac{du}{dx}=6x^2$$

よって

$$\begin{aligned}\frac{dy}{dx}&=\frac{dy}{du}\cdot\frac{du}{dx}\\&=7u^6\cdot 6x^2\\&=7(2x^3+5)^6\cdot 6x^2\\&=42x^2(2x^3+5)^6\end{aligned}$$

教 p.75

**問 12** 次の関数を微分せよ。

(1) $y=(1-4x)^5$　　(2) $y=(5x^3+3x-1)^6$

(3) $y=\dfrac{1}{(x^2-3)^2}$

**考え方** かっこの中の式を $g(x)$ とおいて，合成関数の微分法の公式 $\{f(g(x))\}'=f'(g(x))g'(x)$ を用いる。

**解答** (1) $g(x)=1-4x$ とおくと，$y=\{g(x)\}^5$ であるから

$$\begin{aligned} y' &= \{(1-4x)^5\}' \\ &= 5(1-4x)^4\cdot(1-4x)' \\ &= 5(1-4x)^4\cdot(-4) \\ &= -20(1-4x)^4 \end{aligned}$$

(2) $g(x)=5x^3+3x-1$ とおくと，$y=\{g(x)\}^6$ であるから

$$\begin{aligned} y' &= \{(5x^3+3x-1)^6\}' \\ &= 6(5x^3+3x-1)^5\cdot(5x^3+3x-1)' \\ &= 6(5x^3+3x-1)^5(15x^2+3) \\ &= 18(5x^3+3x-1)^5(5x^2+1) \end{aligned}$$

(3) $g(x)=x^2-3$ とおくと，$y=\{g(x)\}^{-2}$ であるから

$$\begin{aligned} y' &= \{(x^2-3)^{-2}\}' \\ &= -2(x^2-3)^{-3}\cdot(x^2-3)' \\ &= -\frac{2}{(x^2-3)^3}\cdot 2x \\ &= -\frac{4x}{(x^2-3)^3} \end{aligned}$$

教 p.75

**問 13** 関数 $f(x)$ が微分可能であるとき，次の等式を証明せよ。
ただし，$a$，$b$ は定数，$n$ は整数とする。

(1) $\dfrac{d}{dx}f(ax+b)=af'(ax+b)$

(2) $\dfrac{d}{dx}\{f(x)\}^n=n\{f(x)\}^{n-1}f'(x)$

**考え方** 合成関数の微分法の公式 $\{f(g(x))\}'=f'(g(x))g'(x)$ を用いる。

**証明** (1) $\dfrac{d}{dx}f(ax+b)=f'(ax+b)\cdot(ax+b)'=f'(ax+b)\cdot a=af'(ax+b)$

(2) $\dfrac{d}{dx}\{f(x)\}^n=n\{f(x)\}^{n-1}\cdot\{f(x)\}'=n\{f(x)\}^{n-1}f'(x)$

## 逆関数の微分法　解き方のポイント

微分可能な関数 $f(x)$ が逆関数 $f^{-1}(x)$ をもつとき，$y=f^{-1}(x)$ の導関数について，次の公式が成り立つ。

$$\frac{dy}{dx}=\frac{1}{\frac{dx}{dy}}$$

教 p.76

**問 14**　例 8 にならって次の関数を微分せよ。

(1)　$y=\sqrt[3]{x}$　　(2)　$y=x^{\frac{1}{4}}$

**考え方**　与えられた関数を $x=\cdots$ の形に変形し，$\frac{dx}{dy}$ を求めて，逆関数の微分法の公式を用いる。

**解答**　(1)　$y=\sqrt[3]{x}=x^{\frac{1}{3}}$ より，$x=y^3$ であるから

$$\frac{dx}{dy}=3y^2$$

よって　$$\frac{dy}{dx}=\frac{1}{\frac{dx}{dy}}=\frac{1}{3y^2}=\frac{1}{3\sqrt[3]{x^2}}$$

(2)　$y=x^{\frac{1}{4}}$ より，$x=y^4$ であるから

$$\frac{dx}{dy}=4y^3$$

よって　$$\frac{dy}{dx}=\frac{1}{\frac{dx}{dy}}=\frac{1}{4y^3}=\frac{1}{4}y^{-3}=\frac{1}{4}x^{-\frac{3}{4}}$$

教 p.76

**問 15**　例 8 にならって関数 $y=x^{\frac{1}{n}}$ を微分せよ。
ただし，$n$ は正の整数とする。

**考え方**　問 14 と同様にして，逆関数の微分法の公式を用いる。

**解答**　$y=x^{\frac{1}{n}}$ より，$x=y^n$ であるから

$$\frac{dx}{dy}=ny^{n-1}$$

よって　$$\frac{dy}{dx}=\frac{1}{\frac{dx}{dy}}=\frac{1}{ny^{n-1}}$$

$$=\frac{1}{n}y^{1-n}=\frac{1}{n}\left(x^{\frac{1}{n}}\right)^{1-n}$$

$$=\frac{1}{n}x^{\frac{1}{n}-1}$$

## ● $x^r$ の導関数 …… 解き方のポイント

**$r$ が有理数 のとき　$(x^r)'=rx^{r-1}$**

**教 p.77**

**問 16**　次の関数を微分せよ。

(1)　$y=x^{\frac{1}{2}}$　　(2)　$y=x^{\frac{2}{3}}$　　(3)　$y=\dfrac{1}{x\sqrt{x}}$

**考え方**　(3)　右辺を $x^r$ の形にしてから微分する。

**解 答**　(1)　$y'=\left(x^{\frac{1}{2}}\right)'=\dfrac{1}{2}x^{\frac{1}{2}-1}=\dfrac{1}{2}x^{-\frac{1}{2}}$

(2)　$y'=\left(x^{\frac{2}{3}}\right)'=\dfrac{2}{3}x^{\frac{2}{3}-1}=\dfrac{2}{3}x^{-\frac{1}{3}}$

(3)　$y=\dfrac{1}{x\sqrt{x}}=\dfrac{1}{x\cdot x^{\frac{1}{2}}}=\dfrac{1}{x^{\frac{3}{2}}}=x^{-\frac{3}{2}}$ と表されるから

$$y'=\left(x^{-\frac{3}{2}}\right)'=\left(-\frac{3}{2}\right)x^{-\frac{3}{2}-1}=\left(-\frac{3}{2}\right)x^{-\frac{5}{2}}$$

$$=-\frac{3}{2\sqrt{x^5}}\quad\left(-\frac{3}{2x^2\sqrt{x}}\right)\quad\longleftarrow x^{-\frac{5}{2}}=(x^5)^{-\frac{1}{2}}=\frac{1}{(x^5)^{\frac{1}{2}}}$$

**教 p.77**

**問 17**　次の関数を微分せよ。

(1)　$y=\sqrt{(2x-3)^3}$　　(2)　$y=\sqrt[3]{x^2-2x+5}$

**考え方**　$y=\{f(x)\}^r$ の形に表してから，$y'=r\{f(x)\}^{r-1}\cdot f'(x)$ とする。

**解 答**　(1)　$y=\sqrt{(2x-3)^3}$ は $y=(2x-3)^{\frac{3}{2}}$ と表されるから

$$y'=\frac{3}{2}(2x-3)^{\frac{3}{2}-1}\cdot(2x-3)'$$

$$=\frac{3}{2}(2x-3)^{\frac{1}{2}}\cdot 2$$

$$=3\sqrt{2x-3}$$

(2)　$y=\sqrt[3]{x^2-2x+5}$ は $y=(x^2-2x+5)^{\frac{1}{3}}$ と表されるから

$$y'=\frac{1}{3}(x^2-2x+5)^{\frac{1}{3}-1}\cdot(x^2-2x+5)'$$

$$=\frac{1}{3}(x^2-2x+5)^{-\frac{2}{3}}\cdot(2x-2)$$

$$=\frac{1}{3}\cdot\frac{2x-2}{\sqrt[3]{(x^2-2x+5)^2}}$$

$$=\frac{2(x-1)}{3\sqrt[3]{(x^2-2x+5)^2}}$$

## 問題　教 p.78

**1** 関数 $f(x)=|x-1|(x-1)$ が $x=1$ で微分可能かどうかを調べよ。

**考え方** $\dfrac{f(1+h)-f(1)}{h}$ において，$h\to+0$ と $h\to-0$ のときの極限値がともに存在し，かつ等しければ微分可能，そうでなければ微分可能ではない。

**解答** $f(1+h)=|h|h$ であるから

$h>0$ のとき　$f(1+h)=h^2$

$h<0$ のとき　$f(1+h)=-h^2$

したがって

$$\lim_{h\to+0}\frac{f(1+h)-f(1)}{h}=\lim_{h\to+0}\frac{h^2-0}{h}=\lim_{h\to+0}h=0$$

$$\lim_{h\to-0}\frac{f(1+h)-f(1)}{h}=\lim_{h\to-0}\frac{-h^2-0}{h}=\lim_{h\to-0}(-h)=0$$

となり，$f'(1)$ が存在する。

すなわち，関数 $f(x)=|x-1|(x-1)$ は $x=1$ で **微分可能である。**

**2** 導関数の定義にしたがって，次の関数を微分せよ。

(1)　$f(x)=\dfrac{1}{x-2}$　　(2)　$f(x)=\sqrt{x^2+1}$

**考え方** 導関数の定義 $f'(x)=\displaystyle\lim_{h\to0}\frac{f(x+h)-f(x)}{h}$ を用いる。

**解答** (1)

$$\begin{aligned}f'(x)&=\lim_{h\to0}\frac{f(x+h)-f(x)}{h}\\&=\lim_{h\to0}\frac{\dfrac{1}{x+h-2}-\dfrac{1}{x-2}}{h}\\&=\lim_{h\to0}\frac{\dfrac{x-2-(x+h-2)}{(x+h-2)(x-2)}}{h}\\&=\lim_{h\to0}\frac{-h}{h(x+h-2)(x-2)}\\&=\lim_{h\to0}\frac{-1}{(x+h-2)(x-2)}\\&=-\frac{1}{(x-2)^2}\end{aligned}$$

(2) $f'(x)=\lim_{h\to 0}\dfrac{f(x+h)-f(x)}{h}$

$=\lim_{h\to 0}\dfrac{\sqrt{(x+h)^2+1}-\sqrt{x^2+1}}{h}$

$=\lim_{h\to 0}\dfrac{\{\sqrt{(x+h)^2+1}-\sqrt{x^2+1}\}\{\sqrt{(x+h)^2+1}+\sqrt{x^2+1}\}}{h\{\sqrt{(x+h)^2+1}+\sqrt{x^2+1}\}}$

$=\lim_{h\to 0}\dfrac{(x+h)^2+1-(x^2+1)}{h\{\sqrt{(x+h)^2+1}+\sqrt{x^2+1}\}}$

$=\lim_{h\to 0}\dfrac{2hx+h^2}{h\{\sqrt{(x+h)^2+1}+\sqrt{x^2+1}\}}$

$=\lim_{h\to 0}\dfrac{2x+h}{\sqrt{(x+h)^2+1}+\sqrt{x^2+1}}$

$=\dfrac{x}{\sqrt{x^2+1}}$

**3** 次の関数を微分せよ。

(1) $y=(x^2+3)(x^3-7)$

(2) $y=(x^2-3x+4)(5-2x^4)$

(3) $y=x^2-\dfrac{6}{x-4}$

(4) $y=\dfrac{x-1}{x^2+x+1}$

**考え方** (1), (2) は積の導関数，(3), (4) は商の導関数の公式を用いる。

**解　答** (1) $y'=(x^2+3)'\cdot(x^3-7)+(x^2+3)\cdot(x^3-7)'$

$=2x(x^3-7)+(x^2+3)\cdot 3x^2$

$=2x^4-14x+3x^4+9x^2$

$=5x^4+9x^2-14x$

(2) $y'=(x^2-3x+4)'\cdot(5-2x^4)+(x^2-3x+4)\cdot(5-2x^4)'$

$=(2x-3)(5-2x^4)+(x^2-3x+4)\cdot(-8x^3)$

$=10x-4x^5-15+6x^4-8x^5+24x^4-32x^3$

$=-12x^5+30x^4-32x^3+10x-15$

(3) $y'=(x^2)'-6\cdot\left(\dfrac{1}{x-4}\right)'$

$=2x-6\cdot\left\{-\dfrac{(x-4)'}{(x-4)^2}\right\}$

$=2x-6\cdot\left\{-\dfrac{1}{(x-4)^2}\right\}$

$=2x+\dfrac{6}{(x-4)^2}$

(4) $y' = \dfrac{(x-1)'\cdot(x^2+x+1)-(x-1)\cdot(x^2+x+1)'}{(x^2+x+1)^2}$

$= \dfrac{1\cdot(x^2+x+1)-(x-1)(2x+1)}{(x^2+x+1)^2}$

$= \dfrac{(x^2+x+1)-(2x^2-x-1)}{(x^2+x+1)^2}$

$= \dfrac{-x^2+2x+2}{(x^2+x+1)^2}$

$= -\dfrac{x^2-2x-2}{(x^2+x+1)^2}$

**4** 次の関数を微分せよ。

(1) $y=(2x^2+5x-6)^3$ (2) $y=x\sqrt{x-1}$

(3) $y=\dfrac{x^2-4x+3}{\sqrt{x}}$ (4) $y=\dfrac{1}{\sqrt{x^2-2x}}$

(5) $y=\dfrac{x^2+5x}{x-4}$ (6) $y=\dfrac{1}{x+\sqrt{x^2-1}}$

**考え方** 微分法の公式を，式の形に応じて使い分ける。

(6) まず分母を有理化する。

**解 答** (1) $g(x)=2x^2+5x-6$ とおくと，$y=\{g(x)\}^3$ であるから

$y'=\{(2x^2+5x-6)^3\}'$

$=3(2x^2+5x-6)^2\cdot(2x^2+5x-6)'$ ←合成関数の微分法

$=3(2x^2+5x-6)^2(4x+5)$

(2) $y=x(x-1)^{\frac{1}{2}}$ と表されるから

$y'=\left\{x(x-1)^{\frac{1}{2}}\right\}'=(x)'\cdot(x-1)^{\frac{1}{2}}+x\cdot\left\{(x-1)^{\frac{1}{2}}\right\}'$ ←積の導関数

$=1\cdot(x-1)^{\frac{1}{2}}+x\cdot\dfrac{1}{2}(x-1)^{\frac{1}{2}-1}\cdot(x-1)'$ ←合成関数の微分法

$=(x-1)^{\frac{1}{2}}+x\cdot\dfrac{1}{2}(x-1)^{-\frac{1}{2}}\cdot 1$

$=\sqrt{x-1}+\dfrac{x}{2\sqrt{x-1}}$

$=\dfrac{2(x-1)+x}{2\sqrt{x-1}}$

$=\dfrac{3x-2}{2\sqrt{x-1}}$

(3) $y=\dfrac{x^2-4x+3}{\sqrt{x}}=(x^2-4x+3)\cdot x^{-\frac{1}{2}}=x^{\frac{3}{2}}-4x^{\frac{1}{2}}+3x^{-\frac{1}{2}}$

と表されるから

$$
\begin{aligned}
y' &= \left(x^{\frac{3}{2}}-4x^{\frac{1}{2}}+3x^{-\frac{1}{2}}\right)' \\
&= \frac{3}{2}x^{\frac{1}{2}}-4\cdot\frac{1}{2}x^{-\frac{1}{2}}+3\cdot\left(-\frac{1}{2}\right)x^{-\frac{3}{2}} \\
&= \frac{3\sqrt{x}}{2}-\frac{2}{\sqrt{x}}-\frac{3}{2x\sqrt{x}} \\
&= \frac{3x^2-4x-3}{2x\sqrt{x}}
\end{aligned}
$$

(4) $y=\dfrac{1}{\sqrt{x^2-2x}}=(x^2-2x)^{-\frac{1}{2}}$ と表されるから

$$
\begin{aligned}
y' &= \left\{(x^2-2x)^{-\frac{1}{2}}\right\}' \\
&= -\frac{1}{2}(x^2-2x)^{-\frac{1}{2}-1}\cdot(x^2-2x)' \qquad \longleftarrow \text{合成関数の微分法} \\
&= -\frac{1}{2}(x^2-2x)^{-\frac{3}{2}}(2x-2) \\
&= -\frac{2x-2}{2\sqrt{(x^2-2x)^3}} \\
&= -\frac{x-1}{\sqrt{(x^2-2x)^3}}
\end{aligned}
$$

(5)
$$
\begin{aligned}
y' &= \frac{(x^2+5x)'\cdot(x-4)-(x^2+5x)\cdot(x-4)'}{(x-4)^2} \qquad \longleftarrow \text{商の導関数} \\
&= \frac{(2x+5)(x-4)-(x^2+5x)\cdot 1}{(x-4)^2} \\
&= \frac{2x^2-3x-20-x^2-5x}{(x-4)^2} \\
&= \frac{x^2-8x-20}{(x-4)^2} \\
&= \frac{(x+2)(x-10)}{(x-4)^2}
\end{aligned}
$$

(6)
$$y=\frac{1}{x+\sqrt{x^2-1}}=\frac{x-\sqrt{x^2-1}}{(x+\sqrt{x^2-1})(x-\sqrt{x^2-1})}$$
$$=\frac{x-\sqrt{x^2-1}}{x^2-(x^2-1)}=x-\sqrt{x^2-1}$$
$$=x-(x^2-1)^{\frac{1}{2}}$$

と変形できるから

$$y'=(x)'-\left\{(x^2-1)^{\frac{1}{2}}\right\}'$$
$$=1-\frac{1}{2}\cdot(x^2-1)^{\frac{1}{2}-1}\cdot(x^2-1)' \quad \longleftarrow \text{合成関数の微分法}$$
$$=1-\frac{1}{2}(x^2-1)^{-\frac{1}{2}}\cdot 2x$$
$$=1-\frac{2x}{2\sqrt{x^2-1}}$$
$$=\frac{\sqrt{x^2-1}-x}{\sqrt{x^2-1}}$$

**別解** (5)
$$y=\frac{x^2+5x}{x-4}=\frac{(x-4)(x+9)+36}{x-4}=x+9+\frac{36}{x-4}$$

と変形できるから

$$y'=\left(x+9+\frac{36}{x-4}\right)'$$
$$=1-\frac{36}{(x-4)^2}$$
$$=\frac{x^2-8x-20}{(x-4)^2}$$
$$=\frac{(x+2)(x-10)}{(x-4)^2}$$

**5** 関数 $f(x)$ が微分可能であるとき，次の等式を証明せよ。

$$\frac{d}{dx}\sqrt{f(x)}=\frac{f'(x)}{2\sqrt{f(x)}}$$

**考え方** 合成関数の微分法の公式を用いる。

**証明**
$$\frac{d}{dx}\sqrt{f(x)}=\frac{d}{dx}\{f(x)\}^{\frac{1}{2}}$$
$$=\frac{1}{2}\{f(x)\}^{-\frac{1}{2}}\cdot f'(x)$$
$$=\frac{f'(x)}{2\sqrt{f(x)}}$$

**6** (1) $x$ の関数 $u$, $v$, $w$ が微分可能であるとき，次の等式が成り立つことを証明せよ。

$$(uvw)' = u'vw + uv'w + uvw'$$

(2) 関数 $y = x(x+1)^2(x-2)^2$ を微分せよ。

**考え方** (1) 積の導関数の公式を繰り返し用いる。

(2) $u = x$, $v = (x+1)^2$, $w = (x-2)^2$ として，(1) の結果を利用する。

**解　答** (1)

$$\begin{aligned}(uvw)' &= \{(uv)w\}' \\ &= (uv)'w + uv(w)' \\ &= (u'v + uv')w + uvw' \\ &= u'vw + uv'w + uvw'\end{aligned}$$

(2) (1) で証明した等式を利用すると

$$\begin{aligned}&y' \\ &= (x)'\cdot(x+1)^2(x-2)^2 + x\cdot\{(x+1)^2\}'\cdot(x-2)^2 \\ &\qquad + x(x+1)^2\cdot\{(x-2)^2\}' \\ &= 1\cdot(x+1)^2(x-2)^2 + x\cdot 2(x+1)\cdot(x-2)^2 \\ &\qquad + x(x+1)^2\cdot 2(x-2) \\ &= (x+1)(x-2)\{(x+1)(x-2) + 2x(x-2) + 2x(x+1)\} \\ &= (x+1)(x-2)(x^2 - x - 2 + 2x^2 - 4x + 2x^2 + 2x) \\ &= (x+1)(x-2)(5x^2 - 3x - 2) \longleftarrow 5x^2 - 3x - 2 = (x-1)(5x+2) \\ &= (x+1)(x-1)(x-2)(5x+2)\end{aligned}$$

**7** $f(x) = \begin{cases} \dfrac{1}{x} & (x \geqq 1) \\ x^2 + ax + b & (x < 1) \end{cases}$ とする。

(1) $f(x)$ が $x = 1$ で連続であるような定数 $a$, $b$ の条件を求めよ。

(2) $f(x)$ が $x = 1$ で微分可能であるような定数 $a$, $b$ の値を求めよ。

(3) $a$, $b$ が (2) で求めた値のとき，$y = f(x)$ のグラフをかけ。

**考え方** (1) $x = 1$ で連続であるから

$$\lim_{x\to 1+0} f(x) = \lim_{x\to 1-0} f(x) = f(1)$$

(2) $x = a$ で微分可能ならば，$x = a$ で連続である。

**解　答**　(1)　$x=1$ で連続であるから

$$\lim_{x\to 1-0} f(x)=f(1)$$

ここで

$$\lim_{x\to 1-0} f(x)=\lim_{x\to 1-0}(x^2+ax+b)=1+a+b$$

$$f(1)=1$$

であるから　　$1+a+b=1$

したがって　　$a+b=0$

(2)　微分可能ならば連続であるから

(1) より　　$a+b=0$

よって，$b=-a$　……① であるから，$x<1$ において

$$f(x)=x^2+ax-a$$

次に，$f'(1)$ が存在するから

$$\lim_{h\to +0}\frac{f(1+h)-f(1)}{h}=\lim_{h\to -0}\frac{f(1+h)-f(1)}{h}$$

となる。

$$\lim_{h\to +0}\frac{f(1+h)-f(1)}{h}=\lim_{h\to +0}\frac{\frac{1}{1+h}-1}{h}=\lim_{h\to +0}\frac{\frac{-h}{1+h}}{h}$$

$$=\lim_{h\to +0}\frac{-1}{1+h}$$

$$=-1 \qquad \cdots\cdots ②$$

$$\lim_{h\to -0}\frac{f(1+h)-f(1)}{h}=\lim_{h\to -0}\frac{(1+h)^2+a(1+h)-a-1}{h}$$

$$=\lim_{h\to -0}(2+h+a)$$

$$=2+a \qquad \cdots\cdots ③$$

したがって，②，③ より

$$-1=2+a$$

すなわち　　$a=-3$

よって，①より　　$b=3$

したがって　　$a=-3,\ b=3$

(3)　$a=-3,\ b=3$ であるから

$$f(x)=\begin{cases}\dfrac{1}{x} & (x\geqq 1)\\ x^2-3x+3 & (x<1)\end{cases}$$

となる。

グラフは右の図のようになる。

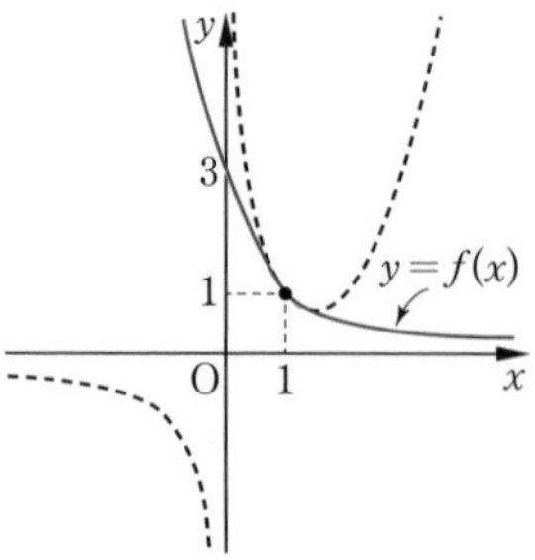

# 2節 いろいろな関数の導関数

## 1 三角関数の導関数

● 三角関数の導関数 …… 解き方のポイント

$$(\sin x)' = \cos x$$

$$(\cos x)' = -\sin x$$

$$(\tan x)' = \frac{1}{\cos^2 x}$$



教 p.80

**問 1** $\left(\dfrac{1}{\tan x}\right)' = -\dfrac{1}{\sin^2 x}$ であることを示せ。

**考え方** $\dfrac{1}{\tan x} = \dfrac{\cos x}{\sin x}$ として，商の導関数の公式を用いる。

**証明**

$$\left(\frac{1}{\tan x}\right)' = \left(\frac{\cos x}{\sin x}\right)'$$

$$= \frac{(\cos x)' \cdot \sin x - \cos x \cdot (\sin x)'}{(\sin x)^2}$$

$$= \frac{(-\sin x) \cdot \sin x - \cos x \cdot \cos x}{\sin^2 x}$$

$$= -\frac{\sin^2 x + \cos^2 x}{\sin^2 x}$$

$$= -\frac{1}{\sin^2 x}$$

**別解** $\left(\dfrac{1}{\tan x}\right)' = -\dfrac{(\tan x)'}{\tan^2 x} = -\dfrac{1}{\tan^2 x} \cdot \dfrac{1}{\cos^2 x} = -\dfrac{1}{\sin^2 x}$ ← $\dfrac{1}{\tan^2 x} = \dfrac{\cos^2 x}{\sin^2 x}$

教 p.80

**問 2** 次の関数を微分せよ。

(1) $y = \cos 5x$

(2) $y = \tan\left(2x - \dfrac{\pi}{4}\right)$

(3) $y = \sin^2 x$

(4) $y = x\cos x - \sin x$

(5) $y = \sin 2x \cos x$

(6) $y = \dfrac{x}{\sin x}$

**考え方** $\sin x$，$\cos x$，$\tan x$ の導関数の公式と，合成関数の微分法，積と商の導関数の公式などを組み合わせて用いる。

**解答** (1) $y'=(\cos 5x)'$

$=-\sin 5x\cdot(5x)'$

$=-5\sin 5x$

(2) $y'=\left\{\tan\left(2x-\frac{\pi}{4}\right)\right\}'$

$=\dfrac{1}{\cos^2\left(2x-\frac{\pi}{4}\right)}\cdot\left(2x-\frac{\pi}{4}\right)'$

$=\dfrac{2}{\cos^2\left(2x-\frac{\pi}{4}\right)}$

(3) $y'=(\sin^2 x)'$

$=2\sin x\cdot(\sin x)'$

$=2\sin x\cos x$

(4) $y'=(x\cos x-\sin x)'$

$=(x\cos x)'-(\sin x)'$

$=(x)'\cdot\cos x+x\cdot(\cos x)'-\cos x$

$=1\cdot\cos x+x\cdot(-\sin x)-\cos x$

$=-x\sin x$

(5) $y'=(\sin 2x\cos x)'$

$=(\sin 2x)'\cdot\cos x+\sin 2x\cdot(\cos x)'$

$=\cos 2x\cdot(2x)'\cdot\cos x+\sin 2x\cdot(-\sin x)$

$=2\cos 2x\cos x-\sin 2x\sin x$

(6) $y'=\left(\dfrac{x}{\sin x}\right)'$

$=\dfrac{(x)'\cdot\sin x-x\cdot(\sin x)'}{(\sin x)^2}$

$=\dfrac{1\cdot\sin x-x\cdot\cos x}{\sin^2 x}$

$=\dfrac{\sin x-x\cos x}{\sin^2 x}$

# 2 対数関数・指数関数の導関数

## 用語のまとめ

**自然対数** $\log x$

- $\lim_{h \to 0}(1+h)^{\frac{1}{h}} = e$ とすると，$e$ は無理数で，$e = 2.71828\cdots$ である。
- 底が $e$ である対数 $\log_e x$ を **自然対数** といい，底 $e$ を省略して単に $\log x$ と書く。

**対数微分法**

- 関数 $y = f(x)$ が微分可能であるとする。$f(x) \neq 0$ であるような $x$ の範囲においては $\log|y|$ も微分可能であり，合成関数の微分法によって

$$(\log|y|)' = \frac{y'}{y}$$

となる。このことを用いた導関数の求め方を，**対数微分法** という。



### ● 対数関数の導関数(1) 解き方のポイント

$$(\log x)' = \frac{1}{x},\quad (\log_a x)' = \frac{1}{x \log a}$$

教 p.82

**問3** 次の関数を微分せよ。

(1) $y = \log 5x$　　(2) $y = (\log x)^3$

(3) $y = x \log 4x$　　(4) $y = \log_3 x$

**考え方** $(\log x)' = \dfrac{1}{x}$，$(\log_a x)' = \dfrac{1}{x \log a}$ や，合成関数の微分法，積の導関数の公式を用いる。

**解答** (1) $y' = \dfrac{1}{5x} \cdot (5x)' = \dfrac{5}{5x} = \dfrac{1}{x}$

(2) $y' = 3(\log x)^2 \cdot (\log x)' = \dfrac{3(\log x)^2}{x}$

(3) $y' = (x)' \cdot \log 4x + x \cdot (\log 4x)' = 1 \cdot \log 4x + x \cdot \dfrac{1}{4x} \cdot (4x)' = \log 4x + 1$

(4) $y' = \dfrac{1}{x \log 3}$

**別解** (1) $y = \log 5x = \log 5 + \log x$ であるから　　$y' = (\log 5 + \log x)' = \dfrac{1}{x}$

## 対数関数の導関数(2)　解き方のポイント

$$(\log|x|)' = \frac{1}{x},\quad (\log_a|x|)' = \frac{1}{x\log a}$$

教 p.83

**問4**　次の関数を微分せよ。

(1)　$y = \log|x^2 - 3|$　　(2)　$y = \log_4|x - 1|$

**考え方**　合成関数の微分法を用いて，$(\log|f(x)|)' = \dfrac{f'(x)}{f(x)}$ のように微分する。

**解答**　(1)　$y' = \dfrac{1}{x^2 - 3}\cdot(x^2 - 3)' = \dfrac{2x}{x^2 - 3}$

(2)　$y' = \dfrac{1}{(x-1)\log 4}\cdot(x - 1)' = \dfrac{1}{(x-1)\log 4}$

## 対数微分法による手順　解き方のポイント

1 両辺の絶対値の対数をとり，右辺を対数の和や差の形で表す。

2 両辺を $x$ で微分して，$\dfrac{y'}{y} = (x$ の式$)$ を求める。

3 両辺に $y$ を掛けて整理する。

教 p.84

**問5**　対数微分法により，次の関数を微分せよ。

(1)　$y = \dfrac{x^2(x-1)}{x-2}$　　(2)　$y = \sqrt[3]{x^2(x+5)}$

**解答**　(1)　$|y| = \dfrac{|x|^2|x-1|}{|x-2|}$

であるから，この式の両辺の対数をとって

$$\log|y| = 2\log|x| + \log|x-1| - \log|x-2|$$

両辺を $x$ で微分すると

$$\frac{y'}{y} = \frac{2}{x} + \frac{1}{x-1} - \frac{1}{x-2}$$

$$= \frac{2(x-1)(x-2) + x(x-2) - x(x-1)}{x(x-1)(x-2)}$$

$$= \frac{2x^2 - 7x + 4}{x(x-1)(x-2)}$$

よって　$y' = \dfrac{x^2(x-1)}{x-2} \cdot \dfrac{2x^2-7x+4}{x(x-1)(x-2)}$

$= \dfrac{\boldsymbol{x(2x^2-7x+4)}}{\boldsymbol{(x-2)^2}}$

(2)　$y = \{x^2(x+5)\}^{\frac{1}{3}} = x^{\frac{2}{3}}(x+5)^{\frac{1}{3}}$

と表される。したがって

$|y| = |x|^{\frac{2}{3}}|x+5|^{\frac{1}{3}}$

であるから，この式の両辺の対数をとって

$\log|y| = \dfrac{2}{3}\log|x| + \dfrac{1}{3}\log|x+5|$

両辺を $x$ で微分すると

$\dfrac{y'}{y} = \dfrac{2}{3} \cdot \dfrac{1}{x} + \dfrac{1}{3} \cdot \dfrac{1}{x+5} = \dfrac{2(x+5)+x}{3x(x+5)}$

$= \dfrac{3x+10}{3x(x+5)}$

よって　$y' = \sqrt[3]{x^2(x+5)} \cdot \dfrac{3x+10}{3x(x+5)}$

$= x^{\frac{2}{3}}(x+5)^{\frac{1}{3}}x^{-1}(x+5)^{-1} \cdot \dfrac{3x+10}{3}$

$= \dfrac{\boldsymbol{3x+10}}{\boldsymbol{3\sqrt[3]{x(x+5)^2}}}$

## $x^\alpha$ の導関数　解き方のポイント

**$\alpha$ が実数 のとき　$(x^\alpha)' = \alpha x^{\alpha-1}$**

教 p.84

**問6**　次の関数を微分せよ。

(1)　$y = (5x)^{\sqrt{2}}$　　(2)　$y = x^\alpha \log x$　ただし，$\alpha$ は実数の定数

**考え方**　$(x^\alpha)' = \alpha x^{\alpha-1}$ と合成関数の微分法，積の導関数の公式を用いる。

**解答**　(1)　$y' = \sqrt{2} \cdot (5x)^{\sqrt{2}-1} \cdot (5x)' = \sqrt{2} \cdot 5^{\sqrt{2}-1}x^{\sqrt{2}-1} \cdot 5$

$= \boldsymbol{\sqrt{2} \cdot 5^{\sqrt{2}} x^{\sqrt{2}-1}}$

(2)　$y' = (x^\alpha)' \cdot \log x + x^\alpha \cdot (\log x)'$

$= \alpha x^{\alpha-1} \cdot \log x + x^\alpha \cdot \dfrac{1}{x}$

$= \alpha x^{\alpha-1}\log x + x^{\alpha-1}$

$= \boldsymbol{x^{\alpha-1}(\alpha\log x + 1)}$

## ● 指数関数の導関数 …… 解き方のポイント

$(e^x)'=e^x$, $(a^x)'=a^x\log a$

教 p.85

**問7** 次の関数を微分せよ。

(1) $y=3^x$　(2) $y=\left(\dfrac{1}{10}\right)^x$　(3) $y=e^{-2x}$

**解答** (1) $y'=(3^x)'=3^x\log 3$

(2) $y'=\left\{\left(\dfrac{1}{10}\right)^x\right\}'=\left(\dfrac{1}{10}\right)^x\cdot\log\dfrac{1}{10}=-\left(\dfrac{1}{10}\right)^x\log 10$

(3) $y'=(e^{-2x})'=e^{-2x}\cdot(-2x)'=-2e^{-2x}$

**別解** (2) $y'=(10^{-x})'=10^{-x}\log 10\cdot(-x)'=-10^{-x}\log 10=-\left(\dfrac{1}{10}\right)^x\log 10$

教 p.85

**問8** 次の関数を微分せよ。

(1) $y=e^{x-2}+5^x$　(2) $y=\dfrac{x^2}{e^x}$

(3) $y=(e^x+e^{-x})^2$　(4) $y=e^{x^2}$

**考え方** $(e^x)'=e^x$, $(a^x)'=a^x\log a$ と合成関数の微分法，商の導関数の公式などを用いる。

**解答** (1) $y'=e^{x-2}\cdot(x-2)'+5^x\log 5=e^{x-2}+5^x\log 5$

(2) $y'=\dfrac{(x^2)'\cdot e^x-x^2\cdot(e^x)'}{(e^x)^2}=\dfrac{2x\cdot e^x-x^2\cdot e^x}{(e^x)^2}=\dfrac{e^x(2x-x^2)}{(e^x)^2}$

$=\dfrac{2x-x^2}{e^x}$

(3) $y'=2(e^x+e^{-x})\cdot(e^x+e^{-x})'$

$=2(e^x+e^{-x})(e^x-e^{-x})$　$(2(e^{2x}-e^{-2x}))$

(4) $y'=e^{x^2}\cdot(x^2)'=2xe^{x^2}$

**別解** (2) $y=x^2e^{-x}$ より

$y'=(x^2)'\cdot e^{-x}+x^2\cdot(e^{-x})'=2xe^{-x}-x^2e^{-x}=\dfrac{2x-x^2}{e^x}$

(3) $y=e^{2x}+2+e^{-2x}$ より

$y'=(e^{2x})'+(2)'+(e^{-2x})'=2e^{2x}-2e^{-2x}$

# 3 いろいろな形で表される関数の微分

## 用語のまとめ

### 楕円と双曲線

- $a>0$，$b>0$ のとき，方程式 ① の表す曲線は **楕円** とよばれる。

$$\frac{x^2}{a^2}+\frac{y^2}{b^2}=1 \quad \cdots\cdots ①$$

- $a>0$，$b>0$ のとき，方程式 ② の表す曲線は **双曲線** とよばれる。

$$\frac{x^2}{a^2}-\frac{y^2}{b^2}=1 \quad \cdots\cdots ②$$

### 媒介変数表示

- 平面上の曲線がある変数 $t$ によって

$$\begin{cases} x=f(t) \\ y=g(t) \end{cases}$$

のような形で表されるとき，これをその曲線の **媒介変数表示** といい，$t$ を **媒介変数** という。

### サイクロイド

- 1つの円が定直線に接しながら，滑ることなく回転するとき，その円上の定点がえがく軌跡を **サイクロイド** という。半径 $a$ の円上の定点のはじめの位置が原点のときのサイクロイドの概形は，次の図のようになる。

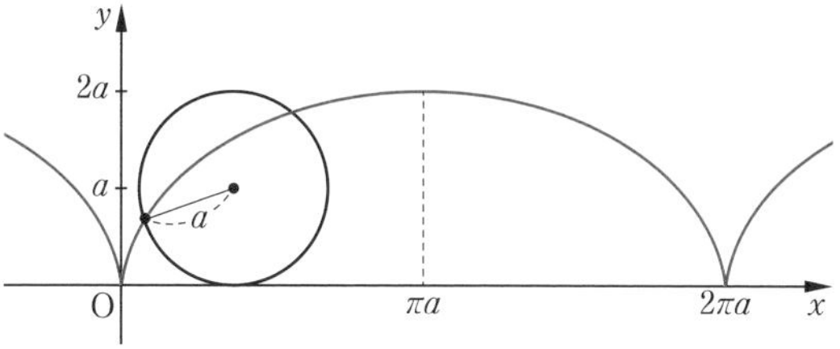


教 p.86

**問 9**　$y=\sqrt{1-x^2}$ の右辺を直接微分することによって，$\dfrac{dy}{dx}=-\dfrac{x}{y}$ となることを確かめよ。また，$y=-\sqrt{1-x^2}$ の場合についても確かめよ。

**考え方**　$\sqrt{1-x^2}=(1-x^2)^{\frac{1}{2}}$ として，$\{f(g(x))\}'=f'(g(x))g'(x)$ を用いる。

**解　答**　$y=\sqrt{1-x^2}$ の場合

$y=\sqrt{1-x^2}$ は $y=(1-x^2)^{\frac{1}{2}}$ と表されるから

$$\frac{dy}{dx}=\{(1-x^2)^{\frac{1}{2}}\}'=\frac{1}{2}(1-x^2)^{\frac{1}{2}-1}\cdot(1-x^2)'$$

$$=\frac{1}{2}(1-x^2)^{-\frac{1}{2}}\cdot(-2x)=\frac{1}{2\sqrt{1-x^2}}\cdot(-2x)$$

$$=-\frac{x}{\sqrt{1-x^2}}=-\frac{x}{y}$$

$y=-\sqrt{1-x^2}$ の場合

$y=-\sqrt{1-x^2}$ は $y=-(1-x^2)^{\frac{1}{2}}$ と表されるから，上と同様に計算すると

$$\frac{dy}{dx}=\{-(1-x^2)^{\frac{1}{2}}\}'=\frac{x}{\sqrt{1-x^2}}=\frac{x}{-y}=-\frac{x}{y}$$

**教　p.86**

**問 10**　放物線 $y^2=8x$ について，$\dfrac{dy}{dx}=\dfrac{4}{y}$ となることを示せ。

**考え方**　放物線の方程式の両辺を $x$ で微分して，$\dfrac{dy}{dx}$ について解く。

**証　明**　$y^2=8x$ の両辺を $x$ で微分すると，左辺は

$$\frac{d}{dx}y^2=\frac{d}{dy}y^2\cdot\frac{dy}{dx}=2y\frac{dy}{dx}$$

であるから

$$2y\frac{dy}{dx}=8$$

よって，$y \fallingdotseq 0$ のとき　$\dfrac{dy}{dx}=\dfrac{4}{y}$

**教　p.87**

**問 11**　次の曲線の方程式について，$\dfrac{dy}{dx}$ を求めよ。

(1)　$\dfrac{x^2}{4}+y^2=1$　　　　(2)　$\dfrac{x^2}{9}-\dfrac{y^2}{4}=1$

**考え方**　方程式の両辺を $x$ で微分して，$\dfrac{dy}{dx}$ について解く。

**解　答**　(1)　楕円の方程式の両辺を $x$ で微分すると

$$\frac{2x}{4}+2y\frac{dy}{dx}=0$$

よって，$y \fallingdotseq 0$ のとき　$\boldsymbol{\dfrac{dy}{dx}=-\dfrac{x}{4y}}$

(2) 双曲線の方程式の両辺を $x$ で微分すると

$$\frac{2x}{9}-\frac{1}{4}\cdot 2y\frac{dy}{dx}=0$$

よって，$y \neq 0$ のとき　$\boldsymbol{\dfrac{dy}{dx}=\dfrac{4x}{9y}}$

教 p.88

**問12** 次の式の媒介変数 $t$ を消去して，$x$，$y$ の関係式を求めよ。

(1) $\begin{cases} x=2t-3 \\ y=-t+5 \end{cases}$　　(2) $\begin{cases} x=t^2-1 \\ y=-2t \end{cases}$

**考え方** (1) 上の式から，$t=\dfrac{x+3}{2}$ となる。これを下の式に代入して変数 $t$ を消去する。

(2) 下の式から，$t=-\dfrac{y}{2}$ となる。これを上の式に代入して変数 $t$ を消去する。

**解答** (1) $\begin{cases} x=2t-3 \\ y=-t+5 \end{cases}$ ……①

①から変数 $t$ を消去すると

$$y=-\frac{x+3}{2}+5$$

となる。ここで，$t$ がすべての実数値をとるとき，$x$ もすべての実数値をとるから，①は直線

$$\boldsymbol{y=-\frac{1}{2}x+\frac{7}{2}}$$

を表す。

(2) $\begin{cases} x=t^2-1 \\ y=-2t \end{cases}$ ……①

①から変数 $t$ を消去すると

$$x=\left(-\frac{y}{2}\right)^2-1$$

となる。ここで，$t$ がすべての実数値をとるとき，$y$ もすべての実数値をとるから，①は放物線

$$\boldsymbol{x=\frac{1}{4}y^2-1}$$

を表す。

教 p.89

**問 13** 円 $x^2+y^2=25$ の媒介変数表示を求めよ。

**解 答** $x^2+y^2=25$ すなわち $x^2+y^2=5^2$

であるから，この円の媒介変数表示は

$$\begin{cases} x=5\cos\theta \\ y=5\sin\theta \end{cases}$$

## ● 媒介変数で表された関数の微分法 …… 解き方のポイント

$\boldsymbol{x=f(t),\ y=g(t)}$ **のとき** $\displaystyle \frac{dy}{dx}=\frac{\frac{dy}{dt}}{\frac{dx}{dt}}=\frac{g'(t)}{f'(t)}$

教 p.89

**問 14** 次の場合について，$\dfrac{dy}{dx}$ を $t$ の式で表せ。

(1) $\begin{cases} x=t-1 \\ y=t^2+5 \end{cases}$ (2) $\begin{cases} x=2\cos t \\ y=2\sin t \end{cases}$

**考え方** 2 つの式を $t$ で微分して $\dfrac{dx}{dt}$ と $\dfrac{dy}{dt}$ を求め，$\dfrac{dy}{dx}=\dfrac{\frac{dy}{dt}}{\frac{dx}{dt}}$ を計算する。

**解 答** (1) $\dfrac{dx}{dt}=1,\ \dfrac{dy}{dt}=2t$

であるから

$$\frac{dy}{dx}=\frac{\frac{dy}{dt}}{\frac{dx}{dt}}=\frac{2t}{1}=2t$$

(2) $\dfrac{dx}{dt}=-2\sin t,\ \dfrac{dy}{dt}=2\cos t$

であるから

$$\frac{dy}{dx}=\frac{\frac{dy}{dt}}{\frac{dx}{dt}}=\frac{2\cos t}{-2\sin t}=-\frac{\cos t}{\sin t}\quad\left(-\frac{1}{\tan t}\right)$$

# 4 高次導関数

**用語のまとめ**

**高次導関数**

- 関数 $y=f(x)$ の導関数 $f'(x)$ が微分可能であるとき，$f'(x)$ の導関数を $f(x)$ の **第2次導関数** といい，$y''$，$f''(x)$，$\dfrac{d^2y}{dx^2}$，$\dfrac{d^2}{dx^2}f(x)$ などの記号で表す。
  これに対して，$f'(x)$ を $f(x)$ の **第1次導関数** という。
  また，第2次導関数 $f''(x)$ の導関数を $f(x)$ の **第3次導関数** という。
- 一般に，自然数 $n$ に対して，関数 $y=f(x)$ を $n$ 回微分することによって得られる関数を，$y=f(x)$ の **第 $n$ 次導関数** といい，$y^{(n)}$，$f^{(n)}(x)$，$\dfrac{d^ny}{dx^n}$，$\dfrac{d^n}{dx^n}f(x)$ などの記号で表す。
- 第2次以上の導関数を **高次導関数** という。

教 p.91

**問15** 次の関数の第3次までの導関数を求めよ。

(1) $y=x^4$　　(2) $y=e^{3x}$

(3) $y=\log x$　　(4) $y=\sin ax$

**考え方** $y$，$y'$，$y''$を順々に微分して求める。

**解答** (1) $y'=4x^3$　　$y''=(4x^3)'=4\cdot3x^2=12x^2$

$y'''=(12x^2)'=12\cdot2x=24x$

(2) $y'=e^{3x}\cdot(3x)'=3e^{3x}$　　$y''=(3e^{3x})'=3\cdot e^{3x}\cdot(3x)'=9e^{3x}$

$y'''=(9e^{3x})'=9\cdot e^{3x}\cdot(3x)'=27e^{3x}$

(3) $y'=\dfrac{1}{x}$　　$y''=(x^{-1})'=-x^{-2}=-\dfrac{1}{x^2}$

$y'''=-(x^{-2})'=2x^{-3}=\dfrac{2}{x^3}$

(4) $y'=\cos ax\cdot(ax)'=a\cos ax$

$y''=(a\cos ax)'=a\cdot(-\sin ax)\cdot(ax)'=-a^2\sin ax$

$y'''=(-a^2\sin ax)'=-a^2\cdot\cos ax\cdot(ax)'=-a^3\cos ax$

教 p.92

**問 16** 次の関数の第 $n$ 次導関数を求めよ。

(1) $y=5e^x+e^{-x}$　　(2) $y=2^x$

考え方 $y'$, $y''$, …を順に求め，規則性を見つける。

解 答 (1)

$$y'=5e^x+(-1)e^{-x}$$
$$y''=5e^x+(-1)\cdot(-1)e^{-x}=5e^x+(-1)^2e^{-x}$$
$$y'''=5e^x+(-1)^2\cdot(-1)e^{-x}=5e^x+(-1)^3e^{-x}$$

以下同様に計算すると

$$\boldsymbol{y^{(n)}=5e^x+(-1)^n e^{-x}}$$

(2)

$$y'=2^x\log 2$$
$$y''=2^x\log 2\cdot\log 2=2^x(\log 2)^2$$
$$y'''=2^x\log 2\cdot(\log 2)^2=2^x(\log 2)^3$$

以下同様に計算すると

$$\boldsymbol{y^{(n)}=2^x(\log 2)^n}$$

教 p.92

**問 17** 例 11 にならって，関数 $y=\cos x$ の第 5 次までの導関数を求めよ。

考え方 $y'$, $y''$, $y'''$, …を順に計算する。

解 答 $\boldsymbol{y'=-\sin x}$, $\boldsymbol{y''=-\cos x}$, $\boldsymbol{y'''=\sin x}$, $\boldsymbol{y^{(4)}=\cos x}$, $\boldsymbol{y^{(5)}=-\sin x}$

教 p.92

**問 18** 関数 $y=e^{-x}\sin x$ は，$y''+2y'+2y=0$ を満たすことを示せ。

考え方 $y'$, $y''$ を順に求め，左辺に代入する。

証 明

$$\begin{aligned}y'&=(e^{-x})'\cdot\sin x+e^{-x}\cdot(\sin x)'\\&=-e^{-x}\sin x+e^{-x}\cos x\\&=e^{-x}(-\sin x+\cos x)\end{aligned}$$

$$\begin{aligned}y''&=(e^{-x})'\cdot(-\sin x+\cos x)+e^{-x}\cdot(-\sin x+\cos x)'\\&=-e^{-x}(-\sin x+\cos x)+e^{-x}(-\cos x-\sin x)\\&=-2e^{-x}\cos x\end{aligned}$$

よって

$$\begin{aligned}y''+2y'+2y&=-2e^{-x}\cos x+2e^{-x}(-\sin x+\cos x)+2e^{-x}\sin x\\&=0\end{aligned}$$

## 問　題

教 p.93

**8** 導関数の定義にしたがって，関数 $\cos x$ の導関数を求めよ。

**考え方** 関数 $f(x)$ の導関数 $f'(x)$ の定義は

$$f'(x)=\lim_{h\to 0}\frac{f(x+h)-f(x)}{h}$$

である。

**解　答** 導関数の定義により

$$(\cos x)'=\lim_{h\to 0}\frac{\cos(x+h)-\cos x}{h}$$

$$=\lim_{h\to 0}\frac{\cos x\cos h-\sin x\sin h-\cos x}{h}$$

$$=\lim_{h\to 0}\frac{\cos x(\cos h-1)-\sin x\sin h}{h}$$

$$=\lim_{h\to 0}\left(\cos x\cdot\frac{\cos h-1}{h}-\sin x\cdot\frac{\sin h}{h}\right)$$

ここで，$\displaystyle\lim_{h\to 0}\frac{\sin h}{h}=1$ を用いて

$$\lim_{h\to 0}\frac{\cos h-1}{h}=\lim_{h\to 0}\frac{(\cos h-1)(\cos h+1)}{h(\cos h+1)}$$

$$=\lim_{h\to 0}\frac{\cos^2 h-1}{h(\cos h+1)}$$

$$=\lim_{h\to 0}\frac{-\sin^2 h}{h(\cos h+1)}$$

$$=\lim_{h\to 0}\left(-\frac{\sin h}{h}\right)\cdot\frac{\sin h}{\cos h+1}$$

$$=-1\cdot\frac{0}{1+1}$$

$$=0$$

したがって

$$\boldsymbol{(\cos x)'}=\cos x\cdot 0-\sin x\cdot 1=\boldsymbol{-\sin x}$$

**9** 次の関数を微分せよ。

(1) $y=\cos^2 x$　　(2) $y=\dfrac{\sin x}{\sin x+\cos x}$

(3) $y=\dfrac{1}{\tan(3x-\pi)}$　　(4) $y=\sqrt{1+\cos x}$

(5) $y=\dfrac{1}{\sin x\cos x}$　　(6) $y=\cos\dfrac{1}{x}$

**考え方** 三角関数の導関数，商の導関数，合成関数の微分法の公式などを用いる。

(3) 本書 p.109 の問 1 の結果の式 $\left(\dfrac{1}{\tan x}\right)'=-\dfrac{1}{\sin^2 x}$ を利用する。

**解答** (1) $y'=2\cos x\cdot(\cos x)'=2\cos x\cdot(-\sin x)=-2\sin x\cos x$

(2) $y'=\dfrac{(\sin x)'\cdot(\sin x+\cos x)-\sin x\cdot(\sin x+\cos x)'}{(\sin x+\cos x)^2}$

$=\dfrac{\cos x\cdot(\sin x+\cos x)-\sin x\cdot(\cos x-\sin x)}{(\sin x+\cos x)^2}$

$=\dfrac{\cos^2 x+\sin^2 x}{(\sin x+\cos x)^2}$

$=\dfrac{1}{(\sin x+\cos x)^2}$

(3) $y'=-\dfrac{1}{\sin^2(3x-\pi)}\cdot(3x-\pi)'=-\dfrac{3}{\sin^2(3x-\pi)}$　$\left(-\dfrac{3}{\sin^2 3x}\right)$

(4) $y=(1+\cos x)^{\frac{1}{2}}$ と表されるから

$y'=\left\{(1+\cos x)^{\frac{1}{2}}\right\}'$

$=\dfrac{1}{2}\cdot(1+\cos x)^{-\frac{1}{2}}\cdot(1+\cos x)'$

$=-\dfrac{\sin x}{2\sqrt{1+\cos x}}$

(5) $y'=-\dfrac{(\sin x\cos x)'}{(\sin x\cos x)^2}$

$=-\dfrac{(\sin x)'\cdot\cos x+\sin x\cdot(\cos x)'}{\sin^2 x\cos^2 x}$

$=-\dfrac{\cos x\cdot\cos x+\sin x\cdot(-\sin x)}{\sin^2 x\cos^2 x}$

$=-\dfrac{\cos^2 x-\sin^2 x}{\sin^2 x\cos^2 x}$

$=\dfrac{\sin^2 x-\cos^2 x}{\sin^2 x\cos^2 x}$　$\left(-\dfrac{4\cos 2x}{\sin^2 2x}\right)$

(6) $y'=-\sin\dfrac{1}{x}\cdot\left(\dfrac{1}{x}\right)'=-\sin\dfrac{1}{x}\cdot\left(-\dfrac{1}{x^2}\right)=\dfrac{1}{x^2}\sin\dfrac{1}{x}$

**10** 次の関数を微分せよ。

(1) $y=\cos^3 2x$　　(2) $y=\dfrac{1}{1+\sin 4x}$

考え方 合成関数の微分法や商の導関数，三角関数の導関数の公式を用いる。

解答 (1) $y'=3\cdot\cos^2 2x\cdot(\cos 2x)'$

$=3\cdot\cos^2 2x\cdot(-\sin 2x)\cdot(2x)'$

$=-6\sin 2x\cos^2 2x$

(2) $y'=-\dfrac{(1+\sin 4x)'}{(1+\sin 4x)^2}=-\dfrac{\cos 4x\cdot(4x)'}{(1+\sin 4x)^2}=-\dfrac{4\cos 4x}{(1+\sin 4x)^2}$

**11** 次の関数を微分せよ。

(1) $y=x^3 3^{-x}$　　(2) $y=e^{\sqrt{x}}$

(3) $y=\log(x+\sqrt{x^2+3})$　　(4) $y=e^x\log x$

考え方 積の導関数や合成関数の微分法，対数関数・指数関数の導関数の公式を用いる。

解答 (1) $y'=(x^3)'\cdot 3^{-x}+x^3\cdot(3^{-x})'$

$=3x^2\cdot 3^{-x}+x^3\cdot 3^{-x}\log 3\cdot(-x)'$

$=x^2 3^{-x}(3-x\log 3)$

(2) $y'=e^{\sqrt{x}}\cdot(\sqrt{x})'=e^{\sqrt{x}}\cdot\left(x^{\frac{1}{2}}\right)'=e^{\sqrt{x}}\cdot\dfrac{1}{2}x^{-\frac{1}{2}}=\dfrac{e^{\sqrt{x}}}{2\sqrt{x}}$

(3) $y'=\dfrac{(x+\sqrt{x^2+3})'}{x+\sqrt{x^2+3}}=\dfrac{(x)'+\left\{(x^2+3)^{\frac{1}{2}}\right\}'}{x+\sqrt{x^2+3}}$

$=\dfrac{1+\dfrac{1}{2}(x^2+3)^{-\frac{1}{2}}\cdot(x^2+3)'}{x+\sqrt{x^2+3}}=\dfrac{1+\dfrac{1}{2\sqrt{x^2+3}}\cdot 2x}{x+\sqrt{x^2+3}}$

$=\dfrac{1+\dfrac{x}{\sqrt{x^2+3}}}{x+\sqrt{x^2+3}}=\dfrac{\sqrt{x^2+3}+x}{\sqrt{x^2+3}(x+\sqrt{x^2+3})}$

$=\dfrac{1}{\sqrt{x^2+3}}$

(4) $y'=(e^x)'\cdot\log x+e^x\cdot(\log x)'$

$=e^x\log x+e^x\cdot\dfrac{1}{x}$

$=e^x\left(\log x+\dfrac{1}{x}\right)$

**12** 媒介変数で表された曲線 $x=\dfrac{1}{1+t^2}$, $y=\dfrac{t}{1+t^2}$ について, $\dfrac{dy}{dx}$ を $t$ の式で表せ。

**考え方** $\dfrac{dx}{dt}$ と $\dfrac{dy}{dt}$ を求め, $\dfrac{dy}{dx}=\dfrac{\dfrac{dy}{dt}}{\dfrac{dx}{dt}}$ を計算する。

**解答**

$$\frac{dx}{dt}=-\frac{(1+t^2)'}{(1+t^2)^2}=-\frac{2t}{(1+t^2)^2}$$

$$\begin{aligned}\frac{dy}{dt}&=\frac{(t)'\cdot(1+t^2)-t\cdot(1+t^2)'}{(1+t^2)^2}\\&=\frac{1\cdot(1+t^2)-t\cdot 2t}{(1+t^2)^2}\\&=\frac{1+t^2-2t^2}{(1+t^2)^2}\\&=\frac{1-t^2}{(1+t^2)^2}\end{aligned}$$

であるから $\quad \boldsymbol{\dfrac{dy}{dx}}=\dfrac{\dfrac{dy}{dt}}{\dfrac{dx}{dt}}=\dfrac{\dfrac{1-t^2}{(1+t^2)^2}}{-\dfrac{2t}{(1+t^2)^2}}=\boldsymbol{\dfrac{t^2-1}{2t}}$

**13** $x$ の関数 $u$, $v$ の第 2 次導関数が存在するとき, 次の等式が成り立つことを証明せよ。

$$(uv)''=u''v+2u'v'+uv''$$

**考え方** 積の導関数の公式を繰り返し用いる。

**証明** $(uv)'=u'v+uv'$ であるから

$$\begin{aligned}(uv)''&=(u'v+uv')'\\&=(u'v)'+(uv')'\\&=(u''v+u'v')+(u'v'+uv'')\\&=u''v+2u'v'+uv''\end{aligned}$$

**14** 次の関数の第 $n$ 次導関数を求めよ。

(1) $y=\dfrac{1}{x+1}$ (2) $y=e^{ax+b}$

**考え方** $y'$, $y''$, $y'''$ を順に求め, 規則性を見つける。

**解答** (1) $y=(x+1)^{-1}$ であるから

$$y'=-(x+1)^{-2}=-\frac{1}{(x+1)^2}$$

$$y''=-(-2)(x+1)^{-3}=(-1)\cdot(-2)(x+1)^{-3}$$
$$=(-1)^2\cdot1\cdot2(x+1)^{-3}=\frac{(-1)^2\cdot2!}{(x+1)^3}$$

$$y'''=(-1)^2\cdot2!\cdot(-3)(x+1)^{-4}=(-1)^3\cdot1\cdot2\cdot3(x+1)^{-4}$$
$$=\frac{(-1)^3\cdot3!}{(x+1)^4}$$

以下同様に計算すると

$$\boldsymbol{y^{(n)}=\frac{(-1)^n\cdot n!}{(x+1)^{n+1}}}$$

(2)
$$y'=e^{ax+b}\cdot(ax+b)'=ae^{ax+b}$$
$$y''=a\cdot e^{ax+b}\cdot(ax+b)'=a^2e^{ax+b}$$
$$y'''=a^2\cdot e^{ax+b}\cdot(ax+b)'=a^3e^{ax+b}$$

以下同様に計算すると

$$\boldsymbol{y^{(n)}=a^ne^{ax+b}}$$

**プラス＋** 第 $n$ 次導関数が解答で求めた式となることを，数学的帰納法で証明する。

(1) $y^{(n)}=\dfrac{(-1)^n\cdot n!}{(x+1)^{n+1}}$ ……① となることを，数学的帰納法で証明する。

〔1〕 $n=1$ のとき，明らかに ① は成り立つ。

〔2〕 $n=k$ のとき，① が成り立つと仮定すると

$$y^{(k)}=\frac{(-1)^k\cdot k!}{(x+1)^{k+1}}$$

$n=k+1$ のとき

$$y^{(k+1)}=\{y^{(k)}\}'$$
$$=\left\{\frac{(-1)^k\cdot k!}{(x+1)^{k+1}}\right\}'$$
$$=(-1)^k\cdot k!\{(x+1)^{-k-1}\}'$$
$$=(-1)^k\cdot k!\{(-k-1)(x+1)^{-k-2}\}$$
$$=\frac{(-1)^{k+1}\cdot(k+1)!}{(x+1)^{(k+1)+1}}$$

よって，$n=k+1$ のときにも ① は成り立つ。

〔1〕，〔2〕より，すべての自然数 $n$ について ① が成り立つ。

したがって $y^{(n)}=\dfrac{(-1)^n\cdot n!}{(x+1)^{n+1}}$

(2) $y^{(n)}=a^n e^{ax+b}$ ……① となることを，数学的帰納法で証明する。

〔1〕 $n=1$ のとき，明らかに ① は成り立つ。

〔2〕 $n=k$ のとき，① が成り立つと仮定すると

$$y^{(k)}=a^k e^{ax+b}$$

$n=k+1$ のとき

$$\begin{aligned} y^{(k+1)} &= \{y^{(k)}\}' \\ &= (a^k e^{ax+b})' \\ &= a^k\cdot e^{ax+b}\cdot(ax+b)' \\ &= a^k\cdot e^{ax+b}\cdot a \\ &= a^{k+1}e^{ax+b} \end{aligned}$$

よって，$n=k+1$ のときにも ① は成り立つ。

〔1〕，〔2〕より，すべての自然数 $n$ について ① は成り立つ。

したがって　　$y^{(n)}=a^n e^{ax+b}$

## 探究　対数微分法の様々な利用［課題学習］　教 p.94

**考察 1**　教科書 84 ページ問 5 で扱った関数を対数微分法を用いずに微分してみよう。

(1) $y=\dfrac{x^2(x-1)}{x-2}$　　(2) $y=\sqrt[3]{x^2(x+5)}$

**考え方**　積や商の導関数，合成関数の微分法の公式などを用いる。

**解答**　(1)

$$\begin{aligned} y' &= \left\{\frac{x^2(x-1)}{x-2}\right\}' \\ &= \frac{\{x^2(x-1)\}'\cdot(x-2)-x^2(x-1)\cdot(x-2)'}{(x-2)^2} \\ &= \frac{\{2x(x-1)+x^2\}(x-2)-x^2(x-1)}{(x-2)^2} \\ &= \frac{x\{(3x-2)(x-2)-x(x-1)\}}{(x-2)^2} \\ &= \frac{x(3x^2-8x+4-x^2+x)}{(x-2)^2} \\ &= \frac{x(2x^2-7x+4)}{(x-2)^2} \end{aligned}$$

(2) $y=\sqrt[3]{x^2(x+5)}$ は

$$y=\{x^2(x+5)\}^{\frac{1}{3}}=(x^3+5x^2)^{\frac{1}{3}}$$

と表されるから

$$y' = \frac{1}{3}(x^3+5x^2)^{\frac{1}{3}-1}\cdot(x^3+5x^2)'$$

$$= \frac{1}{3}(x^3+5x^2)^{-\frac{2}{3}}\cdot(3x^2+10x)$$

$$= \frac{1}{3\sqrt[3]{\{x^2(x+5)\}^2}}\cdot x(3x+10)$$

$$= \frac{x(3x+10)}{3\sqrt[3]{x^4(x+5)^2}} = \frac{x(3x+10)}{3x\sqrt[3]{x(x+5)^2}}$$

$$= \frac{3x+10}{3\sqrt[3]{x(x+5)^2}}$$

**考察 2**　$x>0$ のとき，$y=x^x$ を対数微分法を用いて微分してみよう。

**考え方**　両辺の対数をとって $x$ について微分し，両辺に $y$ を掛けて $y'$ を求める。

**解　答**　$x>0$ のとき $y>0$ であるから，$y=x^x$ の両辺の対数をとって

$$\log y = x\log x$$

両辺を $x$ で微分すると

$$\frac{y'}{y} = (x)'\cdot\log x + x\cdot(\log x)' = \log x + x\cdot\frac{1}{x} = \log x + 1$$

よって

$$y' = y(\log x+1) = x^x(\log x+1)$$

**考察 3**　次の 2 つの公式が成り立つことを対数微分法を用いて確かめてみよう。

(1)　$\{f(x)g(x)\}' = f'(x)g(x)+f(x)g'(x)$

(2)　$\left\{\frac{f(x)}{g(x)}\right\}' = \frac{f'(x)g(x)-f(x)g'(x)}{\{g(x)\}^2}$

**考え方**　(1)，(2) について，$y$ をそれぞれ次のようにおいて，両辺の絶対値の対数をとる。

(1)　$y=f(x)g(x)$　　(2)　$y=\frac{f(x)}{g(x)}$

**解　答**　(1)　$y=f(x)g(x)$ とする。

$$|y| = |f(x)g(x)|$$

であるから，この式の両辺の対数をとって

$$\log|y| = \log|f(x)| + \log|g(x)|$$

両辺を $x$ で微分すると

$$\frac{y'}{y} = \frac{f'(x)}{f(x)} + \frac{g'(x)}{g(x)}$$

2章 微分

よって

$$y' = \left\{\frac{f'(x)}{f(x)} + \frac{g'(x)}{g(x)}\right\} f(x)g(x)$$

$$= f'(x)g(x) + f(x)g'(x)$$

(2) $y = \dfrac{f(x)}{g(x)}$ とする。

$$|y| = \frac{|f(x)|}{|g(x)|}$$

であるから，この式の両辺の対数をとって

$$\log|y| = \log|f(x)| - \log|g(x)|$$

両辺を $x$ で微分すると

$$\frac{y'}{y} = \frac{f'(x)}{f(x)} - \frac{g'(x)}{g(x)}$$

よって

$$y' = \left\{\frac{f'(x)}{f(x)} - \frac{g'(x)}{g(x)}\right\} \cdot \frac{f(x)}{g(x)}$$

$$= \frac{f'(x)g(x) - f(x)g'(x)}{f(x)g(x)} \cdot \frac{f(x)}{g(x)}$$

$$= \frac{f'(x)g(x) - f(x)g'(x)}{\{g(x)\}^2}$$

## 参考　因数定理の拡張

教 p.95

**● 因数定理の拡張**　　**解き方のポイント**

多項式 $f(x)$ と実数 $\alpha$ に対して，次のことが成り立つ。

〔1〕 $f(x)$ が $x-\alpha$ で割り切れる $\iff$ $f(\alpha)=0$

〔2〕 $f(x)$ が $(x-\alpha)^2$ で割り切れる $\iff$ $f(\alpha)=f'(\alpha)=0$

〔1〕は数学IIで学んだ **因数定理** である。〔2〕はその拡張である。

さらに一般に，$n$ を正の整数とするとき，次のことが成り立つ。

$f(x)$ が $(x-\alpha)^n$ で割り切れる

$\iff$ $f(\alpha)=f'(\alpha)=f''(\alpha)=\cdots=f^{(n-1)}(\alpha)=0$

多項式 $f(x)$ が $(x-\alpha)^2$ で割り切れるとき，$\alpha$ を方程式 $f(x)=0$ の **重解** という。

$\alpha$ が方程式 $f(x)=0$ の重解であるための必要十分条件は $f(\alpha)=f'(\alpha)=0$ である。

## 練習問題 A

教 p.96

**1** 次の関数を微分せよ。

(1) $y=\dfrac{x^2+2}{x-1}$　　(2) $y=\dfrac{x}{x+\sqrt{1+x^2}}$

(3) $y=\dfrac{\sin x-\cos x}{\sin x+\cos x}$　　(4) $y=e^{-\sin x}$

(5) $y=xe^{\frac{1}{x}}$　　(6) $y=\log|\cos x|$



**考え方** 積や商の導関数，合成関数の微分法の公式などを用いる。

(2) まず分母を有理化する。

**解答** (1) $$y'=\frac{(x^2+2)'\cdot(x-1)-(x^2+2)\cdot(x-1)'}{(x-1)^2}$$
$$=\frac{2x(x-1)-(x^2+2)}{(x-1)^2}$$
$$=\boldsymbol{\frac{x^2-2x-2}{(x-1)^2}}$$

(2) $y=\dfrac{x(x-\sqrt{1+x^2})}{(x+\sqrt{1+x^2})(x-\sqrt{1+x^2})}=-x^2+x\sqrt{1+x^2}$ であるから

$$y'=(-x^2)'+(x)'\cdot\sqrt{1+x^2}+x\cdot\left\{(1+x^2)^{\frac{1}{2}}\right\}'$$
$$=-2x+\sqrt{1+x^2}+x\cdot\frac{1}{2}\cdot\frac{1}{\sqrt{1+x^2}}\cdot 2x$$
$$=-2x+\frac{(1+x^2)+x^2}{\sqrt{1+x^2}}$$
$$=\boldsymbol{-2x+\frac{1+2x^2}{\sqrt{1+x^2}}}$$

(3) $$y'=\frac{(\sin x-\cos x)'\cdot(\sin x+\cos x)-(\sin x-\cos x)\cdot(\sin x+\cos x)'}{(\sin x+\cos x)^2}$$
$$=\frac{(\cos x+\sin x)(\sin x+\cos x)-(\sin x-\cos x)(\cos x-\sin x)}{(\sin x+\cos x)^2}$$
$$=\frac{2\sin^2 x+2\cos^2 x}{(\sin x+\cos x)^2}$$
$$=\frac{2(\sin^2 x+\cos^2 x)}{(\sin x+\cos x)^2}$$
$$=\boldsymbol{\frac{2}{(\sin x+\cos x)^2}}$$

(4) $y'=e^{-\sin x}\cdot(-\sin x)'=\boldsymbol{-e^{-\sin x}\cos x}$

(5) $y' = (x)' \cdot e^{\frac{1}{x}} + x \cdot e^{\frac{1}{x}} \cdot \left(\frac{1}{x}\right)'$

$= 1 \cdot e^{\frac{1}{x}} + x \cdot e^{\frac{1}{x}} \cdot \left(-\frac{1}{x^2}\right)$

$= e^{\frac{1}{x}} + \left(-\frac{x}{x^2}\right)e^{\frac{1}{x}}$

$= \left(1 - \frac{1}{x}\right)e^{\frac{1}{x}}$

(6) $y' = \frac{1}{\cos x} \cdot (\cos x)' = -\frac{\sin x}{\cos x} = -\tan x$

**別解** (1) $y = \frac{(x^2-1)+3}{x-1} = x + 1 + \frac{3}{x-1}$ と変形してから微分してもよい。

---

**2** 関数 $f(x)$ が $x = a$ で微分可能であるとき，$\lim_{h \to 0} \frac{f(a+3h) - f(a)}{h}$ を $f'(a)$ を用いて表せ。

---

**考え方** 微分係数 $f'(a)$ の定義の式が利用できるように式を変形する。

**解　答** $\lim_{h \to 0} \frac{f(a+3h) - f(a)}{h} = 3 \cdot \lim_{3h \to 0} \frac{f(a+3h) - f(a)}{3h} = 3f'(a)$

---

**3** $x$，$y$ が次の式を満たすとき，$\frac{dy}{dx}$ を $x$，$y$ を用いて表せ。

(1) $\sqrt{x} + \sqrt{y} = 1$　　(2) $\sqrt[3]{x^2} + \sqrt[3]{y^2} = 1$

---

**考え方** 式の両辺を $x$ で微分する。このとき，$\frac{d}{dx}f(y) = \frac{d}{dy}f(y) \cdot \frac{dy}{dx}$ を用いる。

**解　答** (1) $\sqrt{x} + \sqrt{y} = 1$ は $x^{\frac{1}{2}} + y^{\frac{1}{2}} = 1$ と表されるから，両辺を $x$ で微分すると

$$\frac{1}{2} \cdot x^{-\frac{1}{2}} + \frac{1}{2} \cdot y^{-\frac{1}{2}} \cdot \frac{dy}{dx} = 0$$

$$x^{-\frac{1}{2}} + y^{-\frac{1}{2}} \cdot \frac{dy}{dx} = 0$$

$$\frac{1}{\sqrt{x}} + \frac{1}{\sqrt{y}} \cdot \frac{dy}{dx} = 0$$

$x \neq 0$，$y \neq 0$ のとき

$$\frac{dy}{dx} = -\frac{\sqrt{y}}{\sqrt{x}} = -\sqrt{\frac{y}{x}}$$

(2) $\sqrt[3]{x^2} + \sqrt[3]{y^2} = 1$ は $x^{\frac{2}{3}} + y^{\frac{2}{3}} = 1$ と表されるから，両辺を $x$ で微分すると

$$\frac{2}{3} \cdot x^{-\frac{1}{3}} + \frac{2}{3} \cdot y^{-\frac{1}{3}} \cdot \frac{dy}{dx} = 0$$

$$x^{-\frac{1}{3}}+y^{-\frac{1}{3}}\cdot\frac{dy}{dx}=0$$

$$\frac{1}{\sqrt[3]{x}}+\frac{1}{\sqrt[3]{y}}\cdot\frac{dy}{dx}=0$$

$x \neq 0$，$y \neq 0$ のとき

$$\frac{dy}{dx}=-\frac{\sqrt[3]{y}}{\sqrt[3]{x}}=-\sqrt[3]{\frac{y}{x}}$$



**4** 方程式 $xy-2x+y=0$ で定められる $x$ の関数 $y$ の導関数は

$$\frac{dy}{dx}=-\frac{y-2}{x+1}$$

となることを示せ。

**考え方** 方程式の両辺を $x$ で微分した式を $\frac{dy}{dx}$ について解く。

**証明** $xy-2x+y=0$ の両辺を $x$ で微分すると

$$(x)'\cdot y+x\cdot\frac{dy}{dx}-2+\frac{dy}{dx}=0$$

すなわち　$(x+1)\cdot\frac{dy}{dx}=-(y-2)$

ゆえに，$x \neq -1$ のとき　$\frac{dy}{dx}=-\frac{y-2}{x+1}$

**5** 次の関数の第 $n$ 次導関数を求めよ。

(1) $y=\log\frac{1}{5-x}$　　(2) $y=\sin x+\cos x$

**考え方** (1) $y'$，$y''$，$y'''$，$y^{(4)}$，…を順に求め，規則性を見つける。

(2) $y^{(4)}=y$ となることに注目する。

**解答** (1) $y=-\log(5-x)$ であるから

$$y'=-\left(\frac{1}{5-x}\right)\cdot(5-x)'=\frac{1}{5-x}$$

$$y''=-\frac{(5-x)'}{(5-x)^2}=\frac{1}{(5-x)^2}$$

$$y'''=-\frac{\{(5-x)^2\}'}{\{(5-x)^2\}^2}=-\frac{2\cdot(5-x)\cdot(-1)}{(5-x)^4}=\frac{2!}{(5-x)^3}$$

$$y^{(4)}=2!\cdot\frac{-\{(5-x)^3\}'}{\{(5-x)^3\}^2}=2!\cdot\frac{-3(5-x)^2\cdot(-1)}{(5-x)^6}=\frac{3!}{(5-x)^4}$$

以下同様に計算すると

$$y^{(n)}=\frac{(n-1)!}{(5-x)^n}$$

(2)
$$y' = \cos x - \sin x$$
$$y'' = -\sin x - \cos x$$
$$y''' = -\cos x + \sin x$$
$$y^{(4)} = \sin x + \cos x = y$$

となり，以後は同じ計算が繰り返される。したがって

**$m$ を 0 以上の整数として**

**$n = 4m\ (m \neq 0)$ のとき　$y^{(n)} = y = \sin x + \cos x$**

**$n = 4m + 1$ のとき　$y^{(n)} = y' = \cos x - \sin x$**

**$n = 4m + 2$ のとき　$y^{(n)} = y'' = -\sin x - \cos x$**

**$n = 4m + 3$ のとき　$y^{(n)} = y''' = -\cos x + \sin x$**

プラス＋

(1)　$y^{(n)} = \dfrac{(n-1)!}{(5-x)^n}$　……① となることを，数学的帰納法で証明する。

〔1〕　$n = 1$ のとき，明らかに ① は成り立つ。

〔2〕　$n = k$ のとき，① が成り立つと仮定すると

$$y^{(k)} = \frac{(k-1)!}{(5-x)^k}$$

$n = k + 1$ のとき

$$\begin{aligned} y^{(k+1)} &= \{y^{(k)}\}' \\ &= \left\{\frac{(k-1)!}{(5-x)^k}\right\}' \\ &= (k-1)!\{(5-x)^{-k}\}' \\ &= (k-1)!\{(-k)\cdot(5-x)^{-k-1}\cdot(-1)\} \\ &= k\cdot(k-1)!\cdot(5-x)^{-k-1} \\ &= k!\cdot(5-x)^{-k-1} \\ &= \frac{\{(k+1)-1\}!}{(5-x)^{k+1}} \end{aligned}$$

よって，$n = k + 1$ のときにも ① は成り立つ。

〔1〕，〔2〕より，すべての自然数 $n$ について ① は成り立つ。

したがって

$$y^{(n)} = \frac{(n-1)!}{(5-x)^n}$$

**6** 関数 $y=x\sqrt{1+x^2}$ は，次の等式を満たすことを示せ。

$$(1+x^2)y''+xy'=4y$$

**考え方** $y'$，$y''$ を順に求め，左辺に代入する。

**証明**

$$y'=(x)'\cdot\sqrt{1+x^2}+x\cdot(\sqrt{1+x^2})'$$
$$=1\cdot\sqrt{1+x^2}+x\cdot\frac{1}{2}(1+x^2)^{-\frac{1}{2}}\cdot(1+x^2)'$$
$$=\sqrt{1+x^2}+x\cdot\frac{2x}{2\sqrt{1+x^2}}$$
$$=\frac{(1+x^2)+x^2}{\sqrt{1+x^2}}$$
$$=\frac{1+2x^2}{\sqrt{1+x^2}}$$

$$y''=\frac{1}{(\sqrt{1+x^2})^2}\{(1+2x^2)'\cdot\sqrt{1+x^2}-(1+2x^2)\cdot(\sqrt{1+x^2})'\}$$
$$=\frac{1}{1+x^2}\left\{4x\sqrt{1+x^2}-(1+2x^2)\cdot\frac{2x}{2\sqrt{1+x^2}}\right\}$$
$$=\frac{4x(1+x^2)-(1+2x^2)\cdot x}{(1+x^2)\sqrt{1+x^2}}$$
$$=\frac{4x+4x^3-x-2x^3}{(1+x^2)\sqrt{1+x^2}}$$
$$=\frac{2x^3+3x}{(1+x^2)\sqrt{1+x^2}}$$
$$=\frac{x(3+2x^2)}{(1+x^2)\sqrt{1+x^2}}$$

よって

$$(1+x^2)y''=\frac{x(3+2x^2)}{\sqrt{1+x^2}}$$

したがって

$$(1+x^2)y''+xy'=\frac{x(3+2x^2)}{\sqrt{1+x^2}}+\frac{x(1+2x^2)}{\sqrt{1+x^2}}$$
$$=\frac{x(3+2x^2+1+2x^2)}{\sqrt{1+x^2}}$$
$$=\frac{4x(1+x^2)}{\sqrt{1+x^2}}$$
$$=4x\sqrt{1+x^2}$$
$$=4y$$

## 練 習 問 題 B

教 p.97

**7** 次の極限値を求めよ。ただし，$\lim_{t \to 0}(1+t)^{\frac{1}{t}}=e$ を用いてよい。

(1) $\lim_{x \to 0}(1-x)^{\frac{1}{x}}$　　(2) $\lim_{x \to \infty}\left(1+\frac{2}{x}\right)^x$

**考え方** 置き換えによって，$\lim_{t \to 0}(1+t)^{\frac{1}{t}}=e$ が使えるように式を変形する。

**解 答** (1) $-x=t$ とおくと，$x \to 0$ のとき $t \to 0$ であるから

$$\lim_{x \to 0}(1-x)^{\frac{1}{x}}=\lim_{t \to 0}(1+t)^{-\frac{1}{t}}=\lim_{t \to 0}\left\{(1+t)^{\frac{1}{t}}\right\}^{-1}=e^{-1}=\frac{1}{e}$$

(2) $\frac{2}{x}=t$ とおくと，$x=\frac{2}{t}$ であり，$x \to \infty$ のとき $t \to +0$ であるから

$$\lim_{x \to \infty}\left(1+\frac{2}{x}\right)^x=\lim_{t \to +0}(1+t)^{\frac{2}{t}}=\lim_{t \to +0}\left\{(1+t)^{\frac{1}{t}}\right\}^2=e^2$$

**8** 関数 $f(x)=\sqrt{x+1}$ について，次の問に答えよ。

(1) 微分係数 $f'(0)$ を求めよ。

(2) $g(x)=f(f(x))$ とするとき，微分係数 $g'(0)$ を求めよ。

**考え方** (1) $f'(x)$ を求めて $x=0$ を代入する。

(2) 合成関数の微分法の公式から，$g'(x)=f'(f(x))\cdot f'(x)$ となる。

**解 答** (1) $f(x)=(x+1)^{\frac{1}{2}}$ と表される。

$$f'(x)=\left\{(x+1)^{\frac{1}{2}}\right\}'=\frac{1}{2}\cdot(x+1)^{-\frac{1}{2}}\cdot(x+1)'=\frac{1}{2\sqrt{x+1}}$$

であるから

$$f'(0)=\frac{1}{2}$$

(2) $g'(x)=\{f(f(x))\}'=f'(f(x))\cdot f'(x)$ より

$$g'(0)=f'(f(0))\cdot f'(0)$$

$f(0)=1$，$f'(x)=\frac{1}{2\sqrt{x+1}}$ より

$$f'(f(0))=f'(1)=\frac{1}{2\sqrt{2}},\quad f'(0)=\frac{1}{2}$$

したがって

$$g'(0)=\frac{1}{2\sqrt{2}}\cdot\frac{1}{2}=\frac{1}{4\sqrt{2}}=\frac{\sqrt{2}}{8}$$

**9** 自然数 $n$ に対して，$x \neq 1$ のとき，次の式が成り立つ。

$$1+x+x^2+\cdots+x^n=\frac{x^{n+1}-1}{x-1}$$

このことを利用して，次の和を求めよ。

(1) $1+2x+3x^2+\cdots+nx^{n-1}$　　(2) $1+\dfrac{2}{2}+\dfrac{3}{2^2}+\cdots+\dfrac{n}{2^{n-1}}$

**考え方** (1) 両辺を $x$ で微分する。

(2) (1)の結果を利用する。

**解答** (1) $1+x+x^2+\cdots+x^n=\dfrac{x^{n+1}-1}{x-1}$ の両辺をそれぞれ $x$ で微分すると

$$(\text{左辺})=1+2x+3x^2+\cdots+nx^{n-1}$$

$$(\text{右辺})=\frac{(x^{n+1}-1)'\cdot(x-1)-(x^{n+1}-1)\cdot(x-1)'}{(x-1)^2}$$

$$=\frac{(n+1)x^n\cdot(x-1)-(x^{n+1}-1)\cdot 1}{(x-1)^2}$$

$$=\frac{nx^{n+1}-(n+1)x^n+1}{(x-1)^2}$$

したがって

$$1+2x+3x^2+\cdots+nx^{n-1}=\frac{nx^{n+1}-(n+1)x^n+1}{(x-1)^2}$$

(2) (1)の結果の式に $x=\dfrac{1}{2}$ を代入すると

$$1+\frac{2}{2}+\frac{3}{2^2}+\cdots+\frac{n}{2^{n-1}}$$

$$=\frac{n\cdot\left(\frac{1}{2}\right)^{n+1}-(n+1)\cdot\left(\frac{1}{2}\right)^n+1}{\left(-\frac{1}{2}\right)^2}$$

$$=\frac{\frac{n}{2^{n+1}}-\frac{n+1}{2^n}+1}{2^{-2}}$$

$$=\frac{n-2(n+1)+2^{n+1}}{2^{n-1}}$$

（分母・分子に $2^{n+1}$ を掛ける）

$$=\frac{2^{n+1}-n-2}{2^{n-1}}$$

**10** $x$, $y$ が次の式を満たすとき，$\dfrac{dy}{dx}$ を求めよ。

$$x=\tan y \quad \left(-\frac{\pi}{2}<y<\frac{\pi}{2}\right)$$

**考え方** 逆関数の微分法の公式を利用する。答えは，三角関数の相互関係を利用すればxの関数として表される。

**解答** $x=\tan y$ の両辺を $y$ で微分すると，$\dfrac{dx}{dy}=\dfrac{1}{\cos^2 y}$ であるから

$$\frac{dy}{dx}=\frac{1}{\dfrac{dx}{dy}}=\cos^2 y=\frac{1}{1+\tan^2 y}=\frac{1}{1+x^2}$$

**別解** $x=\tan y$ の両辺を $x$ で微分して　$1=\dfrac{1}{\cos^2 y}\cdot\dfrac{dy}{dx}$　として求めてもよい。

**11** 関数 $y=ae^{-x}\sin 2x+be^{-x}\cos 2x$ の導関数が

$$y'=e^{-x}\cos 2x$$

となるような定数 $a$, $b$ の値を求めよ。

**考え方** $y'$ を求めて，$y'=e^{-x}\cos 2x$ と一致するような $a$, $b$ の値を求める。

**解答** $y'=a(-e^{-x}\cdot\sin 2x+e^{-x}\cdot 2\cos 2x)+b\{-e^{-x}\cdot\cos 2x+e^{-x}\cdot(-2\sin 2x)\}$

$=-ae^{-x}\sin 2x+2ae^{-x}\cos 2x-be^{-x}\cos 2x-2be^{-x}\sin 2x$

$=-(a+2b)e^{-x}\sin 2x+(2a-b)e^{-x}\cos 2x$

これが，$y'=e^{-x}\cos 2x$ と一致するから

$$a+2b=0,\ 2a-b=1$$

よって

$$a=\frac{2}{5},\ b=-\frac{1}{5}$$

逆に，$a=\dfrac{2}{5}$, $b=-\dfrac{1}{5}$ のとき　$y'=e^{-x}\cos 2x$ となり，条件を満たす。

**12** 次の場合について，$\dfrac{dy}{dx}$ を媒介変数の関数として表せ。

(1) $x=a\cos^3\theta$，$y=a\sin^3\theta$　　(2) $x=\dfrac{3t}{1+t^3}$，$y=\dfrac{3t^2}{1+t^3}$



**考え方** まず，$x$，$y$ を媒介変数で微分する。

**解答** (1)

$$\frac{dx}{d\theta}=3a\cos^2\theta\cdot(-\sin\theta)=-3a\cos^2\theta\sin\theta,$$

$$\frac{dy}{d\theta}=3a\sin^2\theta\cos\theta$$

であるから

$$\boldsymbol{\frac{dy}{dx}}=\frac{\dfrac{dy}{d\theta}}{\dfrac{dx}{d\theta}}=\frac{3a\sin^2\theta\cos\theta}{-3a\cos^2\theta\sin\theta}=-\frac{\sin\theta}{\cos\theta}=\boldsymbol{-\tan\theta}$$

(2)

$$\frac{dx}{dt}=\frac{3(1+t^3)-3t\cdot3t^2}{(1+t^3)^2}=\frac{3-6t^3}{(1+t^3)^2}$$

$$\frac{dy}{dt}=\frac{6t(1+t^3)-3t^2\cdot3t^2}{(1+t^3)^2}=\frac{6t-3t^4}{(1+t^3)^2}$$

であるから

$$\boldsymbol{\frac{dy}{dx}}=\frac{\dfrac{dy}{dt}}{\dfrac{dx}{dt}}=\frac{6t-3t^4}{3-6t^3}=\frac{3t(2-t^3)}{3(1-2t^3)}=\boldsymbol{\frac{t(t^3-2)}{2t^3-1}}$$

# 発展 高次導関数と多項式 教 p.98-99

## 高次導関数と多項式 解き方のポイント

$n$ 次の多項式 $f(x)$ は $x-\alpha$ の多項式として，次のように表される。

$$f(x)=f(\alpha)+f'(\alpha)(x-\alpha)+\frac{1}{2!}f''(\alpha)(x-\alpha)^2+\frac{1}{3!}f'''(\alpha)(x-\alpha)^3+\cdots+\frac{1}{n!}f^{(n)}(\alpha)(x-\alpha)^n$$

教 p.99

**問 1** 高次導関数を用いて，$x^4+x^2+1$ を $x-2$ の多項式で表せ。

**考え方** $f(2)$，$f'(2)$，$f''(2)$，$f'''(2)$，$f^{(4)}(2)$ を求めて，上の等式に代入する。

**解 答** $f(x)=x^4+x^2+1$ とおく。

$$f'(x)=4x^3+2x,\quad f''(x)=12x^2+2,\quad f'''(x)=24x,\quad f^{(4)}(x)=24$$

であるから

$$f(2)=21,\quad f'(2)=36,\quad f''(2)=50,\quad f'''(2)=48,\quad f^{(4)}(2)=24$$

となる。したがって

$$\begin{aligned}f(x)&=f(2)+f'(2)(x-2)+\frac{1}{2!}f''(2)(x-2)^2\\&\qquad+\frac{1}{3!}f'''(2)(x-2)^3+\frac{1}{4!}f^{(4)}(2)(x-2)^4\\&=21+36(x-2)+\frac{1}{2}\cdot 50(x-2)^2+\frac{1}{6}\cdot 48(x-2)^3\\&\qquad+\frac{1}{24}\cdot 24(x-2)^4\\&=21+36(x-2)+25(x-2)^2+8(x-2)^3+(x-2)^4\end{aligned}$$

## テーラー展開 解き方のポイント

$f(x)$ が多項式でないときでも，指数関数 $e^x$ や三角関数 $\sin x$，$\cos x$ などの関数に対しては，次のような無限級数で表されることが知られている。

$$f(x)=f(\alpha)+f'(\alpha)(x-\alpha)+\frac{1}{2!}f''(\alpha)(x-\alpha)^2+\frac{1}{3!}f'''(\alpha)(x-\alpha)^3+\cdots+\frac{1}{n!}f^{(n)}(\alpha)(x-\alpha)^n+\cdots$$

この無限級数を関数 $f(x)$ の **テーラー展開** という。

## 活用 当たりくじの確率［課題学習］ 教 p.100

**考察 1** $p_n$ を $n$ の式で表し，$p_2$，$p_3$ の値を求めてみよう。

**考え方** “少なくとも1回は当たりが出る確率” は

1－(すべてが当たらない確率)

で求めることができる。

**解答** くじを $n$ 回引いたとき，すべてが当たらない確率は $\left(1-\frac{1}{n}\right)^n$ であるから

$$p_n = 1-\left(1-\frac{1}{n}\right)^n \quad \cdots\cdots ①$$

① より

$$p_2 = 1-\left(1-\frac{1}{2}\right)^2 = \frac{3}{4} = 0.75$$

$$p_3 = 1-\left(1-\frac{1}{3}\right)^3 = \frac{19}{27} \fallingdotseq 0.704$$

**考察 2** $n \geqq 2$ のとき，確率 $p_n$ は次の式に変形できることを確かめてみよう。

$$p_n = 1-\frac{1}{\left(1+\frac{1}{n-1}\right)^n}$$

**証明**

$$\begin{aligned} p_n &= 1-\left(1-\frac{1}{n}\right)^n \\ &= 1-\left(\frac{n-1}{n}\right)^n \\ &= 1-\left(\frac{1}{\frac{n}{n-1}}\right)^n \\ &= 1-\left(\frac{1}{\frac{n-1+1}{n-1}}\right)^n \\ &= 1-\frac{1}{\left(1+\frac{1}{n-1}\right)^n} \end{aligned}$$

**考察 3**　考察 2 の式と $\lim_{h\to 0}(1+h)^{\frac{1}{h}}=e$ を用いて，確率 $p_n$ の極限値が $1-\dfrac{1}{e}$ であることを示してみよう。

**証明**

$$p_n=1-\frac{1}{\left(1+\dfrac{1}{n-1}\right)^n}$$

$$=1-\frac{1}{\left(1+\dfrac{1}{n-1}\right)\left(1+\dfrac{1}{n-1}\right)^{n-1}}$$

ここで $\dfrac{1}{n-1}=h$ とおくと，$n\to\infty$ のとき，

$h\to+0$ であるから

$$\lim_{n\to\infty}p_n=\lim_{h\to+0}\left\{1-\frac{1}{(1+h)(1+h)^{\frac{1}{h}}}\right\}$$

$\lim_{h\to 0}(1+h)^{\frac{1}{h}}=e$ より

$$\lim_{n\to\infty}p_n=1-\frac{1}{(1+0)\cdot e}$$

$$=1-\frac{1}{e}$$

# 3章 微分の応用

## 1節 接線，関数の増減
## 2節 微分のいろいろな応用

**関連する既習内容**

**接線の方程式**

- 曲線 $y=f(x)$ 上の点 $(a,\ f(a))$ における接線の方程式は
  $y-f(a)=f'(a)(x-a)$

**導関数の符号と関数の増減**

- ある区間で
  常に $f'(x)>0$ ならば，
  $f(x)$ はその区間で増加する。
  常に $f'(x)<0$ ならば，
  $f(x)$ はその区間で減少する。

**極大・極小**

- $f'(a)=0$ となる $x=a$ を境にして
  $f'(x)$ が正から負に変化するならば
  $f(a)$ は極大値
  $f'(x)$ が負から正に変化するならば
  $f(a)$ は極小値

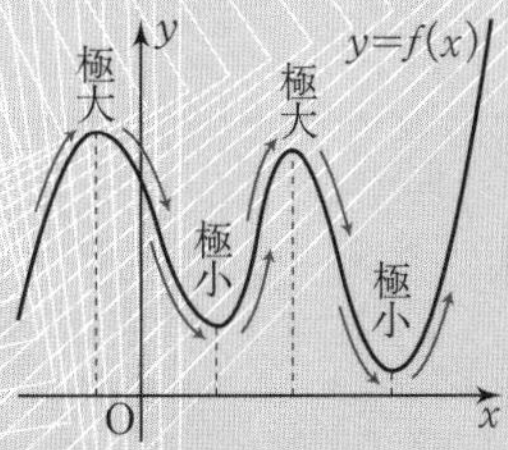

# 1節 接線，関数の増減

## 1 接線・法線の方程式

**用語のまとめ**

**法線**

- 曲線上の点Pを通り，Pにおける接線と垂直に交わる直線を，点Pにおけるこの曲線の **法線** という。

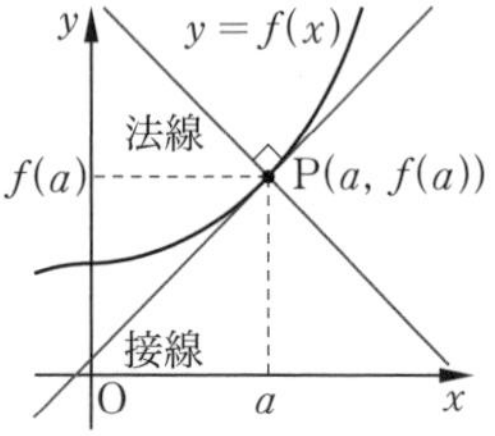


**● 接線の方程式・法線の方程式** …… **解き方のポイント**

曲線 $y=f(x)$ 上の点 $\mathrm{P}(a,\ f(a))$ における

接線の方程式は

$$y-f(a)=f'(a)(x-a)$$

法線の方程式は

$f'(a)\neq 0$ のとき　$y-f(a)=-\dfrac{1}{f'(a)}(x-a)$

**教 p.103**

**問 1**　次の曲線上の点Pにおける接線と法線の方程式を求めよ。

(1)　$y=x^4-x^2$，$\mathrm{P}(1,\ 0)$　　(2)　$y=\dfrac{1}{x}$，$\mathrm{P}\left(2,\ \dfrac{1}{2}\right)$

**考え方**　導関数 $y'$ を求めて，点Pの $x$ 座標を代入して接線，法線の傾きを求める。

**解 答**　(1)　$f(x)=x^4-x^2$ とおくと，$f'(x)=4x^3-2x$ より　$f'(1)=2$

接線の方程式は　$y-0=2(x-1)$　すなわち　$y=2x-2$

法線の方程式は　$y-0=-\dfrac{1}{2}(x-1)$　すなわち　$y=-\dfrac{1}{2}x+\dfrac{1}{2}$

(2)　$f(x)=\dfrac{1}{x}$ とおくと，$f'(x)=-\dfrac{1}{x^2}$ より　$f'(2)=-\dfrac{1}{4}$

接線の方程式は　$y-\dfrac{1}{2}=-\dfrac{1}{4}(x-2)$　すなわち　$y=-\dfrac{1}{4}x+1$

法線の方程式は　$y-\dfrac{1}{2}=4(x-2)$　すなわち　$y=4x-\dfrac{15}{2}$

教 p.103

**問 2**　曲線 $y = \tan x \left(0 < x < \dfrac{\pi}{2}\right)$ について，傾きが 2 である接線の方程式を求めよ。

**考え方**　接点の $x$ 座標を $a$ として傾きを $a$ の式で表し，$y' = 2$ より $a$ の値を求める。

**解答**　$y = \tan x$ を微分すると　$y' = \dfrac{1}{\cos^2 x}$

接点の座標を $(a,\ \tan a)$ とすると，接線の傾きは $\dfrac{1}{\cos^2 a}$ であるから

接線の方程式は

$$y - \tan a = \frac{1}{\cos^2 a}(x - a)$$

接線の傾きが 2 であるから　$\dfrac{1}{\cos^2 a} = 2$

よって　$\cos a = \pm\dfrac{1}{\sqrt{2}}$

$0 < a < \dfrac{\pi}{2}$ であるから　$a = \dfrac{\pi}{4}$

したがって，求める接線の方程式は

$$y - \tan\frac{\pi}{4} = 2\left(x - \frac{\pi}{4}\right)$$

すなわち

$$y = 2x + 1 - \frac{\pi}{2}$$

教 p.103

**問 3**　曲線 $y = e^x$ について，原点から引いた接線の方程式を求めよ。

**考え方**　接点の $x$ 座標を $a$ とし，接線が原点を通ることから，$a$ の値を求める。

**解答**　$y = e^x$ を微分すると　$y' = e^x$

接点の座標を $(a,\ e^a)$ とすると，接線の傾きは $e^a$ であるから

接線の方程式は

$$y - e^a = e^a(x - a)$$

接線が原点 $(0,\ 0)$ を通るから

$0 - e^a = e^a(0 - a)$ より　$e^a(a - 1) = 0$

$e^a \neq 0$ であるから　$a = 1$

したがって，求める接線の方程式は

$$y - e = e(x - 1)$$

すなわち

$$y = ex$$

**教 p.104**

**問 4**　双曲線 $\dfrac{x^2}{5}-\dfrac{y^2}{5}=1$ 上の点 $(3,\ 2)$ における接線の方程式を求めよ。

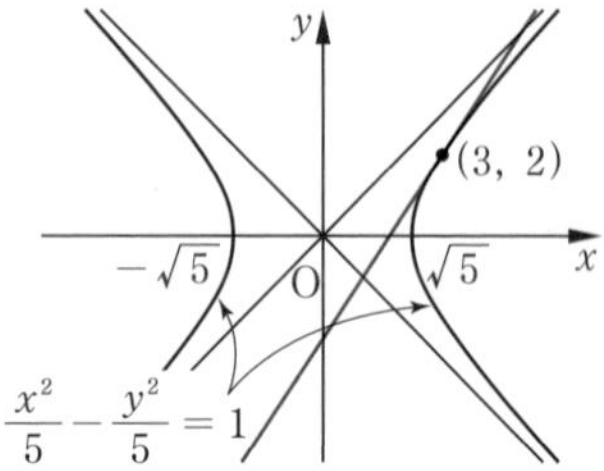


**考え方**　双曲線の方程式の両辺を $x$ で微分して $y'$ を求め，$x=3$，$y=2$ を代入して，$y'$ の値を求める。

**解　答**　方程式 $\dfrac{x^2}{5}-\dfrac{y^2}{5}=1$ において，両辺を $x$ で微分すると

$$\frac{2x}{5}-\frac{2y}{5}\cdot y'=0$$

よって，$y \neq 0$ のとき　　$y'=\dfrac{x}{y}$

ゆえに，この双曲線上の点 $(3,\ 2)$ における接線の傾きは　$\dfrac{3}{2}$

したがって，求める接線の方程式は

$$y-2=\frac{3}{2}(x-3)$$

すなわち

$$\boldsymbol{y=\frac{3}{2}x-\frac{5}{2}}$$

**教 p.104**

**問 5**　楕円 $\dfrac{x^2}{a^2}+\dfrac{y^2}{b^2}=1$ 上の点を $\mathrm{P}(x_1,\ y_1)$ とするとき，次のことを証明せよ。

(1)　$y_1 \neq 0$ のとき，点 P における楕円の接線の傾きは　$-\dfrac{b^2x_1}{a^2y_1}$

(2)　点 P における楕円の接線の方程式は　$\dfrac{x_1x}{a^2}+\dfrac{y_1y}{b^2}=1$

**考え方**　(1)　楕円の方程式の両辺を $x$ で微分して $y'$ を求め，$x=x_1$，$y=y_1$ を代入する。

(2)　点 P が楕円上の点であることから，$\dfrac{{x_1}^2}{a^2}+\dfrac{{y_1}^2}{b^2}=1$ が成り立つ。

**証明** (1) 方程式 $\dfrac{x^2}{a^2}+\dfrac{y^2}{b^2}=1$ において，両辺を $x$ で微分すると

$$\frac{2x}{a^2}+\frac{2y}{b^2}\cdot y'=0$$

よって，$y \fallingdotseq 0$ のとき　　$y'=-\dfrac{b^2x}{a^2y}$

ゆえに，$y_1 \fallingdotseq 0$ のとき，この楕円上の点 $\mathrm{P}(x_1,\ y_1)$ における接線の傾きは $-\dfrac{b^2x_1}{a^2y_1}$ である。

(2) (1)より，$y_1 \fallingdotseq 0$ のとき，点 $\mathrm{P}(x_1,\ y_1)$ における接線の方程式は

$$y-y_1=-\frac{b^2x_1}{a^2y_1}(x-x_1)$$

整理して

$$a^2y_1(y-y_1)=-b^2x_1(x-x_1)$$
$$b^2x_1x+a^2y_1y=b^2x_1{}^2+a^2y_1{}^2$$

両辺を $a^2b^2$ で割ると

$$\frac{x_1x}{a^2}+\frac{y_1y}{b^2}=\frac{x_1{}^2}{a^2}+\frac{y_1{}^2}{b^2}$$

点 $\mathrm{P}(x_1,\ y_1)$ は楕円上の点であるから，$\dfrac{x_1{}^2}{a^2}+\dfrac{y_1{}^2}{b^2}=1$ が成り立つ。

したがって，$y_1 \fallingdotseq 0$ のとき，接線の方程式は　　$\dfrac{x_1x}{a^2}+\dfrac{y_1y}{b^2}=1$

また，$y_1=0$ のとき，$x_1=\pm a$ である。
点 $(a,\ 0)$ における接線の方程式は　　$x=a$
点 $(-a,\ 0)$ における接線の方程式は　　$x=-a$

これらは，$\dfrac{x_1x}{a^2}+\dfrac{y_1y}{b^2}=1$ に，$x_1=a$，$y_1=0$ と $x_1=-a$，$y_1=0$ をそれぞれ代入して得られる方程式と同じである。
以上より，点 $\mathrm{P}(x_1,\ y_1)$ における楕円の接線の方程式は

$$\frac{x_1x}{a^2}+\frac{y_1y}{b^2}=1$$

である。

**教 p.105**

**問6**　次の媒介変数で表された曲線について，(　) 内に示された $\theta$ の値に対応する点における接線の方程式を求めよ。

(1) $\begin{cases} x=2\cos\theta \\ y=\sin\theta \end{cases}$ $\left(\theta=\dfrac{\pi}{3}\right)$　　(2) $\begin{cases} x=\dfrac{2}{\cos\theta} \\ y=\tan\theta \end{cases}$ $\left(\theta=\dfrac{\pi}{4}\right)$

**考え方** $\dfrac{dy}{dx}$ を $\theta$ で表し，与えられた $\theta$ の値を代入して接線の傾きを求める。

**解答** (1) $\dfrac{dx}{d\theta}=-2\sin\theta$, $\dfrac{dy}{d\theta}=\cos\theta$

であるから $\dfrac{dy}{dx}=-\dfrac{\cos\theta}{2\sin\theta}$

よって，この曲線上の $\theta=\dfrac{\pi}{3}$ に対応する点 $\left(1,\ \dfrac{\sqrt{3}}{2}\right)$ における接線

の傾きは $-\dfrac{\cos\dfrac{\pi}{3}}{2\sin\dfrac{\pi}{3}}=-\dfrac{\dfrac{1}{2}}{2\cdot\dfrac{\sqrt{3}}{2}}=-\dfrac{1}{2\sqrt{3}}=-\dfrac{\sqrt{3}}{6}$

したがって，求める接線の方程式は

$$y-\frac{\sqrt{3}}{2}=-\frac{\sqrt{3}}{6}(x-1)$$

すなわち $\boldsymbol{y=-\dfrac{\sqrt{3}}{6}x+\dfrac{2\sqrt{3}}{3}}$

(2) $\dfrac{dx}{d\theta}=\dfrac{2\sin\theta}{\cos^2\theta}$, $\dfrac{dy}{d\theta}=\dfrac{1}{\cos^2\theta}$

であるから $\dfrac{dy}{dx}=\dfrac{1}{2\sin\theta}$

よって，この曲線上の $\theta=\dfrac{\pi}{4}$ に対応する点 $(2\sqrt{2},\ 1)$ における接線

の傾きは $\dfrac{1}{2\sin\dfrac{\pi}{4}}=\dfrac{1}{2\cdot\dfrac{\sqrt{2}}{2}}=\dfrac{\sqrt{2}}{2}$

したがって，求める接線の方程式は

$$y-1=\frac{\sqrt{2}}{2}(x-2\sqrt{2})$$

すなわち $\boldsymbol{y=\dfrac{\sqrt{2}}{2}x-1}$

# 2 平均値の定理

**● 平均値の定理** ……………… **解き方のポイント**

関数 $f(x)$ が閉区間 $[a,\ b]$ で連続，開区間 $(a,\ b)$ で微分可能ならば

$$\frac{f(b)-f(a)}{b-a}=f'(c),\quad a<c<b$$

を満たす実数 $c$ が存在する。

この定理を **平均値の定理** という。

教 p.106

**問 7** 次の関数と区間について，前ページの平均値の定理の式を満たす $c$ の値を求めよ。

(1) $f(x)=x^2$，$[1,\ 3]$　　(2) $f(x)=\log x$，$[1,\ 2]$

**考え方** 平均値の定理の式を $c$ についての方程式とみなし，$c$ の値を求める。

**解 答** (1) $\dfrac{f(3)-f(1)}{3-1}=\dfrac{9-1}{3-1}=4$，$f'(x)=2x$

よって，$f'(c)=2c=4$ より　$c=2$

この値は，$1<c<3$ を満たしている。

(2) $\dfrac{f(2)-f(1)}{2-1}=\dfrac{\log 2-\log 1}{2-1}=\log 2$，$f'(x)=\dfrac{1}{x}$

よって，$f'(c)=\dfrac{1}{c}=\log 2$ より　$c=\dfrac{1}{\log 2}$

$2<e<4$ より　$\dfrac{\log 2}{\log 2}<\dfrac{\log e}{\log 2}<\dfrac{\log 4}{\log 2}$　$\longleftarrow e=2.71828\cdots$

$\dfrac{\log 2}{\log 2}=1$，$\dfrac{\log e}{\log 2}=\dfrac{1}{\log 2}$，$\dfrac{\log 4}{\log 2}=\dfrac{2\log 2}{\log 2}=2$

であるから，$c=\dfrac{1}{\log 2}=\dfrac{\log e}{\log 2}$ は $1<c<2$ を満たしている。

教 p.107

**問 8** $a>0$ のとき，次の不等式を平均値の定理を用いて証明せよ。

$a<e^a-1<ae^a$

**考え方** $f(x)=e^x$ として，区間 $[0,\ a]$ で平均値の定理を用いる。

**証 明** 関数 $f(x)=e^x$ は実数全体で微分可能であり $f'(x)=e^x$ であるから，区間 $[0,\ a]$ で平均値の定理を用いると

$$\frac{e^a-e^0}{a-0}=e^c,\quad 0<c<a$$

を満たす $c$ が存在する。

すなわち　$\dfrac{e^a-1}{a}=e^c$

また，$e^x$ は増加関数で，$0<c<a$ より

$e^0<e^c<e^a$　すなわち　$1<e^c<e^a$

したがって　$1<\dfrac{e^a-1}{a}<e^a$

$a>0$ より　$a<e^a-1<ae^a$

# 3 関数の増減

## ● 導関数の符号と関数の増減 解き方のポイント

関数 $f(x)$ が閉区間 $[a,\ b]$ で連続，開区間 $(a,\ b)$ で微分可能なとき

1. 区間 $(a,\ b)$ で常に $f'(x)>0$ ならば，$f(x)$ は区間 $[a,\ b]$ で増加する。
2. 区間 $(a,\ b)$ で常に $f'(x)<0$ ならば，$f(x)$ は区間 $[a,\ b]$ で減少する。
3. 区間 $(a,\ b)$ で常に $f'(x)=0$ ならば，$f(x)$ は区間 $[a,\ b]$ で定数である。

教 p.108

**問9** 上の 2, 3 を証明せよ。

**考え方** 平均値の定理を用いて，教科書 p.108 の 1 と同様に証明すればよい。

**証明** 区間 $[a,\ b]$ の中に，$x_1<x_2$ となる任意の 2 数 $x_1$，$x_2$ をとると，平均値の定理により

$$\frac{f(x_2)-f(x_1)}{x_2-x_1}=f'(c),\quad x_1<c<x_2 \qquad \cdots\cdots ①$$

を満たす $c$ が存在する。

**2 の証明**

区間 $(a,\ b)$ で常に $f'(x)<0$ であるから　$f'(c)<0$　……②

ここで，$x_1<x_2$ より $x_2-x_1>0$ であるから，①，② より

$$f(x_2)-f(x_1)<0$$

ゆえに　$f(x_1)>f(x_2)$

すなわち，区間 $[a,\ b]$ の中の 2 数 $x_1$，$x_2$ に対して

$$x_1<x_2 \quad ならば \quad f(x_1)>f(x_2)$$

が成り立つ。

したがって，$f(x)$ は区間 $[a,\ b]$ で減少する。

**3 の証明**

区間 $(a,\ b)$ で常に $f'(x)=0$ であるから　$f'(c)=0$

① より　$f(x_2)-f(x_1)=0$

ゆえに　$f(x_1)=f(x_2)$

すなわち，区間 $[a,\ b]$ の中の 2 数 $x_1$，$x_2$ に対して

常に　$f(x_1)=f(x_2)$

が成り立つ。

したがって，$f(x)$ は区間 $[a,\ b]$ で定数である。

教 p.109

**問 10** 次の関数の増減を調べよ。

(1) $f(x)=3x^4-4x^3-12x^2$

(2) $f(x)=xe^{-x}$

(3) $f(x)=x\log x$

**考え方** $f'(x)$ を求め，その符号の変化を調べる。

**解 答** (1) $f'(x)=12x^3-12x^2-24x$

$=12x(x^2-x-2)$

$=12x(x-2)(x+1)$

$f'(x)=0$ となる $x$ の値は　$x=-1,\ 0,\ 2$

よって，$f(x)$ の増減表は右のようになる。

| $x$ | $\cdots$ | $-1$ | $\cdots$ | $0$ | $\cdots$ | $2$ | $\cdots$ |
|---|---|---|---|---|---|---|---|
| $f'(x)$ | $-$ | $0$ | $+$ | $0$ | $-$ | $0$ | $+$ |
| $f(x)$ | ↘ | $-5$ | ↗ | $0$ | ↘ | $-32$ | ↗ |

したがって，$f(x)$ は

**区間 $x\leqq -1$ と区間 $0\leqq x\leqq 2$ で減少し，**

**区間 $-1\leqq x\leqq 0$ と区間 $2\leqq x$ で増加する。**

(2) $f'(x)=1\cdot e^{-x}+x\cdot(-e^{-x})=e^{-x}-xe^{-x}$

$=(1-x)e^{-x}$

$f'(x)=0$ となる $x$ の値は　$x=1$

よって，$f(x)$ の増減表は右のようになる。

| $x$ | $\cdots$ | $1$ | $\cdots$ |
|---|---|---|---|
| $f'(x)$ | $+$ | $0$ | $-$ |
| $f(x)$ | ↗ | $\frac{1}{e}$ | ↘ |

したがって，$f(x)$ は

**区間 $x\leqq 1$ で増加し，**

**区間 $1\leqq x$ で減少する。**

(3) $f'(x)=1\cdot\log x+x\cdot\frac{1}{x}$

$=\log x+1$

$f(x)$ の定義域は $x>0$ で，$f'(x)=0$ となる $x$ の値は

$\log x=-1$ より　$x=\frac{1}{e}$　※

※
$\log x=\log_e x=-1$
より　$x=e^{-1}=\frac{1}{e}$

よって，$f(x)$ の増減表は下のようになる。

したがって，$f(x)$ は

**区間 $0<x\leqq\frac{1}{e}$ で減少し，**

**区間 $\frac{1}{e}\leqq x$ で増加する。**

| $x$ | $0$ | $\cdots$ | $\frac{1}{e}$ | $\cdots$ |
|---|---|---|---|---|
| $f'(x)$ | ／ | $-$ | $0$ | $+$ |
| $f(x)$ | ／ | ↘ | $-\frac{1}{e}$ | ↗ |

# 4 関数の極大・極小

**用語のまとめ**

**極値**

- 関数 $f(x)$ はある区間で定義された連続関数とする。
  $f(x)$ が $x=a$ を境にして，増加の状態から減少の状態に移るとき，$f(x)$ は $x=a$ で **極大** になる。このとき，$f(a)$ を **極大値** という。
- また，$f(x)$ が $x=a$ を境にして，減少の状態から増加の状態に移るとき，$f(x)$ は $x=a$ で **極小** になる。このとき，$f(a)$ を **極小値** という。
- 極大値と極小値を合わせて **極値** という。

**● 極大・極小と微分係数** …… 解き方のポイント

**関数 $f(x)$ が $x=a$ において微分可能であり，かつ $x=a$ において極値をとるならば**

$$f'(a)=0$$

**● 関数 $f(x)$ の極値の求め方** …… 解き方のポイント

**$f'(a)=0$ であって，$x$ が増加しながら $a$ を通過するとき**

**$f'(x)$ の値が正から負に変われば，$f(a)$ は極大値である。**

**$f'(x)$ の値が負から正に変われば，$f(a)$ は極小値である。**

教 p.111

**問 11** 次の関数の極値を求めよ。

(1) $f(x)=\cos x(1+\sin x)\quad(0\leqq x\leqq 2\pi)$

(2) $f(x)=\dfrac{\log x}{x^2}$

**考え方** $f'(x)$ を求め，増減表をつくって考える。

**解 答** (1)

$$\begin{aligned} f'(x) &= -\sin x(1+\sin x)+\cos^2 x \\ &= -\sin x-\sin^2 x+(1-\sin^2 x) \\ &= -2\sin^2 x-\sin x+1 \\ &= -(2\sin x-1)(\sin x+1) \end{aligned}$$

$0\leqq x\leqq 2\pi$ において，$f'(x)=0$ となる $x$ の値を求めると

$2\sin x-1=0$ または $\sin x+1=0$

より

$x=\dfrac{\pi}{6},\ \dfrac{5}{6}\pi,\ \dfrac{3}{2}\pi$

よって，$f(x)$ の増減表は右のようになる。

| $x$ | 0 | $\cdots$ | $\dfrac{\pi}{6}$ | $\cdots$ | $\dfrac{5}{6}\pi$ | $\cdots$ | $\dfrac{3}{2}\pi$ | $\cdots$ | $2\pi$ |
|---|---|---|---|---|---|---|---|---|---|
| $f'(x)$ | | $+$ | 0 | $-$ | 0 | $+$ | 0 | $+$ | |
| $f(x)$ | 1 | ↗ | 極大 $\dfrac{3\sqrt{3}}{4}$ | ↘ | 極小 $-\dfrac{3\sqrt{3}}{4}$ | ↗ | 0 | ↗ | 1 |

したがって，$f(x)$ の極値は次のようになる。

$x=\dfrac{\pi}{6}$ のとき　極大値 $\dfrac{3\sqrt{3}}{4}$

$x=\dfrac{5}{6}\pi$ のとき　極小値 $-\dfrac{3\sqrt{3}}{4}$

注意　$f'\left(\dfrac{3}{2}\pi\right)=0$ であるが，$x=\dfrac{3}{2}\pi$ の前後で $f'(x)$ の符号は変わらないから，$f\left(\dfrac{3}{2}\pi\right)$ は極値でない。

(2)
$$f'(x)=\frac{\dfrac{1}{x}\cdot x^2-\log x\cdot 2x}{x^4}=\frac{x-2x\log x}{x^4}=\frac{1-2\log x}{x^3}$$

$f(x)$ の定義域は $x>0$ で，$f'(x)=0$ となる $x$ の値を求めると

$\log x=\dfrac{1}{2}$ より　　$x=\sqrt{e}$

よって，$f(x)$ の増減表は右のようになる。

| $x$ | 0 | $\cdots$ | $\sqrt{e}$ | $\cdots$ |
|---|---|---|---|---|
| $f'(x)$ | ／ | $+$ | 0 | $-$ |
| $f(x)$ | ／ | ↗ | 極大 $\dfrac{1}{2e}$ | ↘ |

したがって，$f(x)$ の極値は次のようになる。

$x=\sqrt{e}$ のとき　極大値 $\dfrac{1}{2e}$

極小値はなし

教 p.112

**問 12**　次の関数の極値を求めよ。

(1)　$f(x)=|x|\sqrt{x+3}$　　(2)　$f(x)=|x^2-4|+2x$

**考え方** $x$ のとり得る値の範囲で場合分けをし，絶対値記号を外してから微分する。微分可能でなくても，減少と増加の境目で極値をとるかどうか考える。

**解答** (1) この関数の定義域は，$x \geqq -3$ である。

(i) $-3 \leqq x \leqq 0$ のとき，$f(x) = -x\sqrt{x+3}$ であるから

$-3 < x < 0$ で

$$f'(x) = -\sqrt{x+3} - x \cdot \frac{1}{2\sqrt{x+3}} = \frac{-2(x+3)-x}{2\sqrt{x+3}}$$

$$= -\frac{3(x+2)}{2\sqrt{x+3}}$$

$f'(x) = 0$ となる $x$ の値は　$x = -2$

(ii) $0 < x$ のとき，$f(x) = x\sqrt{x+3}$ であるから

$0 < x$ で　$f'(x) = \dfrac{3(x+2)}{2\sqrt{x+3}}$

$0 < x$ の範囲には，$f'(x) = 0$ となる $x$ の値は存在しない。

よって，$f(x)$ の増減表は次のようになる。

| $x$ | $-3$ | $\cdots$ | $-2$ | $\cdots$ | $0$ | $\cdots$ |
|---|---|---|---|---|---|---|
| $f'(x)$ | ／ | $+$ | $0$ | $-$ | ／ | $+$ |
| $f(x)$ | $0$ | ↗ | 極大 2 | ↘ | 極小 0 | ↗ |

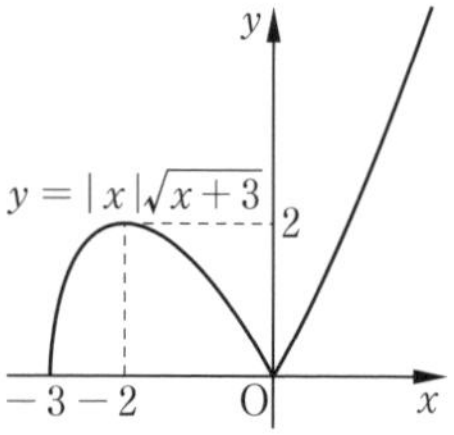


したがって，$f(x)$ は

**$x = -2$ のとき　極大値 2**

**$x = 0$ のとき　極小値 0**

をとる。

(2) この関数の定義域は，実数全体である。

(i) $x \leqq -2$, $2 \leqq x$ のとき

$$f(x) = (x^2-4) + 2x = x^2 + 2x - 4$$

であるから

$x < -2$, $2 < x$ で　$f'(x) = 2x + 2$

$x < -2$, $2 < x$ の範囲には，$f'(x) = 0$ となる $x$ の値は存在しない。

(ii) $-2 < x < 2$ のとき

$$f(x) = -(x^2-4) + 2x = -x^2 + 2x + 4$$

であるから

$-2 < x < 2$ で　$f'(x) = -2x + 2$

$f'(x) = 0$ となる $x$ の値は　$x = 1$

よって，$f(x)$ の増減表は次のようになる。

| $x$ | $\cdots$ | $-2$ | $\cdots$ | $1$ | $\cdots$ | $2$ | $\cdots$ |
|---|---|---|---|---|---|---|---|
| $f'(x)$ | $-$ | ／ | $+$ | $0$ | $-$ | ／ | $+$ |
| $f(x)$ | ↘ | 極小 $-4$ | ↗ | 極大 $5$ | ↘ | 極小 $4$ | ↗ |

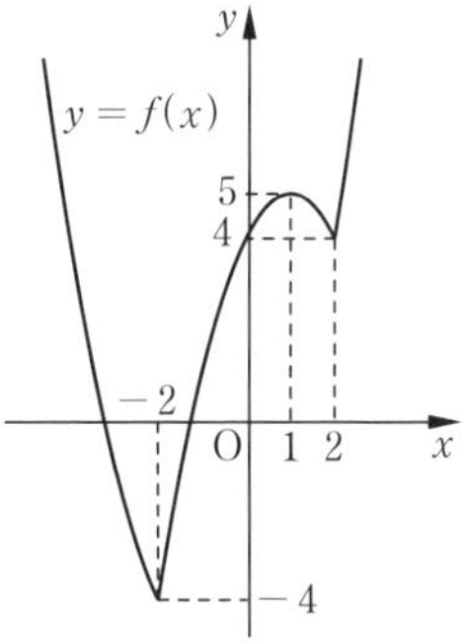


したがって，$f(x)$ は

**$x=1$ のとき　極大値 $5$**

**$x=-2$ のとき　極小値 $-4$**

**$x=2$ のとき　極小値 $4$**

をとる。

**教 p.113**

**問13**　関数 $f(x)=x^2e^{ax}$ が $x=1$ で極値をとるような定数 $a$ の値を求めよ。また，そのときの極値を求めよ。

**考え方**　$f(x)$ が $x=1$ で極値をとることから，$f'(x)=0$ が $x=1$ を解にもつことが分かる。$f'(1)=0$ となることから $a$ の値を求め，増減表をつくって $f(1)$ が極値であることの確認をする。

**解答**　関数 $f(x)$ が $x=1$ で極値をとるという条件より　$f'(1)=0$

$$f'(x)=2x\cdot e^{ax}+x^2\cdot ae^{ax}=(2x+ax^2)e^{ax}$$

$f'(1)=0$ であるから　$(2+a)e^a=0$

$e^a \neq 0$ より　$a=-2$

このとき

$$f(x)=x^2e^{-2x}$$

$$f'(x)=-2x(x-1)e^{-2x}$$

よって，$f(x)$ の増減表は右のようになる。

| $x$ | $\cdots$ | $0$ | $\cdots$ | $1$ | $\cdots$ |
|---|---|---|---|---|---|
| $f'(x)$ | $-$ | $0$ | $+$ | $0$ | $-$ |
| $f(x)$ | ↘ | 極小 $0$ | ↗ | 極大 $\frac{1}{e^2}$ | ↘ |

したがって，$a=-2$ のとき，$f(x)$ は確かに $x=1$ で極値をとる。

ゆえに

**$a=-2$**

**$x=0$ のとき　極小値 $0$**

**$x=1$ のとき　極大値 $\frac{1}{e^2}$**

# 5 | 第2次導関数とグラフ

**用語のまとめ**

**曲線の凸凹**

- ある区間で曲線 $y=f(x)$ の接線の傾きが，$x$ の増加にともなって大きくなるとき，すなわち，$f'(x)$ が増加するとき，曲線はその区間で **下に凸** であるという。
- 逆に，$x$ の増加にともなって，接線の傾きが小さくなるとき，すなわち，$f'(x)$ が減少するとき，曲線はその区間で **上に凸** であるという。

**変曲点**

- 曲線の凹凸が入れかわる境の点を **変曲点** という。

**● 曲線の凹凸の判定** …… 解き方のポイント

1 $f''(x)>0$ となる区間では，曲線 $y=f(x)$ は 下に凸

2 $f''(x)<0$ となる区間では，曲線 $y=f(x)$ は 上に凸

教 p.115

**問 14** 曲線 $y=e^x+e^{-x}$ の凹凸を調べよ。

**考え方** $y''$ の符号を調べて，曲線の凹凸を判断する。

**解 答**

$$y'=e^x-e^{-x}$$

$$y''=e^x+e^{-x}>0$$

であるから，曲線 $y=e^x+e^{-x}$ は **実数全体で下に凸** である。

教 p.115

**問 15** 次の曲線の凹凸を調べよ。

(1) $y=x^4-2x^2+1$ (2) $y=x+\cos 2x \quad (0\leqq x\leqq \pi)$

**考え方** $y''$ を求め，その符号の変化の様子を表にして，曲線の凹凸を調べる。

**解 答** (1)

$$y'=4x^3-4x$$

$$y''=12x^2-4$$

$$=4(\sqrt{3}\,x+1)(\sqrt{3}\,x-1)$$

であるから，$y''$ の符号を調べ凹凸の表をつくると，右のようになる。

| $x$ | $\cdots$ | $-\dfrac{\sqrt{3}}{3}$ | $\cdots$ | $\dfrac{\sqrt{3}}{3}$ | $\cdots$ |
|---|---|---|---|---|---|
| $y''$ | $+$ | $0$ | $-$ | $0$ | $+$ |
| $y$ | 下に凸 | $\dfrac{4}{9}$ | 上に凸 | $\dfrac{4}{9}$ | 下に凸 |

よって，曲線 $y=x^4-2x^2+1$ は

**区間 $x<-\frac{\sqrt{3}}{3}$ と区間 $\frac{\sqrt{3}}{3}<x$ で下に凸**

**区間 $-\frac{\sqrt{3}}{3}<x<\frac{\sqrt{3}}{3}$ で上に凸**

(2) $y'=1-2\sin 2x$

$y''=-4\cos 2x$

であるから，$0 \leqq x \leqq \pi$ の範囲で $y''$ の符号を調べ凹凸の表をつくると，右のようになる。

| $x$ | $0$ | $\cdots$ | $\frac{\pi}{4}$ | $\cdots$ | $\frac{3}{4}\pi$ | $\cdots$ | $\pi$ |
|---|---|---|---|---|---|---|---|
| $y''$ | | $-$ | $0$ | $+$ | $0$ | $-$ | |
| $y$ | $1$ | 上に凸 | $\frac{\pi}{4}$ | 下に凸 | $\frac{3}{4}\pi$ | 上に凸 | $\pi+1$ |

よって，曲線 $y=x+\cos 2x$ は

**区間 $0<x<\frac{\pi}{4}$ と区間 $\frac{3}{4}\pi<x<\pi$ で上に凸**

**区間 $\frac{\pi}{4}<x<\frac{3}{4}\pi$ で下に凸**

## 変曲点 ……… 解き方のポイント

**$f(x)$ が第 2 次導関数 $f''(x)$ をもち，$f''(a)=0$ であるとき，$x=a$ の前後で $f''(x)$ の符号が変われば，曲線 $y=f(x)$ 上の点 $(a,\ f(a))$ は変曲点である。**

教 p.116

**問 16** 次の曲線の凹凸を調べ，変曲点があれば求めよ。

(1) $y=x^4+2x^3+1$　　(2) $y=xe^x$

**考え方** $y''=0$ となる $x$ の値を求め，その前後の第 2 次導関数の符号を調べる。

**解 答** (1) $y'=4x^3+6x^2$

$y''=12x^2+12x=12x(x+1)$

である。$x=-1,\ 0$ のとき，$y''=0$であり，その前後で第 2 次導関数の符号は

$x<-1$ のとき　$y''>0$

$-1<x<0$ のとき　$y''<0$

$0<x$ のとき　$y''>0$

→ $x=-1,\ 0$ の前後で $y''$の符号が変わる

となる。したがって，$y=x^4+2x^3+1$ の **変曲点は $(-1,\ 0)$，$(0,\ 1)$** である。また

**区間 $x<-1,\ 0<x$ で下に凸**

**区間 $-1<x<0$ で上に凸**

である。

3章 微分の応用

(2) $y' = e^x + xe^x$

$y'' = e^x + (1+x)e^x = (2+x)e^x$

である。$x=-2$ のとき，$y''=0$ であり，その前後で第2次導関数の符号は

$x<-2$ のとき　$y''<0$
$-2<x$ のとき　$y''>0$
} ⟶ $x=-2$ の前後で $y''$ の符号が変わる

となる。したがって，$y=xe^x$ の**変曲点は** $\left(-2,\ -\dfrac{2}{e^2}\right)$ である。

また

**区間 $x<-2$ で上に凸**

**区間 $-2<x$ で下に凸**

である。

教 p.117

**問 17**　例題9にならって，関数 $y=\dfrac{x}{x^2+1}$ のグラフの概形をかけ。

**考え方**　$y'$，$y''$ を求めて，増減と曲線の凹凸を調べる。$x\to\pm\infty$ のときの極限値から，グラフの漸近線も求めて，グラフの概形をかく。

**解　答**

$$y' = \frac{1\cdot(x^2+1)-x\cdot 2x}{(x^2+1)^2} = \frac{1-x^2}{(x^2+1)^2} = -\frac{(x+1)(x-1)}{(x^2+1)^2}$$

$$y'' = \frac{-2x\cdot(x^2+1)^2-(1-x^2)\cdot 2(x^2+1)\cdot 2x}{(x^2+1)^4}$$

$$= \frac{-2x(x^2+1)-4x(1-x^2)}{(x^2+1)^3}$$

$$= \frac{2x(x^2-3)}{(x^2+1)^3}$$

$$= \frac{2x(x+\sqrt{3})(x-\sqrt{3})}{(x^2+1)^3}$$

となる。

$y'=0$ となる $x$ の値は　$x=\pm 1$

$y''=0$ となる $x$ の値は　$x=0,\ \pm\sqrt{3}$

であるから，$y'$，$y''$ の符号を調べて増減，凹凸の表をつくると，右のようになる。

| $x$ | $\cdots$ | $-\sqrt{3}$ | $\cdots$ | $-1$ | $\cdots$ | $0$ | $\cdots$ | $1$ | $\cdots$ | $\sqrt{3}$ | $\cdots$ |
|---|---|---|---|---|---|---|---|---|---|---|---|
| $y'$ | $-$ | $-$ | $-$ | $0$ | $+$ | $+$ | $+$ | $0$ | $-$ | $-$ | $-$ |
| $y''$ | $-$ | $0$ | $+$ | $+$ | $+$ | $0$ | $-$ | $-$ | $-$ | $0$ | $+$ |
| $y$ | ↘︎(上に凸) | $-\dfrac{\sqrt{3}}{4}$ | ↘︎(下に凸) | 極小 $-\dfrac{1}{2}$ | ↗︎(下に凸) | $0$ | ↗︎(上に凸) | 極大 $\dfrac{1}{2}$ | ↘︎(上に凸) | $\dfrac{\sqrt{3}}{4}$ | ↘︎(下に凸) |

ゆえに，$y$ は $x=-1$ のとき極小値 $-\dfrac{1}{2}$，$x=1$ のとき極大値 $\dfrac{1}{2}$ をとる。

また，変曲点は $\left(-\sqrt{3},\ -\dfrac{\sqrt{3}}{4}\right)$，$(0,\ 0)$，$\left(\sqrt{3},\ \dfrac{\sqrt{3}}{4}\right)$ である。

さらに

$$\lim_{x\to\infty} y = \lim_{x\to\infty}\frac{x}{x^2+1} = \lim_{x\to\infty}\frac{\dfrac{1}{x}}{1+\dfrac{1}{x^2}}$$

$$= 0$$

$$\lim_{x\to-\infty} y = 0$$

であるから，$x$ 軸はグラフの漸近線である。以上より，グラフの概形は右の図のようになる。

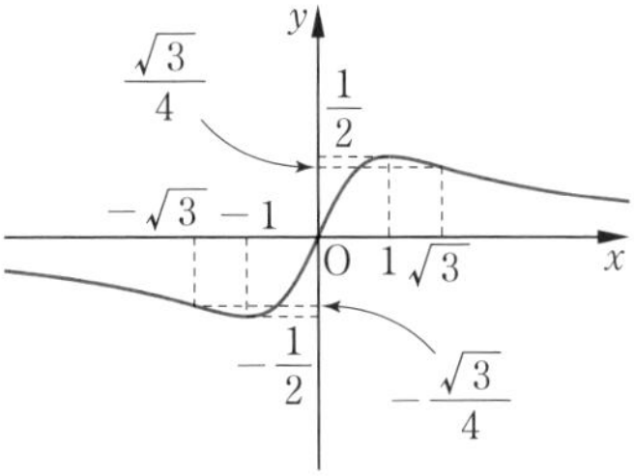




**教 p.118**

**問 18** 次の曲線の概形をかけ。

(1) $y = x + \dfrac{1}{x}$　　　(2) $y = \dfrac{x^2-3x+4}{2x-2}$

**考え方** $y'$，$y''$ を求めて，増減，凹凸の表をつくる。漸近線を求めるときは，$x\to\pm\infty$ の極限や，分母が 0 となるところの極限を調べる。

**解　答** (1) この曲線を表す関数の定義域は，$x \neq 0$ である。

$$y' = 1 - \frac{1}{x^2} = \frac{(x+1)(x-1)}{x^2},\quad y'' = \frac{2}{x^3}$$

であるから，増減，凹凸の表をつくると，次のようになる。

| $x$ | $\cdots$ | $-1$ | $\cdots$ | $0$ | $\cdots$ | $1$ | $\cdots$ |
|---|---|---|---|---|---|---|---|
| $y'$ | $+$ | $0$ | $-$ | / | $-$ | $0$ | $+$ |
| $y''$ | $-$ | $-$ | $-$ | / | $+$ | $+$ | $+$ |
| $y$ | ↗(上に凸) | 極大 $-2$ | ↘(上に凸) | / | ↘(下に凸) | 極小 $2$ | ↗(下に凸) |

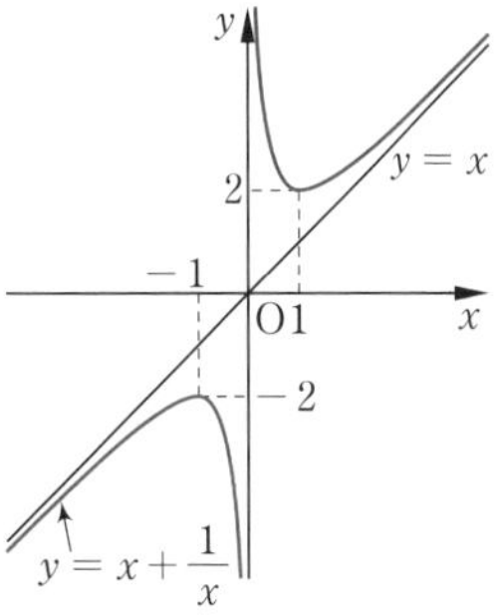


また，$y = x + \dfrac{1}{x}$ より

$$\lim_{x\to\infty}(y-x) = \lim_{x\to\infty}\frac{1}{x} = 0$$

$$\lim_{x\to-\infty}(y-x) = 0$$

であるから，直線 $y = x$ は，この曲線の漸近線である。さらに

$$\lim_{x\to+0} y = \infty,\quad \lim_{x\to-0} y = -\infty$$

であるから，$y$ 軸もこの曲線の漸近線である。

以上より，曲線の概形は上の図のようになる。

(2) この曲線を表す関数の定義域は，$x \neq 1$ である。

$$y=\frac{(x-1)(x-2)+2}{2(x-1)}=\frac{1}{2}(x-2)+\frac{1}{x-1} \quad \cdots\cdots ①$$

① より

$$y'=\frac{1}{2}-\frac{1}{(x-1)^2}=\frac{(x-1)^2-2}{2(x-1)^2}=\frac{x^2-2x-1}{2(x-1)^2}$$

$$y''=\left\{\frac{1}{2}-\frac{1}{(x-1)^2}\right\}'=\frac{2}{(x-1)^3}$$

であるから，増減，凹凸の表をつくると，次のようになる。

| $x$ | $\cdots$ | $1-\sqrt{2}$ | $\cdots$ | $1$ | $\cdots$ | $1+\sqrt{2}$ | $\cdots$ |
|---|---|---|---|---|---|---|---|
| $y'$ | $+$ | $0$ | $-$ | | $-$ | $0$ | $+$ |
| $y''$ | $-$ | $-$ | $-$ | | $+$ | $+$ | $+$ |
| $y$ | ↗ | 極大 $-\frac{2\sqrt{2}+1}{2}$ | ↘ | | ↘ | 極小 $\frac{2\sqrt{2}-1}{2}$ | ↗ |

また，① より

$$\lim_{x\to\infty}\left\{y-\frac{1}{2}(x-2)\right\}=\lim_{x\to\infty}\frac{1}{x-1}=0,\quad \lim_{x\to-\infty}\left\{y-\frac{1}{2}(x-2)\right\}=0$$

であるから，直線 $y=\frac{1}{2}(x-2)$ は，この曲線の漸近線である。さらに

$$\lim_{x\to1+0}y=\infty,\quad \lim_{x\to1-0}y=-\infty$$

であるから，直線 $x=1$ もこの曲線の漸近線である。

以上より，曲線の概形は右の図のようになる。

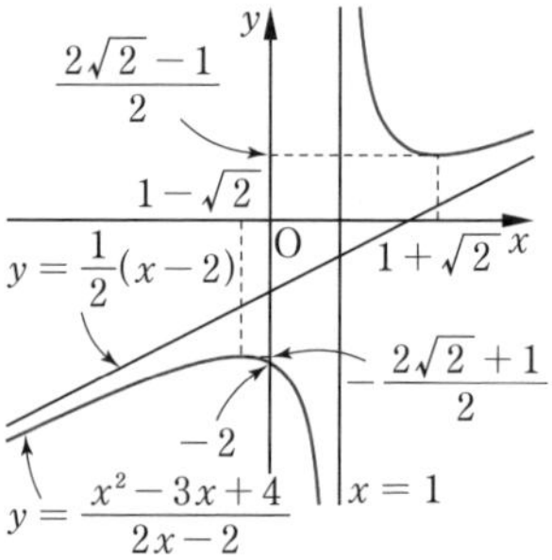


● $f''(a)$ の符号と極値 …… **解き方のポイント**

関数 $f(x)$ が連続な第 2 次導関数をもつとき

1 $f'(a)=0$，$f''(a)>0$ ならば　$f(a)$ は **極小値**

2 $f'(a)=0$，$f''(a)<0$ ならば　$f(a)$ は **極大値**

**教 p.120**

**問 19**　第 2 次導関数を利用して，関数 $f(x)=(x^2-3)e^x$ の極値を求めよ。

**考え方**　$f'(x)=0$ となる $x$ の値を求め，そのときの $f''(x)$ の符号によって，極大となるか極小となるかを判断する。

**解答**　$f'(x)=2x\cdot e^x+(x^2-3)\cdot e^x=(x^2+2x-3)e^x=(x+3)(x-1)e^x$

$f''(x)=(2x+2)\cdot e^x+(x^2+2x-3)\cdot e^x=(x^2+4x-1)e^x$

であるから，$f'(x)=0$ となる $x$ の値を求めると　　$x=1,\ -3$

ここで　　$f''(1)=4e>0,\ f''(-3)=-\dfrac{4}{e^3}<0$

であるから，$f(x)$ の極値は次のようになる。

**極大値は** $f(-3)=\dfrac{6}{e^3}$，**極小値は** $f(1)=-2e$

## 問　題　教 p.120

**1**　曲線 $y=\sqrt{x}\ (x>0)$ について，点 $(0,\ 3)$ を通る接線の方程式と法線の方程式を求めよ。

**考え方**　曲線上の点 $(a,\ \sqrt{a})$ における接線と法線の方程式をつくり，それが点 $(0,\ 3)$ を通るときの $a$ の値をそれぞれ求める。

**解答**　$y=\sqrt{x}$ を微分すると　$y'=\left(x^{\frac{1}{2}}\right)'=\dfrac{1}{2}x^{-\frac{1}{2}}=\dfrac{1}{2\sqrt{x}}$

接点の座標を $(a,\ \sqrt{a})\ (a>0)$ とすると

接線の傾きは　$\dfrac{1}{2\sqrt{a}}$，法線の傾きは　$-2\sqrt{a}$

接線の方程式は，$y-\sqrt{a}=\dfrac{1}{2\sqrt{a}}(x-a)$ より

$y=\dfrac{1}{2\sqrt{a}}x+\dfrac{\sqrt{a}}{2}$　　……①

法線の方程式は，$y-\sqrt{a}=-2\sqrt{a}(x-a)$ より

$y=-2\sqrt{a}\,x+2a\sqrt{a}+\sqrt{a}$　　……②

ここで，① のグラフが点 $(0,\ 3)$ を通るから　　$\dfrac{\sqrt{a}}{2}=3$ より　$a=36$

したがって，**接線の方程式は**

$y=\dfrac{1}{2\sqrt{36}}x+\dfrac{\sqrt{36}}{2}$

すなわち　　$y=\dfrac{1}{12}x+3$

また，② のグラフが点 $(0,\ 3)$ を通るから　　$2a\sqrt{a}+\sqrt{a}=3$

$\sqrt{a}=t$ とおくと　$2t^3+t-3=0$　　……③

となり　$(t-1)(2t^2+2t+3)=0$

2 次方程式 $2t^2+2t+3=0$ の判別式を $D$ とすると

$$\frac{D}{4}=1^2-2\cdot3=-5<0$$

より，$2t^2+2t+3=0$ は実数解をもたない。

したがって，方程式 ③ の実数解は　　$t=1$

よって　$a=1$

したがって，**法線の方程式は**

$$y=-2\sqrt{1}\,x+2\cdot1\cdot\sqrt{1}+\sqrt{1}$$

すなわち　　$\boldsymbol{y=-2x+3}$

**2** 曲線 $x^2-2x+4y^2-16y+9=0$ 上の点 $(3,\ 1)$ における接線の方程式を求めよ。

**考え方** 両辺を $x$ で微分して導関数 $y'$ を求めて，点 $(3,\ 1)$ における接線の傾きを求める。

**解答** 方程式 $x^2-2x+4y^2-16y+9=0$ において，両辺を $x$ で微分すると

$$2x-2+8y\cdot y'-16\cdot y'=0$$

$$2x-2+(8y-16)y'=0$$

すなわち

$$x-1+(4y-8)y'=0$$

よって，$y\neq2$ のとき

$$y'=\frac{-x+1}{4y-8}$$

ゆえに，この曲線上の点 $(3,\ 1)$ における接線の傾きは

$$\frac{-3+1}{4\cdot1-8}=\frac{-2}{-4}=\frac{1}{2}$$

したがって，求める接線の方程式は

$$y-1=\frac{1}{2}(x-3)$$

すなわち　　$\boldsymbol{y=\frac{1}{2}x-\frac{1}{2}}$

**3** 次の関数の増減を調べ，極値を求めよ。

(1)　$f(x)=\dfrac{x^2-3}{x-2}$　　(2)　$f(x)=x^2e^{-x}$

(3)　$f(x)=x^2\log x$　　(4)　$f(x)=x+2\cos x\ (0\leqq x\leqq\pi)$

**考え方** $f'(x)$ を求めて増減表をつくり，極値を求める。

**解答** (1) $$f'(x)=\frac{2x(x-2)-(x^2-3)\cdot 1}{(x-2)^2}=\frac{x^2-4x+3}{(x-2)^2}=\frac{(x-1)(x-3)}{(x-2)^2}$$

$f(x)$ の定義域は $x \neq 2$ で，$f'(x)=0$ となる $x$ の値を求めると

$x=1,\ 3$

よって，$f(x)$ の増減表は右のようになる。

| $x$ | $\cdots$ | $1$ | $\cdots$ | $2$ | $\cdots$ | $3$ | $\cdots$ |
|---|---|---|---|---|---|---|---|
| $f'(x)$ | $+$ | $0$ | $-$ | | $-$ | $0$ | $+$ |
| $f(x)$ | ↗ | 極大 $2$ | ↘ | | ↘ | 極小 $6$ | ↗ |

したがって，$f(x)$は

**区間 $x \leqq 1$ と区間 $3 \leqq x$ で増加し，**

**区間 $1 \leqq x < 2$ と区間 $2 < x \leqq 3$ で減少する。**

極値は　**$x=1$ のとき　極大値 $2$，$x=3$ のとき　極小値 $6$**

(2) $$f'(x)=2x\cdot e^{-x}+x^2\cdot(-e^{-x})=-x(x-2)e^{-x}$$

$f'(x)=0$ となる $x$ の値を求めると

$x=0,\ 2$

よって，$f(x)$ の増減表は右のようになる。

| $x$ | $\cdots$ | $0$ | $\cdots$ | $2$ | $\cdots$ |
|---|---|---|---|---|---|
| $f'(x)$ | $-$ | $0$ | $+$ | $0$ | $-$ |
| $f(x)$ | ↘ | 極小 $0$ | ↗ | 極大 $\frac{4}{e^2}$ | ↘ |

したがって，$f(x)$は

**区間 $0 \leqq x \leqq 2$ で増加し，区間 $x \leqq 0$ と区間 $2 \leqq x$ で減少する。**

極値は　**$x=2$ のとき　極大値 $\frac{4}{e^2}$，$x=0$ のとき　極小値 $0$**

(3) $$f'(x)=2x\cdot\log x+x^2\cdot\frac{1}{x}=x(2\log x+1)$$

$f(x)$ の定義域は $x>0$ で，$f'(x)=0$ となる $x$ の値を求めると

$\log x=-\frac{1}{2}$ より　$x=\frac{1}{\sqrt{e}}$　⟵ $x=e^{-\frac{1}{2}}$

よって，$f(x)$ の増減表は右のようになる。

| $x$ | $0$ | $\cdots$ | $\frac{1}{\sqrt{e}}$ | $\cdots$ |
|---|---|---|---|---|
| $f'(x)$ | | $-$ | $0$ | $+$ |
| $f(x)$ | | ↘ | 極小 $-\frac{1}{2e}$ | ↗ |

したがって，$f(x)$は

**区間 $\frac{1}{\sqrt{e}} \leqq x$ で増加し，**

**区間 $0 < x \leqq \frac{1}{\sqrt{e}}$ で減少する。**

極値は　**$x=\frac{1}{\sqrt{e}}$ のとき　極小値 $-\frac{1}{2e}$，極大値はなし**

(4) $$f'(x)=1-2\sin x$$

$0 \leqq x \leqq \pi$ において，$f'(x)=0$ となる $x$ の値を求めると

$\sin x=\frac{1}{2}$ より　$x=\frac{\pi}{6},\ \frac{5}{6}\pi$

よって，$f(x)$ の増減表は次のようになる。

| $x$ | 0 | $\cdots$ | $\frac{\pi}{6}$ | $\cdots$ | $\frac{5}{6}\pi$ | $\cdots$ | $\pi$ |
|---|---|---|---|---|---|---|---|
| $f'(x)$ | | $+$ | 0 | $-$ | 0 | $+$ | |
| $f(x)$ | 2 | ↗ | 極大 $\frac{\pi}{6}+\sqrt{3}$ | ↘ | 極小 $\frac{5}{6}\pi-\sqrt{3}$ | ↗ | $\pi-2$ |

したがって，$f(x)$は

**区間** $0 \leqq x \leqq \frac{\pi}{6}$ **と区間** $\frac{5}{6}\pi \leqq x \leqq \pi$ **で増加し，**

**区間** $\frac{\pi}{6} \leqq x \leqq \frac{5}{6}\pi$ **で減少する。**

極値は

$x=\frac{\pi}{6}$ **のとき　極大値** $\frac{\pi}{6}+\sqrt{3}$

$x=\frac{5}{6}\pi$ **のとき　極小値** $\frac{5}{6}\pi-\sqrt{3}$

**4** 次の曲線の概形をかけ。

(1) $y=x-2\sqrt{x}$　　(2) $y=(\log x)^2$

(3) $y=x+\sin x \quad (0 \leqq x \leqq 4\pi)$　　(4) $y=\frac{x^2}{x^2+1}$

**考え方** $y'$，$y''$ を求めて増減，凹凸の表をつくる。定義域に注意し，漸近線があるものについてはそれも調べる。

**解答** (1) この曲線を表す関数の定義域は，$x \geqq 0$ である。

$$y'=1-2\cdot\frac{1}{2}x^{-\frac{1}{2}}=1-\frac{1}{\sqrt{x}}=\frac{\sqrt{x}-1}{\sqrt{x}}$$

$$y''=\left(1-\frac{1}{\sqrt{x}}\right)'=-\left(x^{-\frac{1}{2}}\right)'=-\left(-\frac{1}{2}\right)x^{-\frac{3}{2}}=\frac{1}{2x\sqrt{x}}$$

$y'=0$ となる $x$ の値は　$x=1$

$y''=0$ となる $x$ の値はない。

よって，増減，凹凸の表は右のようになる。

| $x$ | 0 | $\cdots$ | 1 | $\cdots$ |
|---|---|---|---|---|
| $y'$ | ／ | $-$ | 0 | $+$ |
| $y''$ | ／ | $+$ | $+$ | $+$ |
| $y$ | 0 | ↘(下に凸) | 極小 $-1$ | ↗(下に凸) |

ゆえに，$y$ は $x=1$ で極小値 $-1$ をとり，極大値はない。

また，グラフは下に凸で変曲点はない。

$y=0$ となるのは，$\sqrt{x}=t$ とおくと

$t^2-2t=0$

$t(t-2)=0$

よって　　$t=0,\ 2$

すなわち　$x=0,\ 4$

以上より，曲線の概形は右の図のようになる。

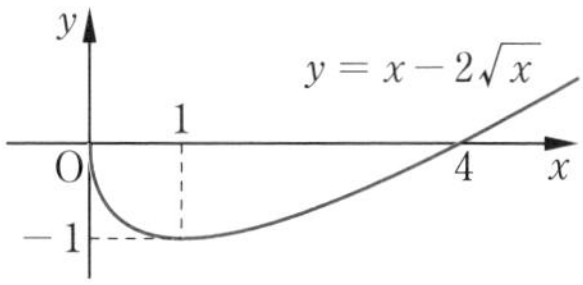


(2)　この曲線を表す関数の定義域は，$x>0$ である。

$$y'=2(\log x)\cdot\frac{1}{x}=\frac{2\log x}{x}$$

$$y''=2\cdot\frac{\frac{1}{x}\cdot x-\log x\cdot 1}{x^2}$$

$$=\frac{2(1-\log x)}{x^2}$$

$y'=0$ となる $x$ の値は　$x=1$

$y''=0$ となる $x$ の値は　$x=e$

よって，増減，凹凸の表は右のようになる。

| $x$ | 0 | $\cdots$ | 1 | $\cdots$ | $e$ | $\cdots$ |
|---|---|---|---|---|---|---|
| $y'$ | ／ | $-$ | 0 | $+$ | $+$ | $+$ |
| $y''$ | ／ | $+$ | $+$ | $+$ | 0 | $-$ |
| $y$ | ／ | ↘ | 極小<br>0 | ⤴ | 1 | ↗ |

ゆえに，$y$ は $x=1$ で極小値 0 をとり，極大値はない。

また，変曲点は $(e,\ 1)$ である。

さらに，$\lim_{x\to+0}y=\infty$ であるから，

$y$ 軸はこの曲線の漸近線である。

以上より，曲線の概形は右の図のようになる。

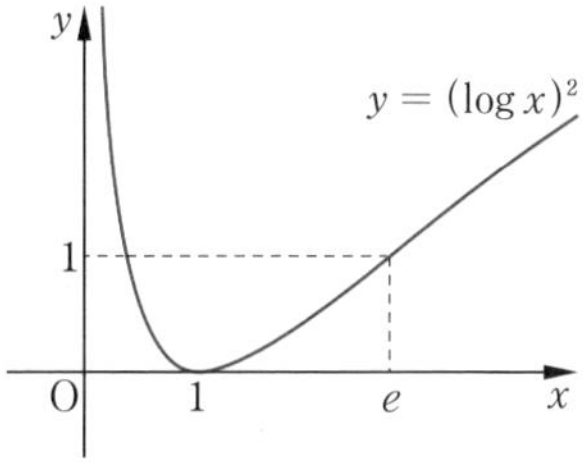


(3)　$y'=1+\cos x$

$y''=-\sin x$

$0\leqq x\leqq 4\pi$ において，

$y'=0$ となる $x$ の値は $x=\pi,\ 3\pi$ で，常に $y'\geqq 0$ が成り立つ。

| $x$ | 0 | $\cdots$ | $\pi$ | $\cdots$ | $2\pi$ | $\cdots$ | $3\pi$ | $\cdots$ | $4\pi$ |
|---|---|---|---|---|---|---|---|---|---|
| $y'$ | | $+$ | 0 | $+$ | $+$ | $+$ | 0 | $+$ | |
| $y''$ | | $-$ | 0 | $+$ | 0 | $-$ | 0 | $+$ | |
| $y$ | 0 | ↗ | $\pi$ | ⤴ | $2\pi$ | ↗ | $3\pi$ | ⤴ | $4\pi$ |

$y''=0$ となる $x$ の値は

$x=\pi,\ 2\pi,\ 3\pi$

よって，増減，凹凸の表は上のようになる。

ゆえに，極値はない。

また，変曲点は，$(\pi,\ \pi)$，$(2\pi,\ 2\pi)$，$(3\pi,\ 3\pi)$ である。

以上より，曲線の概形は右の図のようになる。

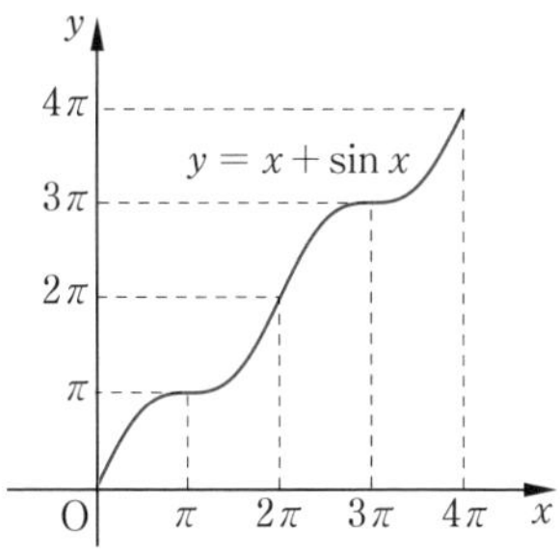

(4) $\quad y = \dfrac{x^2}{x^2+1} = \dfrac{(x^2+1)-1}{x^2+1} = 1 - \dfrac{1}{x^2+1}$ ...... ①

① より

$$y' = -\left\{-\dfrac{2x}{(x^2+1)^2}\right\} = \dfrac{2x}{(x^2+1)^2}$$

$$y'' = 2 \cdot \dfrac{1 \cdot (x^2+1)^2 - x \cdot 2(x^2+1) \cdot 2x}{(x^2+1)^4}$$

$$= 2 \cdot \dfrac{(x^2+1)^2 - 4x^2(x^2+1)}{(x^2+1)^4} = 2 \cdot \dfrac{(x^2+1) - 4x^2}{(x^2+1)^3}$$

$$= -\dfrac{2(3x^2-1)}{(x^2+1)^3} = -\dfrac{6\left(x^2 - \dfrac{1}{3}\right)}{(x^2+1)^3}$$

$y' = 0$ となる $x$ の値は $\quad x = 0$

$y'' = 0$ となる $x$ の値は $\quad x^2 = \dfrac{1}{3}$ より $\quad x = \pm\dfrac{1}{\sqrt{3}}$

よって，増減，凹凸の表は次のようになる。

| $x$ | $\cdots$ | $-\dfrac{1}{\sqrt{3}}$ | $\cdots$ | $0$ | $\cdots$ | $\dfrac{1}{\sqrt{3}}$ | $\cdots$ |
|---|---|---|---|---|---|---|---|
| $y'$ | $-$ | $-$ | $-$ | $0$ | $+$ | $+$ | $+$ |
| $y''$ | $-$ | $0$ | $+$ | $+$ | $+$ | $0$ | $-$ |
| $y$ | $\searrow$ | $\dfrac{1}{4}$ | $\searrow$ | 極小 $0$ | $\nearrow$ | $\dfrac{1}{4}$ | $\nearrow$ |

ゆえに，$y$ は $x = 0$ で極小値 $0$ をとり，極大値はない。

また，変曲点は $\left(-\dfrac{1}{\sqrt{3}},\ \dfrac{1}{4}\right)$, $\left(\dfrac{1}{\sqrt{3}},\ \dfrac{1}{4}\right)$ である。

さらに，① より

$$\lim_{x\to\infty}(y-1) = \lim_{x\to\infty}\left(-\dfrac{1}{x^2+1}\right) = 0$$

$$\lim_{x\to-\infty}(y-1) = \lim_{x\to-\infty}\left(-\dfrac{1}{x^2+1}\right) = 0$$

であるから，直線 $y = 1$ はこの曲線の漸近線である。

以上より，曲線の概形は右の図のようになる。

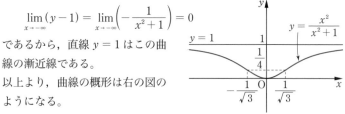

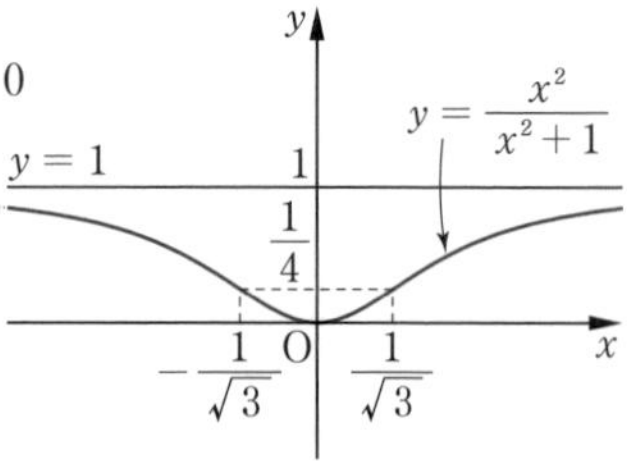

# 探究 媒介変数で表された曲線の概形［課題学習］ 教 p.121

**考察1** $\dfrac{dx}{dt}$，$\dfrac{dy}{dt}$ を $t$ の式で表してみよう。また，$t$ が増加したときの $x$ と $y$ の増減は，次の表（省略）のようになることを確かめてみよう。

**考え方** $\dfrac{dx}{dt}$，$\dfrac{dy}{dt}$ の正負や0になる場合を調べて増減表をつくる。

**解 答** $\begin{cases} x = t - \sin t \\ y = 1 - \cos t \end{cases}$ $(0 \leqq t \leqq 2\pi)$ より　$\dfrac{dx}{dt} = 1 - \cos t$，$\dfrac{dy}{dt} = \sin t$

よって，$0 < t < 2\pi$ のとき常に $\dfrac{dx}{dt} > 0$ である。

また，$0 < t < \pi$ のとき $\dfrac{dy}{dt} > 0$，$t = \pi$ のとき $\dfrac{dy}{dt} = 0$，$\pi < t < 2\pi$ のとき $\dfrac{dy}{dt} < 0$ である。

したがって，増減表をつくると，教科書で示した表のようになる。

**考察2** $\dfrac{dy}{dx}$ を求め，極限 $\displaystyle\lim_{t \to +0} \dfrac{dy}{dx}$，極限 $\displaystyle\lim_{t \to 2\pi-0} \dfrac{dy}{dx}$ を調べてみよう。

**解 答** 考察1より

$$\frac{dy}{dx} = \frac{\frac{dy}{dt}}{\frac{dx}{dt}}$$

$$= \frac{\sin t}{1 - \cos t}$$

$$= \frac{\sin t(1 + \cos t)}{(1 - \cos t)(1 + \cos t)}$$

$$= \frac{\sin t(1 + \cos t)}{1 - \cos^2 t}$$

$$= \frac{\sin t(1 + \cos t)}{\sin^2 t}$$

$$= \frac{1 + \cos t}{\sin t}$$

であるから

$$\lim_{t \to +0} \frac{dy}{dx} = \lim_{t \to +0} \frac{1 + \cos t}{\sin t} = \infty$$

$$\lim_{t \to 2\pi-0} \frac{dy}{dx} = \lim_{t \to 2\pi-0} \frac{1 + \cos t}{\sin t} = -\infty$$

**考察 3** $\dfrac{d^2y}{dx^2}=\dfrac{d}{dx}\left(\dfrac{dy}{dx}\right)=-\dfrac{1}{(1-\cos t)^2}$ を示し，曲線の凹凸を調べてみよう。

**解答** **考察** 2 より，$0<t<2\pi$ のとき

$$\frac{d^2y}{dx^2}=\frac{d}{dx}\left(\frac{dy}{dx}\right)=\frac{d}{dx}\left(\frac{\sin t}{1-\cos t}\right)$$

$$=\frac{dt}{dx}\cdot\frac{d}{dt}\left(\frac{\sin t}{1-\cos t}\right)$$

$$=\frac{1}{\dfrac{dx}{dt}}\cdot\frac{(\sin t)'\cdot(1-\cos t)-\sin t\cdot(1-\cos t)'}{(1-\cos t)^2}$$

$$=\frac{1}{1-\cos t}\cdot\frac{\cos t-\cos^2 t-\sin^2 t}{(1-\cos t)^2}$$

$$=\frac{\cos t-1}{(1-\cos t)^3}$$

$$=-\frac{1}{(1-\cos t)^2}$$

分母が正であるから

$$\frac{-1}{(1-\cos t)^2}<0$$

したがって，第 2 次導関数の値が負であるから，この曲線は **上に凸** である。

# 2節 微分のいろいろな応用

## 1 最大・最小

● 関数の最大・最小　解き方のポイント

関数 $f(x)$ の最大値や最小値は，極値と定義域の両端の値を比べて判断する。

教 p.122

**問 1**　関数 $y=x\sqrt{4-x^2}$ の最大値と最小値を求めよ。

**考え方**　まず定義域を確認し，増減表やグラフから最大値，最小値を判断する。

**解答**　$4-x^2 \geqq 0$ より，この関数の定義域は $-2 \leqq x \leqq 2$ である。

$$y'=1\cdot\sqrt{4-x^2}+x\cdot\frac{-2x}{2\sqrt{4-x^2}}$$
$$=\frac{(4-x^2)-x^2}{\sqrt{4-x^2}}$$
$$=-\frac{2(x^2-2)}{\sqrt{4-x^2}}$$
$$=-\frac{2(x+\sqrt{2})(x-\sqrt{2})}{\sqrt{4-x^2}}$$

より，$y'=0$ を満たす $x$ の値は

$x=\pm\sqrt{2}$

$-2 \leqq x \leqq 2$ における $y$ の増減表は次のようになる。

| $x$ | $-2$ | $\cdots$ | $-\sqrt{2}$ | $\cdots$ | $\sqrt{2}$ | $\cdots$ | $2$ |
|---|---|---|---|---|---|---|---|
| $y'$ | ／ | $-$ | $0$ | $+$ | $0$ | $-$ | ／ |
| $y$ | $0$ | ↘ | 極小<br>$-2$ | ↗ | 極大<br>$2$ | ↘ | $0$ |

よって

$x=\sqrt{2}$ のとき　最大値 $2$

$x=-\sqrt{2}$ のとき　最小値 $-2$

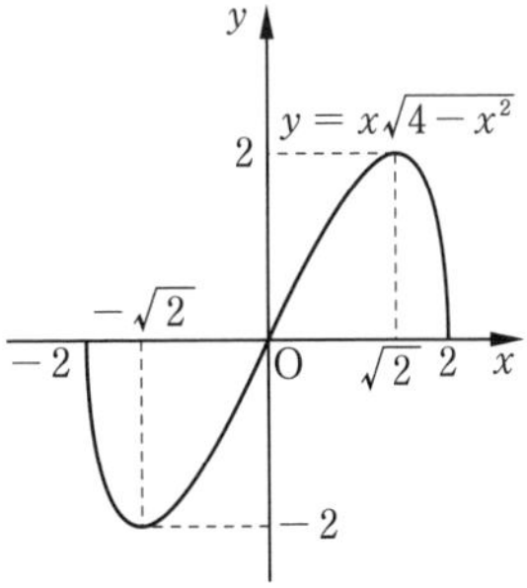

**教 p.123**

**問2** 長さ2の線分ABを直径とする半円に内接する台形ABCDの面積 $S$ の最大値を求めよ。

**考え方** ABの中点をOとし，$\angle\mathrm{AOD}=\theta$ とおくと，$S$ は $\theta$ の関数として表される。$\theta$ の変域に注意し，$S$ を微分して増減を調べる。

**解 答** ABの中点をO，CDの中点をHとし，

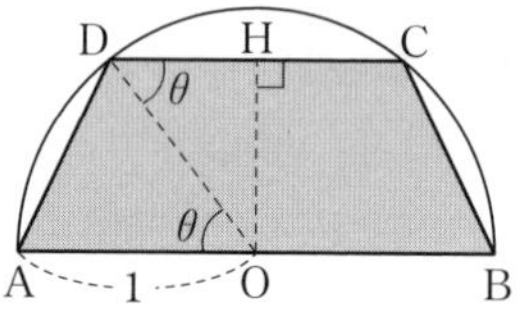


$\angle\mathrm{AOD}=\theta$ とおくと，$0<\theta<\dfrac{\pi}{2}$ であり，

$\angle\mathrm{ODH}=\theta$ となる。

台形ABCDの高さは

$$\mathrm{OH}=\mathrm{OD}\sin\theta=\sin\theta$$

$\mathrm{DH}=\mathrm{OD}\cos\theta=\cos\theta$ であるから

$$\mathrm{CD}=2\mathrm{DH}=2\cos\theta$$

よって

$$S=\frac{1}{2}(\mathrm{AB}+\mathrm{CD})\cdot\mathrm{OH}=\frac{1}{2}(2+2\cos\theta)\sin\theta=(1+\cos\theta)\sin\theta$$

$$\begin{aligned}S'&=-\sin\theta\cdot\sin\theta+(1+\cos\theta)\cdot\cos\theta\\&=-\sin^2\theta+\cos\theta+\cos^2\theta\\&=2\cos^2\theta+\cos\theta-1\\&=(\cos\theta+1)(2\cos\theta-1)\end{aligned}$$

$0<\theta<\dfrac{\pi}{2}$ において，$S'=0$ となる $\theta$ の値は　$\theta=\dfrac{\pi}{3}$

したがって，$S$ の増減表は右のようになる。

| $\theta$ | $0$ | $\cdots$ | $\dfrac{\pi}{3}$ | $\cdots$ | $\dfrac{\pi}{2}$ |
|---|---|---|---|---|---|
| $S'$ | ／ | $+$ | $0$ | $-$ | ／ |
| $S$ | ／ | ↗ | 極大 $\dfrac{3\sqrt{3}}{4}$ | ↘ | ／ |

よって，$S$ の最大値は　$\dfrac{3\sqrt{3}}{4}$

# 2 | 方程式・不等式への応用

教 p.124

**問3** $x>1$ のとき，不等式 $2\sqrt{x}>\log x$ を証明せよ。

**考え方** $f(x)=2\sqrt{x}-\log x$ とおいて，$x>1$ における $f(x)$ の増減を調べる。

**証明** $f(x)=2\sqrt{x}-\log x$ とおくと

$$f'(x)=\frac{1}{\sqrt{x}}-\frac{1}{x}=\frac{\sqrt{x}-1}{x}$$

$x>1$ のとき，$\sqrt{x}-1>0$ であるから　$f'(x)>0$

よって，$f(x)$ は区間 $x\geqq 1$ で増加する。

ゆえに，$x>1$ のとき　$f(x)>f(1)=2>0$

したがって　$2\sqrt{x}>\log x$

教 p.124

**問4** 例題3の結果を用いて，$x>0$ のとき，次の不等式を証明せよ。

$$e^x>1+x+\frac{x^2}{2}$$

**考え方** (左辺) − (右辺) を $f(x)$ とおいて，$f(x)$ の増減を調べる。$f'(x)$ の符号を考えるときに，例題3の結果を利用する。

**証明** $f(x)=e^x-\left(1+x+\frac{x^2}{2}\right)$ とおくと

$$f'(x)=e^x-(1+x)$$

$x>0$ のとき，例題3より $e^x>1+x$ であるから　$f'(x)>0$

よって，$f(x)$ は区間 $x\geqq 0$ で増加する。

ゆえに，$x>0$ のとき　$f(x)>f(0)=0$

したがって　$e^x>1+x+\frac{x^2}{2}$

**方程式の実数解の個数の求め方** …… **解き方のポイント**

1 与えられた方程式を変形して，$f(x)=a$ の形にする。
2 $y=f(x)$ のグラフを $x\to\infty$，$x\to-\infty$ の極限や漸近線にも注意してかく。
3 2 でかいた $y=f(x)$ のグラフと直線 $y=a$ との共有点の個数が，$a$ の値によってどのように変わるかを調べる。

**教 p.125**

**問 5**　$a$ を定数とするとき，次の $x$ についての方程式の異なる実数解の個数を調べよ。

(1)　$e^x = x + a$　　　　(2)　$x^3 = a(x-1)$

**解答**　(1)　方程式 $e^x = x + a$　……① を変形すると

$$e^x - x = a$$

ここで，$f(x) = e^x - x$ とおくと，$y = f(x)$ のグラフと直線 $y = a$ の共有点の個数は，方程式 ① の異なる実数解の個数と一致する。

ここで　$f'(x) = e^x - 1$

よって，$f(x)$ の増減表は右のようになる。

| $x$ | $\cdots$ | 0 | $\cdots$ |
|---|---|---|---|
| $f'(x)$ | $-$ | 0 | $+$ |
| $f(x)$ | ↘ | 極小<br>1 | ↗ |

また，$\displaystyle\lim_{x\to\infty}\frac{e^x}{x} = \infty$ であるから

$$\lim_{x\to\infty} f(x) = \lim_{x\to\infty} x\left(\frac{e^x}{x} - 1\right) = \infty$$

$$\lim_{x\to-\infty} f(x) = \infty$$

ゆえに，$y = f(x)$ のグラフは右の図のようになる。

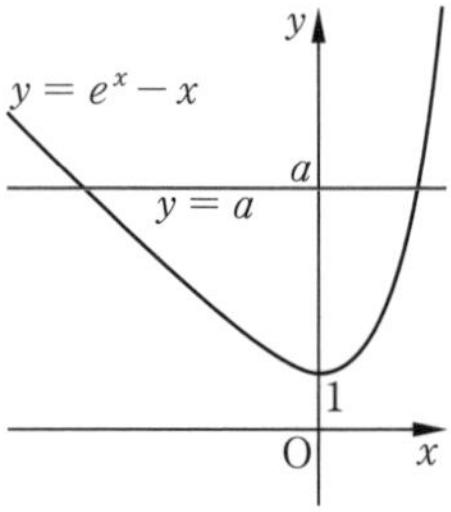


よって，求める実数解の個数は

$a > 1$ のとき　2 個

$a = 1$ のとき　1 個

$a < 1$ のとき　0 個

(2)　$x = 1$ はこの方程式を満たさないから，$x \neq 1$ としてよい。

方程式 $x^3 = a(x-1)$　……① を変形すると

$$\frac{x^3}{x-1} = a$$

ここで，$f(x) = \dfrac{x^3}{x-1}$ とおくと，$y = f(x)$ のグラフと直線 $y = a$ の共有点の個数は，方程式 ① の異なる実数解の個数と一致する。

ここで　$f'(x) = \dfrac{3x^2\cdot(x-1) - x^3\cdot 1}{(x-1)^2} = \dfrac{x^2(2x-3)}{(x-1)^2}$

よって，$f(x)$ の増減表は次のようになる。

| $x$ | $\cdots$ | $0$ | $\cdots$ | $1$ | $\cdots$ | $\dfrac{3}{2}$ | $\cdots$ |
|---|---|---|---|---|---|---|---|
| $f'(x)$ | $-$ | $0$ | $-$ | ／ | $-$ | $0$ | $+$ |
| $f(x)$ | ↘ | $0$ | ↘ | ／ | ↘ | 極小 $\dfrac{27}{4}$ | ↗ |

また

$$\lim_{x\to\infty}f(x)=\lim_{x\to\infty}\frac{x^2}{1-\dfrac{1}{x}}=\infty,\quad \lim_{x\to-\infty}f(x)=\infty$$

さらに

$$\lim_{x\to1+0}f(x)=\lim_{x\to1+0}\frac{x^3}{x-1}=\infty,\quad \lim_{x\to1-0}f(x)=-\infty$$

であるから，直線 $x=1$ はこの曲線の漸近線である。

ゆえに　$y=f(x)$ のグラフは右の図のようになる。

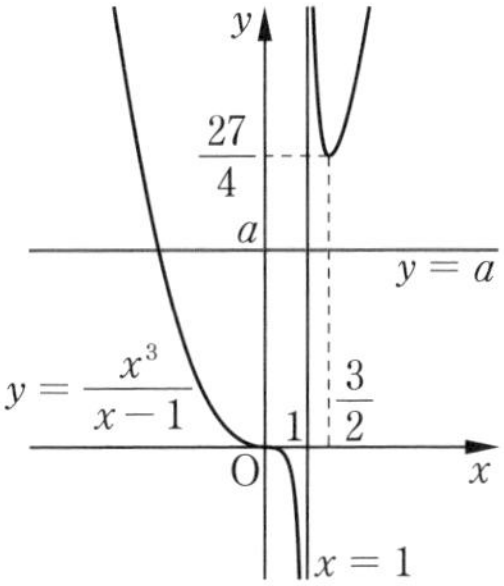


よって，求める実数解の個数は

$a>\dfrac{27}{4}$ のとき　3 個

$a=\dfrac{27}{4}$ のとき　2 個

$a<\dfrac{27}{4}$ のとき　1 個

**別解**　(2)　$f(x)=\dfrac{x^3}{x-1}$ は，次のように微分することもできる。

$$f(x)=\frac{x^3}{x-1}=\frac{(x^3-1)+1}{x-1}=x^2+x+1+\frac{1}{x-1}$$

と変形できるから

$$f'(x)=2x+1-\frac{1}{(x-1)^2}=\frac{x^2(2x-3)}{(x-1)^2}$$

**注意**　一般に，任意の自然数 $n$ に対して，次のことが成り立つ。

(i)　$\displaystyle\lim_{x\to\infty}\frac{e^x}{x^n}=\infty$　　(ii)　$\displaystyle\lim_{x\to\infty}\frac{x^n}{e^x}=0$

(1) では，$\displaystyle\lim_{x\to\infty}f(x)$ を求める際に(i)において $n=1$ として

$$\lim_{x\to\infty}\left(\frac{e^x}{x}\quad 1\right)=\infty$$

となることを用いた。

# 3 速度・加速度

**用語のまとめ**

**直線上の点の運動**

- 数直線上を運動する点Pの座標 $x$ が，時刻 $t$ の関数として $x=f(t)$ と表されるとき，時刻 $t$ から $t+\Delta t$ までの平均速度は

$$\frac{f(t+\Delta t)-f(t)}{\Delta t}$$

この平均速度の $\Delta t\to 0$ のときの極限値を，時刻 $t$ における点Pの **速度** という。

- 速度 $v$ の絶対値 $|v|$ を **速さ** という。
- 速度 $v$ の時刻 $t$ における変化率を **加速度** という。

**等速円運動**

- $a$，$\omega$ を正の定数とし，時刻 $t$ における座標が

$$x=a\cos\omega t,\quad y=a\sin\omega t$$

で表される点 $P(x,\ y)$ の運動を **等速円運動** という。

**直線上の点の運動** …… **解き方のポイント**

**数直線上を運動する点Pの座標 $x$ が，時刻 $t$ の関数として，$x=f(t)$ と表されるとき**

**速度**　$v=\dfrac{dx}{dt}=f'(t)$

**速さ**　$|v|$

**加速度**　$\alpha=\dfrac{dv}{dt}=\dfrac{d^2x}{dt^2}=f''(t)$

**教 p.126**

**問6**　例1で $v=0$ となる時刻とそのときの点Pの座標 $x$ を求めよ。

**考え方**　$v=0$ とした式を $t$ の方程式とみて解く。

**解 答**　$v=0$ より

$$3t^2-12t+9=0$$

$$3(t-1)(t-3)=0$$

よって　$t=1,\ 3$

$t=1$ のとき　$x=1^3-6\cdot 1^2+9\cdot 1=4$

$t=3$ のとき　$x=3^3-6\cdot 3^2+9\cdot 3=0$

したがって，$v = 0$ となるのは

1秒後 で，そのときの点Pの座標は　4

3秒後 で，そのときの点Pの座標は　0

● 平面上の点の運動 ･･････････････････････････ 解き方のポイント

座標平面上を運動する点 P$(x, y)$ があり，$x$, $y$ が時刻 $t$ の関数として，$x = f(t)$, $y = g(t)$ で与えられているとき

速度　$\vec{v} = \left( \dfrac{dx}{dt}, \dfrac{dy}{dt} \right)$

速さ　$|\vec{v}| = \sqrt{\left( \dfrac{dx}{dt} \right)^2 + \left( \dfrac{dy}{dt} \right)^2}$

加速度　$\vec{\alpha} = \left( \dfrac{d^2x}{dt^2}, \dfrac{d^2y}{dt^2} \right)$

加速度の大きさ　$|\vec{\alpha}| = \sqrt{\left( \dfrac{d^2x}{dt^2} \right)^2 + \left( \dfrac{d^2y}{dt^2} \right)^2}$

**3章** 微分の応用

教 p.128

**問7**　座標平面上を運動する点 P$(x, y)$ の時刻 $t$ における座標が

$$x = 2t, \qquad y = 10t - 5t^2$$

であるとき，点Pの時刻 $t$ における速度 $\vec{v}$ と加速度 $\vec{\alpha}$ を求めよ。

考え方　速度と加速度の定義の式にあてはめて求める。

解答　$x = 2t$ より　　$\dfrac{dx}{dt} = 2$,　　$\dfrac{d^2x}{dt^2} = 0$

$y = 10t - 5t^2$ より　$\dfrac{dy}{dt} = 10 - 10t$,　$\dfrac{d^2y}{dt^2} = -10$

よって

$\vec{v} = (2, 10 - 10t)$, $\vec{\alpha} = (0, -10)$

教 p.129

**問8**　$a$ を定数とする。座標平面上を運動する点 P$(x, y)$ の時刻 $t$ における座標が

$$x = a(t - \sin t), \qquad y = a(1 - \cos t)$$

であるとき，点Pの時刻 $t$ における速度 $\vec{v}$ と加速度 $\vec{\alpha}$ を求めよ。また，加速度の大きさが一定であることを示せ。

考え方　速度と加速度の定義の式にあてはめて求める。

**解　答**　点Pの時刻 $t$ における速度 $\vec{v}$ の成分は

$$\frac{dx}{dt}=a(1-\cos t),\qquad \frac{dy}{dt}=a\sin t$$

であるから，点Pの時刻 $t$ における速度 $\vec{v}$ は

$$\vec{v}=(a(1-\cos t),\ a\sin t)$$

また

$$\frac{d^2x}{dt^2}=a\sin t,\qquad \frac{d^2y}{dt^2}=a\cos t$$

であるから，加速度 $\vec{\alpha}$ は

$$\vec{\alpha}=(a\sin t,\ a\cos t)$$

よって，加速度の大きさは

$$|\vec{\alpha}|=\sqrt{(a\sin t)^2+(a\cos t)^2}=\sqrt{a^2(\sin^2 t+\cos^2 t)}=\sqrt{a^2}=|a|$$

となり，一定である。

教 p.129

**問 9**　毎秒 $90\,\mathrm{cm}^3$ の割合で体積が増加している球形の風船がある。この風船の半径が $15\,\mathrm{cm}$ になった瞬間における半径の変化率を求めよ。

**考え方**　例題5において，$\dfrac{dV}{dt}=90$，$r=15$ として考えればよい。

**解　答**　風船の体積の変化率は $90\,\mathrm{cm}^3/\mathrm{s}$ であるから

$$\frac{dV}{dt}=90$$

例題5より　$\dfrac{dV}{dr}=4\pi r^2$

ここで，$\dfrac{dV}{dt}=\dfrac{dV}{dr}\cdot\dfrac{dr}{dt}$ であるから

$$\frac{dr}{dt}=\frac{\dfrac{dV}{dt}}{\dfrac{dV}{dr}}=\frac{90}{4\pi r^2}=\frac{45}{2\pi r^2}$$

よって，$r=15$ のとき

$$\frac{dr}{dt}=\frac{45}{2\pi\cdot 15^2}=\frac{1}{10\pi}$$

したがって，求める変化率は

$$\frac{1}{10\pi}\ (\mathrm{cm/s})$$

# 4 近似式

● **関数の値の近似式** ……………… **解き方のポイント**

1 $h$ が 0 に近いとき　$f(a+h) \fallingdotseq f(a)+f'(a)h$

2 $x$ が 0 に近いとき　$f(x) \fallingdotseq f(0)+f'(0)x$

教 p.130

**問 10**　$h$ が 0 に近いとき，近似式 $\log(a+h) \fallingdotseq \log a+\dfrac{h}{a}$ が成り立つことを示せ。ただし，$a>0$ とする。

**考え方**　$f(x)=\log x$ とおいて $f'(a)$ を求め，公式 1 にあてはめる。

**証明**　$f(x)=\log x$ とおくと，$f'(x)=\dfrac{1}{x}$ であるから

$h$ が 0 に近いとき　　$f(a+h) \fallingdotseq f(a)+f'(a)h$

すなわち　　$\log(a+h) \fallingdotseq \log a+\dfrac{h}{a}$

教 p.131

**問 11**　$x$ が 0 に近いとき，次の近似式が成り立つことを示せ。

(1)　$e^x \fallingdotseq 1+x$　　　(2)　$\tan x \fallingdotseq x$

**考え方**　(1) では $f(x)=e^x$，(2) では $f(x)=\tan x$ とおき，公式 2 にあてはめる。

**証明**　(1)　$f(x)=e^x$ とおくと，$f'(x)=e^x$ であるから

$x$ が 0 に近いとき

$$e^x \fallingdotseq e^0+e^0\cdot x$$

すなわち

$$e^x \fallingdotseq 1+x$$

(2)　$f(x)=\tan x$ とおくと，$f'(x)=\dfrac{1}{\cos^2 x}$ であるから

$x$ が 0 に近いとき

$$\tan x \fallingdotseq \tan 0+\frac{1}{\cos^2 0}\cdot x$$

すなわち

$$\tan x \fallingdotseq x$$

**教 p.131**

**問12** 例6にならって，次の近似値を小数第3位まで求めよ。

(1) $\sin 31^\circ$　　　(2) $\cos 46^\circ$

**考え方** (1)では $31^\circ = 30^\circ + 1$，(2)では $46^\circ = 45^\circ + 1^\circ$ として，近似値の公式[1]を利用する。

**解答** (1)　$\sin 31^\circ = \sin(30^\circ + 1^\circ) = \sin\left(\dfrac{\pi}{6} + \dfrac{\pi}{180}\right)$

$f(x) = \sin x$ とおくと

$f'(x) = \cos x$

よって，公式[1]を用いると，$h$ が0に近いとき

$\sin(a+h) \fallingdotseq \sin a + h\cos a$

$\dfrac{\pi}{180}$ は十分小さいと考えてよいから，$a = \dfrac{\pi}{6}$，$h = \dfrac{\pi}{180}$ を代入すると

$$\sin\left(\frac{\pi}{6} + \frac{\pi}{180}\right) \fallingdotseq \sin\frac{\pi}{6} + \frac{\pi}{180}\cdot\cos\frac{\pi}{6} = \frac{1}{2} + \frac{\pi}{180}\cdot\frac{\sqrt{3}}{2}$$

ここで，$\sqrt{3} \fallingdotseq 1.7321$，$\pi \fallingdotseq 3.1416$ より

$$\sin 31^\circ \fallingdotseq \frac{1}{2} + \frac{3.1416}{180}\cdot\frac{1.7321}{2} \fallingdotseq 0.5 + 0.01512 \fallingdotseq \mathbf{0.515}$$

(2)　$\cos 46^\circ = \cos(45^\circ + 1^\circ) = \cos\left(\dfrac{\pi}{4} + \dfrac{\pi}{180}\right)$

$f(x) = \cos x$ とおくと

$f'(x) = -\sin x$

よって，公式[1]を用いると，$h$ が0に近いとき

$\cos(a+h) \fallingdotseq \cos a + h(-\sin a)$

$\dfrac{\pi}{180}$ は十分小さいと考えてよいから，$a = \dfrac{\pi}{4}$，$h = \dfrac{\pi}{180}$ を代入すると

$$\cos\left(\frac{\pi}{4} + \frac{\pi}{180}\right) \fallingdotseq \cos\frac{\pi}{4} + \frac{\pi}{180}\left(-\sin\frac{\pi}{4}\right) = \frac{\sqrt{2}}{2} - \frac{\pi}{180}\cdot\frac{\sqrt{2}}{2}$$

ここで，$\sqrt{2} = 1.4142$，$\pi \fallingdotseq 3.1416$ より

$$\cos 46^\circ \fallingdotseq \frac{1.4142}{2} - \frac{3.1416}{180}\cdot\frac{1.4142}{2} \fallingdotseq 0.7071 - 0.01234 \fallingdotseq \mathbf{0.695}$$

**参考** 三角比の表（教科書 p.231）によれば

$\sin 31^\circ = 0.5150$

$\cos 46^\circ = 0.6947$

である。

## 問　題

教 p.132

**5** 関数 $y=\sin^3 x+\cos^3 x$ の区間 $0 \leqq x \leqq 2\pi$ における最大値と最小値を求めよ。

**考え方** $0 \leqq x \leqq 2\pi$ における $y$ の増減表をつくり，最大値と最小値を求める。

**解答**

$$
\begin{aligned}
y' &= 3\sin^2 x\cdot\cos x+3\cos^2 x\cdot(-\sin x)\\
&= 3\sin x\cos x(\sin x-\cos x)\\
&= \frac{3\sqrt{2}}{2}\sin 2x\sin\left(x-\frac{\pi}{4}\right)
\end{aligned}
$$

$\sin x\cos x=\dfrac{1}{2}\sin 2x$, $\sin x-\cos x=\sqrt{2}\sin\left(x-\dfrac{\pi}{4}\right)$

$0 \leqq x \leqq 2\pi$ において，$y'=0$ となる $x$ の値を求めると

$\sin 2x=0$, $\sin\left(x-\dfrac{\pi}{4}\right)=0$ より

$$x=0,\ \frac{\pi}{4},\ \frac{\pi}{2},\ \pi,\ \frac{5}{4}\pi,\ \frac{3}{2}\pi,\ 2\pi$$

$0 \leqq x \leqq 2\pi$ における $y$ の増減表は次のようになる。

| $x$ | $0$ | $\cdots$ | $\frac{\pi}{4}$ | $\cdots$ | $\frac{\pi}{2}$ | $\cdots$ | $\pi$ | $\cdots$ | $\frac{5}{4}\pi$ | $\cdots$ | $\frac{3}{2}\pi$ | $\cdots$ | $2\pi$ |
|---|---|---|---|---|---|---|---|---|---|---|---|---|---|
| $y'$ | | $-$ | $0$ | $+$ | $0$ | $-$ | $0$ | $+$ | $0$ | $-$ | $0$ | $+$ | |
| $y$ | $1$ | ↘ | 極小 $\frac{1}{\sqrt{2}}$ | ↗ | 極大 $1$ | ↘ | 極小 $-1$ | ↗ | 極大 $-\frac{1}{\sqrt{2}}$ | ↘ | 極小 $-1$ | ↗ | $1$ |

よって　**最大値 1** $\left(x=0,\ \dfrac{\pi}{2},\ 2\pi\ \text{のとき}\right)$

**最小値 −1** $\left(x=\pi,\ \dfrac{3}{2}\pi\ \text{のとき}\right)$

**6** 曲線 $y=e^x$ 上の点 $(t,\ e^t)$ と直線 $y=x$ の距離の最小値を求めよ。

**考え方** 点 $(t,\ e^t)$ と直線 $y=x$ との距離を $t$ の関数で表し，その増減を調べる。
点 $(x_1,\ y_1)$ と直線 $ax+by+c=0$ の距離 $d$ は

$$d=\frac{|ax_1+by_1+c|}{\sqrt{a^2+b^2}}$$

**解答** 点 $(t,\ e^t)$ と直線 $y=x$ との距離を $d$ とすると

$$d=\frac{|t-e^t|}{\sqrt{1^2+(-1)^2}}=\frac{|t-e^t|}{\sqrt{2}}=\frac{|e^t-t|}{\sqrt{2}}$$

$f(t)=\dfrac{e^t-t}{\sqrt{2}}$ とおくと　$f'(t)=\dfrac{e^t-1}{\sqrt{2}}$

$f'(t)=0$ となる $t$ の値は　$e^t=1$ より　$t=0$

したがって，$f(t)$ の増減表は右のようになり，常に

| $t$ | $\cdots$ | $0$ | $\cdots$ |
|---|---|---|---|
| $f'(t)$ | $-$ | $0$ | $+$ |
| $f(t)$ | ↘ | 極小 $\frac{1}{\sqrt{2}}$ | ↗ |

$f(t) \geqq f(0) = \dfrac{1}{\sqrt{2}} > 0$ であるから　　$d = f(t)$

よって，求める最小値は　$f(0) = \dfrac{1}{\sqrt{2}} = \dfrac{\sqrt{2}}{2}$

**7**　$0 < x < 1$ のとき，次の不等式を証明せよ。

$$\log(1+x) < \frac{x}{1-x}$$

**考え方**　(右辺) − (左辺) を $f(x)$ とおいて $f(x)$ の増減を調べ，$f(x) > 0$ を示す。

**証明**　$f(x) = \dfrac{x}{1-x} - \log(1+x)$ とおくと

$$f'(x) = \frac{1\cdot(1-x) - x\cdot(-1)}{(1-x)^2} - \frac{1}{1+x}$$

$$= \frac{(1+x) - (1-x)^2}{(1-x)^2(1+x)}$$

$$= \frac{x(3-x)}{(1-x)^2(1+x)}$$

$0 < x < 1$ のとき，$f'(x) > 0$ であるから，$f(x)$ は区間 $0 \leqq x < 1$ で増加する。ゆえに

$0 < x < 1$ のとき　　$f(x) > f(0) = 0$

したがって　　$\log(1+x) < \dfrac{x}{1-x}$

**8**　2 次方程式 $x^2 - ax + a = 0$ が異なる 2 つの正の解をもつような定数 $a$ の値の範囲を少なくとも 2 通りの方法で求めよ。

**考え方**　次のような方法が考えられる。

・2 次方程式を $f(x) = a$ の形に変形して，$y = f(x)$ のグラフと直線 $y = a$ の共有点の個数を調べる。(方法 1)

・2 次関数 $y = x^2 - ax + a$ のグラフが $x$ 軸の正の部分と異なる 2 点で交わる条件を調べる。(方法 2)

**解答**　**方法 1　定数 $a$ を分離する方法**

$x^2 - ax + a = 0$　……①　とする。

$x = 1$ はこの方程式を満たさないから，$x \neq 1$ としてよい。

方程式 $x^2 - ax + a = 0$ を変形すると

$x^2 = a(x-1)$ より　　$\dfrac{x^2}{x-1} = a$

ここで，$f(x) = \dfrac{x^2}{x-1}$ とおくと，$y = f(x)$ のグラフと直線 $y = a$ の

共有点の個数は，方程式 ① の異なる実数解の個数と一致する。

$f(x)=x+1+\dfrac{1}{x-1}$ と変形できるから

$$f'(x)=1-\frac{1}{(x-1)^2}$$
$$=\frac{x(x-2)}{(x-1)^2}$$

よって，$f(x)$ の増減表は右のようになる。

| $x$ | $\cdots$ | 0 | $\cdots$ | 1 | $\cdots$ | 2 | $\cdots$ |
|---|---|---|---|---|---|---|---|
| $f'(x)$ | $+$ | 0 | $-$ | | $-$ | 0 | $+$ |
| $f(x)$ | ↗ | 極大<br>0 | ↘ | | ↘ | 極小<br>4 | ↗ |

また

$$\lim_{x\to\infty}\{f(x)-(x+1)\}=\lim_{x\to\infty}\frac{1}{x-1}=0$$
$$\lim_{x\to-\infty}\{f(x)-(x+1)\}=\lim_{x\to-\infty}\frac{1}{x-1}=0$$

であるから，直線 $y=x+1$ はこの曲線の漸近線である。さらに

$$\lim_{x\to1+0}f(x)=\infty,\quad \lim_{x\to1-0}f(x)=-\infty$$

であるから，直線 $x=1$ も曲線 $y=f(x)$ の漸近線である。

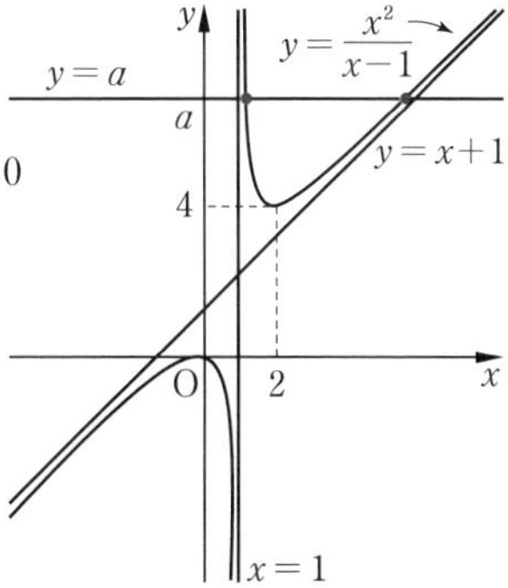


ゆえに，$y=f(x)$ のグラフは上の図のようになる。

よって，異なる 2 つの正の解をもつような定数 $a$ の値の範囲は

$a>4$

**方法 2　2 次関数のグラフを用いる方法**

$f(x)=x^2-ax+a$ とおく。

$$f(x)=\left(x-\frac{a}{2}\right)^2+a-\frac{a^2}{4}$$

方程式 $f(x)=0$ が異なる 2 つの正の解をもつための条件は，$y=f(x)$ のグラフが $x$ 軸の正の部分と異なる 2 つの共有点をもつことであり，グラフは下に凸の放物線であるから，次の 3 つの条件が成り立つことと同値である。

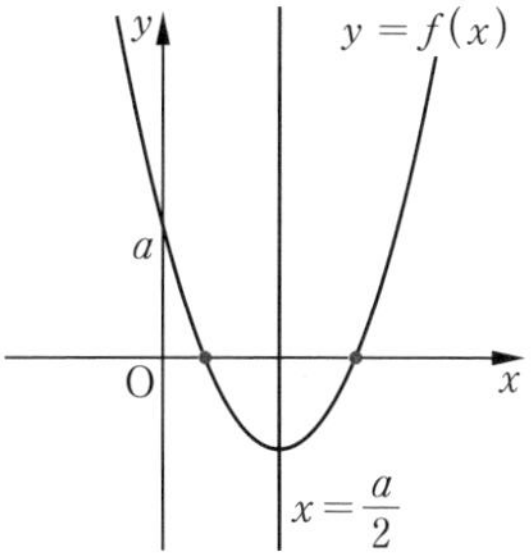


[1]　$x$ 軸と異なる 2 つの共有点をもつ

[2]　軸が $x>0$ の部分にある

[3]　$y$ 軸との交点の $y$ 座標が正である

すなわち

[1]　$f(x)=0$ の判別式を $D$ とすると

$D = a^2 - 4a$ であるから

$D > 0$ より　　$a^2 - 4a > 0$

よって　　$a(a-4) > 0$

すなわち　　$a < 0,\ 4 < a$　…… ①

[2]　$y = f(x)$ の軸が直線 $x = \dfrac{a}{2}$ であるから

$\dfrac{a}{2} > 0$ より　　$a > 0$　…… ②

[3]　$y$ 軸との交点の $y$ 座標が $a$ であるから

$a > 0$　…… ③

①, ②, ③ を同時に満たす $a$ の値の範囲を求めると

**$a > 4$**

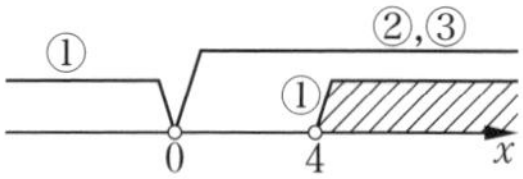


**9**　$a$ を定数とするとき，$x$ についての方程式

$$2x^3 - ax^2 + 1 = 0$$

の異なる実数解の個数を調べよ。

**考え方**　与えられた方程式を $f(x) = a$ の形に変形して，$y = f(x)$ のグラフと直線 $y = a$ の共有点の個数を調べる。

**解　答**　$x = 0$ はこの方程式を満たさないから，$x \neq 0$ としてよい。

方程式 $2x^3 - ax^2 + 1 = 0$ を変形すると

$$\frac{2x^3+1}{x^2} = a$$

ここで

$$f(x) = \frac{2x^3+1}{x^2} = 2x + \frac{1}{x^2} \quad \cdots\cdots ①$$

とおくと，$y = f(x)$ のグラフと直線 $y = a$ の共有点の個数は，方程式 $2x^3 - ax^2 + 1 = 0$ の異なる実数解の個数と一致する。ここで

$$f'(x) = 2 - \frac{2}{x^3} = \frac{2(x^3-1)}{x^3}$$

よって，$f(x)$ の増減表は右のようになる。

| $x$ | … | 0 | … | 1 | … |
|---|---|---|---|---|---|
| $f'(x)$ | + | ／ | − | 0 | + |
| $f(x)$ | ↗ | ／ | ↘ | 極小 3 | ↗ |

また，① より

$$\lim_{x\to\infty}\{f(x) - 2x\} = \lim_{x\to\infty}\frac{1}{x^2} = 0, \quad \lim_{x\to-\infty}\{f(x) - 2x\} = \lim_{x\to-\infty}\frac{1}{x^2} = 0$$

であるから，直線 $y = 2x$ は曲線 $y = f(x)$ の漸近線である。さらに

$$\lim_{x\to+0} f(x) = \infty, \quad \lim_{x\to-0} f(x) = \infty$$

であるから，$y$ 軸もこの曲線の漸近線である。

ゆえに，$y=f(x)$ のグラフは右の図のようになる。

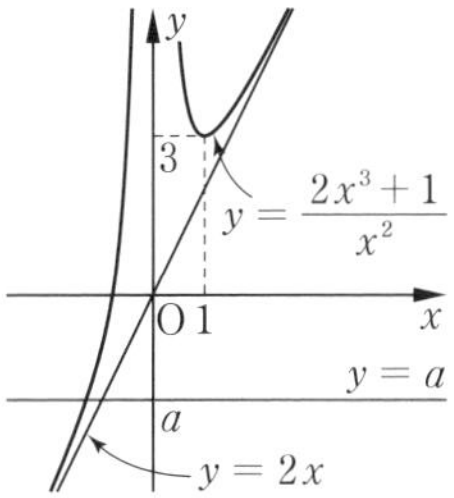


よって，求める実数解の個数は

$a>3$ のとき　3 個

$a=3$ のとき　2 個

$a<3$ のとき　1 個

**10** 座標平面上を運動する点 P$(x,\ y)$ の時刻 $t$ における座標が

$$x=e^t\cos t,\qquad y=e^t\sin t$$

であるとき，点 P の時刻 $t$ における速さと加速度の大きさを求めよ。

**解 答**

$$\frac{dx}{dt}=e^t\cos t-e^t\sin t=e^t(\cos t-\sin t)$$

$$\frac{dy}{dt}=e^t\sin t+e^t\cos t=e^t(\cos t+\sin t)$$

よって，**速さは**

$$\sqrt{\left(\frac{dx}{dt}\right)^2+\left(\frac{dy}{dt}\right)^2}=\sqrt{\{e^t(\cos t-\sin t)\}^2+\{e^t(\cos t+\sin t)\}^2}$$

$$=\sqrt{e^{2t}\cdot 2(\cos^2 t+\sin^2 t)}$$

$$=\boldsymbol{\sqrt{2}\,e^t}$$

また

$$\frac{d^2x}{dt^2}=e^t(\cos t-\sin t)+e^t(-\sin t-\cos t)=-2e^t\sin t$$

$$\frac{d^2y}{dt^2}=e^t(\cos t+\sin t)+e^t(-\sin t+\cos t)=2e^t\cos t$$

よって，**加速度の大きさは**

$$\sqrt{\left(\frac{d^2x}{dt^2}\right)^2+\left(\frac{d^2y}{dt^2}\right)^2}=\sqrt{(-2e^t\sin t)^2+(2e^t\cos t)^2}$$

$$=\sqrt{4e^{2t}(\sin^2 t+\cos^2 t)}=\sqrt{4e^{2t}}=\boldsymbol{2e^t}$$

**11** $h$ が 0 に近いとき，近似式

$$\cos(a+h)\fallingdotseq\cos a-h\sin a$$

が成り立つことを示せ。

**考え方** $f(x)=\cos x$ とおいて，本書 p.175 の近似式の公式 [1] にあてはめる。

**証 明** $f(x)=\cos x$ とおくと，$f'(x)=-\sin x$ であるから，$h$ が 0 に近いとき

$$f(a+h)\fallingdotseq f(a)+f'(a)h$$

すなわち　$\cos(a+h)\fallingdotseq\cos a-h\sin a$

# 活用　缶詰の表面積と体積［課題学習］　教 p.133

**考察 1**　(1)　表面積 $S$ を $x$ と $V$ の式で表してみよう。

(2)　$\dfrac{dS}{dx}$ を $x$ と $V$ の式で表してみよう。また，$S$ の最小値を求めてみよう。

(3)　$S$ が最小になるとき，円柱の底面の直径と高さをそれぞれ $V$ で表してみよう。

**考え方**　(1)　円柱の側面となる長方形の横は，底面の円の周の長さに等しい。

**解　答**　(1)　教科書 p.133 の図のように，円柱の高さを $h$ とすると，

$V=\pi x^2 h$ より　　$h=\dfrac{V}{\pi x^2}$　　……①

円柱の側面となる長方形の縦は $h$，横は底面の円の周の長さに等しい。
したがって，円柱の表面積は

$$S=2\pi x^2+2\pi xh$$

① より

$$S=2\pi x^2+\frac{2V}{x}\quad (x>0)$$

(2)
$$\frac{dS}{dx}=4\pi x-\frac{2V}{x^2}=\frac{2(2\pi x^3-V)}{x^2}=\frac{4\pi\left(x^3-\dfrac{V}{2\pi}\right)}{x^2}$$

$x>0$ において，$\dfrac{dS}{dx}=0$ となる $x$ の値を求めると

$$x=\sqrt[3]{\frac{V}{2\pi}}$$

よって，$S$ の増減表は次のようになる。

| $x$ | $0$ | $\cdots$ | $\sqrt[3]{\dfrac{V}{2\pi}}$ | $\cdots$ |
|---|---|---|---|---|
| $\dfrac{dS}{dx}$ | ／ | $-$ | $0$ | $+$ |
| $S$ | ／ | ↘ | 極小 | ↗ |

したがって，$S$の最小値は

$$S=2\pi\sqrt[3]{\left(\frac{V}{2\pi}\right)^2}+\frac{2V}{\sqrt[3]{\frac{V}{2\pi}}}$$

$$=\frac{2\pi\sqrt[3]{\left(\frac{V}{2\pi}\right)^3}+2V}{\sqrt[3]{\frac{V}{2\pi}}}$$

$$=3V\cdot\sqrt[3]{\frac{2\pi}{V}}$$

$$=3\sqrt[3]{2\pi V^2}$$

(3) $x=\sqrt[3]{\frac{V}{2\pi}}$ のとき，$S$は最小となる。

円柱の底面の直径を$R$とすると

$$R=2x=2\cdot\sqrt[3]{\frac{V}{2\pi}}=\sqrt[3]{\frac{4V}{\pi}}$$

①より　$h=\frac{V}{\pi x^2}=\frac{V}{\pi\left(\sqrt[3]{\frac{V}{2\pi}}\right)^2}=\frac{V}{\sqrt[3]{\frac{V^2\pi}{4}}}=\sqrt[3]{\frac{4V}{\pi}}$

したがって，円柱の底面の直径と高さは，いずれも

$$\sqrt[3]{\frac{4V}{\pi}}$$

となる。

**考察2**　(1) 体積$V$を$x$と$S$の式で表してみよう。

(2) $\frac{dV}{dx}$ を$x$と$S$の式で表してみよう。また，$V$の最大値を求めてみよう。

(3) $V$が最大になるとき，円柱の底面の直径と高さをそれぞれ$S$で表してみよう。

**解答**　(1) 考察1より

$$S=2\pi x^2+\frac{2V}{x}$$

$V$について解くと

$$V=\frac{S}{2}x-\pi x^3\quad\left(V>0\text{ より }\quad 0<x<\sqrt{\frac{S}{2\pi}}\right)$$

(2) $$\frac{dV}{dx}=\frac{S}{2}-3\pi x^2=-3\pi\left(x^2-\frac{S}{6\pi}\right)$$

$0<x<\sqrt{\frac{S}{2\pi}}$ において，$\frac{dV}{dx}=0$ となる $x$ の値を求めると

$\frac{dV}{dx}=-3\pi\left(x+\sqrt{\frac{S}{6\pi}}\right)\left(x-\sqrt{\frac{S}{6\pi}}\right)$ より　　$x=\sqrt{\frac{S}{6\pi}}$

よって，$V$ の増減表は次のようになる。

| $x$ | $0$ | $\cdots$ | $\sqrt{\frac{S}{6\pi}}$ | $\cdots$ | $\sqrt{\frac{S}{2\pi}}$ |
|---|---|---|---|---|---|
| $\frac{dV}{dx}$ | ／ | $+$ | $0$ | $-$ | ／ |
| $V$ | ／ | ↗ | 極大 | ↘ | ／ |

したがって，$V$ の最大値は

$$V=\frac{S}{2}\cdot\sqrt{\frac{S}{6\pi}}-\pi\left(\sqrt{\frac{S}{6\pi}}\right)^3$$
$$=\frac{S}{2}\sqrt{\frac{S}{6\pi}}-\frac{S}{6}\sqrt{\frac{S}{6\pi}}$$
$$=\frac{S}{3}\sqrt{\frac{S}{6\pi}}$$

(3) $x=\sqrt{\frac{S}{6\pi}}$ のとき，$V$ は最大となる。

円柱の底面の直径を $R$，高さを $h$ とすると

$$R=2x=2\sqrt{\frac{S}{6\pi}}=\sqrt{\frac{2S}{3\pi}}$$

$$h=\frac{V}{\pi x^2}=\frac{\frac{S}{3}\sqrt{\frac{S}{6\pi}}}{\pi\cdot\frac{S}{6\pi}}=2\sqrt{\frac{S}{6\pi}}=\sqrt{\frac{2S}{3\pi}}$$

したがって，**円柱の底面の直径と高さは，いずれも**

$$\sqrt{\frac{2S}{3\pi}}$$

**となる。**

## 練　習　問　題　A

教 p.134



**1** 次の曲線の概形をかけ。

(1) $y=x\sqrt{1-x^2}$　　(2) $y=(x^2+1)e^{-x}$

(3) $y=x^2+2\log x$　　(4) $y=\sin^2 x+2\sin x$ $(0\leqq x\leqq 2\pi)$

(5) $y=\dfrac{x^2}{x^2-1}$　　(6) $y=\dfrac{x^3-4}{x^2}$

**考え方** 関数の増減，極値，曲線の凹凸，変曲点，漸近線を調べて概形をかく。

**解答** (1) $1-x^2\geqq 0$ より，この曲線を表す関数の定義域は，$-1\leqq x\leqq 1$ である。

$-1<x<1$ のとき

$$y'=1\cdot\sqrt{1-x^2}+x\cdot\frac{-2x}{2\sqrt{1-x^2}}=\frac{1-2x^2}{\sqrt{1-x^2}}$$

$y'=0$ となる $x$ の値は　　$x=\pm\dfrac{1}{\sqrt{2}}$

$$y''=\frac{-4x\cdot\sqrt{1-x^2}-(1-2x^2)\cdot\dfrac{-2x}{2\sqrt{1-x^2}}}{(\sqrt{1-x^2})^2}$$

$$=\frac{-4x(1-x^2)+x(1-2x^2)}{(1-x^2)\sqrt{1-x^2}}$$

$$=\frac{x(2x^2-3)}{(1-x^2)\sqrt{1-x^2}}$$

$y''=0$ となる $x$ の値は，$-1<x<1$ であるから　　$x=0$

よって，増減，凹凸の表をつくると，次のようになる。

| $x$ | $-1$ | $\cdots$ | $-\dfrac{1}{\sqrt{2}}$ | $\cdots$ | $0$ | $\cdots$ | $\dfrac{1}{\sqrt{2}}$ | $\cdots$ | $1$ |
|---|---|---|---|---|---|---|---|---|---|
| $y'$ | | $-$ | $0$ | $+$ | $+$ | $+$ | $0$ | $-$ | |
| $y''$ | | $+$ | $+$ | $+$ | $0$ | $-$ | $-$ | $-$ | |
| $y$ | $0$ | ↘ | 極小 $-\dfrac{1}{2}$ | ↗ | $0$ | ↗ | 極大 $\dfrac{1}{2}$ | ↘ | $0$ |

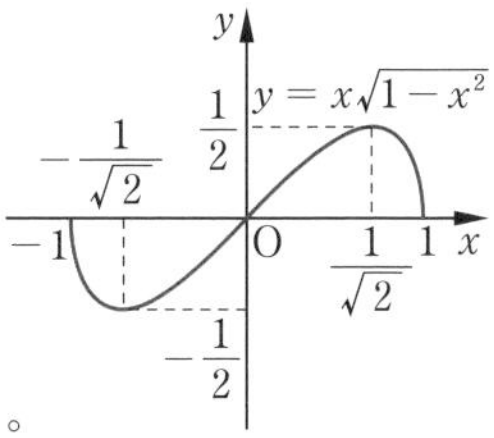


以上より，曲線の概形は右の図のようになる。

(2) この曲線を表す関数の定義域は実数全体である。

$$y'=2x\cdot e^{-x}+(x^2+1)\cdot(-e^{-x})=(2x-x^2-1)e^{-x}=-(x-1)^2e^{-x}$$

$y'=0$ となる $x$ の値は　　$x=1$

$$y''=(2-2x)\cdot e^{-x}+(2x-x^2-1)\cdot(-e^{-x})$$

$$=(x^2-4x+3)e^{-x}=(x-1)(x-3)e^{-x}$$

$y''=0$ となる $x$ の値は　　$x=1,\ 3$

よって，増減，凹凸の表をつくると，次のようになる。

| $x$ | $\cdots$ | $1$ | $\cdots$ | $3$ | $\cdots$ |
|---|---|---|---|---|---|
| $y'$ | $-$ | $0$ | $-$ | $-$ | $-$ |
| $y''$ | $+$ | $0$ | $-$ | $0$ | $+$ |
| $y$ | ↘ | $\dfrac{2}{e}$ | ↘ | $\dfrac{10}{e^3}$ | ↘ |

ここで，$\displaystyle\lim_{x\to\infty} y=\lim_{x\to\infty}\left(\frac{x^2}{e^x}+\frac{1}{e^x}\right)=0$

であるから，$x$ 軸はこの曲線の漸近線である。

以上より，曲線の概形は右の図のようになる。

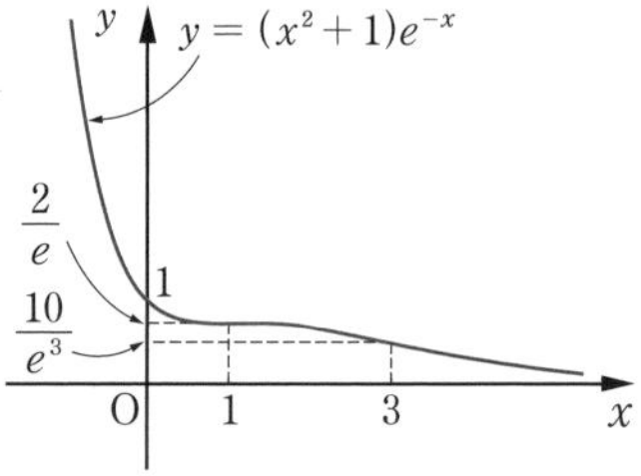


(3)　この曲線を表す関数の定義域は，$x>0$ である。

$$y'=2x+\frac{2}{x}=\frac{2(x^2+1)}{x}$$

$$y''=\left(2x+\frac{2}{x}\right)'=2-\frac{2}{x^2}=\frac{2(x^2-1)}{x^2}$$

$y''=0$ となる $x$ の値は，$x>0$ であるから

$x=1$

よって，増減，凹凸の表をつくると，右のようになる。

ここで，$\displaystyle\lim_{x\to+0} y=-\infty$

であるから，$y$ 軸はこの曲線の漸近線である。

| $x$ | $0$ | $\cdots$ | $1$ | $\cdots$ |
|---|---|---|---|---|
| $y'$ | ／ | $+$ | $+$ | $+$ |
| $y''$ | ／ | $-$ | $0$ | $+$ |
| $y$ | ／ | ↗ | $1$ | ↗ |

以上より，曲線の概形は右の図のようになる。

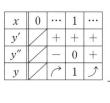

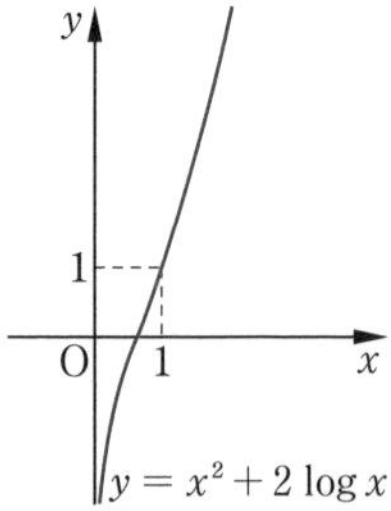


(4)　　$y'=2\sin x\cos x+2\cos x=2\cos x(\sin x+1)$

$$\begin{aligned} y''&=-2\sin x\cdot(\sin x+1)+2\cos^2 x\\ &=-2\sin^2 x-2\sin x+2(1-\sin^2 x)\\ &=-4\sin^2 x-2\sin x+2\\ &=-2(2\sin x-1)(\sin x+1)\end{aligned}$$

$0\leqq x\leqq 2\pi$ において，

$y'=0$ となる $x$ の値は

$\cos x=0$

または

$\sin x=-1$

| $x$ | $0$ | $\cdots$ | $\dfrac{\pi}{6}$ | $\cdots$ | $\dfrac{\pi}{2}$ | $\cdots$ | $\dfrac{5}{6}\pi$ | $\cdots$ | $\dfrac{3}{2}\pi$ | $\cdots$ | $2\pi$ |
|---|---|---|---|---|---|---|---|---|---|---|---|
| $y'$ | | $+$ | $+$ | $+$ | $0$ | $-$ | $-$ | $-$ | $0$ | $+$ | |
| $y''$ | | $+$ | $0$ | $-$ | $-$ | $-$ | $0$ | $+$ | $0$ | $+$ | |
| $y$ | $0$ | ↗ | $\dfrac{5}{4}$ | ↗ | 極大 $3$ | ↘ | $\dfrac{5}{4}$ | ↘ | 極小 $-1$ | ↗ | $0$ |

より　$x=\dfrac{\pi}{2},\ \dfrac{3}{2}\pi$

また，$y''=0$ となる $x$ の値は

$$\sin x=\frac{1}{2},\ -1$$

より　$x=\dfrac{\pi}{6},\ \dfrac{5}{6}\pi,\ \dfrac{3}{2}\pi$

よって，増減，凹凸の表をつくると，前ページのようになる。以上より，曲線の概形は右の図のようになる。

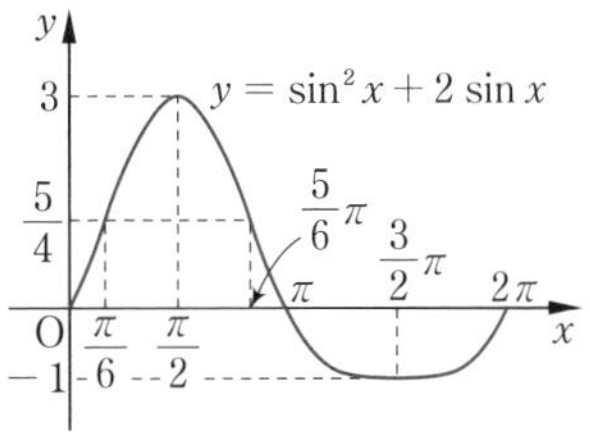


(5)　$x^2-1\neq 0$ より，この曲線を表す関数の定義域は，$x\neq\pm 1$ である。

$$y=\frac{x^2}{x^2-1}=\frac{(x^2-1)+1}{x^2-1}=1+\frac{1}{x^2-1}\qquad\cdots\cdots ①$$

① より

$$y'=-\frac{2x}{(x^2-1)^2}$$

$y'=0$ となる $x$ の値は　　$x=0$

$$y''=-2\cdot\frac{1\cdot(x^2-1)^2-x\cdot 2(x^2-1)\cdot 2x}{(x^2-1)^4}=\frac{6x^2+2}{(x^2-1)^3}$$

よって，増減，凹凸の表をつくると，右のようになる。

| $x$ | … | $-1$ | … | 0 | … | 1 | … |
|---|---|---|---|---|---|---|---|
| $y'$ | $+$ | | $+$ | 0 | $-$ | | $-$ |
| $y''$ | $+$ | | $-$ | $-$ | $-$ | | $+$ |
| $y$ | ⤴ | | ⤴ | 極大<br>0 | ⤵ | | ⤵ |

ここで，① より

$$\lim_{x\to\infty}(y-1)=\lim_{x\to\infty}\frac{1}{x^2-1}=0$$

$$\lim_{x\to-\infty}(y-1)=\lim_{x\to-\infty}\frac{1}{x^2-1}=0$$

であるから，直線 $y=1$ はこの曲線の漸近線である。さらに

$$\lim_{x\to1-0}y=-\infty,\quad \lim_{x\to1+0}y=\infty$$

$$\lim_{x\to-1-0}y=\infty,\quad \lim_{x\to-1+0}y=-\infty$$

であるから，直線 $x=1$，$x=-1$ もこの曲線の漸近線である。

以上より，曲線の概形は右の図のようになる。

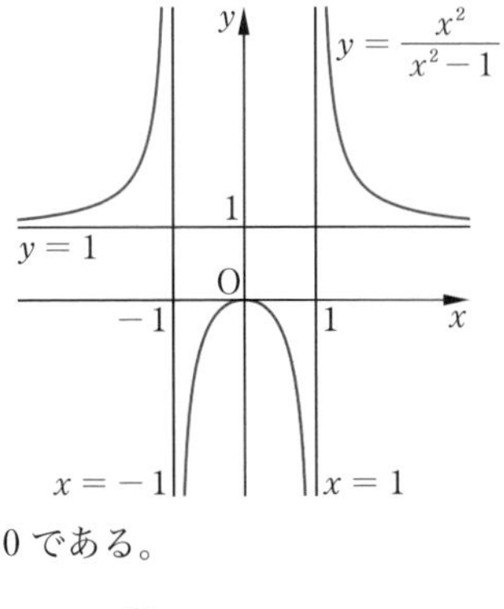


(6)　この曲線を表す関数の定義域は，$x\neq 0$ である。

$$y=\frac{x^3-4}{x^2}=x-\frac{4}{x^2}\qquad\cdots\cdots ①$$

① より

$$y' = 1 + \frac{8}{x^3} = \frac{x^3+8}{x^3} = \frac{(x+2)(x^2-2x+4)}{x^3}$$

$y' = 0$ となる $x$ の値は　　$x = -2$

$$y'' = \left(1 + \frac{8}{x^3}\right)' = -\frac{24}{x^4} < 0$$

よって，増減，凹凸の表をつくると，次のようになる。

| $x$ | $\cdots$ | $-2$ | $\cdots$ | $0$ | $\cdots$ |
|---|---|---|---|---|---|
| $y'$ | $+$ | $0$ | $-$ | ／ | $+$ |
| $y''$ | $-$ | $-$ | $-$ | ／ | $-$ |
| $y$ | ↗ | 極大 $-3$ | ↘ | ／ | ↗ |

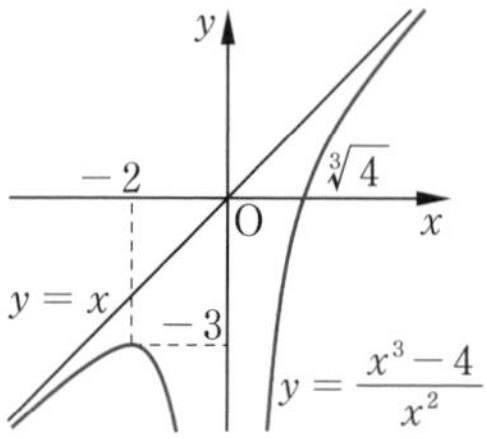


ここで，① より

$$\lim_{x \to \infty}(y - x) = \lim_{x \to \infty}\left(-\frac{4}{x^2}\right) = 0$$

$$\lim_{x \to -\infty}(y - x) = \lim_{x \to -\infty}\left(-\frac{4}{x^2}\right) = 0$$

であるから，直線 $y = x$ はこの曲線の漸近線である。さらに

$$\lim_{x \to +0} y = -\infty, \quad \lim_{x \to -0} y = -\infty$$

であるから，$y$ 軸もこの曲線の漸近線である。

以上より，曲線の概形は上の図のようになる。

**2**　曲線 $y = \sqrt{x}$ 上の原点以外の点 A$(a,\ \sqrt{a})$ における法線が $x$ 軸と交わる点を N とし，A から $x$ 軸に引いた垂線を AH とするとき，次の問に答えよ。

(1)　A における法線の方程式を求めよ。

(2)　線分 HN の長さは一定であることを示せ。

**考え方**　(1)　導関数 $y'$ を求め，点 A の $x$ 座標を代入して法線の傾きを求める。

(2)　H，N の $x$ 座標を求め，線分 HN の長さを考える。

**解　答**　(1)　$y = \sqrt{x}$ より　$y' = \dfrac{1}{2\sqrt{x}}$

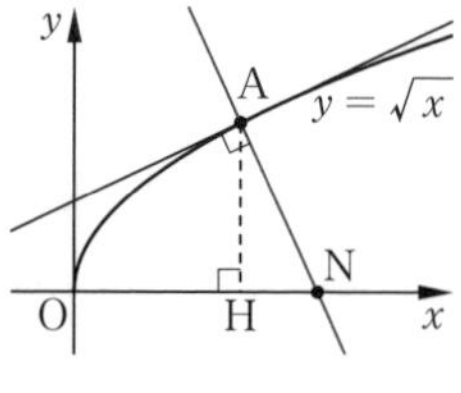


点 A$(a,\ \sqrt{a}\ )$ における法線の傾きは

$$-\frac{1}{\dfrac{1}{2\sqrt{a}}} = -2\sqrt{a}$$

よって，点 A における法線の方程式は

$$y - \sqrt{a} = -2\sqrt{a}(x - a)$$

すなわち　$\boldsymbol{y = -2\sqrt{a}\,x + 2a\sqrt{a} + \sqrt{a}}$

(2)　H の座標は　$(a,\ 0)$

(1) で求めた法線の方程式に，$y=0$ を代入すると

$2\sqrt{a}\,x=(2a+1)\sqrt{a}$ より

$$x=\frac{(2a+1)\sqrt{a}}{2\sqrt{a}}=\frac{2a+1}{2}$$

よって，N の座標は

$$\left(\frac{2a+1}{2},\ 0\right)$$

したがって，$\mathrm{HN}=\left|\frac{2a+1}{2}-a\right|=\frac{1}{2}$ となり，線分 HN の長さは $\frac{1}{2}$ で一定である。

**3** 曲線 $C$ が媒介変数 $\theta$ を用いて

$$x=\sin 2\theta\cos\theta,\quad y=\sin 2\theta\sin\theta$$

と表されているとき，次の問に答えよ。

(1) $\dfrac{dy}{dx}$ を $\theta$ の式で表せ。

(2) $C$ 上の $\theta=\dfrac{\pi}{6}$ に対応する点における接線の方程式を求めよ。

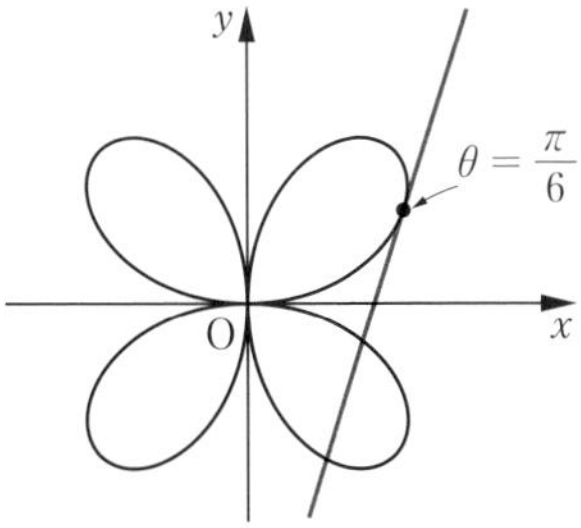


**考え方** (1) $\dfrac{dx}{d\theta}$，$\dfrac{dy}{d\theta}$ を求め，$\dfrac{dy}{dx}=\dfrac{\frac{dy}{d\theta}}{\frac{dx}{d\theta}}$ を用いる。

(2) (1) の結果に $\theta=\dfrac{\pi}{6}$ を代入して接線の傾きを求める。

**解答** (1)

$$\frac{dx}{d\theta}=2\cos 2\theta\cos\theta-\sin 2\theta\sin\theta$$

$$\frac{dy}{d\theta}=2\cos 2\theta\sin\theta+\sin 2\theta\cos\theta$$

であるから $\quad \boldsymbol{\dfrac{dy}{dx}=\dfrac{\frac{dy}{d\theta}}{\frac{dx}{d\theta}}=\dfrac{2\cos 2\theta\sin\theta+\sin 2\theta\cos\theta}{2\cos 2\theta\cos\theta-\sin 2\theta\sin\theta}}$

(2) $\theta=\dfrac{\pi}{6}$ のとき

$$\sin\theta=\frac{1}{2},\quad \cos\theta=\frac{\sqrt{3}}{2},\quad \sin 2\theta=\frac{\sqrt{3}}{2},\quad \cos 2\theta=\frac{1}{2}$$

これらを (1) の結果に代入して接線の傾きを求めると

$$\frac{dy}{dx}=\frac{5\sqrt{3}}{3}$$

$C$ 上の $\theta=\dfrac{\pi}{6}$ に対応する点は $\left(\dfrac{3}{4},\ \dfrac{\sqrt{3}}{4}\right)$ であるから，この点における接線の方程式は

$$y-\frac{\sqrt{3}}{4}=\frac{5\sqrt{3}}{3}\left(x-\frac{3}{4}\right)$$

すなわち　$y=\dfrac{5\sqrt{3}}{3}x-\sqrt{3}$

**4**　$a$ を正の定数とするとき，関数 $y=e^{-x}-e^{-2x}$ の区間 $0\leqq x\leqq a$ における最大値と最小値を求めよ。

**考え方**　まず，$x\geqq 0$ における関数 $y$ の増減を調べてグラフをかく。このグラフより，区間の端の $a$ の値が変化するときの最大値，最小値を考える。

**解答**　$y=e^{-x}-e^{-2x}$ より　$y'=-e^{-x}+2e^{-2x}=-e^{-2x}(e^x-2)$

$y'=0$ となる $x$ の値は

$e^x-2=0$ より　$e^x=2$

よって　$x=\log 2$

$x\geqq 0$ における $y$ の増減表は右のようになる。

| $x$ | 0 | $\cdots$ | $\log 2$ | $\cdots$ |
|---|---|---|---|---|
| $y'$ | | $+$ | 0 | $-$ |
| $y$ | 0 | ↗ | 極大 $\dfrac{1}{4}$ ※ | ↘ |

ここで，$\displaystyle\lim_{x\to\infty}y=0$ より，$x$ 軸はこの曲線の漸近線である。

よって，$x\geqq 0$ における $y=e^{-x}-e^{-2x}$ のグラフは右の図のようになる。

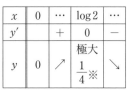

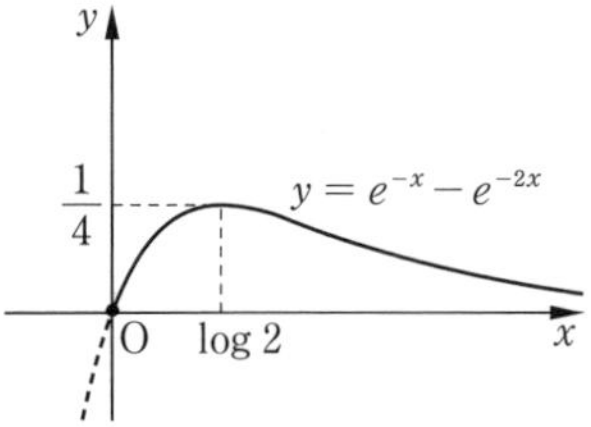


したがって

$0<a<\log 2$ のとき

**最大値** $e^{-a}-e^{-2a}$　($x=a$ のとき)

**最小値** 0　($x=0$ のとき)

$\log 2\leqq a$ のとき

**最大値** $\dfrac{1}{4}$　($x=\log 2$ のとき)

**最小値** 0　($x=0$ のとき)

※
$a^{\log_a M}=M$ より
$e^{-\log 2}-e^{-2\log 2}$
$=e^{\log\frac{1}{2}}-e^{\log\frac{1}{4}}$
$=\dfrac{1}{2}-\dfrac{1}{4}=\dfrac{1}{4}$

**5**　$x>0$ のとき，次の不等式を証明せよ。

$$\cos x>1-\frac{x^2}{2}$$

**考え方**　(左辺) − (右辺) を $f(x)$ とおいて，$f(x)$ の増減を調べる。

**証明**　$f(x)=\cos x-\left(1-\dfrac{x^2}{2}\right)$ とおくと，$f(x)$ は $x\geqq 0$ で連続である。

$f'(x)=x-\sin x$，$f''(x)=1-\cos x$

$x>0$ のとき，$-1 \leqq \cos x \leqq 1$ であるから　　$f''(x) \geqq 0$

よって，$f'(x)$ は区間 $x \geqq 0$ で増加する。ゆえに

$x>0$ のとき　$f'(x)>f'(0)=0$

よって，$f(x)$ は区間 $x \geqq 0$ で増加する。ゆえに

$x>0$ のとき　$f(x)>f(0)=0$

したがって　　$\cos x > 1-\dfrac{x^2}{2}$

## 練　習　問　題　B

教 p.135

**6**　2 つの曲線 $y=kx^2$，$y=\log x$ が共有点をもち，その共有点における接線が一致するような定数 $k$ の値を求めよ。また，そのときの接線の方程式を求めよ。

**考え方**　2 つの曲線の共有点の $x$ 座標を $a$ とおいて，$x=a$ における $y$ 座標と接線の傾きがともに等しいことから，$a$ と $k$ についての連立方程式を導く。

**解　答**　$f(x)=kx^2$，$g(x)=\log x$ とし，共有点の $x$ 座標を $a\,(a>0)$ とおく。

共有点の $y$ 座標は等しいことから

$f(a)=g(a)$ より　$ka^2=\log a$　　　…… ①

接線が一致することから　　$f'(a)=g'(a)$

$f'(x)=2kx$，$g'(x)=\dfrac{1}{x}$ であるから　　$2ka=\dfrac{1}{a}$

よって　　$ka^2=\dfrac{1}{2}$　　　…… ②

①，② より　　$\log a=\dfrac{1}{2}$

すなわち　　$a=\sqrt{e}$　　　…… ③

② より，$k=\dfrac{1}{2a^2}$ であるから　　$k=\dfrac{1}{2a^2}=\dfrac{1}{2e}$

③ より，$g(a)=\log\sqrt{e}=\dfrac{1}{2}\log e=\dfrac{1}{2}$，$g'(a)=\dfrac{1}{\sqrt{e}}$ であるから

接点の座標は $\left(\sqrt{e},\ \dfrac{1}{2}\right)$，接線の傾きは $\dfrac{1}{\sqrt{e}}$

よって，求める **接線の方程式は**　　$y-\dfrac{1}{2}=\dfrac{1}{\sqrt{e}}(x-\sqrt{e})$

すなわち　　$y=\dfrac{1}{\sqrt{e}}x-\dfrac{1}{2}$

**7** 放物線 $y^2=4px$ 上の点 $(x_1,\ y_1)$ における接線の方程式は

$$y_1y=2p(x+x_1)$$

であることを証明せよ。ただし，$p$ は定数とする。

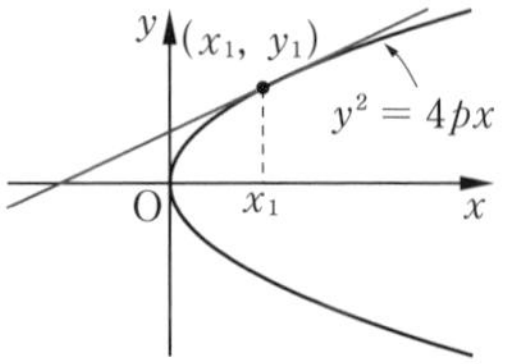


**考え方** $y^2=4px$ の両辺を $x$ で微分して $y'$ を求め，点 $(x_1,\ y_1)$ における接線の方程式をつくる。この式を $y_1{}^2=4px_1$ を使って整理する。

**証明** $y^2=4px$ において，両辺を $x$ で微分すると　$2yy'=4p$

よって，$y\neq 0$ のとき　$y'=\dfrac{2p}{y}$

ゆえに，$y_1\neq 0$ のとき，この放物線上の点 $(x_1,\ y_1)$ における接線の方程式は

$$y-y_1=\frac{2p}{y_1}(x-x_1)$$

すなわち　$y_1y-y_1{}^2=2px-2px_1$　……①

ここで，点 $(x_1,\ y_1)$ は放物線 $y^2=4px$ 上の点であるから　$y_1{}^2=4px_1$

これを①に代入して整理すると※

$$y_1y=2p(x+x_1)\quad\cdots\cdots②$$

※
$y_1y-4px_1=2px-2px_1$
$y_1y=2px+2px_1$
$y_1y=2p(x+x_1)$

また，$y_1=0$ のとき，$x_1=0$ であり，原点における接線は $y$ 軸であるから，接線の方程式は

$$x=0$$

これは，②に $x_1=0$，$y_1=0$ を代入して得られる方程式と同じである。

したがって，接線の方程式は

$$y_1y=2p(x+x_1)$$

である。

**8** $a$ を定数とするとき，関数 $y=x^3+3ax$ について，次の問に答えよ。

(1) この関数のグラフの変曲点Pの座標を求めよ。

(2) この関数のグラフ上の任意の点Aについて，Pに関するAの対称点Bもこの関数のグラフ上の点であることを示せ。

**考え方** (1) $y''=0$ となる $x$ の値を求め，その前後で $y''$ の符号が変わるか調べる。

(2) 点Aの $x$ 座標を $x_1$ とおいて，点Bの座標を $x_1$ で表し，点Bがこの関数のグラフ上にあることを示す。

**解答** (1) $y=x^3+3ax$ より

$$y'=3x^2+3a,\quad y''=6x$$

$y''=0$ となる $x$ の値は $x=0$ であり，$x=0$ を境にして $y''$ の符号が負から正に変わるから，$x=0$ において変曲点をもつ。

よって，変曲点 P の座標は　P(0, 0)

(2) 点 A の座標を $(x_1,\ x_1{}^3+3ax_1)$ とおくと，点 P(0, 0) に関して A と対称な点 B の座標は

$$B(-x_1,\ -x_1{}^3-3ax_1)$$

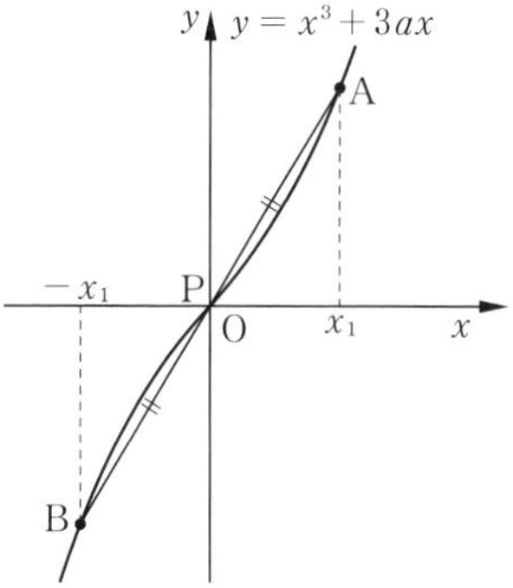


ここで，$x=-x_1$ を $y=x^3+3ax$ に代入すると

$$y=(-x_1)^3+3a\cdot(-x_1)$$
$$=-x_1{}^3-3ax_1$$

これは，点 B の座標と一致していることを示している。

したがって，点 B はこの関数のグラフ上の点である。



**9** $a$ を定数とするとき，点 $(0,\ a)$ から曲線 $y=e^x$ に何本の接線が引けるかを調べよ。ただし，$\displaystyle\lim_{x\to\infty}\frac{x}{e^x}=0$ を用いてよい。

**考え方** 曲線 $y=e^x$ 上の点 $(t,\ e^t)$ における接線の方程式をつくると，接線が点 $(0,\ a)$ を通ることから，$t$ についての方程式が得られる。この方程式の異なる実数解の個数が，点 $(0,\ a)$ から引ける接線の本数に等しい。

**解答** $y=e^x$ を微分すると　$y'=e^x$

接点の座標を $(t,\ e^t)$ とすると，接線の傾きは $e^t$ であるから，接線の方程式は

$$y-e^t=e^t(x-t)$$

これが点 $(0,\ a)$ を通るから

$$a-e^t=e^t\cdot(-t)$$

$$(1-t)e^t=a \qquad \cdots\cdots ①$$

方程式 ① の異なる実数解 $t$ の個数が，点 $(0,\ a)$ から曲線 $y=e^x$ に引ける接線の本数である。

$f(t)=(1-t)e^t$ とおくと

$$f'(t)=-e^t+(1-t)e^t=-te^t$$

よって，$f(t)$ の増減表は右のようになる。

| $t$ | $\cdots$ | 0 | $\cdots$ |
|---|---|---|---|
| $f'(t)$ | + | 0 | − |
| $f(t)$ | ↗ | 極大 1 | ↘ |

ここで，$-t=k$ とおくと

$t\to-\infty$ のとき $k\to\infty$ であるから

$$\lim_{t \to -\infty} f(t) = \lim_{k \to \infty}(1+k)e^{-k} = \lim_{k \to \infty}\frac{1+k}{e^k} = 0$$

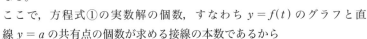

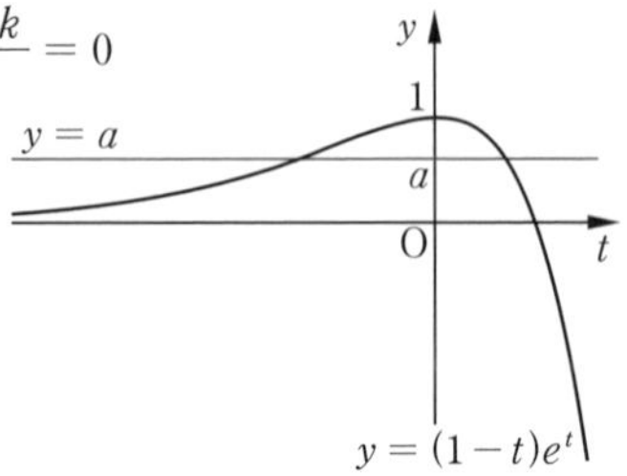


よって，$t$ 軸は $y=f(t)$ のグラフの漸近線である。

また　$\lim_{t \to \infty} f(t) = -\infty$

ゆえに，このグラフは右の図のようになる。

ここで，方程式①の実数解の個数，すなわち $y=f(t)$ のグラフと直線 $y=a$ の共有点の個数が求める接線の本数であるから

$a>1$ のとき　0 本
$a=1$ のとき　1 本
$0<a<1$ のとき　2 本
$a \leqq 0$ のとき　1 本

**注意**　接点が異なれば接線も異なるから，接点の個数と接線の本数は一致する。

**10** 関数 $f(x)=\dfrac{\log x}{x}$ について，次の問に答えよ。

(1) $\lim_{x \to \infty}\dfrac{x}{e^x}=0$ を用いて，$\lim_{x \to \infty} f(x)=0$ であることを示せ。

(2) $e^\pi$ と $\pi^e$ の大小を比較せよ。

**考え方**　(1) $\log x = t$ とおいて，$f(x)$ を $t$ の式に直して極限を求めればよい。

(2) $x>0$ における関数の増減から，$f(x)$ は区間 $x \geqq e$ で減少することを利用する。

**証明**　(1) $\log x = t$ とおくと，$x=e^t$ であり　$f(x)=\dfrac{t}{e^t}$

$x \to \infty$ のとき $t \to \infty$ であるから　$\lim_{x \to \infty} f(x) = \lim_{t \to \infty}\dfrac{t}{e^t}=0$

(2) 関数 $f(x)$ の定義域は $x>0$ である。

$$f'(x) = \frac{\frac{1}{x}\cdot x - \log x \cdot 1}{x^2} = \frac{1-\log x}{x^2}$$

$f'(x)=0$ となる $x$ の値は　$1-\log x=0$ より　$x=e$

よって，$f(x)$ の増減表は次のようになる。

| $x$ | 0 | $\cdots$ | $e$ | $\cdots$ |
|---|---|---|---|---|
| $f'(x)$ | ／ | $+$ | 0 | $-$ |
| $f(x)$ | ／ | ↗ | 極大 $\dfrac{1}{e}$ | ↘ |

増減表より，$f(x)$ は区間 $x \geqq e$ で減少する。

$e < \pi$ であるから　　$f(e) > f(\pi)$

すなわち

$$\frac{\log e}{e} > \frac{\log \pi}{\pi}$$

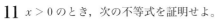

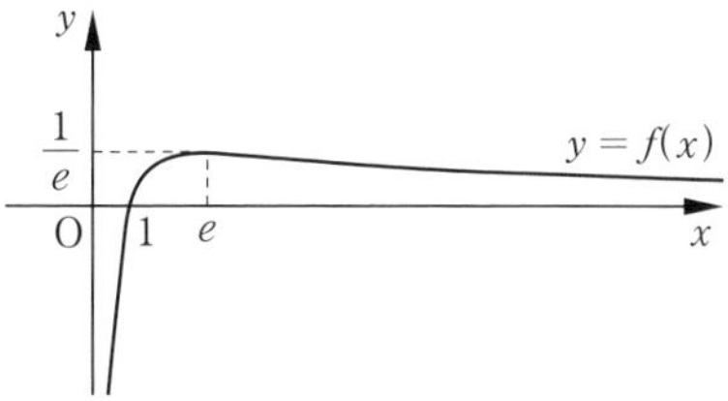


両辺に $\pi e$ を掛けると

$$\pi \log e > e \log \pi$$

$$\log e^{\pi} > \log \pi^{e}$$

底は $e$ で，$e > 1$ であるから

$$e^{\pi} > \pi^{e}$$



**11** $x > 0$ のとき，次の不等式を証明せよ。

$$x - \frac{x^2}{2} < \log(1+x) < x - \frac{x^2}{2} + \frac{x^3}{3}$$

**考え方** $f(x) = \log(1+x) - \left(x - \dfrac{x^2}{2}\right)$，$g(x) = x - \dfrac{x^2}{2} + \dfrac{x^3}{3} - \log(1+x)$ とおいて，$x > 0$ における増減を調べ，$f(x) > 0$，$g(x) > 0$ を示せばよい。

**証明** $f(x) = \log(1+x) - \left(x - \dfrac{x^2}{2}\right)$ とおくと

$$f'(x) = \frac{1}{1+x} - (1-x) = \frac{1-(1-x^2)}{1+x} = \frac{x^2}{1+x}$$

$x > 0$ のとき，$f'(x) > 0$ であるから，$f(x)$ は区間 $x \geqq 0$ で増加する。

したがって　$x > 0$ のとき　$f(x) > f(0) = 0$

ゆえに　　$x > 0$ のとき　$x - \dfrac{x^2}{2} < \log(1+x)$　　……①

また，$g(x) = x - \dfrac{x^2}{2} + \dfrac{x^3}{3} - \log(1+x)$ とおくと

$$g'(x) = 1 - x + x^2 - \frac{1}{1+x} = \frac{(1-x+x^2)(1+x)-1}{1+x} = \frac{x^3}{1+x}$$

$x > 0$ のとき，$g'(x) > 0$ であるから，$g(x)$ は区間 $x \geqq 0$ で増加する。

したがって　$x > 0$ のとき　$g(x) > g(0) = 0$

ゆえに　　$x > 0$ のとき　$\log(1+x) < x - \dfrac{x^2}{2} + \dfrac{x^3}{3}$　　……②

①，② より，$x > 0$ のとき

$$x - \frac{x^2}{2} < \log(1+x) < x - \frac{x^2}{2} + \frac{x^3}{3}$$

## 発展　コーシーの平均値の定理とロピタルの定理　教 p.136-137

### コーシーの平均値の定理　解き方のポイント

関数 $f(x)$, $g(x)$ が閉区間 $[a,\ b]$ で連続，開区間 $(a,\ b)$ で微分可能ならば

$$\frac{f(b)-f(a)}{g(b)-g(a)}=\frac{f'(c)}{g'(c)},\ a<c<b$$

を満たす $c$ が存在する。ただし，開区間 $(a,\ b)$ で $g'(x)\neq 0$, $g(a)\neq g(b)$ とする。

この定理を **コーシーの平均値の定理** という。

### ロピタルの定理　解き方のポイント

関数 $f(x)$, $g(x)$ が $x=a$ の近くで微分可能で，$f(a)=0$, $g(a)=0$ であり，極限値 $\displaystyle\lim_{x\to a}\frac{f'(x)}{g'(x)}$ が存在するならば

$$\lim_{x\to a}\frac{f(x)}{g(x)}=\lim_{x\to a}\frac{f'(x)}{g'(x)}$$

が成り立つ。ただし，$x=a$ の近くで常に $g'(x)\neq 0$ とする。

この定理を **ロピタルの定理** という。

教 p.137

**問1**　ロピタルの定理を用いて，次の極限値を求めよ。

(1)　$\displaystyle\lim_{x\to 1}\frac{x^2+2x-3}{x^2+x-2}$　　(2)　$\displaystyle\lim_{x\to 0}\frac{1-\cos x}{x^2}$

**考え方**　分母，分子をそれぞれ微分してから，$x$ が近づく値を代入する。

**解答**　(1)　$f(x)=x^2+2x-3$, $g(x)=x^2+x-2$ とおくと，関数 $f(x)$, $g(x)$ は微分可能で，$f(1)=0$, $g(1)=0$ となるから

$$\lim_{x\to 1}\frac{x^2+2x-3}{x^2+x-2}=\lim_{x\to 1}\frac{f'(x)}{g'(x)}=\lim_{x\to 1}\frac{2x+2}{2x+1}=\frac{4}{3}$$

(2)　$f(x)=1-\cos x$, $g(x)=x^2$ とおくと，関数 $f(x)$, $g(x)$ は微分可能で，$f(0)=0$, $g(0)=0$ となるから

$$\lim_{x\to 0}\frac{1-\cos x}{x^2}=\lim_{x\to 0}\frac{f'(x)}{g'(x)}=\lim_{x\to 0}\frac{\sin x}{2x}=\frac{1}{2}\lim_{x\to 0}\frac{\sin x}{x}=\frac{1}{2}$$

# 活用 「R＝100」とは何か？ 教 p.138

**考察1** 曲線 $C: y=x^2$ 上の点 P(1, 1) における曲率半径を上の手順（省略）にしたがって求めてみよう。

**解答** 曲線 $y=x^2$ 上の点 P(1, 1) における曲率半径を求める。

$f(x)=x^2$ とおく。

① $f'(x)=2x$ より　$f'(1)=2$

したがって，点 P における法線 $l$ の方程式は

$$y=-\frac{1}{2}(x-1)+1$$

すなわち

$$y=-\frac{1}{2}x+\frac{3}{2}$$

② 点 $Q(t,\ t^2)$ における法線 $m$ の方程式は，同様にして

$$y=-\frac{1}{2t}(x-t)+t^2$$

すなわち

$$y=-\frac{1}{2t}x+t^2+\frac{1}{2}$$

③ 2 直線 $l$, $m$ の交点 R の $x$ 座標は

$$-\frac{1}{2}x+\frac{3}{2}=-\frac{1}{2t}x+t^2+\frac{1}{2}$$

より，$\dfrac{t-1}{2t}x=-(t^2-1)$，すなわち $x=-2t(t+1)$

これを $y=-\dfrac{1}{2}x+\dfrac{3}{2}$ に代入して交点 R の $y$ 座標を求めると

$$y=t(t+1)+\frac{3}{2}$$

④ 点 Q を点 P に限りなく近づけたとき，すなわち $t\to 1$ のとき

$$x\to -2\cdot 1(1+1)=-4$$

$$y\to 1\cdot(1+1)+\frac{3}{2}=\frac{7}{2}$$

したがって，点 R は点 $\left(-4,\ \dfrac{7}{2}\right)$ に近づく。

⑤ したがって，曲線 $y=x^2$ 上の点 $\mathrm{P}(1,\ 1)$ をこの点の付近で近似した円周上の点と考えたときの円の中心の座標は，点 $\mathrm{D}\left(-4,\ \dfrac{7}{2}\right)$ である。

求める曲率半径は，点 $\mathrm{P}(1,\ 1)$ と点 $\mathrm{D}\left(-4,\ \dfrac{7}{2}\right)$ との距離であるから

$$\sqrt{\{1-(-4)\}^2+\left(1-\frac{7}{2}\right)^2}=\frac{5\sqrt{5}}{2}$$

**考察 2**　関数 $y=x^2$ 上の点 $(0,\ 0)$ における曲率半径を求めてみよう。

**解答**　曲線 $y=x^2$ 上の点 $(0,\ 0)$ における曲率半径を求める。

$f(x)=x^2$ とおく。

① 点 $(0,\ 0)$ における接線の方程式が $y=0$ であるから，点 $(0,\ 0)$ における法線 $l$ の方程式は

$$x=0$$

② 点 $\mathrm{Q}(t,\ t^2)$ における法線 $m$ の方程式は，考察 1 より

$$y=-\frac{1}{2t}x+t^2+\frac{1}{2}$$

③ 2 直線 $l$，$m$ の交点 R の

$x$ 座標は　　$x=0$

$y$ 座標は　　$y=t^2+\dfrac{1}{2}$

④ 点 Q を点 $(0,\ 0)$ に限りなく近づけたとき，すなわち $t\to 0$ のとき

$$y\to 0^2+\frac{1}{2}=\frac{1}{2}$$

であるから

点 R は点 $\left(0,\ \dfrac{1}{2}\right)$ に近づく。

⑤ したがって，曲線 $y=x^2$ 上の点 $(0,\ 0)$ をこの点の付近で近似した円周上の点と考えたときの円の中心の座標は，点 $\mathrm{D}\left(0,\ \dfrac{1}{2}\right)$ である。

求める曲率半径は，点 $(0,\ 0)$ と点 $\mathrm{D}\left(0,\ \dfrac{1}{2}\right)$ との距離であるから

$$\frac{1}{2}$$

# 4章 積分とその応用

## 1節 不定積分
## 2節 定積分
## 3節 面積・体積・長さ

**関連する既習内容**

**不定積分**

- $F'(x)=f(x)$ のとき
  $$\int f(x)dx=F(x)+C$$
  ($C$ は定数)

**$x^n$ の不定積分**

- $n$ が正の整数または0のとき
  $$\int x^n dx=\frac{1}{n+1}x^{n+1}+C$$

**不定積分の公式**

- $\int kf(x)dx=k\int f(x)dx$
  ($k$ は定数)
- $\int\{f(x)+g(x)\}dx$
  $=\int f(x)dx+\int g(x)dx$

**定積分**

- $f(x)$ の原始関数の1つを $F(x)$ とすると
  $$\int_a^b f(x)dx=\left[F(x)\right]_a^b$$
  $$=F(b)-F(a)$$

**定積分の性質**

- $\int_a^a f(x)dx=0$
- $\int_b^a f(x)dx=-\int_a^b f(x)dx$
- $\int_a^c f(x)dx+\int_c^b f(x)dx$
  $=\int_a^b f(x)dx$

**定積分と微分**

- $\frac{d}{dx}\int_a^x f(t)dt=f(x)$
  ($a$ は定数)

**2曲線間の面積**

- 区間 $a\leqq x\leqq b$ において $f(x)\geqq g(x)$ であるとき，2曲線 $y=f(x)$，$y=g(x)$ と2直線 $x=a$，$x=b$ で囲まれた図形の面積 $S$ は
  $$S=\int_a^b\{f(x)-g(x)\}dx$$

# 1節 不定積分

## 1 不定積分とその基本公式

**用語のまとめ**

**不定積分**

- $F'(x)=f(x)$ であるような関数 $F(x)$ を，関数 $f(x)$ の **原始関数** という。
- 関数 $f(x)$ の原始関数をまとめて $\int f(x)dx$ と表し，$f(x)$ の **不定積分** という。

  すなわち　$\displaystyle\int f(x)dx=F(x)+C$

  である。この左辺における $f(x)$ を **被積分関数**，$x$ を **積分変数** という。
  また，右辺の $C$ を **積分定数** という。
- $f(x)$ の不定積分を求めることを，**$f(x)$ を $x$ で積分する**，または，単に $f(x)$ を **積分する** という。

**$x^\alpha$ の不定積分**　解き方のポイント

$\alpha \neq -1$ のとき　$\displaystyle\int x^\alpha dx=\frac{1}{\alpha+1}x^{\alpha+1}+C$　（$\alpha$ は実数）

$\alpha=-1$ のとき　$\displaystyle\int \frac{1}{x}dx=\log|x|+C$　⇐ $x^{-1}=\dfrac{1}{x}$

注意　今後は特に断らなければ，$C$ は積分定数を表すものとする。

教 p.141

**問1**　次の不定積分を求めよ。

(1) $\displaystyle\int \frac{1}{x^3}dx$　　(2) $\displaystyle\int \sqrt{x}\,dx$

(3) $\displaystyle\int x^{\frac{2}{3}}dx$　　(4) $\displaystyle\int \frac{1}{\sqrt[4]{t}}dt$

考え方　被積分関数を $x^\alpha$ の形に表し，$x^\alpha$ の不定積分の公式を用いる。

解答　(1) $\displaystyle\int \frac{1}{x^3}dx=\int x^{-3}dx=\frac{1}{-3+1}x^{-3+1}+C=-\frac{1}{2}x^{-2}+C$

$$=-\frac{1}{2x^2}+C$$

(2) $\displaystyle\int \sqrt{x}\,dx=\int x^{\frac{1}{2}}dx=\frac{1}{\frac{1}{2}+1}x^{\frac{1}{2}+1}+C=\frac{2}{3}x^{\frac{3}{2}}+C=\frac{2}{3}x\sqrt{x}+C$

(3) $\int x^{\frac{2}{3}}dx = \dfrac{1}{\frac{2}{3}+1}x^{\frac{2}{3}+1}+C = \dfrac{3}{5}x^{\frac{5}{3}}+C$

(4) $\int \dfrac{1}{\sqrt[4]{t}}dt = \int t^{-\frac{1}{4}}dt = \dfrac{1}{-\frac{1}{4}+1}t^{-\frac{1}{4}+1}+C = \dfrac{4}{3}t^{\frac{3}{4}}+C = \dfrac{4}{3}\sqrt[4]{t^3}+C$

## ● 関数の定数倍・和・差の不定積分 ……… 解き方のポイント

**1** $\int kf(x)dx = k\int f(x)dx$ （$k$ は定数）

**2** $\int \{f(x)+g(x)\}dx = \int f(x)dx + \int g(x)dx$

**3** $\int \{f(x)-g(x)\}dx = \int f(x)dx - \int g(x)dx$

教 p.142

**問 2** 次の不定積分を求めよ。

(1) $\int \dfrac{2x+1}{x^2}dx$　　(2) $\int \dfrac{3x-4}{\sqrt{x}}dx$

(3) $\int \left(x-\dfrac{1}{x}\right)^2 dx$　　(4) $\int \dfrac{(u-1)^3}{u}du$

**考え方** $x^\alpha$ の不定積分の公式が使えるように式を変形する。

**解答** (1) $\int \dfrac{2x+1}{x^2}dx = \int\left(\dfrac{2}{x}+\dfrac{1}{x^2}\right)dx$

$= 2\int \dfrac{1}{x}dx + \int x^{-2}dx$

$= 2\log|x| - x^{-1} + C$

$= 2\log|x| - \dfrac{1}{x} + C$

(2) $\int \dfrac{3x-4}{\sqrt{x}}dx = \int\left(3\sqrt{x}-\dfrac{4}{\sqrt{x}}\right)dx$

$= \int (3x^{\frac{1}{2}} - 4x^{-\frac{1}{2}})dx$

$= 3\int x^{\frac{1}{2}}dx - 4\int x^{-\frac{1}{2}}dx$

$= 3\cdot\dfrac{2}{3}x^{\frac{3}{2}} - 4\cdot 2x^{\frac{1}{2}} + C$

$= 2x\sqrt{x} - 8\sqrt{x} + C$

$= 2\sqrt{x}(x-4) + C$

(3) $\displaystyle\int\left(x-\frac{1}{x}\right)^2 dx=\int\left(x^2-2+\frac{1}{x^2}\right)dx$

$\displaystyle=\int x^2dx-2\int dx+\int x^{-2}dx$

$\displaystyle=\frac{1}{3}x^3-2x-x^{-1}+C$

$\displaystyle=\frac{1}{3}x^3-2x-\frac{1}{x}+C$

(4) $\displaystyle\int\frac{(u-1)^3}{u}du=\int\frac{u^3-3u^2+3u-1}{u}du$

$\displaystyle=\int\left(u^2-3u+3-\frac{1}{u}\right)du$

$\displaystyle=\int u^2du-3\int u\,du+3\int du-\int\frac{1}{u}du$

$\displaystyle=\frac{1}{3}u^3-3\cdot\frac{1}{2}u^2+3\cdot u-\log|u|+C$

$\displaystyle=\frac{1}{3}u^3-\frac{3}{2}u^2+3u-\log|u|+C$

## ● 三角関数の不定積分 …… 解き方のポイント

$$\int\sin x\,dx=-\cos x+C$$

$$\int\cos x\,dx=\sin x+C$$

$$\int\frac{1}{\cos^2 x}dx=\tan x+C$$

$$\int\frac{1}{\sin^2 x}dx=-\frac{1}{\tan x}+C$$

教 p.143

**問 3** 次の不定積分を求めよ。

(1) $\displaystyle\int(3\sin x-4\cos x)dx$　　(2) $\displaystyle\int\frac{\cos^3 x-4}{\cos^2 x}dx$

(3) $\displaystyle\int\frac{3+\sin^3 x}{\sin^2 x}dx$　　(4) $\displaystyle\int\frac{1}{\tan^2 x}dx$

**考え方** $\sin x$，$\cos x$，$\dfrac{1}{\cos^2 x}$，$\dfrac{1}{\sin^2 x}$ の不定積分の公式が使えるように式を変形する。

**解答** (1) $\displaystyle\int(3\sin x-4\cos x)dx=-3\cos x-4\sin x+C$

(2) $\displaystyle\int\frac{\cos^3 x-4}{\cos^2 x}dx=\int\left(\cos x-\frac{4}{\cos^2 x}\right)dx$

$\displaystyle=\int\left(\cos x-4\cdot\frac{1}{\cos^2 x}\right)dx$

$=\sin x-4\tan x+C$

(3) $\displaystyle\int\frac{3+\sin^3 x}{\sin^2 x}dx=\int\left(\frac{3}{\sin^2 x}+\sin x\right)dx$

$\displaystyle=\int\left(3\cdot\frac{1}{\sin^2 x}+\sin x\right)dx$

$\displaystyle=-\frac{3}{\tan x}-\cos x+C$

(4) $\displaystyle\int\frac{1}{\tan^2 x}dx=\int\frac{\cos^2 x}{\sin^2 x}dx$

$\displaystyle=\int\frac{1-\sin^2 x}{\sin^2 x}dx$

$\displaystyle=\int\left(\frac{1}{\sin^2 x}-1\right)dx$

$\displaystyle=-\frac{1}{\tan x}-x+C$

## ● 指数関数の不定積分 …… 解き方のポイント

$$\int e^x dx=e^x+C,\qquad \int a^x dx=\frac{a^x}{\log a}+C$$

**教 p.143**

**問 4** 次の不定積分を求めよ。

(1) $\displaystyle\int(5e^x+3)dx$　　(2) $\displaystyle\int(10^x-2^x)dx$

**考え方** $e^x$, $a^x$ の不定積分の公式を用いる。

**解答** (1) $\displaystyle\int(5e^x+3)dx=5e^x+3x+C$

(2) $\displaystyle\int(10^x-2^x)dx=\frac{10^x}{\log 10}-\frac{2^x}{\log 2}+C$

# 2 置換積分法

## ● $f(ax+b)$ の不定積分　解き方のポイント

$F'(x)=f(x)$ のとき

$$\int f(ax+b)dx=\frac{1}{a}F(ax+b)+C \qquad \text{ただし}\quad a \neq 0$$

教 p.144

**問5**　次の不定積分を求めよ。

(1) $\displaystyle\int (3x+2)^4 dx$　　(2) $\displaystyle\int \sqrt[4]{2-x}\,dx$

(3) $\displaystyle\int \frac{dx}{2x-1}$　　(4) $\displaystyle\int e^{4x+1}dx$

(5) $\displaystyle\int \sin\left(2\theta-\frac{\pi}{3}\right)d\theta$

**考え方**　$ax+b$ の部分をひとまとまりとみて，$f(ax+b)$ の不定積分の公式を用いる。

**解答**

(1) $\displaystyle\int (3x+2)^4 dx=\frac{1}{3}\cdot\frac{1}{4+1}(3x+2)^{4+1}+C=\frac{1}{15}(3x+2)^5+C$

(2) $\displaystyle\int \sqrt[4]{2-x}\,dx=\int (2-x)^{\frac{1}{4}}dx=\frac{1}{-1}\cdot\frac{1}{\frac{1}{4}+1}(2-x)^{\frac{1}{4}+1}+C$

$\displaystyle=-\frac{4}{5}(2-x)\sqrt[4]{2-x}+C$

(3) $\displaystyle\int \frac{dx}{2x-1}=\frac{1}{2}\log|2x-1|+C$

(4) $\displaystyle\int e^{4x+1}dx=\frac{1}{4}e^{4x+1}+C$

(5) $\displaystyle\int \sin\left(2\theta-\frac{\pi}{3}\right)d\theta=\frac{1}{2}\cdot\left\{-\cos\left(2\theta-\frac{\pi}{3}\right)\right\}+C$

$\displaystyle=-\frac{1}{2}\cos\left(2\theta-\frac{\pi}{3}\right)+C$

## ● 置換積分法(1)　解き方のポイント

$$\int f(x)dx=\int f(g(t))g'(t)dt \qquad \text{ただし，}\ x=g(t)$$

**注意**　上の公式を $\displaystyle\int f(x)dx=\int f(g(t))\frac{dx}{dt}dt$ と表すことがある。

教 p.145

**問6**　例題2の不定積分を，$2x-1=t$ とおいて求めよ。

**考え方**　$2x-1=t$ を $x$ について解き，$\dfrac{dx}{dt}$ を求めて $t$ の積分に置き換える。

**解答**　$2x-1=t$ とおくと，$x=\dfrac{t+1}{2}$ であるから　$\dfrac{dx}{dt}=\dfrac{1}{2}$

よって

$$\int x\sqrt{2x-1}\,dx$$
$$=\int \frac{t+1}{2}\cdot\sqrt{t}\cdot\frac{1}{2}dt \quad \longleftarrow \quad dx=\frac{1}{2}dt$$
$$=\frac{1}{4}\int\left(t^{\frac{3}{2}}+t^{\frac{1}{2}}\right)dt$$
$$=\frac{1}{4}\left(\frac{2}{5}t^{\frac{5}{2}}+\frac{2}{3}t^{\frac{3}{2}}\right)+C$$
$$=\frac{1}{2}\left(\frac{1}{5}t+\frac{1}{3}\right)t^{\frac{3}{2}}+C$$
$$=\frac{1}{30}(3t+5)t^{\frac{3}{2}}+C$$
$$=\frac{1}{30}\{3(2x-1)+5\}(2x-1)\sqrt{2x-1}+C$$
$$=\frac{1}{15}(3x+1)(2x-1)\sqrt{2x-1}+C$$

教 p.145

**問7**　次の不定積分を求めよ。

(1)　$\displaystyle\int x\sqrt{x+1}\,dx$　　(2)　$\displaystyle\int \frac{x}{\sqrt{3x-1}}dx$

(3)　$\displaystyle\int \frac{x^2}{\sqrt{3-x}}dx$

**考え方**　$\sqrt{\quad}$ の部分の式を $t$ とおいて置換積分法の公式を用いる。

**解答**　(1)　$\sqrt{x+1}=t$ とおくと，$x=t^2-1$ であるから　$\dfrac{dx}{dt}=2t$

よって

$$\int x\sqrt{x+1}\,dx=\int (t^2-1)\cdot t\cdot 2t\,dt$$
$$=2\int (t^4-t^2)dt$$

$$= 2\left(\frac{1}{5}t^5 - \frac{1}{3}t^3\right) + C$$

$$= \frac{2}{15}(3t^2 - 5)t^3 + C$$

$$= \frac{2}{15}\{3(x+1) - 5\}(x+1)\sqrt{x+1} + C$$

$$= \frac{2}{15}(3x-2)(x+1)\sqrt{x+1} + C$$

(2) $\sqrt{3x-1} = t$ とおくと，$x = \frac{1}{3}(t^2+1)$ であるから $\frac{dx}{dt} = \frac{2}{3}t$

よって

$$\int \frac{x}{\sqrt{3x-1}}dx = \int \frac{\frac{1}{3}(t^2+1)}{t} \cdot \frac{2}{3}t\,dt$$

$$= \frac{2}{9}\int (t^2+1)dt$$

$$= \frac{2}{9}\left(\frac{1}{3}t^3 + t\right) + C$$

$$= \frac{2}{27}(t^2+3)t + C$$

$$= \frac{2}{27}\{(3x-1)+3\}\sqrt{3x-1} + C$$

$$= \frac{2}{27}(3x+2)\sqrt{3x-1} + C$$

(3) $\sqrt{3-x} = t$ とおくと，$x = 3 - t^2$ であるから $\frac{dx}{dt} = -2t$

よって

$$\int \frac{x^2}{\sqrt{3-x}}dx = \int \frac{(3-t^2)^2}{t} \cdot (-2t)dt$$

$$= -2\int (9 - 6t^2 + t^4)dt$$

$$= -2\left(9t - 2t^3 + \frac{1}{5}t^5\right) + C$$

$$= -\frac{2}{5}(t^4 - 10t^2 + 45)t + C$$

$$= -\frac{2}{5}\{(3-x)^2 - 10(3-x) + 45\}\sqrt{3-x} + C$$

$$= -\frac{2}{5}(x^2 + 4x + 24)\sqrt{3-x} + C$$

● 置換積分法(2)　　解き方のポイント

$$\int f(g(x))g'(x)dx = \int f(u)du \qquad \text{ただし，} g(x) = u$$

教 p.146

**問8**　次の不定積分を求めよ。

(1) $\int 3x^2\sqrt{x^3-1}\,dx$　　(2) $\int \cos^3 x \sin x\, dx$

(3) $\int xe^{x^2}dx$　　(4) $\int \frac{\log x}{x}dx$

**考え方**　次のように置き換える。

(1) $x^3-1=u$　　(2) $\cos x = u$

(3) $x^2=u$　　(4) $\log x = u$

**解答**　(1) $3x^2=(x^3-1)'$ であるから，$x^3-1=u$ とおくと

$$\int 3x^2\sqrt{x^3-1}\,dx = \int \sqrt{x^3-1}\cdot 3x^2 dx = \int \sqrt{x^3-1}\cdot(x^3-1)'dx$$

$$= \int \sqrt{u}\,du = \int u^{\frac{1}{2}}du = \frac{2}{3}u^{\frac{3}{2}} + C$$

$$= \frac{2}{3}(x^3-1)\sqrt{x^3-1} + C$$

(2) $\sin x = -(\cos x)'$ であるから，$\cos x = u$ とおくと

$$\int \cos^3 x \sin x\, dx = \int \cos^3 x\cdot\{-(\cos x)'\}dx = -\int \cos^3 x(\cos x)'dx$$

$$= -\int u^3 du = -\frac{1}{4}u^4 + C = -\frac{1}{4}\cos^4 x + C$$

(3) $x = \frac{1}{2}(x^2)'$ であるから，$x^2=u$ とおくと

$$\int xe^{x^2}dx = \int e^{x^2}\cdot\frac{1}{2}(x^2)'dx = \frac{1}{2}\int e^{x^2}\cdot(x^2)'dx = \frac{1}{2}\int e^u du$$

$$= \frac{1}{2}e^u + C = \frac{1}{2}e^{x^2} + C$$

(4) $\frac{1}{x} = (\log x)'$ であるから，$\log x = u$ とおくと

$$\int \frac{\log x}{x}dx = \int \log x\cdot\frac{1}{x}dx = \int \log x\cdot(\log x)'dx = \int u\,du$$

$$= \frac{1}{2}u^2 + C = \frac{1}{2}(\log x)^2 + C$$

## ● $\dfrac{g'(x)}{g(x)}$ の不定積分　解き方のポイント

$$\int \frac{g'(x)}{g(x)}dx = \log|g(x)| + C$$

教 p.147

**問 9**　次の不定積分を求めよ。

(1) $\displaystyle\int \frac{2x+4}{x^2+4x+5}dx$　　(2) $\displaystyle\int \frac{x^2}{x^3-1}dx$

(3) $\displaystyle\int \frac{dx}{\tan x}$　　(4) $\displaystyle\int \frac{e^{-x}}{e^{-x}+1}dx$

**考え方**　(3) $\dfrac{1}{\tan x} = \dfrac{\cos x}{\sin x}$ と変形する。

**解答**　(1)
$$\int \frac{2x+4}{x^2+4x+5}dx = \int \frac{(x^2+4x+5)'}{x^2+4x+5}dx$$
$$= \log|x^2+4x+5| + C$$
$$= \boldsymbol{\log(x^2+4x+5)+C}$$
$x^2+4x+5 = (x+2)^2+1>0$

(2)
$$\int \frac{x^2}{x^3-1}dx = \int \frac{\frac{1}{3}(x^3-1)'}{x^3-1}dx$$
$$= \boldsymbol{\frac{1}{3}\log|x^3-1|+C}$$

(3)
$$\int \frac{dx}{\tan x} = \int \frac{\cos x}{\sin x}dx$$
$$= \int \frac{(\sin x)'}{\sin x}dx$$
$$= \boldsymbol{\log|\sin x|+C}$$

(4)
$$\int \frac{e^{-x}}{e^{-x}+1}dx = \int \frac{-(e^{-x}+1)'}{e^{-x}+1}dx$$
$$= -\log|e^{-x}+1| + C$$
$$= \boldsymbol{-\log(e^{-x}+1)+C}$$
$e^{-x}+1>0$

# 3 部分積分法

**部分積分法** …… 解き方のポイント

$$\int f(x)g'(x)dx = f(x)g(x) - \int f'(x)g(x)dx$$

教 p.148

**問 10** 次の不定積分を求めよ。

(1) $\int x\sin x\,dx$  (2) $\int xe^{-x}dx$  (3) $\int (x+3)\cos 2x\,dx$

**考え方** $f(x)g'(x)$ を考えるとき，微分して簡単な形になるほうを $f(x)$ とする。

**解 答** (1) 被積分関数を

$$x\sin x = x\cdot(-\cos x)'$$

と考えて，部分積分法の公式を用いると

$$\begin{aligned}\int x\sin x\,dx &= \int x\cdot(-\cos x)'\,dx\\ &= x\cdot(-\cos x) - \int 1\cdot(-\cos x)dx\\ &= -x\cos x + \int \cos x\,dx\\ &= \boldsymbol{-x\cos x + \sin x + C}\end{aligned}$$

(2) 被積分関数を

$$xe^{-x} = x\cdot(-e^{-x})'$$

と考えて，部分積分法の公式を用いると

$$\begin{aligned}\int xe^{-x}dx &= \int x\cdot(-e^{-x})'\,dx\\ &= x\cdot(-e^{-x}) - \int 1\cdot(-e^{-x})dx\\ &= -xe^{-x} - e^{-x} + C\\ &= \boldsymbol{-(x+1)e^{-x} + C}\end{aligned}$$

(3) 被積分関数を

$$(x+3)\cos 2x = (x+3)\cdot\left(\frac{1}{2}\sin 2x\right)'$$

と考えて，部分積分法の公式を用いると

$$\begin{aligned}\int (x+3)\cos 2x\,dx &= \int (x+3)\cdot\left(\frac{1}{2}\sin 2x\right)'dx\\ &= (x+3)\cdot\frac{1}{2}\sin 2x - \int 1\cdot\frac{1}{2}\sin 2x\,dx\\ &= \boldsymbol{\frac{1}{2}(x+3)\sin 2x + \frac{1}{4}\cos 2x + C}\end{aligned}$$

教 p.149

**問 11**　次の不定積分を求めよ。

(1) $\int x\log x\,dx$　　(2) $\int \log(x+1)\,dx$

**解答**　(1) $\int x\log x\,dx = \int (\log x)\cdot\left(\frac{1}{2}x^2\right)' dx$

$= (\log x)\cdot\frac{1}{2}x^2 - \int (\log x)'\cdot\frac{1}{2}x^2\,dx$

$= (\log x)\cdot\frac{1}{2}x^2 - \int \frac{1}{x}\cdot\frac{1}{2}x^2\,dx$

$= \frac{1}{2}x^2\log x - \frac{1}{2}\int x\,dx$

$= \frac{1}{2}x^2\log x - \frac{1}{4}x^2 + C$

(2) $\int \log(x+1)\,dx = \int \{\log(x+1)\}\cdot(x+1)'\,dx$

$= \{\log(x+1)\}\cdot(x+1) - \int \{\log(x+1)\}'\cdot(x+1)\,dx$

$= \{\log(x+1)\}\cdot(x+1) - \int \frac{1}{x+1}\cdot(x+1)\,dx$

$= (x+1)\log(x+1) - \int dx$

$= (x+1)\log(x+1) - x + C$

教 p.149

**問 12**　不定積分 $\int x^2\sin x\,dx$ を求めよ。

**考え方**　部分積分法を繰り返し用いる。

**解答**　$\int x^2\sin x\,dx = \int x^2\cdot(-\cos x)'\,dx$

$= -x^2\cos x - \int (x^2)'\cdot(-\cos x)\,dx$

$= -x^2\cos x + 2\int x\cos x\,dx$

$= -x^2\cos x + 2\int x\cdot(\sin x)'\,dx$

$= -x^2\cos x + 2\left\{x\sin x - \int (x)'\cdot\sin x\,dx\right\}$

$= -x^2\cos x + 2x\sin x - 2\int \sin x\,dx$

$= -x^2\cos x + 2x\sin x + 2\cos x + C$

# 4 いろいろな関数の不定積分

**用語のまとめ**

**部分分数に分解する**

- 1つの分数式を簡単な分数式の和や差の形で表すことを **部分分数に分解する** という。

**● 分数関数の不定積分** 解き方のポイント

(1) (分母の次数) ≦ (分子の次数) のとき

分子を分母で割り，商 $+\dfrac{余り}{分母}$ の形に変形する。

(2) (分母の次数) > (分子の次数) のとき

1つの分数式を積分しやすいいくつかの部分分数に分解する。



教 p.150

**問13** 次の不定積分を求めよ。

(1) $\displaystyle\int\frac{x-2}{x+1}dx$　(2) $\displaystyle\int\frac{x^2-x+1}{x+2}dx$

(3) $\displaystyle\int\frac{dx}{x(x+2)}$　(4) $\displaystyle\int\frac{-x+8}{x^2-x-6}dx$

**考え方** (1), (2) 分子を分母で割り，分数式を 商 $+\dfrac{余り}{分母}$ の形に変形する。

(3), (4) 部分分数に分解する。(4) は，まず分母を因数分解する。

**解答** (1) $\displaystyle\int\frac{x-2}{x+1}dx=\int\left(1-\frac{3}{x+1}\right)dx$

$=x-3\log|x+1|+C$

$$\begin{array}{r} 1 \\ x+1\,\big)\,\overline{x-2} \\ x+1 \\ \hline -3 \end{array}$$

(2) $\displaystyle\int\frac{x^2-x+1}{x+2}dx$

$\displaystyle=\int\left(x-3+\frac{7}{x+2}\right)dx$

$\displaystyle=\frac{1}{2}x^2-3x+7\log|x+2|+C$

$$\begin{array}{r} x-3 \\ x+2\,\big)\,\overline{x^2-\ x+1} \\ x^2+2x \\ \hline -3x+1 \\ -3x-6 \\ \hline 7 \end{array}$$

(3) $\dfrac{1}{x(x+2)}=\dfrac{a}{x}+\dfrac{b}{x+2}$ とおき，

分母をはらうと　$1=a(x+2)+bx$

右辺を整理して　$1=(a+b)x+2a$

よって　$a+b=0$，$2a=1$

これを解いて　$a=\dfrac{1}{2}$，$b=-\dfrac{1}{2}$

$$\frac{1}{x(x+2)}=\frac{\frac{1}{2}}{x}+\frac{-\frac{1}{2}}{x+2}=\frac{1}{2}\left(\frac{1}{x}-\frac{1}{x+2}\right)$$

となるから

$$\int\frac{dx}{x(x+2)}=\int\frac{1}{2}\left(\frac{1}{x}-\frac{1}{x+2}\right)dx$$

$$=\frac{1}{2}(\log|x|-\log|x+2|)+C$$

$$=\frac{1}{2}\log\left|\frac{x}{x+2}\right|+C$$

(4) $\dfrac{-x+8}{x^2-x-6}=\dfrac{-x+8}{(x+2)(x-3)}=\dfrac{a}{x+2}+\dfrac{b}{x-3}$ とおき，

分母をはらうと　$-x+8=a(x-3)+b(x+2)$

右辺を整理して　$-x+8=(a+b)x-3a+2b$

よって　$a+b=-1$，$-3a+2b=8$

これを解いて　$a=-2$，$b=1$

$\dfrac{-x+8}{x^2-x-6}=-\dfrac{2}{x+2}+\dfrac{1}{x-3}$ となるから

$$\int\frac{-x+8}{x^2-x-6}dx=\int\left(-\frac{2}{x+2}+\frac{1}{x-3}\right)dx$$

$$=-2\log|x+2|+\log|x-3|+C$$

$$=-\log(x+2)^2+\log|x-3|+C$$

$$=\log\frac{|x-3|}{(x+2)^2}+C$$

プラス＋

(1)，(2) の分数式の変形は，次のようにして求めることもできる。

(1) $\dfrac{x-2}{x+1}=\dfrac{(x+1)-3}{x+1}=\dfrac{x+1}{x+1}-\dfrac{3}{x+1}=1-\dfrac{3}{x+1}$

(2) $\dfrac{x^2-x+1}{x+2}=\dfrac{(x+2)(x-3)+7}{x+2}=\dfrac{(x+2)(x-3)}{x+2}+\dfrac{7}{x+2}$

$$=x-3+\frac{7}{x+2}$$

## 三角関数の不定積分 …… 解き方のポイント

三角関数の積分では，次の公式がよく用いられる。

(1) $\sin^2\alpha=\dfrac{1-\cos 2\alpha}{2}$，$\cos^2\alpha=\dfrac{1+\cos 2\alpha}{2}$

(2) **積を和・差になおす公式**

[1] $\sin\alpha\cos\beta=\dfrac{1}{2}\{\sin(\alpha+\beta)+\sin(\alpha-\beta)\}$

[2] $\cos\alpha\cos\beta=\dfrac{1}{2}\{\cos(\alpha+\beta)+\cos(\alpha-\beta)\}$

[3] $\sin\alpha\sin\beta=-\dfrac{1}{2}\{\cos(\alpha+\beta)-\cos(\alpha-\beta)\}$

教 p.151

**問 14** 上の公式 [1] が成り立つことを，三角関数の加法定理を用いて証明せよ。

**考え方** $\sin(\alpha+\beta)$ と $\sin(\alpha-\beta)$ の加法定理を用いて式変形する。

**証明** 加法定理により

$$\sin(\alpha+\beta)=\sin\alpha\cos\beta+\cos\alpha\sin\beta$$
$$\sin(\alpha-\beta)=\sin\alpha\cos\beta-\cos\alpha\sin\beta$$

この 2 式の辺々を加えると

$$\sin(\alpha+\beta)+\sin(\alpha-\beta)=2\sin\alpha\cos\beta$$

したがって

$$\sin\alpha\cos\beta=\frac{1}{2}\{\sin(\alpha+\beta)+\sin(\alpha-\beta)\}$$

教 p.151

**問 15** 次の不定積分を求めよ。

(1) $\displaystyle\int\cos^2 x\,dx$　　(2) $\displaystyle\int\sin^2 5x\,dx$

(3) $\displaystyle\int\cos 2x\cos 3x\,dx$　　(4) $\displaystyle\int\sin x\sin 3x\,dx$

**考え方** 公式を用いて，三角関数の 1 次式に変形する。

**解答** (1) $\displaystyle\int\cos^2 x\,dx=\frac{1}{2}\int(1+\cos 2x)\,dx$

$$=\frac{1}{2}\left(x+\frac{1}{2}\sin 2x\right)+C$$

$$=\boldsymbol{\frac{1}{2}x+\frac{1}{4}\sin 2x+C}$$

(2) $\int \sin^2 5x\,dx = \frac{1}{2}\int (1-\cos 10x)dx$

$= \frac{1}{2}\left(x - \frac{1}{10}\sin 10x\right) + C$

$= \frac{1}{2}x - \frac{1}{20}\sin 10x + C$

(3) $\int \cos 2x \cos 3x\,dx = \int \cos 3x \cos 2x\,dx$

$= \frac{1}{2}\int \{\cos(3x+2x) + \cos(3x-2x)\}dx$

$= \frac{1}{2}\int (\cos 5x + \cos x)dx$

$= \frac{1}{2}\left(\frac{1}{5}\sin 5x + \sin x\right) + C$

$= \frac{1}{10}\sin 5x + \frac{1}{2}\sin x + C$

(4) $\int \sin x \sin 3x\,dx = \int \sin 3x \sin x\,dx$

$= -\frac{1}{2}\{\cos(3x+x) - \cos(3x-x)\}dx$

$= -\frac{1}{2}\int (\cos 4x - \cos 2x)dx$

$= -\frac{1}{2}\left(\frac{1}{4}\sin 4x - \frac{1}{2}\sin 2x\right) + C$

$= -\frac{1}{8}\sin 4x + \frac{1}{4}\sin 2x + C$

教 p.152

**問 16** 不定積分 $\int \cos^3 x\,dx$ を求めよ。

**考え方** $\cos^3 x = \cos^2 x \cdot \cos x$ から $\cos^2 x = 1 - \sin^2 x$ を利用し，$\sin x = u$ と置き換える。

**解答** $\int \cos^3 x\,dx = \int \cos^2 x \cdot \cos x\,dx = \int (1-\sin^2 x)\cos x\,dx$

$\sin x = u$ とおくと，$\cos x = \frac{du}{dx}$ となるから

$\int \cos^3 x\,dx = \int (1-u^2)du$

$= u - \frac{1}{3}u^3 + C$

$= \sin x - \frac{1}{3}\sin^3 x + C$

教 p.152

**問 17** 不定積分 $\int \frac{dx}{\sin x}$ を求めよ。

**考え方** $\frac{1}{\sin x} = \frac{\sin x}{\sin^2 x}$ から $\sin^2 x = 1 - \cos^2 x$ を利用し，$\cos x = u$ と置き換える。

**解 答**

$$\int \frac{dx}{\sin x} = \int \frac{\sin x}{\sin^2 x} dx = \int \frac{\sin x}{1-\cos^2 x} dx$$

$\cos x = u$ とおくと，$-\sin x = \frac{du}{dx}$ となるから

$$\begin{aligned}\int \frac{dx}{\sin x} &= \int \frac{1}{1-u^2} \cdot (-1) du \\ &= \int \frac{1}{u^2-1} du \\ &= \frac{1}{2} \int \left( \frac{1}{u-1} - \frac{1}{u+1} \right) du \\ &= \frac{1}{2} (\log|u-1| - \log|u+1|) + C \\ &= \frac{1}{2} \log\left| \frac{\cos x - 1}{\cos x + 1} \right| + C \\ &= \frac{1}{2} \log \frac{1-\cos x}{1+\cos x} + C\end{aligned}$$

真数 > 0 より
$-1 < \cos x < 1$
すなわち
$1 - \cos x > 0$,
$1 + \cos x > 0$

## 問　題　　教 p.153

**1** 次の不定積分を求めよ。

(1) $\displaystyle\int\frac{(\sqrt{x}-1)^3}{x}dx$　　(2) $\displaystyle\int(\tan x+2)\cos x\,dx$

**考え方** (1) 分子を展開して，$x^\alpha$ の不定積分の公式が使える形に変形する。

(2) 被積分関数を $\sin x$ と $\cos x$ の式に変形する。

**解　答** (1) $\displaystyle\int\frac{(\sqrt{x}-1)^3}{x}dx=\int\frac{x\sqrt{x}-3x+3\sqrt{x}-1}{x}dx$

$\displaystyle=\int\left(\sqrt{x}-3+\frac{3}{\sqrt{x}}-\frac{1}{x}\right)dx$

$\displaystyle=\int\left(x^{\frac{1}{2}}-3+3x^{-\frac{1}{2}}-\frac{1}{x}\right)dx$

$\displaystyle=\frac{2}{3}x^{\frac{3}{2}}-3x+3\cdot2x^{\frac{1}{2}}-\log|x|+C$

$\displaystyle=\boldsymbol{\frac{2}{3}x\sqrt{x}-3x+6\sqrt{x}-\log x+C}$

(2) $\displaystyle\int(\tan x+2)\cos x\,dx=\int(\sin x+2\cos x)dx$　　$\longleftarrow$ $\tan x=\dfrac{\sin x}{\cos x}$

$=\boldsymbol{-\cos x+2\sin x+C}$

**注意** (1) 与えられた式の分子に $\sqrt{x}$ があることから　　$x\geqq0$

分母に $x$ があることから　　$x\neq0$

したがって，$x>0$ であるから　　$\log|x|=\log x$

**2** 次の不定積分を求めよ。

(1) $\displaystyle\int(2x-3)^{\frac{2}{3}}dx$　　(2) $\displaystyle\int x(2x+5)^3dx$

(3) $\displaystyle\int\frac{e^x}{1-e^x}dx$　　(4) $\displaystyle\int\frac{dx}{x\log x}$

(5) $\displaystyle\int\frac{1-\tan x}{1+\tan x}dx$　　(6) $\displaystyle\int(x-1)e^x dx$

(7) $\displaystyle\int x^2\log x\,dx$　　(8) $\displaystyle\int x\sin3x\,dx$

**考え方** (1) $F'(x)=f(x)$ のとき　　$\displaystyle\int f(ax+b)dx=\frac{1}{a}F(ax+b)+C$

(2) 置換積分法の公式を用いる。

(3)，(4)，(5) $\displaystyle\int\frac{g'(x)}{g(x)}dx=\log|g(x)|+C$ の公式を用いる。

(6)，(7)，(8) 部分積分法の公式を用いる。

**解答** (1) $\displaystyle\int(2x-3)^{\frac{2}{3}}dx=\frac{1}{2}\cdot\frac{3}{5}(2x-3)^{\frac{5}{3}}+C=\frac{3}{10}(2x-3)^{\frac{5}{3}}+C$

(2) $2x+5=t$ とおくと，$x=\dfrac{t-5}{2}$ であるから　$\dfrac{dx}{dt}=\dfrac{1}{2}$

よって

$$\begin{aligned}\int x(2x+5)^3dx&=\int\frac{t-5}{2}\cdot t^3\cdot\frac{1}{2}dt\\&=\frac{1}{4}\int(t^4-5t^3)dt\\&=\frac{1}{4}\left(\frac{1}{5}t^5-\frac{5}{4}t^4\right)+C\\&=\frac{1}{80}t^4(4t-25)+C\\&=\frac{1}{80}(2x+5)^4\{4(2x+5)-25\}+C\\&=\boldsymbol{\frac{1}{80}(2x+5)^4(8x-5)+C}\end{aligned}$$

(3) $\displaystyle\int\frac{e^x}{1-e^x}dx=-\int\frac{(1-e^x)'}{1-e^x}dx=\boldsymbol{-\log|1-e^x|+C}$

(4) $\displaystyle\int\frac{dx}{x\log x}=\int\frac{\frac{1}{x}}{\log x}dx=\int\frac{(\log x)'}{\log x}dx=\boldsymbol{\log|\log x|+C}$

(5) $$\begin{aligned}\int\frac{1-\tan x}{1+\tan x}dx&=\int\frac{1-\dfrac{\sin x}{\cos x}}{1+\dfrac{\sin x}{\cos x}}dx\\&=\int\frac{\cos x-\sin x}{\cos x+\sin x}dx\\&=\int\frac{(\cos x+\sin x)'}{\cos x+\sin x}dx\\&=\boldsymbol{\log|\cos x+\sin x|+C}\end{aligned}$$

(6) 被積分関数を

$(x-1)e^x=(x-1)\cdot(e^x)'$

と考えて，部分積分法の公式を用いると

$$\begin{aligned}\int(x-1)e^xdx&=\int(x-1)\cdot(e^x)'dx\\&=(x-1)e^x-\int1\cdot e^xdx\\&=(x-1)e^x-e^x+C\\&=\boldsymbol{(x-2)e^x+C}\end{aligned}$$

(7) 被積分関数を

$$x^2\log x=(\log x)\cdot\left(\frac{1}{3}x^3\right)'$$

と考えて，部分積分法の公式を用いると

$$\int x^2\log x\,dx=\int(\log x)\cdot\left(\frac{1}{3}x^3\right)'dx$$

$$=(\log x)\cdot\frac{1}{3}x^3-\int\frac{1}{x}\cdot\frac{1}{3}x^3dx$$

$$=\frac{1}{3}x^3\log x-\frac{1}{3}\int x^2dx$$

$$=\frac{1}{3}x^3\log x-\frac{1}{9}x^3+C$$

(8) 被積分関数を

$$x\sin 3x=x\cdot\left(-\frac{1}{3}\cos 3x\right)'$$

と考えて，部分積分法の公式を用いると

$$\int x\sin 3x\,dx=\int x\cdot\left(-\frac{1}{3}\cos 3x\right)'dx$$

$$=x\cdot\left(-\frac{1}{3}\cos 3x\right)-\int 1\cdot\left(-\frac{1}{3}\cos 3x\right)dx$$

$$=-\frac{1}{3}x\cos 3x+\frac{1}{3}\cdot\frac{1}{3}\sin 3x+C$$

$$=-\frac{1}{3}x\cos 3x+\frac{1}{9}\sin 3x+C$$

**別解** (2) 部分積分法の公式を用いる。

$$\int x(2x+5)^3dx=\int x\cdot\left\{\frac{1}{2}\cdot\frac{1}{4}(2x+5)^4\right\}'dx$$

$$=x\cdot\frac{1}{8}(2x+5)^4-\int\frac{1}{8}(2x+5)^4dx$$

$$=\frac{1}{8}x(2x+5)^4-\frac{1}{8}\cdot\frac{1}{2}\cdot\frac{1}{5}(2x+5)^5+C$$

$$=\frac{1}{80}(2x+5)^4(8x-5)+C$$

**3** 次の不定積分を求めよ。

(1) $\displaystyle\int\frac{2x^2}{1-x}dx$　　(2) $\displaystyle\int\frac{2x^3+4x^2+6}{x^2+2x-3}dx$

(3) $\displaystyle\int(\sin x-\cos x)^2dx$　　(4) $\displaystyle\int\frac{dx}{1+\cos 2x}$

**考え方** (1), (2)　分子を分母で割り，分数式を $\text{商}+\dfrac{\text{余り}}{\text{分母}}$ の形にする。

(3)　2 倍角の公式などを用いて，三角関数の 1 次式にする。

(4)　$\cos 2x=2\cos^2x-1$ を用いる。

**解答** (1) $\displaystyle\int\frac{2x^2}{1-x}dx=\int\left(-2x-2+\frac{2}{1-x}\right)dx$

$\displaystyle=-x^2-2x-2\log|1-x|+C$

$$\begin{array}{r} -2x-2 \\ -x+1\,\big)\,\overline{2x^2\phantom{-2x}} \\ 2x^2-2x \\ \hline 2x \\ 2x-2 \\ \hline 2 \end{array}$$

(2) $\displaystyle\int\frac{2x^3+4x^2+6}{x^2+2x-3}dx$

$\displaystyle=\int\left(2x+\frac{6x+6}{x^2+2x-3}\right)dx$

$\displaystyle=\int\left\{2x+\frac{3(x^2+2x-3)'}{x^2+2x-3}\right\}dx$

$=x^2+3\log|x^2+2x-3|+C$

$$\begin{array}{r} 2x\phantom{+4x^2\qquad+6} \\ x^2+2x-3\,\big)\,\overline{2x^3+4x^2\qquad+6} \\ 2x^3+4x^2-6x\phantom{+6} \\ \hline 6x+6 \end{array}$$

(3) $\displaystyle\int(\sin x-\cos x)^2dx=\int(\sin^2x-2\sin x\cos x+\cos^2x)dx$

$\displaystyle=\int(1-\sin 2x)dx$

$\displaystyle=x+\frac{1}{2}\cos 2x+C$

(4) $\displaystyle\int\frac{dx}{1+\cos 2x}=\int\frac{dx}{1+(2\cos^2x-1)}$

$\displaystyle=\frac{1}{2}\int\frac{dx}{\cos^2x}$

$\displaystyle=\frac{1}{2}\tan x+C$

**プラス＋** (1), (2)の分数式の変形は，次のようにして求めることができる。

(1) $\displaystyle\frac{2x^2}{1-x}=\frac{-2(1+x)(1-x)+2}{1-x}=-2-2x+\frac{2}{1-x}$

(2) $\displaystyle\frac{2x^3+4x^2+6}{x^2+2x-3}=\frac{2x(x^2+2x-3)+6x+6}{x^2+2x-3}=2x+\frac{6x+6}{x^2+2x-3}$

**4** 次の条件を満たす関数 $F(x)$ を求めよ。

$$F'(x)=x(x+1)^{\frac{1}{3}},\qquad F(0)=0$$

**考え方** 置換積分法または部分積分法の公式を用いて $F(x)$ を求め，$F(0)=0$ から積分定数 $C$ の値を決定する。

**解 答** $x+1=t$ とおくと，$x=t-1$ であるから $\dfrac{dx}{dt}=1$

よって

$$\begin{aligned}F(x)&=\int x(x+1)^{\frac{1}{3}}dx\\&=\int(t-1)t^{\frac{1}{3}}dt\\&=\int\left(t^{\frac{4}{3}}-t^{\frac{1}{3}}\right)dt\\&=\frac{3}{7}t^{\frac{7}{3}}-\frac{3}{4}t^{\frac{4}{3}}+C\\&=\frac{3}{28}(4t^2-7t)t^{\frac{1}{3}}+C\\&=\frac{3}{28}\{4(x+1)^2-7(x+1)\}(x+1)^{\frac{1}{3}}+C\\&=\frac{3}{28}(4x^2+x-3)(x+1)^{\frac{1}{3}}+C\end{aligned}$$

ここで，$F(0)=0$ であるから $-\dfrac{9}{28}+C=0$ すなわち $C=\dfrac{9}{28}$

したがって

$$\boldsymbol{F(x)=\frac{3}{28}(4x^2+x-3)(x+1)^{\frac{1}{3}}+\frac{9}{28}}$$

$$\left(\frac{3}{28}(4x-3)(x+1)^{\frac{4}{3}}+\frac{9}{28}\right)$$

**別解** 

$$\begin{aligned}F(x)&=\int x(x+1)^{\frac{1}{3}}dx=\int x\cdot\left\{\frac{3}{4}(x+1)^{\frac{4}{3}}\right\}'dx\\&=x\cdot\frac{3}{4}(x+1)^{\frac{4}{3}}-\frac{3}{4}\int(x+1)^{\frac{4}{3}}dx\\&=\frac{3}{4}x(x+1)^{\frac{4}{3}}-\frac{3}{4}\cdot\frac{3}{7}(x+1)^{\frac{7}{3}}+C\\&=\frac{3}{28}\{7x(x+1)-3(x+1)^2\}(x+1)^{\frac{1}{3}}+C\\&=\frac{3}{28}(4x^2+x-3)(x+1)^{\frac{1}{3}}+C\quad\text{（以下同じ）}\end{aligned}$$

**5** 次の不定積分を求めよ。

(1) $\displaystyle\int(\log x)^2dx$　　(2) $\displaystyle\int\tan^3x\,dx$　　(3) $\displaystyle\int\frac{1}{e^x-e^{-x}}dx$

**考え方** (1) 部分積分法を繰り返し用いる。

(2) $\tan^3x=\tan^2x\cdot\tan x$ から $1+\tan^2x=\dfrac{1}{\cos^2x}$ を利用して展開し，置換積分法を利用する。

(3) 分母，分子に $e^x$ を掛けて，$e^x=u$ と置き換える。

**解答** (1)

$$\begin{aligned}\int(\log x)^2dx&=\int(\log x)^2\cdot(x)'dx\\&=(\log x)^2\cdot x-\int\{(\log x)^2\}'\cdot x\,dx\\&=x(\log x)^2-\int 2\log x\cdot\frac{1}{x}\cdot x\,dx\\&=x(\log x)^2-2\int\log x\,dx\\&=x(\log x)^2-2\int\log x\cdot(x)'dx\\&=x(\log x)^2-2\left(\log x\cdot x-\int\frac{1}{x}\cdot x\,dx\right)\\&=x(\log x)^2-2x\log x+2\int dx\\&=\boldsymbol{x(\log x)^2-2x\log x+2x+C}\end{aligned}$$

(2) $1+\tan^2x=\dfrac{1}{\cos^2x}$ より　$\tan^2x=\dfrac{1}{\cos^2x}-1$

$$\begin{aligned}\int\tan^3x\,dx&=\int\tan^2x\cdot\tan x\,dx\\&=\int\left(\frac{1}{\cos^2x}-1\right)\tan x\,dx\\&=\int\left(\frac{1}{\cos^2x}\cdot\tan x-\tan x\right)dx\\&=\int\tan x\cdot(\tan x)'dx-\int\tan x\,dx\\&=\frac{1}{2}\tan^2x-\int\frac{-(\cos x)'}{\cos x}dx\\&=\frac{1}{2}\left(\frac{1}{\cos^2x}-1\right)+\log|\cos x|+C\\&=\boldsymbol{\log|\cos x|+\frac{1}{2\cos^2x}+C}\end{aligned}$$

$C-\dfrac{1}{2}$ を $C$ と書きかえた

(3) $$\int \frac{1}{e^x - e^{-x}} dx = \int \frac{e^x}{e^{2x} - 1} dx \quad \cdots\cdots ①$$

$e^x = u$ とおくと，$e^x = \dfrac{du}{dx}$ となるから，① より

$$\int \frac{1}{e^x - e^{-x}} dx = \int \frac{1}{u^2 - 1} du$$
$$= \frac{1}{2} \int \left( \frac{1}{u-1} - \frac{1}{u+1} \right) du$$
$$= \frac{1}{2} (\log|u-1| - \log|u+1|) + C$$
$$= \frac{1}{2} \log \frac{|e^x - 1|}{|e^x + 1|} + C$$
$$= \frac{1}{2} \log \frac{|e^x - 1|}{e^x + 1} + C$$

**別解** (2) $\cos x = t$ とおくと，$-\sin x = \dfrac{dt}{dx}$ となるから

$$\int \tan^3 x\, dx = \int \frac{\sin^3 x}{\cos^3 x} dx$$
$$= \int \frac{\sin^2 x}{\cos^3 x} \cdot \sin x\, dx$$
$$= \int \frac{1 - \cos^2 x}{\cos^3 x} \cdot \sin x\, dx$$
$$= \int \frac{1 - t^2}{t^3} \cdot (-1) dt$$
$$= \int \left( \frac{1}{t} - \frac{1}{t^3} \right) dt$$
$$= \int \left( \frac{1}{t} - t^{-3} \right) dt$$
$$= \log|t| + \frac{1}{2} t^{-2} + C$$
$$= \log|\cos x| + \frac{1}{2\cos^2 x} + C$$

**6** 不定積分 $I=\int \sin x\cos x\,dx$ について，次の問に答えよ。

(1) $I$ を次の 2 つの方法で求めよ。

① $\sin x\cos x=\sin x(\sin x)'$ とみて置換積分法を用いて求める。

② $\sin x\cos x=\dfrac{1}{2}\sin 2x$ とみて求める。

(2) 上の方法 ①，② で求めた不定積分が同じであることを説明せよ。

**解答** (1) ① $\cos x=(\sin x)'$ であるから，$\sin x=u$ とおくと

$$
\begin{aligned}
I&=\int \sin x\cos x\,dx\\
&=\int \sin x(\sin x)'\,dx\\
&=\int u\,du\\
&=\frac{1}{2}u^2+C_1\\
&=\frac{1}{2}\sin^2 x+C_1
\end{aligned}
$$

② 
$$
\begin{aligned}
I&=\int \sin x\cos x\,dx\\
&=\int \frac{1}{2}\sin 2x\,dx\\
&=\frac{1}{2}\int \sin 2x\,dx\\
&=-\frac{1}{4}\cos 2x+C_2
\end{aligned}
$$

(2) ②で求めた式の右辺を変形すると

$$
\begin{aligned}
-\frac{1}{4}\cos 2x+C_2&=-\frac{1}{4}(1-2\sin^2 x)+C_2\\
&=\frac{1}{2}\sin^2 x-\frac{1}{4}+C_2
\end{aligned}
$$

ここで，$-\dfrac{1}{4}+C_2$ を $C_1$ とおくと，方法 ①，② で求めた不定積分は同じであることが分かる。

# 探究　不定積分 $\int e^x \sin x\,dx$, $\int e^x \cos x\,dx$ を求める ［課題学習］

教 p.154

**考察1**　$\int e^x \sin x\,dx = e^x(\sin x - \cos x) - \int e^x \sin x\,dx$ となることを確かめてみよう。

考え方　部分積分法を繰り返し用いて計算する。

解答

$$\int e^x \sin x\,dx$$

$$= \int (e^x)' \cdot \sin x\,dx$$

被積分関数を $e^x \sin x = (e^x)' \cdot \sin x$ と考える

$$= e^x \cdot \sin x - \int e^x \cdot \cos x\,dx$$

$$= e^x \sin x - \int (e^x)' \cos x\,dx$$

$$= e^x \sin x - \left\{e^x \cos x - \int e^x(-\sin x)dx\right\}$$

$$= e^x(\sin x - \cos x) - \int e^x \sin x\,dx$$

**考察2**　不定積分 $\int e^x \cos x\,dx$ を求めてみよう。

考え方　部分積分法を繰り返し用いて計算する。

解答

$$\int e^x \cos x\,dx$$

$$= \int (e^x)' \cdot \cos x\,dx$$

被積分関数を $e^x \cos x = (e^x)' \cdot \cos x$ と考える

$$= e^x \cdot \cos x - \int e^x \cdot (-\sin x)dx$$

$$= e^x \cos x + \int e^x \sin x\,dx$$

$$= e^x \cos x + \int (e^x)' \sin x\,dx$$

$$= e^x \cos x + \left\{e^x \sin x - \int e^x \cos x\,dx\right\}$$

$$= e^x(\sin x + \cos x) - \int e^x \cos x\,dx$$

したがって

$$\int e^x \cos x\,dx = \frac{1}{2}e^x(\sin x + \cos x) + C$$

**考察 3** 前ページの結果を用いて，次の等式が成り立つことを確かめてみよう。

(1) $\displaystyle\int xe^x\sin x\,dx=\frac{1}{2}e^x\{x(\sin x-\cos x)+\cos x\}+C$

(2) $\displaystyle\int xe^x\cos x\,dx=\frac{1}{2}e^x\{x(\sin x+\cos x)-\sin x\}+C$

**考え方** 部分積分法の公式を利用して積分する。その際に

(1)では $\displaystyle\left\{\frac{1}{2}e^x(\sin x-\cos x)\right\}'=e^x\sin x$ ← 教科書 p.154 の 12 行目より

(2)では $\displaystyle\left\{\frac{1}{2}e^x(\sin x+\cos x)\right\}'=e^x\cos x$ ← 考察 2 より

であることを用いる。

**解 答** (1) $\displaystyle\int xe^x\sin x\,dx$

$\displaystyle=\int x\cdot\left\{\frac{1}{2}e^x(\sin x-\cos x)\right\}'dx$

$\displaystyle=x\cdot\frac{1}{2}e^x(\sin x-\cos x)-\int 1\cdot\frac{1}{2}e^x(\sin x-\cos x)dx$

$\displaystyle=\frac{1}{2}xe^x(\sin x-\cos x)-\frac{1}{2}\left\{\int e^x\sin x\,dx-\int e^x\cos x\,dx\right\}$

$\displaystyle=\frac{1}{2}xe^x(\sin x-\cos x)-\frac{1}{2}\left\{\frac{1}{2}e^x(\sin x-\cos x)-\frac{1}{2}e^x(\sin x+\cos x)\right\}+C$

$\displaystyle=\frac{1}{2}xe^x(\sin x-\cos x)+\frac{1}{2}e^x\cos x+C$

$\displaystyle=\frac{1}{2}e^x\{x(\sin x-\cos x)+\cos x\}+C$

(2) $\displaystyle\int xe^x\cos x\,dx$

$\displaystyle=\int x\cdot\left\{\frac{1}{2}e^x(\sin x+\cos x)\right\}'dx$

$\displaystyle=x\cdot\frac{1}{2}e^x(\sin x+\cos x)-\int 1\cdot\frac{1}{2}e^x(\sin x+\cos x)dx$

$\displaystyle=\frac{1}{2}xe^x(\sin x+\cos x)-\frac{1}{2}\left\{\int e^x\sin x\,dx+\int e^x\cos x\,dx\right\}$

$\displaystyle=\frac{1}{2}xe^x(\sin x+\cos x)-\frac{1}{2}\left\{\frac{1}{2}e^x(\sin x-\cos x)+\frac{1}{2}e^x(\sin x+\cos x)\right\}+C$

$\displaystyle=\frac{1}{2}xe^x(\sin x+\cos x)-\frac{1}{2}e^x\sin x+C$

$\displaystyle=\frac{1}{2}e^x\{x(\sin x+\cos x)-\sin x\}+C$

# 2節 定積分

## 1 定積分

**用語のまとめ**

**定積分**

- $f(x)$ をある区間で連続な関数とし，$F(x)$ をその原始関数の1つとするとき，区間内の2数 $a$，$b$ に対して，$a$，$b$ の大小に関わらず，$F(b)-F(a)$ を，$f(x)$ の $a$ から $b$ までの **定積分** といい，$\int_a^b f(x)dx$ で表す。
- $a$ を定積分 $\int_a^b f(x)dx$ の **下端**，$b$ を **上端** とよぶ。また，この定積分を求めることを，$f(x)$ を $a$ から $b$ まで**積分する** という。

**定積分** …………………… **解き方のポイント**

$f(x)$ の原始関数の1つを $F(x)$ とするとき

$$\int_a^b f(x)dx = \Big[F(x)\Big]_a^b = F(b)-F(a)$$

教 p.156

**問1** 次の定積分を求めよ。

(1) $\displaystyle\int_1^e \frac{dx}{x}$　　(2) $\displaystyle\int_0^1 2^t dt$　　(3) $\displaystyle\int_0^{\frac{\pi}{3}} \cos 2\theta d\theta$

**考え方** まず不定積分を求め，上端と下端の値を代入して差を求める。

**解答** (1) $\displaystyle\int_1^e \frac{dx}{x} = \Big[\log|x|\Big]_1^e$

$= \log e - \log 1$

$= 1-0$

$= 1$

(2) $\displaystyle\int_0^1 2^t dt = \left[\frac{2^t}{\log 2}\right]_0^1$

$\displaystyle = \frac{2}{\log 2} - \frac{1}{\log 2}$

$\displaystyle = \frac{1}{\log 2}$

(3) $\displaystyle\int_0^{\frac{\pi}{3}} \cos 2\theta\, d\theta = \left[\frac{1}{2}\sin 2\theta\right]_0^{\frac{\pi}{3}}$

$\displaystyle = \frac{1}{2}\left(\frac{\sqrt{3}}{2} - 0\right)$

$\displaystyle = \frac{\sqrt{3}}{4}$

## ● 定積分の性質 …… 解き方のポイント

1 $\displaystyle\int_a^b kf(x)dx = k\int_a^b f(x)dx$ （$k$ は定数）

2 $\displaystyle\int_a^b \{f(x)+g(x)\}dx = \int_a^b f(x)dx + \int_a^b g(x)dx$

3 $\displaystyle\int_a^b \{f(x)-g(x)\}dx = \int_a^b f(x)dx - \int_a^b g(x)dx$

4 $\displaystyle\int_a^a f(x)dx = 0$

5 $\displaystyle\int_b^a f(x)dx = -\int_a^b f(x)dx$

6 $\displaystyle\int_a^b f(x)dx = \int_a^c f(x)dx + \int_c^b f(x)dx$

**教 p.156**

**問 2** 次の定積分を求めよ。

(1) $\displaystyle\int_1^e \frac{x^2-3x+1}{x}dx$　　(2) $\displaystyle\int_1^2 \frac{x-2}{\sqrt{x}}dx$

(3) $\displaystyle\int_{-1}^1 (e^x - e^{-x})dx - \int_{-1}^0 (e^x - e^{-x})dx$　　(4) $\displaystyle\int_0^{\pi} \sin^2 x\, dx$

**考え方** 不定積分を求めやすいように式を変形する。

(3) 定積分の性質 5, 6 を利用して，積分区間を 1 つにまとめてから定積分の計算をする。

**解答** (1) $\displaystyle\int_1^e \frac{x^2-3x+1}{x}dx=\int_1^e\left(x-3+\frac{1}{x}\right)dx$

$\displaystyle=\int_1^e x\,dx-3\int_1^e dx+\int_1^e\frac{1}{x}dx$

$\displaystyle=\left[\frac{1}{2}x^2\right]_1^e-3\Big[x\Big]_1^e+\Big[\log|x|\Big]_1^e$

$\displaystyle=\boldsymbol{\frac{1}{2}e^2-3e+\frac{7}{2}}$

(2) $\displaystyle\int_1^2\frac{x-2}{\sqrt{x}}dx=\int_1^2\left(\sqrt{x}-\frac{2}{\sqrt{x}}\right)dx$

$\displaystyle=\int_1^2\left(x^{\frac{1}{2}}-2x^{-\frac{1}{2}}\right)dx$

$\displaystyle=\int_1^2 x^{\frac{1}{2}}dx-2\int_1^2 x^{-\frac{1}{2}}dx$

$\displaystyle=\left[\frac{2}{3}x^{\frac{3}{2}}\right]_1^2-2\left[2x^{\frac{1}{2}}\right]_1^2$

$\displaystyle=\boldsymbol{\frac{10-8\sqrt{2}}{3}}$

(3) $\displaystyle\int_{-1}^1(e^x-e^{-x})dx-\underline{\int_{-1}^0(e^x-e^{-x})dx}$

定積分の性質 5

$\displaystyle=\underline{\int_0^{-1}(e^x-e^{-x})dx}+\int_{-1}^1(e^x-e^{-x})dx$

定積分の性質 6

$\displaystyle=\int_0^1(e^x-e^{-x})dx$

$\displaystyle=\int_0^1 e^x\,dx-\int_0^1 e^{-x}dx$

$\displaystyle=\Big[e^x\Big]_0^1+\Big[e^{-x}\Big]_0^1$

$\displaystyle=\boldsymbol{e+\frac{1}{e}-2}$

(4) $\displaystyle\int_0^\pi\sin^2x\,dx=\frac{1}{2}\int_0^\pi(1-\cos 2x)dx$

$\displaystyle=\frac{1}{2}\int_0^\pi dx-\frac{1}{2}\int_0^\pi\cos 2x\,dx$

$\displaystyle=\frac{1}{2}\Big[x\Big]_0^\pi-\frac{1}{2}\left[\frac{1}{2}\sin 2x\right]_0^\pi$

$\displaystyle=\boldsymbol{\frac{\pi}{2}}$

教 p.157

**問 3** 次の定積分を求めよ。

(1) $\displaystyle\int_{\frac{\pi}{3}}^{\frac{\pi}{2}} \sin 5x \sin x\, dx$　　(2) $\displaystyle\int_{\frac{\pi}{6}}^{\pi} \cos 3x \sin x\, dx$

**考え方** 三角関数の積を和や差になおす公式（本書 p.213）を用いる。

**解 答** (1)

$$\int_{\frac{\pi}{3}}^{\frac{\pi}{2}} \sin 5x \sin x\, dx = -\frac{1}{2}\int_{\frac{\pi}{3}}^{\frac{\pi}{2}} \{\cos(5x+x)-\cos(5x-x)\}dx$$

$$= -\frac{1}{2}\int_{\frac{\pi}{3}}^{\frac{\pi}{2}} (\cos 6x - \cos 4x)dx$$

$$= -\frac{1}{2}\left[\frac{1}{6}\sin 6x - \frac{1}{4}\sin 4x\right]_{\frac{\pi}{3}}^{\frac{\pi}{2}}$$

$$= -\frac{1}{2}\left\{(0-0)-\left(0+\frac{\sqrt{3}}{8}\right)\right\}$$

$$= \frac{\sqrt{3}}{16}$$

(2)

$$\int_{\frac{\pi}{6}}^{\pi} \cos 3x \sin x\, dx = \int_{\frac{\pi}{6}}^{\pi} \sin x \cos 3x\, dx$$

$$= \frac{1}{2}\int_{\frac{\pi}{6}}^{\pi} \{\sin(x+3x)+\sin(x-3x)\}dx$$

$$= \frac{1}{2}\int_{\frac{\pi}{6}}^{\pi} \{\sin 4x + \sin(-2x)\}dx$$

$$= \frac{1}{2}\int_{\frac{\pi}{6}}^{\pi} (\sin 4x - \sin 2x)dx$$

$$= \frac{1}{2}\left[-\frac{1}{4}\cos 4x + \frac{1}{2}\cos 2x\right]_{\frac{\pi}{6}}^{\pi}$$

$$= \frac{1}{2}\left\{\left(-\frac{1}{4}+\frac{1}{2}\right)-\left(\frac{1}{8}+\frac{1}{4}\right)\right\}$$

$$= -\frac{1}{16}$$

**教 p.157**

**問 4**　次の定積分を求めよ。

(1) $\displaystyle\int_1^9 |\sqrt{x}-2|\,dx$　　　(2) $\displaystyle\int_0^{\pi} |\cos\theta|\,d\theta$

**考え方**　絶対値記号の中の式の符号によって積分区間を分けて考える。

**解答**　(1) $0 \leqq x \leqq 4$ のとき

$$|\sqrt{x}-2| = -(\sqrt{x}-2)$$

$4 \leqq x$ のとき

$$|\sqrt{x}-2| = \sqrt{x}-2$$

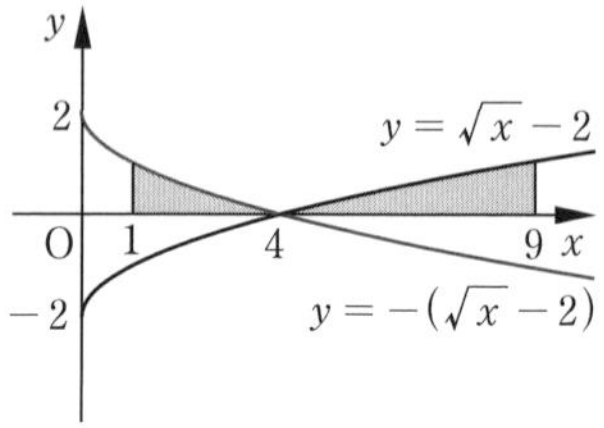


よって

$$\int_1^9 |\sqrt{x}-2|\,dx$$

$$= -\int_1^4 (\sqrt{x}-2)\,dx + \int_4^9 (\sqrt{x}-2)\,dx$$

$$= -\left[\frac{2}{3}x^{\frac{3}{2}} - 2x\right]_1^4 + \left[\frac{2}{3}x^{\frac{3}{2}} - 2x\right]_4^9$$

$$= -\left\{\left(\frac{16}{3}-8\right)-\left(\frac{2}{3}-2\right)\right\} + \left\{(18-18)-\left(\frac{16}{3}-8\right)\right\}$$

$$= 4$$

(2) $0 \leqq \theta \leqq \dfrac{\pi}{2}$ のとき

$$|\cos\theta| = \cos\theta$$

$\dfrac{\pi}{2} \leqq \theta \leqq \pi$ のとき

$$|\cos\theta| = -\cos\theta$$

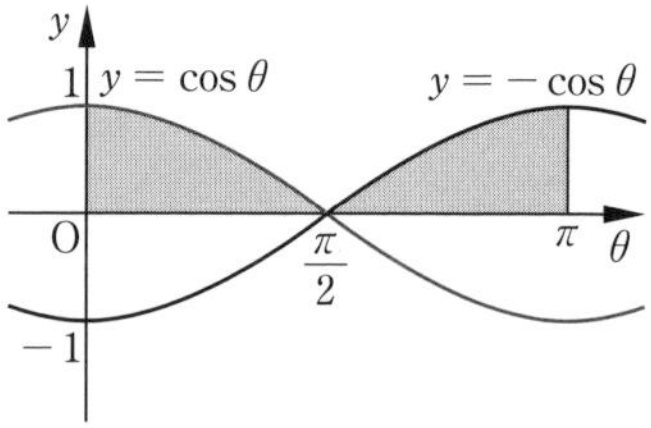


よって

$$\int_0^{\pi} |\cos\theta|\,d\theta$$

$$= \int_0^{\frac{\pi}{2}} \cos\theta\,d\theta - \int_{\frac{\pi}{2}}^{\pi} \cos\theta\,d\theta$$

$$= \Big[\sin\theta\Big]_0^{\frac{\pi}{2}} - \Big[\sin\theta\Big]_{\frac{\pi}{2}}^{\pi}$$

$$= (1-0)-(0-1)$$

$$= 2$$

# 2 定積分の置換積分法

**用語のまとめ**

**偶関数と奇関数**

- 関数 $f(x)$ において

$f(-x)=f(x)$ が常に成り立つとき，$f(x)$ を 偶関数

$f(-x)=-f(x)$ が常に成り立つとき，$f(x)$ を 奇関数

という。

**● 定積分の置換積分法** …… 解き方のポイント

$x=g(t)$ とおくとき，$a=g(\alpha)$，$b=g(\beta)$ ならば

$$\int_a^b f(x)dx=\int_\alpha^\beta f(g(t))g'(t)dt$$

| | |
|---|---|
| $x$ | $a \longrightarrow b$ |
| $t$ | $\alpha \longrightarrow \beta$ |

教 p.158

**問5** 次の定積分を求めよ。

(1) $\displaystyle\int_{-2}^{1}(2x+1)^4dx$ (2) $\displaystyle\int_0^1 x(1-x)^3dx$ (3) $\displaystyle\int_0^{\frac{\pi}{3}}\sin x\cos^3 x\,dx$

**考え方** (1) は $2x+1=t$，(2) は $1-x=t$，(3) は $\cos x=t$ とおく。このとき変数の対応を考えて，積分区間が変わることに注意する。

**解答** (1) $2x+1=t$ とおくと，$x=\dfrac{t-1}{2}$ であるから $\dfrac{dx}{dt}=\dfrac{1}{2}$

$x$ と $t$ の対応は右の表のようになる。よって

| | |
|---|---|
| $x$ | $-2 \longrightarrow 1$ |
| $t$ | $-3 \longrightarrow 3$ |

$$\int_{-2}^{1}(2x+1)^4dx=\int_{-3}^{3}t^4\cdot\frac{1}{2}dt$$

$$=\frac{1}{2}\int_{-3}^{3}t^4dt=\frac{1}{2}\cdot\frac{1}{5}\Big[t^5\Big]_{-3}^{3}$$

$$=\frac{1}{2}\cdot\frac{1}{5}\{3^5-(-3)^5\}=\frac{243}{5}$$

(2) $1-x=t$ とおくと，$x=1-t$ であるから $\dfrac{dx}{dt}=-1$

$x$ と $t$ の対応は右の表のようになる。よって

| | |
|---|---|
| $x$ | $0 \longrightarrow 1$ |
| $t$ | $1 \longrightarrow 0$ |

$$\int_0^1 x(1-x)^3dx=\int_1^0(1-t)t^3\cdot(-1)dt$$

$$=\int_1^0(-t^3+t^4)dt=\int_0^1(t^3-t^4)dt=\left[\frac{1}{4}t^4-\frac{1}{5}t^5\right]_0^1=\frac{1}{4}-\frac{1}{5}=\frac{1}{20}$$

4章 積分とその応用

(3)　$\sin x=-(\cos x)'$ であるから，$\cos x=t$ とおく。
$x$ と $t$ の対応は右の表のようになる。よって

| $x$ | $0\longrightarrow\frac{\pi}{3}$ |
|---|---|
| $t$ | $1\longrightarrow\frac{1}{2}$ |

$$\int_0^{\frac{\pi}{3}}\sin x\cos^3 x\,dx=\int_0^{\frac{\pi}{3}}\cos^3 x\cdot\{-(\cos x)'\}dx$$

$$=-\int_0^{\frac{\pi}{3}}\cos^3 x\cdot(\cos x)'dx=-\int_1^{\frac{1}{2}}t^3dt=\int_{\frac{1}{2}}^1 t^3dt$$

$$=\left[\frac{1}{4}t^4\right]_{\frac{1}{2}}^1=\frac{1}{4}\left\{1-\left(\frac{1}{2}\right)^4\right\}=\frac{15}{64}$$

教 p.159

**問6**　次の定積分を求めよ。

(1)　$\displaystyle\int_{-1}^0 x\sqrt{1+x}\,dx$　　(2)　$\displaystyle\int_{-1}^2\frac{x}{\sqrt{x+2}}dx$

**考え方**　(1) は $\sqrt{1+x}=t$，(2) は $\sqrt{x+2}=t$ とおく。

**解　答**　(1)　$\sqrt{1+x}=t$ とおくと，$x=t^2-1$ であるから　$\dfrac{dx}{dt}=2t$

$x$ と $t$ の対応は右の表のようになる。よって

| $x$ | $-1\longrightarrow 0$ |
|---|---|
| $t$ | $0\longrightarrow 1$ |

$$\int_{-1}^0 x\sqrt{1+x}\,dx=\int_0^1(t^2-1)t\cdot 2t\,dt$$

$$=2\int_0^1(t^4-t^2)dt=2\left[\frac{1}{5}t^5-\frac{1}{3}t^3\right]_0^1$$

$$=2\left(\frac{1}{5}-\frac{1}{3}\right)=-\frac{4}{15}$$

(2)　$\sqrt{x+2}=t$ とおくと，$x=t^2-2$ であるから　$\dfrac{dx}{dt}=2t$

$x$ と $t$ の対応は右の表のようになる。よって

| $x$ | $-1\longrightarrow 2$ |
|---|---|
| $t$ | $1\longrightarrow 2$ |

$$\int_{-1}^2\frac{x}{\sqrt{x+2}}dx=\int_1^2\frac{t^2-2}{t}\cdot 2t\,dt$$

$$=2\int_1^2(t^2-2)dt=2\left[\frac{1}{3}t^3-2t\right]_1^2$$

$$=2\left\{\left(\frac{8}{3}-4\right)-\left(\frac{1}{3}-2\right)\right\}=2\left(-\frac{4}{3}+\frac{5}{3}\right)=\frac{2}{3}$$

**別解**　(1)　$1+x=t$ とおくと，$x=t-1$ であるから　$\dfrac{dx}{dt}=1$

$x$ と $t$ の対応は右の表のようになる。よって

| $x$ | $-1\longrightarrow 0$ |
|---|---|
| $t$ | $0\longrightarrow 1$ |

$$\int_{-1}^0 x\sqrt{1+x}\,dx=\int_0^1(t-1)\sqrt{t}\,dt$$

$$=\int_0^1\left(t^{\frac{3}{2}}-t^{\frac{1}{2}}\right)dt=\left[\frac{2}{5}t^{\frac{5}{2}}-\frac{2}{3}t^{\frac{3}{2}}\right]_0^1=\frac{2}{5}-\frac{2}{3}=-\frac{4}{15}$$

(2) $x+2=t$ とおくと，$x=t-2$ であるから $\dfrac{dx}{dt}=1$

$x$ と $t$ の対応は右の表のようになる。よって

| $x$ | $-1 \longrightarrow 2$ |
|---|---|
| $t$ | $1 \longrightarrow 4$ |

$$\int_{-1}^{2}\frac{x}{\sqrt{x+2}}dx$$
$$=\int_{1}^{4}\frac{t-2}{\sqrt{t}}dt=\int_{1}^{4}(t^{\frac{1}{2}}-2t^{-\frac{1}{2}})dt$$
$$=\left[\frac{2}{3}t^{\frac{3}{2}}-4t^{\frac{1}{2}}\right]_1^4=\left(\frac{16}{3}-8\right)-\left(\frac{2}{3}-4\right)=\frac{2}{3}$$

## ● 三角関数に置き換える置換積分法 解き方のポイント

**被積分関数が**

**$\sqrt{a^2-x^2}$ を含むときは　　$x=a\sin\theta$**

**分母に $a^2+x^2$ を含むときは　　$x=a\tan\theta$**

**と置き換える。**

教 p.160

**問7** 次の定積分を求めよ。

(1) $\displaystyle\int_{-2}^{2}\sqrt{4-x^2}\,dx$　　(2) $\displaystyle\int_{0}^{\frac{\sqrt{3}}{2}}\frac{dx}{\sqrt{1-x^2}}$

**考え方** (1) は $x=2\sin\theta$，(2) は $x=\sin\theta$ とおく。

**解 答** (1) $x=2\sin\theta$ とおくと $\dfrac{dx}{d\theta}=2\cos\theta$

$x$ と $\theta$ の対応は右の表のようになる。

| $x$ | $-2 \longrightarrow 2$ |
|---|---|
| $\theta$ | $-\frac{\pi}{2} \longrightarrow \frac{\pi}{2}$ |

区間 $-\dfrac{\pi}{2}\leqq\theta\leqq\dfrac{\pi}{2}$ において，$\cos\theta\geqq 0$

であるから

$$\sqrt{4-x^2}=\sqrt{4(1-\sin^2\theta)}=\sqrt{4\cos^2\theta}$$
$$=2\cos\theta$$

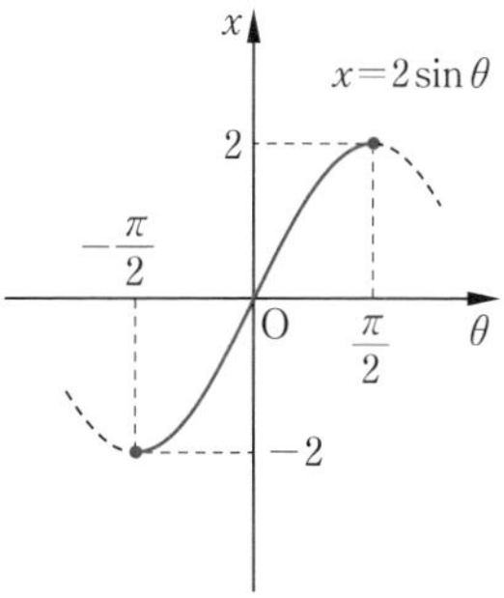


よって

$$\int_{-2}^{2}\sqrt{4-x^2}\,dx=\int_{-\frac{\pi}{2}}^{\frac{\pi}{2}}2\cos\theta\cdot 2\cos\theta\,d\theta$$
$$=4\int_{-\frac{\pi}{2}}^{\frac{\pi}{2}}\cos^2\theta\,d\theta=2\int_{-\frac{\pi}{2}}^{\frac{\pi}{2}}(1+\cos 2\theta)d\theta$$
$$=2\left[\theta+\frac{1}{2}\sin 2\theta\right]_{-\frac{\pi}{2}}^{\frac{\pi}{2}}=2\left(\frac{\pi}{2}+\frac{\pi}{2}\right)=2\pi$$

(2) $x=\sin\theta$ とおくと $\dfrac{dx}{d\theta}=\cos\theta$

$x$ と $\theta$ の対応は右の表のようになる。

| $x$ | $0 \longrightarrow \dfrac{\sqrt{3}}{2}$ |
|---|---|
| $\theta$ | $0 \longrightarrow \dfrac{\pi}{3}$ |

区間 $0 \leqq \theta \leqq \dfrac{\pi}{3}$ において，$\cos\theta>0$ であるから

$$\sqrt{1-x^2}=\sqrt{1-\sin^2\theta}=\sqrt{\cos^2\theta}=\cos\theta$$

よって

$$\int_0^{\frac{\sqrt{3}}{2}}\frac{dx}{\sqrt{1-x^2}}=\int_0^{\frac{\pi}{3}}\frac{1}{\cos\theta}\cdot\cos\theta\,d\theta=\int_0^{\frac{\pi}{3}}d\theta=\Big[\theta\Big]_0^{\frac{\pi}{3}}=\frac{\pi}{3}$$

プラス＋ (1) 関数 $y=\sqrt{4-x^2}$ のグラフは，右のような半円になる。

したがって，(1) の定積分の値は右の図の色で示した部分の面積に等しい。すなわち

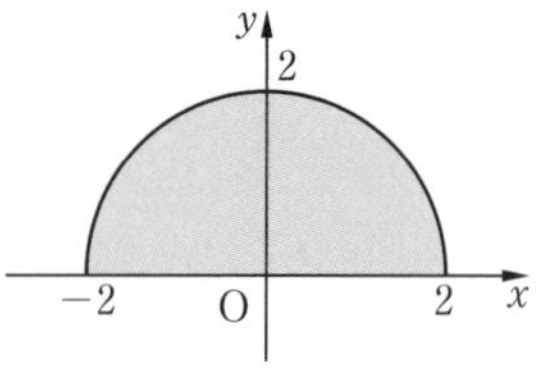


$$\frac{1}{2}\cdot\pi\cdot2^2=2\pi$$

**教 p.160**

**問8** 次の定積分を求めよ。

(1) $\displaystyle\int_0^{\sqrt{3}}\frac{dx}{1+x^2}$　　(2) $\displaystyle\int_{-1}^{\sqrt{3}}\frac{dx}{3+x^2}$

**考え方** (1) は $x=\tan\theta$，(2) は $x=\sqrt{3}\tan\theta$ とおく。

**解答** (1) $x=\tan\theta$ とおくと $\dfrac{dx}{d\theta}=\dfrac{1}{\cos^2\theta}$

区間 $-\dfrac{\pi}{2}<\theta<\dfrac{\pi}{2}$ において，$x$ と $\theta$ の対応は右の表のようになる。

| $x$ | $0 \longrightarrow \sqrt{3}$ |
|---|---|
| $\theta$ | $0 \longrightarrow \dfrac{\pi}{3}$ |

$$1+x^2=1+\tan^2\theta=\frac{1}{\cos^2\theta}$$

よって

$$\int_0^{\sqrt{3}}\frac{dx}{1+x^2}=\int_0^{\frac{\pi}{3}}\cos^2\theta\cdot\frac{1}{\cos^2\theta}d\theta=\int_0^{\frac{\pi}{3}}d\theta=\Big[\theta\Big]_0^{\frac{\pi}{3}}=\frac{\pi}{3}$$

(2) $x=\sqrt{3}\tan\theta$ とおくと $\dfrac{dx}{d\theta}=\dfrac{\sqrt{3}}{\cos^2\theta}$

区間 $-\dfrac{\pi}{2}<\theta<\dfrac{\pi}{2}$ において，$x$ と $\theta$ の対応は右の表のようになる。

| $x$ | $-1 \longrightarrow \sqrt{3}$ |
|---|---|
| $\theta$ | $-\dfrac{\pi}{6} \longrightarrow \dfrac{\pi}{4}$ |

$$3+x^2=3(1+\tan^2\theta)=\frac{3}{\cos^2\theta}$$

よって

$$\int_{-1}^{\sqrt{3}}\frac{dx}{3+x^2}=\int_{-\frac{\pi}{6}}^{\frac{\pi}{4}}\frac{\cos^2\theta}{3}\cdot\frac{\sqrt{3}}{\cos^2\theta}d\theta$$

$$=\frac{\sqrt{3}}{3}\int_{-\frac{\pi}{6}}^{\frac{\pi}{4}}d\theta=\frac{\sqrt{3}}{3}\Big[\theta\Big]_{-\frac{\pi}{6}}^{\frac{\pi}{4}}=\frac{5\sqrt{3}}{36}\pi$$

## ● 偶関数・奇関数の定積分 …… 解き方のポイント

**1** $f(x)$ が偶関数ならば $\displaystyle\int_{-a}^{a}f(x)dx=2\int_{0}^{a}f(x)dx$

**2** $f(x)$ が奇関数ならば $\displaystyle\int_{-a}^{a}f(x)dx=0$

教 p.161

**問9** 次の定積分を求めよ。

(1) $\displaystyle\int_{-1}^{1}(x^4-3x^3+5x-2)dx$　　(2) $\displaystyle\int_{-\frac{\pi}{4}}^{\frac{\pi}{4}}x^2\sin 2x\,dx$

**考え方** (1) 被積分関数を（偶関数）＋（奇関数）の形に分ける。

(2) 被積分関数が奇関数であるかどうかを調べる。

**解答** (1) $\displaystyle\int_{-1}^{1}(x^4-3x^3+5x-2)dx$

$$=\int_{-1}^{1}\underbrace{(x^4-2)}_{\text{偶関数}}dx+\int_{-1}^{1}\underbrace{(-3x^3+5x)}_{\text{奇関数}}dx$$

被積分関数を偶関数と奇関数に分ける。

$$=2\int_{0}^{1}(x^4-2)dx+0$$

$$=2\left[\frac{1}{5}x^5-2x\right]_0^1$$

$$=2\left(\frac{1}{5}-2\right)$$

$$=-\frac{18}{5}$$

(2) $f(x)=x^2\sin 2x$ とおくと

$$f(-x)=(-x)^2\sin(-2x)=x^2\cdot(-\sin 2x)=-x^2\sin 2x=-f(x)$$

よって，$f(x)$ は奇関数である。

したがって　$\displaystyle\int_{-\frac{\pi}{4}}^{\frac{\pi}{4}}x^2\sin 2x\,dx=0$

# 3 定積分の部分積分法

**● 定積分の部分積分法** 解き方のポイント

$$\int_a^b f(x)g'(x)dx = \Big[f(x)g(x)\Big]_a^b - \int_a^b f'(x)g(x)dx$$

教 p.162

**問 10** 次の定積分を求めよ。

(1) $\displaystyle\int_0^{\pi} x\cos x\,dx$　　(2) $\displaystyle\int_0^1 xe^{-2x}dx$

(3) $\displaystyle\int_1^{e^2} \log x\,dx$　　(4) $\displaystyle\int_1^e x^2\log x\,dx$

**考え方** 被積分関数を $f(x)g'(x)$ とみるとき，微分して簡単になるほうを $f(x)$ とみるのが原則であるが，(3)，(4) のように被積分関数に $\log x$ が含まれるときには，$\log x$ を $f(x)$ とみることが多い。

**解 答** (1) $\displaystyle\int_0^{\pi} x\cos x\,dx = \int_0^{\pi} x\cdot(\sin x)'dx = \Big[x\sin x\Big]_0^{\pi} - \int_0^{\pi} 1\cdot\sin x\,dx$

$\displaystyle = (0-0) - \Big[-\cos x\Big]_0^{\pi} = \Big[\cos x\Big]_0^{\pi} = -1-1 = -2$

(2) $\displaystyle\int_0^1 xe^{-2x}dx = \int_0^1 x\cdot\left(-\frac{1}{2}e^{-2x}\right)'dx$

$\displaystyle = \left[x\cdot\left(-\frac{1}{2}e^{-2x}\right)\right]_0^1 - \int_0^1 1\cdot\left(-\frac{1}{2}e^{-2x}\right)dx$

$\displaystyle = \left(-\frac{1}{2e^2}-0\right) - \left[\frac{1}{4}e^{-2x}\right]_0^1 = -\frac{1}{2e^2} - \left(\frac{1}{4e^2}-\frac{1}{4}\right) = -\frac{3}{4e^2}+\frac{1}{4}$

(3) $\displaystyle\int_1^{e^2} \log x\,dx = \int_1^{e^2} (x)'\cdot\log x\,dx = \Big[x\log x\Big]_1^{e^2} - \int_1^{e^2} x\cdot\frac{1}{x}dx$

$\displaystyle = (2e^2-0) - \Big[x\Big]_1^{e^2} = 2e^2-(e^2-1) = e^2+1$

(4) $\displaystyle\int_1^e x^2\log x\,dx = \int_1^e \left(\frac{1}{3}x^3\right)'\cdot\log x\,dx = \left[\frac{1}{3}x^3\log x\right]_1^e - \int_1^e \frac{1}{3}x^3\cdot\frac{1}{x}dx$

$\displaystyle = \left[\frac{1}{3}x^3\log x\right]_1^e - \frac{1}{3}\int_1^e x^2dx$

$\displaystyle = \frac{1}{3}(e^3-0) - \frac{1}{3}\left[\frac{1}{3}x^3\right]_1^e$

$\displaystyle = \frac{1}{3}e^3 - \left(\frac{1}{9}e^3-\frac{1}{9}\right) = \frac{2e^3+1}{9}$

# 4 定積分で表された関数

**積分と微分の関係** 解き方のポイント

$$\frac{d}{dx}\int_a^x f(t)dt = f(x)$$ ただし，$a$ は定数

教 p.163

**問 11** 次の $x$ の関数を微分せよ。ただし，$a$ は定数とする。

(1) $\displaystyle\int_a^x \sin\theta\, d\theta$　　(2) $\displaystyle\int_1^x \frac{t^3}{1+e^t}dt$

**解 答** (1) $\displaystyle\frac{d}{dx}\int_a^x \sin\theta\, d\theta = \sin x$　　(2) $\displaystyle\frac{d}{dx}\int_1^x \frac{t^3}{1+e^t}dt = \frac{x^3}{1+e^x}$

**定積分で表された関数の求め方** 解き方のポイント

1 上端または下端に $x$ を含む定積分で表されているときは，微分して「積分と微分の関係」を用いる。また，上端と下端が一致するような $x$ の値を代入したときに 0 になることから，定数の値を決定する。

2 関数 $f(x)$ が，上端，下端ともに定数の定積分を含むときは，
(定積分) $= k$ ……① ($k$ は定数) とおいて，$f(x)$ を $k$ を含む式で表し，①に代入して $k$ を求める。

教 p.163

**問 12** 関数 $F(x) = \displaystyle\int_0^x (x-t)e^{2t}dt$ のとき，$F''(x)$ を求めよ。

**考え方** 被積分関数 $(x-t)e^{2t}$ は $t$ の関数であるから，$x$ は定数とみなして積分記号の外に出してから，微分する。

**解 答** $F(x) = \displaystyle\int_0^x (xe^{2t} - te^{2t})dt = x\int_0^x e^{2t}dt - \int_0^x te^{2t}dt$ であるから

$$F'(x) = 1\cdot\int_0^x e^{2t}dt + x\left(\frac{d}{dx}\int_0^x e^{2t}dt\right) - \frac{d}{dx}\int_0^x te^{2t}dt$$

$$= \int_0^x e^{2t}dt + xe^{2x} - xe^{2x}$$

$$= \int_0^x e^{2t}dt$$

よって　$F''(x) = \displaystyle\frac{d}{dx}\int_0^x e^{2t}dt = e^{2x}$

教 p.164

**問 13**　次の等式を満たす関数 $f(x)$ を求めよ。

$$f(x)=\cos x+4\int_0^{\frac{\pi}{2}} f(t)\sin t\,dt$$

**考え方**　定積分 $\int_0^{\frac{\pi}{2}} f(t)\sin t\,dt$ は変数 $x$ を含まない定数であるから，これを $k$ とおくと $f(x)=\cos x+4k$ となる。これを $k=\int_0^{\frac{\pi}{2}} f(t)\sin t\,dt$ に代入すれば，$k$ の方程式が得られる。

**解　答**　$\int_0^{\frac{\pi}{2}} f(t)\sin t\,dt$ は，定数であるから

$$k=\int_0^{\frac{\pi}{2}} f(t)\sin t\,dt \qquad \cdots\cdots ①$$

とおくと

$$f(x)=\cos x+4k \qquad \cdots\cdots ②$$

①，② より

$$k=\int_0^{\frac{\pi}{2}}(\cos t+4k)\sin t\,dt=\int_0^{\frac{\pi}{2}}(\sin t\cos t+4k\sin t)\,dt$$

$$=\int_0^{\frac{\pi}{2}}\left(\frac{1}{2}\sin 2t+4k\sin t\right)dt$$

$$=\left[-\frac{1}{4}\cos 2t-4k\cos t\right]_0^{\frac{\pi}{2}}$$

$$=\frac{1}{4}-0+\frac{1}{4}+4k$$

$$=\frac{1}{2}+4k$$

よって

$$k=\frac{1}{2}+4k \quad より \qquad k=-\frac{1}{6}$$

したがって，② より

$$f(x)=\cos x-\frac{2}{3}$$

# 5 | 定積分と区分求積法

**用語のまとめ**

**区分求積法**

- 区間を細分し，長方形の面積の和の極限値として，図形の面積を求める方法を **区分求積法** という。

**● 区分求積法** …… **解き方のポイント**

一般に，関数 $f(x)$ が区間 $[a,\ b]$ で連続で，

$f(x) \geqq 0$ を満たすとき，面積 $S=\int_a^b f(x)dx$

を区分求積法によって考えれば

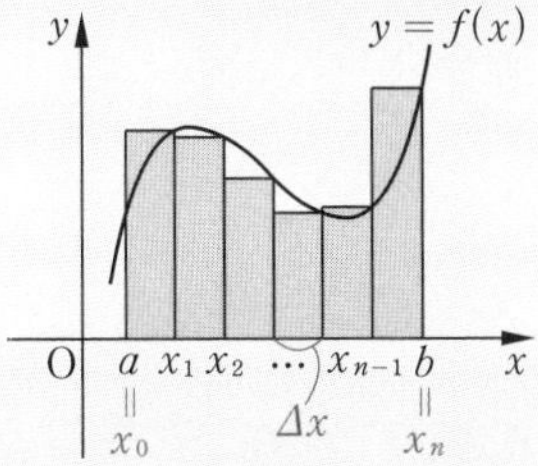


$$\lim_{n\to\infty}\sum_{k=1}^{n} f(x_k)\Delta x=\int_a^b f(x)dx \quad \cdots\cdots ①$$

ただし，$\Delta x=\dfrac{b-a}{n}$，$x_k=a+k\Delta x$

$x_k$ を小区間 $[x_{k-1},\ x_k]$ に属する任意の $c_k$ に置き換えてもよい。すなわち

$$\lim_{n\to\infty}\sum_{k=1}^{n} f(c_k)\Delta x=\int_a^b f(x)dx \quad ただし，\Delta x=\frac{b-a}{n},\ x_{k-1}\leqq c_k\leqq x_k$$

特に，$c_k$ を各小区間の左端にとると

$$\lim_{n\to\infty}\sum_{k=0}^{n-1} f(x_k)\Delta x=\int_a^b f(x)dx \quad \cdots\cdots ②$$

①，② において

$a=0,\ b=1$ とすると　$\Delta x=\dfrac{1}{n}$，$x_k=\dfrac{k}{n}$

となり，次の 2 つの関係式が得られる。

$$\lim_{n\to\infty}\frac{1}{n}\sum_{k=1}^{n} f\left(\frac{k}{n}\right)=\int_0^1 f(x)dx \qquad \lim_{n\to\infty}\frac{1}{n}\sum_{k=0}^{n-1} f\left(\frac{k}{n}\right)=\int_0^1 f(x)dx$$

**教 p.167**

**問 14**　次の極限値を求めよ。

(1) $\displaystyle\lim_{n\to\infty}\frac{1}{n}\left\{\left(1+\frac{1}{n}\right)^2+\left(1+\frac{2}{n}\right)^2+\cdots+\left(1+\frac{n}{n}\right)^2\right\}$

(2) $\displaystyle\lim_{n\to\infty}\frac{1}{n}\left\{\sin 0+\sin\frac{\pi}{n}+\sin\frac{2\pi}{n}+\cdots+\sin\frac{(n-1)\pi}{n}\right\}$

**考え方** (1) $f(x)=(1+x)^2$ とおくと

$$\frac{1}{n}\sum_{k=1}^{n}\left(1+\frac{k}{n}\right)^2=\frac{1}{n}\sum_{k=1}^{n}f\left(\frac{k}{n}\right)$$

(2) $f(x)=\sin\pi x$ とおくと

$$\frac{1}{n}\sum_{k=0}^{n-1}\sin\frac{k}{n}\pi=\frac{1}{n}\sum_{k=0}^{n-1}f\left(\frac{k}{n}\right)$$

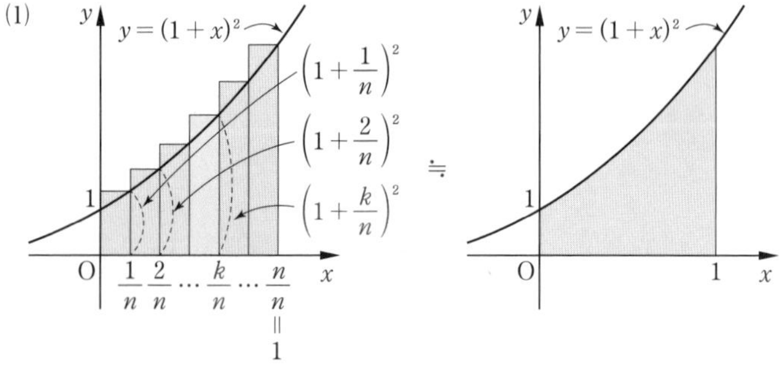


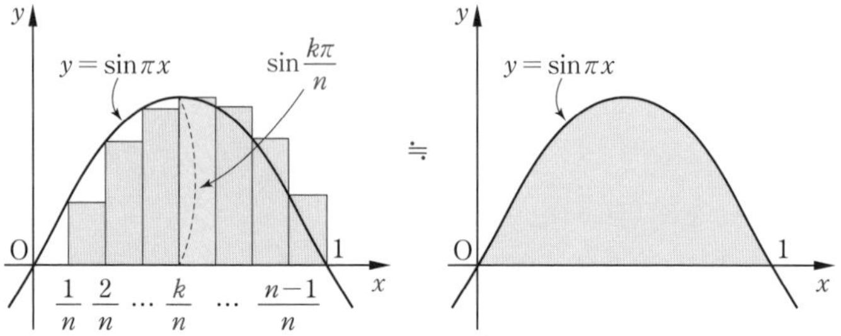


**解　答** (1)

$$\frac{1}{n}\left\{\left(1+\frac{1}{n}\right)^2+\left(1+\frac{2}{n}\right)^2+\cdots+\left(1+\frac{n}{n}\right)^2\right\}=\frac{1}{n}\sum_{k=1}^{n}\left(1+\frac{k}{n}\right)^2$$

であるから，$f(x)=(1+x)^2$ とおくと，求める極限値は

$$\lim_{n\to\infty}\frac{1}{n}\sum_{k=1}^{n}\left(1+\frac{k}{n}\right)^2=\lim_{n\to\infty}\frac{1}{n}\sum_{k=1}^{n}f\left(\frac{k}{n}\right)=\int_0^1 f(x)dx$$

$$=\int_0^1(1+x)^2dx=\left[\frac{1}{3}(1+x)^3\right]_0^1=\frac{7}{3}$$

(2)

$$\frac{1}{n}\left\{\sin 0+\sin\frac{\pi}{n}+\sin\frac{2\pi}{n}+\cdots+\sin\frac{(n-1)\pi}{n}\right\}=\frac{1}{n}\sum_{k=0}^{n-1}\sin\frac{k}{n}\pi$$

であるから，$f(x)=\sin\pi x$ とおくと，求める極限値は

$$\lim_{n\to\infty}\frac{1}{n}\sum_{k=0}^{n-1}\sin\frac{k}{n}\pi=\lim_{n\to\infty}\frac{1}{n}\sum_{k=0}^{n-1}f\left(\frac{k}{n}\right)=\int_0^1 f(x)dx$$

$$=\int_0^1\sin\pi x\,dx=\left[-\frac{1}{\pi}\cos\pi x\right]_0^1=\frac{2}{\pi}$$

# 6 定積分と不等式

**定積分と不等式** 　解き方のポイント

関数 $f(x)$ が区間 $[a,\ b]$ で常に $f(x) \geqq 0$ ならば

$$\int_a^b f(x)dx \geqq 0$$

ただし，等号が成り立つのは，常に $f(x)=0$ のときに限る。

関数 $f(x)$，$g(x)$ が区間 $[a,\ b]$ で常に $f(x) \geqq g(x)$ ならば

$$\int_a^b f(x)dx \geqq \int_a^b g(x)dx$$

ただし，等号が成り立つのは，常に $f(x)=g(x)$ のときに限る。

教 p.169

**問 15** $x \geqq 0$ のとき，$\dfrac{1}{(x+1)^2} \leqq \dfrac{1}{x^2+x+1} \leqq \dfrac{1}{x+1}$ であることを示し，これを用いて不等式 $\dfrac{1}{2} < \displaystyle\int_0^1 \dfrac{dx}{x^2+x+1} < \log 2$ を証明せよ。

**考え方** $\dfrac{1}{(x+1)^2} \leqq \dfrac{1}{x^2+x+1} \leqq \dfrac{1}{x+1}$ の証明は，$x \geqq 0$ における分母の大小関係に着目する。この不等式より，$\displaystyle\int_0^1 \dfrac{dx}{(x+1)^2} < \int_0^1 \dfrac{dx}{x^2+x+1} < \int_0^1 \dfrac{dx}{x+1}$ が成り立つことを利用する。

**証明** $x \geqq 0$ のとき

$$(x+1)^2-(x^2+x+1)=x \geqq 0$$

より　$(x+1)^2 \geqq x^2+x+1$　……①

$$(x^2+x+1)-(x+1)=x^2 \geqq 0$$

より　$x^2+x+1 \geqq x+1$　……②

①，②より

$$(x+1)^2 \geqq x^2+x+1 \geqq x+1$$

各辺の逆数をとると

$$\frac{1}{(x+1)^2} \leqq \frac{1}{x^2+x+1} \leqq \frac{1}{x+1}$$

が成り立つ。しかも，$0<x<1$ で等号は成り立たない。

よって　$$\int_0^1 \frac{dx}{(x+1)^2} < \int_0^1 \frac{dx}{x^2+x+1} < \int_0^1 \frac{dx}{x+1}$$

$$\left[-\frac{1}{x+1}\right]_0^1 < \int_0^1 \frac{dx}{x^2+x+1} < \Big[\log(x+1)\Big]_0^1$$

ここで　$\left[-\dfrac{1}{x+1}\right]_0^1=\dfrac{1}{2}$，$\left[\log(x+1)\right]_0^1=\log 2$

したがって

$$\frac{1}{2}<\int_0^1\frac{dx}{x^2+x+1}<\log 2$$

教 p.169

**問 16**　関数 $y=\dfrac{1}{x}$ の定積分を用いて，次の不等式を証明せよ。

$$\frac{1}{2}+\frac{1}{3}+\cdots+\frac{1}{n}<\log n \qquad \text{ただし，} n \text{ は } 2 \text{ 以上の自然数}$$

**考え方**　自然数 $k$ に対して，$k\leqq x\leqq k+1$ のとき $\dfrac{1}{k+1}\leqq\dfrac{1}{x}$ が成り立つことを利用する。

**解　答**　$x>0$ で，$y=\dfrac{1}{x}$ は減少関数である。

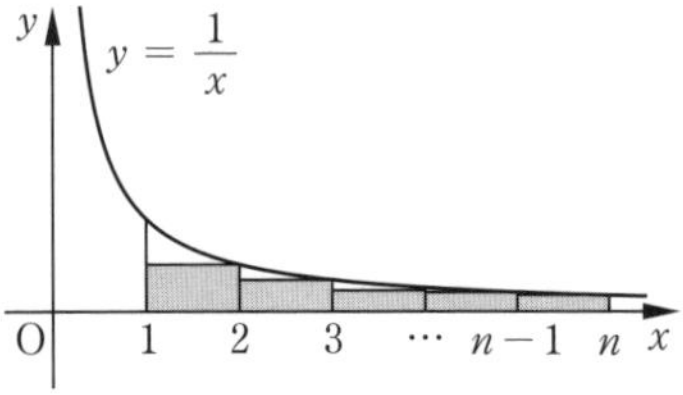


自然数 $k$ に対して，$k\leqq x\leqq k+1$ のとき

$$\frac{1}{k+1}\leqq\frac{1}{x}$$

また，$k<x<k+1$ で等号は成り立たないから

$$\int_k^{k+1}\frac{dx}{k+1}<\int_k^{k+1}\frac{dx}{x}$$

よって

$$\frac{1}{k+1}<\int_k^{k+1}\frac{dx}{x}$$

上の式で，$k=1,\ 2,\ 3,\ \cdots,\ n-1$ とおき，辺々を加えると

$$\frac{1}{2}+\frac{1}{3}+\cdots+\frac{1}{n}<\int_1^2\frac{dx}{x}+\int_2^3\frac{dx}{x}+\cdots+\int_{n-1}^n\frac{dx}{x}$$

$$\frac{1}{2}+\frac{1}{3}+\cdots+\frac{1}{n}<\sum_{k=1}^{n-1}\int_k^{k+1}\frac{dx}{x}$$

右辺は　$\displaystyle\sum_{k=1}^{n-1}\int_k^{k+1}\frac{dx}{x}=\int_1^n\frac{dx}{x}=\left[\log x\right]_1^n=\log n$

したがって

$$\frac{1}{2}+\frac{1}{3}+\cdots+\frac{1}{n}<\log n$$

## 問　題

教 p.171

**7** 次の定積分を求めよ。

(1) $\displaystyle\int_0^{\frac{\pi}{2}}(\sin 2x-\cos 3x)dx$　　(2) $\displaystyle\int_{-\frac{\pi}{6}}^{\frac{\pi}{3}}\sin 3x\cos 5x\,dx$

(3) $\displaystyle\int_4^5\frac{dx}{x^2-3x+2}$　　(4) $\displaystyle\int_1^{e^2}|\log x-1|dx$

(5) $\displaystyle\int_1^2(x-1)(x-2)^3dx$　　(6) $\displaystyle\int_0^1 x^2e^{x^3}dx$

(7) $\displaystyle\int_0^{\frac{\pi}{3}}\sin^3 x\,dx$　　(8) $\displaystyle\int_{-1}^1\frac{dx}{\sqrt{4-x^2}}$

**考え方** (1) 項別に不定積分を求める。

(2) 積を和・差になおす公式を用いる。

(3) 部分分数に分解する。

(4) $\log x-1$ の符号により積分区間を分ける。

(5) 置換積分法を用いる。

(6) $x^3=t$ とおく。

(7) $\sin^3 x=(1-\cos^2 x)\sin x$ とみて，$\cos x=t$ とおく。

(8) $x=2\sin\theta$ とおく。

**解　答** (1) $\displaystyle\int_0^{\frac{\pi}{2}}(\sin 2x-\cos 3x)dx$

$$=\left[-\frac{1}{2}\cos 2x-\frac{1}{3}\sin 3x\right]_0^{\frac{\pi}{2}}$$

$$=\left(-\frac{1}{2}\cos\pi-\frac{1}{3}\sin\frac{3}{2}\pi\right)-\left(-\frac{1}{2}\cos 0-\frac{1}{3}\sin 0\right)$$

$$=\left(\frac{1}{2}+\frac{1}{3}\right)-\left(-\frac{1}{2}-0\right)$$

$$=1+\frac{1}{3}$$

$$=\frac{4}{3}$$

(2) $\displaystyle\int_{-\frac{\pi}{6}}^{\frac{\pi}{3}} \sin 3x \cos 5x\,dx$

$\displaystyle = \frac{1}{2}\int_{-\frac{\pi}{6}}^{\frac{\pi}{3}} \{\sin(3x+5x)+\sin(3x-5x)\}dx$

$\displaystyle = \frac{1}{2}\int_{-\frac{\pi}{6}}^{\frac{\pi}{3}} \{\sin 8x+\sin(-2x)\}dx = \frac{1}{2}\int_{-\frac{\pi}{6}}^{\frac{\pi}{3}}(\sin 8x-\sin 2x)dx$

$\displaystyle = \frac{1}{2}\left[-\frac{1}{8}\cos 8x+\frac{1}{2}\cos 2x\right]_{-\frac{\pi}{6}}^{\frac{\pi}{3}}$

$\displaystyle = \frac{1}{2}\left\{-\frac{1}{8}\cos\frac{8}{3}\pi+\frac{1}{2}\cos\frac{2}{3}\pi+\frac{1}{8}\cos\left(-\frac{4}{3}\pi\right)-\frac{1}{2}\cos\left(-\frac{\pi}{3}\right)\right\}$

$\displaystyle = \frac{1}{2}\left\{\left(\frac{1}{16}-\frac{1}{4}\right)-\left(\frac{1}{16}+\frac{1}{4}\right)\right\} = -\frac{1}{4}$

(3) $\displaystyle\int_4^5 \frac{dx}{x^2-3x+2}$

$\displaystyle = \int_4^5 \frac{dx}{(x-2)(x-1)}$

$\displaystyle = \int_4^5 \left(\frac{1}{x-2}-\frac{1}{x-1}\right)dx$ ※

$\displaystyle = \Big[\log|x-2|-\log|x-1|\Big]_4^5$

$\displaystyle = \left[\log\left|\frac{x-2}{x-1}\right|\right]_4^5$

$\displaystyle = \log\frac{3}{4}-\log\frac{2}{3}$

$\displaystyle = \log\frac{9}{8}$

※ $\displaystyle\frac{1}{(x-2)(x-1)} = \frac{a}{x-2}+\frac{b}{x-1}$ とおく。
分母をはらうと $1=a(x-1)+b(x-2)$
右辺を整理して $1=(a+b)x+(-a-2b)$
よって $a+b=0,\ -a-2b=1$
これを解いて $a=1,\ b=-1$

(4) $0<x \leqq e$ のとき

$|\log x-1| = 1-\log x$

$e \leqq x$ のとき

$|\log x-1| = \log x-1$

また

$\displaystyle\int \log x\,dx = \int(\log x)\cdot(x)'\,dx = (\log x)\cdot x-\int\frac{1}{x}\cdot x\,dx$

$= x\log x - x + C$

よって

$$\int_1^{e^2}|\log x-1|dx$$

$$=\int_1^e(1-\log x)dx+\int_e^{e^2}(\log x-1)dx$$

$$=\Big[2x-x\log x\Big]_1^e+\Big[x\log x-2x\Big]_e^{e^2}$$

$$=\{(2e-e)-(2-0)\}+\{(2e^2-2e^2)-(e-2e)\}$$

$$=\mathbf{2(e-1)}$$

(5) $x-2=t$ とおくと，$x=t+2$ であるから　$\dfrac{dx}{dt}=1$

$x$ と $t$ の対応は右の表のようになる。

| $x$ | $1\longrightarrow 2$ |
|---|---|
| $t$ | $-1\longrightarrow 0$ |

よって

$$\int_1^2(x-1)(x-2)^3dx=\int_{-1}^0(t+1)t^3dt$$

$$=\int_{-1}^0(t^4+t^3)dt$$

$$=\left[\frac{1}{5}t^5+\frac{1}{4}t^4\right]_{-1}^0$$

$$=0-\left(-\frac{1}{5}+\frac{1}{4}\right)$$

$$=\mathbf{-\frac{1}{20}}$$

(6) $x^2=\dfrac{1}{3}(x^3)'$ であるから，$x^3=t$ とおく。

| $x$ | $0\longrightarrow 1$ |
|---|---|
| $t$ | $0\longrightarrow 1$ |

$x$ と $t$ の対応は右の表のようになる。

よって

$$\int_0^1 x^2e^{x^3}dx=\int_0^1 e^{x^3}\cdot\frac{1}{3}(x^3)'dx$$

$$=\int_0^1\frac{1}{3}e^tdt$$

$$=\left[\frac{1}{3}e^t\right]_0^1$$

$$=\mathbf{\frac{1}{3}(e-1)}$$

(7) $\sin^3 x=\sin^2 x\cdot\sin x=(1-\cos^2 x)\sin x$

$\sin x=-(\cos x)'$ であるから，$\cos x=t$ とおくと　$-\sin x=\dfrac{dt}{dx}$

$x$ と $t$ の対応は右の表のようになる。

| $x$ | $0\longrightarrow\dfrac{\pi}{3}$ |
|---|---|
| $t$ | $1\longrightarrow\dfrac{1}{2}$ |

よって

$$\int_0^{\frac{\pi}{3}}\sin^3 x\,dx=\int_0^{\frac{\pi}{3}}(1-\cos^2 x)\sin x\,dx$$
$$=\int_0^{\frac{\pi}{3}}(1-\cos^2 x)\cdot\{-(\cos x)'\}dx$$
$$=-\int_1^{\frac{1}{2}}(1-t^2)dt=\int_{\frac{1}{2}}^1(1-t^2)dt$$
$$=\left[t-\frac{1}{3}t^3\right]_{\frac{1}{2}}^1=\left(1-\frac{1}{3}\right)-\left(\frac{1}{2}-\frac{1}{24}\right)=\frac{5}{24}$$

(8) $x=2\sin\theta$ とおくと　$\dfrac{dx}{d\theta}=2\cos\theta$

$x$ と $\theta$ の対応は右の表のようになる。

| $x$ | $-1\longrightarrow1$ |
|---|---|
| $\theta$ | $-\dfrac{\pi}{6}\longrightarrow\dfrac{\pi}{6}$ |

区間 $-\dfrac{\pi}{6}\leqq\theta\leqq\dfrac{\pi}{6}$ において $\cos\theta>0$ であるから

$$\sqrt{4-x^2}=\sqrt{4(1-\sin^2\theta)}=\sqrt{4\cos^2\theta}=2\cos\theta$$

よって

$$\int_{-1}^1\frac{dx}{\sqrt{4-x^2}}=\int_{-\frac{\pi}{6}}^{\frac{\pi}{6}}\frac{1}{2\cos\theta}\cdot2\cos\theta\,d\theta=\int_{-\frac{\pi}{6}}^{\frac{\pi}{6}}d\theta=\Big[\theta\Big]_{-\frac{\pi}{6}}^{\frac{\pi}{6}}$$
$$=\frac{\pi}{6}+\frac{\pi}{6}=\frac{\pi}{3}$$

**別解** (5) $\displaystyle\int_1^2(x-1)(x-2)^3dx=\int_1^2(x-1)\cdot\left\{\frac{1}{4}(x-2)^4\right\}'dx$

$$=\left[\frac{1}{4}(x-1)(x-2)^4\right]_1^2-\int_1^2\frac{1}{4}(x-2)^4dx$$
$$=\frac{1}{4}(0-0)-\frac{1}{4}\left[\frac{1}{5}(x-2)^5\right]_1^2$$
$$=-\frac{1}{20}$$

(8) $\dfrac{1}{\sqrt{4-x^2}}$ は偶関数であるから，$\displaystyle\int_{-1}^1\frac{dx}{\sqrt{4-x^2}}=2\int_0^1\frac{dx}{\sqrt{4-x^2}}$ として計算してもよい。$x=2\sin\theta$ とおくことは解答と同じであり，$\theta$ の範囲は $0\leqq\theta\leqq\dfrac{\pi}{6}$ となる。

**8** 次の定積分を求めよ。

(1) $\displaystyle\int_1^e x^3 \log x\,dx$　　(2) $\displaystyle\int_0^{\frac{\pi}{2}} \left(x-\frac{\pi}{2}\right)\cos\frac{x}{2}\,dx$

**考え方** 部分積分法の公式を用いる。

**解答** (1) $\displaystyle\int_1^e x^3\log x\,dx = \int_1^e \left(\frac{1}{4}x^4\right)'\cdot\log x\,dx$

$$= \left[\frac{1}{4}x^4\log x\right]_1^e - \int_1^e \frac{1}{4}x^4\cdot\frac{1}{x}\,dx$$

$$= \frac{1}{4}e^4 - \frac{1}{4}\int_1^e x^3\,dx$$

$$= \frac{1}{4}e^4 - \frac{1}{4}\left[\frac{1}{4}x^4\right]_1^e$$

$$= \frac{1}{4}e^4 - \frac{1}{16}e^4 + \frac{1}{16} = \frac{3e^4+1}{16}$$

(2) $\displaystyle\int_0^{\frac{\pi}{2}}\left(x-\frac{\pi}{2}\right)\cos\frac{x}{2}\,dx = \int_0^{\frac{\pi}{2}}\left(x-\frac{\pi}{2}\right)\cdot\left(2\sin\frac{x}{2}\right)'dx$

$$= \left[\left(x-\frac{\pi}{2}\right)\cdot 2\sin\frac{x}{2}\right]_0^{\frac{\pi}{2}} - \int_0^{\frac{\pi}{2}} 1\cdot 2\sin\frac{x}{2}\,dx$$

$$= 0 - 2\left[-2\cos\frac{x}{2}\right]_0^{\frac{\pi}{2}}$$

$$= 4\left(\cos\frac{\pi}{4} - \cos 0\right) = 2\sqrt{2} - 4$$

**9** 関数 $F(x) = \displaystyle\int_\pi^{4x}\cos\frac{t}{2}\,dt$ とするとき，$u = 4x$ とおくことにより，$F'(x)$ を求めよ。

**考え方** $u = 4x$ とおいて合成関数の微分法を用いる。

**解答** $u = 4x$ とおくと

$$F(x) = \int_\pi^u \cos\frac{t}{2}\,dt,\quad \frac{du}{dx} = 4$$

$F(x)$ に合成関数の微分法を用いると

$$F'(x) = \left(\frac{d}{du}\int_\pi^u\cos\frac{t}{2}\,dt\right)\cdot\frac{du}{dx} = \left(\cos\frac{u}{2}\right)\cdot 4 = 4\cos 2x$$

**10** 等式 $\displaystyle\int_1^x (x-t)f(t)\,dt = x^4 - 2x^2 + 1$ を満たす関数 $f(x)$ を求めよ。

**考え方** $x$ を定数とみなして積分記号の外に出してから両辺を微分する。

**解答** $\displaystyle\int_1^x (x-t)f(t)dt = \int_1^x \{xf(t)-tf(t)\}dt = x\int_1^x f(t)dt - \int_1^x tf(t)dt$

$\displaystyle x\int_1^x f(t)dt - \int_1^x tf(t)dt = x^4-2x^2+1$ の両辺を $x$ で微分すると

$$1\cdot\int_1^x f(t)dt + x\cdot f(x) - xf(x) = 4x^3-4x$$

よって

$$\int_1^x f(t)dt = 4x^3-4x$$

もう一度両辺を $x$ で微分すると

$$\boldsymbol{f(x)=12x^2-4}$$

逆に，これは与えられた等式を満たす。

**11** 次の極限値を求めよ。

(1) $\displaystyle\lim_{n\to\infty}\frac{1}{n}\left(e^{\frac{1}{n}}+e^{\frac{2}{n}}+\cdots+e^{\frac{n}{n}}\right)$

(2) $\displaystyle\lim_{n\to\infty}\left(\frac{1}{n+1}+\frac{1}{n+2}+\cdots+\frac{1}{n+n}\right)$

**考え方** $\displaystyle\lim_{n\to\infty}\frac{1}{n}\sum_{k=1}^{n} f\left(\frac{k}{n}\right)=\int_0^1 f(x)dx$ または $\displaystyle\lim_{n\to\infty}\frac{1}{n}\sum_{k=0}^{n-1} f\left(\frac{k}{n}\right)=\int_0^1 f(x)dx$

が利用できるように，式を変形する。

**解答** (1) $\displaystyle\frac{1}{n}\left(e^{\frac{1}{n}}+e^{\frac{2}{n}}+\cdots+e^{\frac{n}{n}}\right)=\frac{1}{n}\sum_{k=1}^{n}e^{\frac{k}{n}}$

であるから，$f(x)=e^x$ とおくと，求める極限値は

$$\lim_{n\to\infty}\frac{1}{n}\sum_{k=1}^{n}e^{\frac{k}{n}}=\lim_{n\to\infty}\frac{1}{n}\sum_{k=1}^{n}f\left(\frac{k}{n}\right)$$

$$=\int_0^1 f(x)dx=\int_0^1 e^x dx$$

$$=\Big[e^x\Big]_0^1=\boldsymbol{e-1}$$

(2) $\displaystyle\frac{1}{n+1}+\frac{1}{n+2}+\cdots+\frac{1}{n+n}=\sum_{k=1}^{n}\frac{1}{n+k}$

$$=\sum_{k=1}^{n}\frac{\frac{1}{n}}{1+\frac{k}{n}}=\frac{1}{n}\sum_{k=1}^{n}\frac{1}{1+\frac{k}{n}}$$

であるから，$f(x)=\dfrac{1}{1+x}$ とおくと，求める極限値は

$$\lim_{n\to\infty}\frac{1}{n}\sum_{k=1}^{n}\frac{1}{1+\frac{k}{n}}=\lim_{n\to\infty}\frac{1}{n}\sum_{k=1}^{n}f\left(\frac{k}{n}\right)$$

$$=\int_0^1 f(x)dx=\int_0^1\frac{1}{1+x}dx$$

$$=\left[\log|1+x|\right]_0^1=\log 2$$

**12** $0\leqq x\leqq 1$ のとき，$1-x^2\leqq 1-x^4\leqq 1$ であることを示し，これを用いて，不等式 $\frac{\pi}{4}<\int_0^1\sqrt{1-x^4}\,dx<1$ を証明せよ。

**考え方** 後半で証明する不等式は，$\sqrt{1-x^2}\leqq\sqrt{1-x^4}\leqq 1$ の各辺の 0 から 1 までの定積分の大小関係を利用して証明すればよい。

**証明** $0\leqq x\leqq 1$ のとき，$0\leqq x^4\leqq x^2\leqq 1$ であるから

各辺に $-1$ を掛けて

$$-1\leqq -x^2\leqq -x^4\leqq 0$$

各辺に 1 を加えて

$$0\leqq 1-x^2\leqq 1-x^4\leqq 1$$

したがって　$\sqrt{1-x^2}\leqq\sqrt{1-x^4}\leqq 1$

が成り立つ。しかも，$0<x<1$ で等号は成り立たない。よって

$$\int_0^1\sqrt{1-x^2}\,dx<\int_0^1\sqrt{1-x^4}\,dx<\int_0^1 dx$$

ここで，$\int_0^1\sqrt{1-x^2}\,dx$ は，半径 1 の円の面積

の $\frac{1}{4}$ に等しいから　$\int_0^1\sqrt{1-x^2}\,dx=\frac{\pi}{4}$

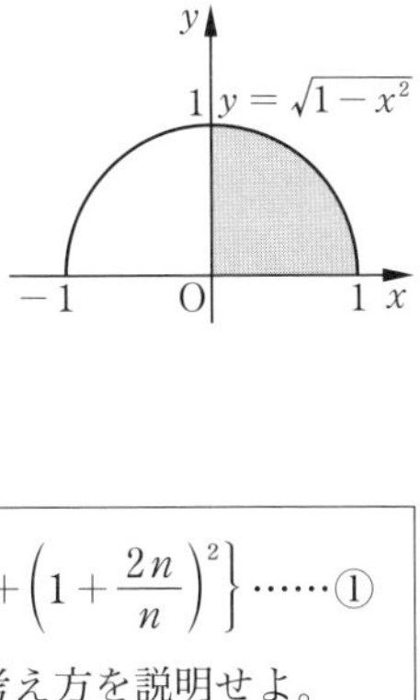


また　$\int_0^1 dx=\left[x\right]_0^1=1$

よって　$\frac{\pi}{4}<\int_0^1\sqrt{1-x^4}\,dx<1$

**13** $\lim_{n\to\infty}\frac{2}{n}\left\{\left(1+\frac{2}{n}\right)^2+\left(1+\frac{4}{n}\right)^2+\cdots+\left(1+\frac{2(n-1)}{n}\right)^2+\left(1+\frac{2n}{n}\right)^2\right\}$ ……①

を求めるために 2 通りの方法を考えた。この 2 つの考え方を説明せよ。

A：① が $2\int_0^1(1+2x)^2dx$ に等しくなることを利用

B：① が $\int_0^2(1+x)^2dx$ に等しくなることを利用

**考え方** それぞれ次の式が利用できるように，① の式を変形する。

$$\text{A}: 2\lim_{n\to\infty}\frac{1}{n}\sum_{k=1}^{n}f\left(\frac{k}{n}\right)=2\int_0^1 f(x)dx$$

$$\text{B}: \lim_{n\to\infty}\frac{2}{n}\sum_{k=1}^{n}f\left(\frac{2k}{n}\right)=\int_0^2 f(x)dx$$

**解答** A：

$$\frac{2}{n}\left\{\left(1+\frac{2}{n}\right)^2+\left(1+\frac{4}{n}\right)^2+\cdots+\left(1+\frac{2(n-1)}{n}\right)^2+\left(1+\frac{2n}{n}\right)^2\right\}$$

$$=2\cdot\frac{1}{n}\sum_{k=1}^{n}\left(1+2\cdot\frac{k}{n}\right)^2$$

であるから，区間 [0, 1] を $n$ 等分して，横幅 $\frac{1}{n}$，高さ $\left(1+2\cdot\frac{k}{n}\right)^2$ の長方形の面積の和の極限値の 2 倍と捉えることができる。

したがって，$f(x)=(1+2x)^2$ とおいて，極限値を考えると

$$\lim_{n\to\infty}2\cdot\frac{1}{n}\sum_{k=1}^{n}\left(1+2\cdot\frac{k}{n}\right)^2=2\lim_{n\to\infty}\frac{1}{n}\sum_{k=1}^{n}f\left(\frac{k}{n}\right)=2\int_0^1 f(x)dx$$

$$=2\int_0^1(1+2x)^2dx$$

B：

$$\frac{2}{n}\left\{\left(1+\frac{2}{n}\right)^2+\left(1+\frac{4}{n}\right)^2+\cdots+\left(1+\frac{2(n-1)}{n}\right)^2+\left(1+\frac{2n}{n}\right)^2\right\}$$

$$=\frac{2}{n}\sum_{k=1}^{n}\left(1+\frac{2k}{n}\right)^2$$

であるから，区間 [0, 2] を $n$ 等分して，横幅 $\frac{2}{n}$，高さ $\left(1+\frac{2k}{n}\right)^2$ の長方形の面積の和の極限値と捉えることができる。

したがって，$f(x)=(1+x)^2$ とおいて，極限値を考えると

$$\lim_{n\to\infty}\frac{2}{n}\sum_{k=1}^{n}\left(1+\frac{2k}{n}\right)^2=\lim_{n\to\infty}\frac{2}{n}\sum_{k=1}^{n}f\left(\frac{2k}{n}\right)=\int_0^2 f(x)dx$$

$$=\int_0^2(1+x)^2dx$$

どちらについても

$$\text{A}: 2\left[\frac{1}{6}(1+2x)^3\right]_0^1=\frac{26}{3}$$

$$\text{B}: \left[\frac{1}{3}(1+x)^3\right]_0^2=\frac{26}{3}$$

であり，極限値は $\frac{26}{3}$ となる。

# 探究 無限級数 $\displaystyle\sum_{n=1}^{\infty}\frac{1}{n^{\alpha}}$ の収束と発散［課題学習］ 教 p.172

**考察 1** $\alpha=\dfrac{1}{2}$ のときを考える。関数 $y=\dfrac{1}{\sqrt{x}}$ を利用して，不等式

$$\frac{1}{\sqrt{1}}+\frac{1}{\sqrt{2}}+\frac{1}{\sqrt{3}}+\cdots+\frac{1}{\sqrt{n}}>2\sqrt{n+1}-2$$

が成り立つことを示してみよう。また，無限級数 $\displaystyle\sum_{n=1}^{\infty}\frac{1}{\sqrt{n}}$ の収束，発散を調べてみよう。

**考え方** 教科書 p.169 の例題 8 と同様に考える。自然数 $k$ に対して，$k \leqq x \leqq k+1$ のとき $\dfrac{1}{\sqrt{k}} \geqq \dfrac{1}{\sqrt{x}}$ が成り立つことを利用する。

**解答** $x>0$ で，関数 $y=\dfrac{1}{\sqrt{x}}$ は減少関数である。

自然数 $k$ に対して，$k \leqq x \leqq k+1$ のとき

$$\frac{1}{\sqrt{k}} \geqq \frac{1}{\sqrt{x}}$$

また，$k<x<k+1$ では等号は成り立たないから

$$\int_k^{k+1}\frac{dx}{\sqrt{k}}>\int_k^{k+1}\frac{dx}{\sqrt{x}}$$

よって $$\frac{1}{\sqrt{k}}>\int_k^{k+1}\frac{dx}{\sqrt{x}}$$

上の式で，$k=1,\ 2,\ 3,\ \cdots,\ n$ とおき，辺々を加えると

$$\frac{1}{\sqrt{1}}+\frac{1}{\sqrt{2}}+\frac{1}{\sqrt{3}}+\cdots+\frac{1}{\sqrt{n}}>\int_1^2\frac{dx}{\sqrt{x}}+\int_2^3\frac{dx}{\sqrt{x}}+\cdots+\int_n^{n+1}\frac{dx}{\sqrt{x}}$$

$$\frac{1}{\sqrt{1}}+\frac{1}{\sqrt{2}}+\frac{1}{\sqrt{3}}+\cdots+\frac{1}{\sqrt{n}}>\sum_{k=1}^{n}\int_k^{k+1}\frac{dx}{\sqrt{x}}$$

右辺は

$$\sum_{k=1}^{n}\int_k^{k+1}\frac{dx}{\sqrt{x}}=\int_1^{n+1}\frac{dx}{\sqrt{x}}=\Bigl[2\sqrt{x}\Bigr]_1^{n+1}=2\sqrt{n+1}-2$$

したがって

$$\frac{1}{\sqrt{1}}+\frac{1}{\sqrt{2}}+\frac{1}{\sqrt{3}}+\cdots+\frac{1}{\sqrt{n}}>2\sqrt{n+1}-2$$

ここで，$n\to\infty$ とすると，$\sqrt{n+1}\to\infty$ であるから

**無限級数 $\displaystyle\sum_{n=1}^{\infty}\frac{1}{\sqrt{n}}$ は正の無限大に発散する。**

**考察 2**　(1)　$k$ は自然数とする。不等式 $\frac{1}{(k+1)^{\alpha}} < \int_{k}^{k+1} \frac{1}{x^{\alpha}}dx < \frac{1}{k^{\alpha}}$ が成り立つことを示してみよう。

(2)　(1)の不等式から，次の不等式が成り立つことを示してみよう。

$$\sum_{k=1}^{n} \frac{1}{k^{\alpha}} = \frac{1}{1^{\alpha}} + \frac{1}{2^{\alpha}} + \frac{1}{3^{\alpha}} + \cdots + \frac{1}{n^{\alpha}} > \frac{1}{1-\alpha}\{(n+1)^{1-\alpha}-1\}$$

(3)　無限級数 $\sum_{n=1}^{\infty} \frac{1}{n^{\alpha}}$ の収束，発散を調べてみよう。

**解答**　(1)　$0<\alpha<1$ より，$x>0$ で，関数 $y=\frac{1}{x^{\alpha}}$ は減少関数である。

自然数 $k$ に対して，$k \leqq x \leqq k+1$ のとき　$\frac{1}{(k+1)^{\alpha}} \leqq \frac{1}{x^{\alpha}} \leqq \frac{1}{k^{\alpha}}$

また，$k<x<k+1$ では等号は成り立たないから

$$\int_{k}^{k+1} \frac{1}{(k+1)^{\alpha}}dx < \int_{k}^{k+1} \frac{1}{x^{\alpha}}dx < \int_{k}^{k+1} \frac{1}{k^{\alpha}}dx$$

よって

$$\frac{1}{(k+1)^{\alpha}} < \int_{k}^{k+1} \frac{1}{x^{\alpha}}dx < \frac{1}{k^{\alpha}}$$

(2)　(1)より

$$\frac{1}{k^{\alpha}} > \int_{k}^{k+1} \frac{1}{x^{\alpha}}dx$$

上の式で，$k=1,\ 2,\ 3,\ \cdots,\ n$ とおき，辺々を加えると

$$\frac{1}{1^{\alpha}} + \frac{1}{2^{\alpha}} + \frac{1}{3^{\alpha}} + \cdots + \frac{1}{n^{\alpha}} > \int_{1}^{2} \frac{1}{x^{\alpha}}dx + \int_{2}^{3} \frac{1}{x^{\alpha}}dx + \cdots + \int_{n}^{n+1} \frac{1}{x^{\alpha}}dx$$

$$\frac{1}{1^{\alpha}} + \frac{1}{2^{\alpha}} + \frac{1}{3^{\alpha}} + \cdots + \frac{1}{n^{\alpha}} > \sum_{k=1}^{n} \int_{k}^{k+1} \frac{1}{x^{\alpha}}dx$$

右辺は

$$\sum_{k=1}^{n} \int_{k}^{k+1} \frac{1}{x^{\alpha}}dx = \int_{1}^{n+1} \frac{1}{x^{\alpha}}dx = \int_{1}^{n+1} x^{-\alpha}dx$$

$$= \left[\frac{1}{1-\alpha}x^{1-\alpha}\right]_{1}^{n+1} = \frac{1}{1-\alpha}\{(n+1)^{1-\alpha}-1\}$$

したがって

$$\sum_{k=1}^{n} \frac{1}{k^{\alpha}} = \frac{1}{1^{\alpha}} + \frac{1}{2^{\alpha}} + \frac{1}{3^{\alpha}} + \cdots + \frac{1}{n^{\alpha}} > \frac{1}{1-\alpha}\{(n+1)^{1-\alpha}-1\}$$

(3)　$1-\alpha>0$ より，$n \to \infty$ とすると，$(n+1)^{1-\alpha} \to \infty$ であるから

無限級数 $\sum_{n=1}^{\infty} \frac{1}{n^{\alpha}}$ は**正の無限大に発散する。**

# 3節 面積・体積・長さ

## 1 面積

**面積(1)** 解き方のポイント

区間 $[a, b]$ において，$f(x) \geqq 0$ であるとき，
曲線 $y=f(x)$ と $x$ 軸および2直線 $x=a$，$x=b$
で囲まれた図形の面積 $S$ は

$$S=\int_a^b f(x)dx$$

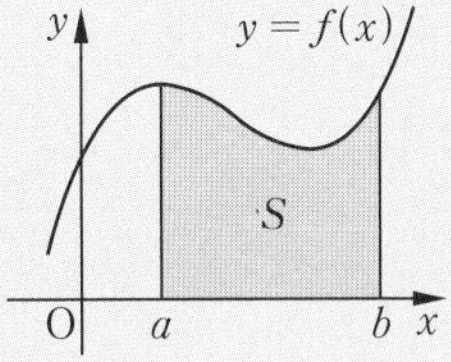


教 p.173

**問1** 次の各組の曲線や直線によって囲まれた図形の面積 $S$ を求めよ。

(1) $y=\dfrac{1}{x^2}$，$x=1$，$x=2$，$x$ 軸

(2) $y=\sqrt{x}$，$x=1$，$x=4$，$x$ 軸

**考え方** 与えられた範囲で $y \geqq 0$ であることを確認し，定積分を計算する。

**解答** (1) 区間 $[1, 2]$ において，$y \geqq 0$ であるから

$$S=\int_1^2 \frac{dx}{x^2}=\int_1^2 x^{-2}dx=\left[-\frac{1}{x}\right]_1^2$$

$$=-\frac{1}{2}+1=\frac{1}{2}$$

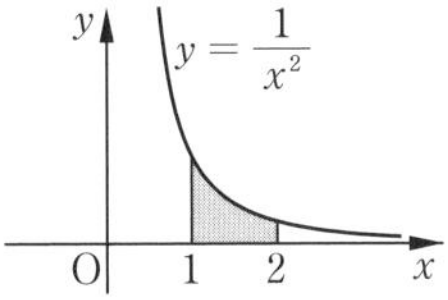


(2) 区間 $[1, 4]$ において，$y \geqq 0$ であるから

$$S=\int_1^4 \sqrt{x}\,dx=\int_1^4 x^{\frac{1}{2}}dx$$

$$=\left[\frac{2}{3}x^{\frac{3}{2}}\right]_1^4=\frac{16}{3}-\frac{2}{3}=\frac{14}{3}$$

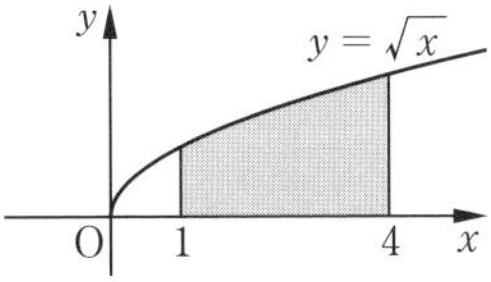


**面積(2)** 解き方のポイント

区間 $[a, b]$ において，$f(x) \geqq g(x)$ であるとき，
2曲線 $y=f(x)$，$y=g(x)$ と2直線 $x=a$，
$x=b$ で囲まれた図形の面積 $S$ は

$$S=\int_a^b \{f(x)-g(x)\}dx$$

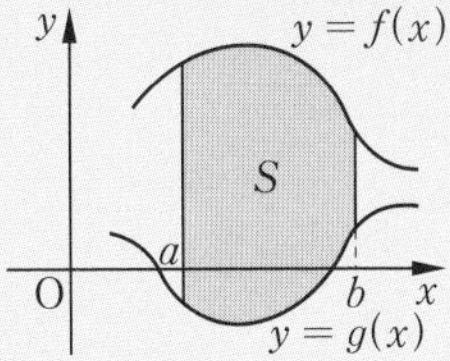

教 p.174

**問2** 次の図形の面積 $S$ を求めよ。

(1) 直角双曲線 $y=\dfrac{6}{x}$ と直線 $x+y-7=0$ で囲まれた図形

(2) $0\leqq x\leqq\dfrac{\pi}{3}$ において，2曲線 $y=\sin x$ と $y=\sin 2x$ で囲まれた図形

**考え方** まず，曲線や直線の交点の $x$ 座標を求め，交点の間での2つのグラフの上下関係に注意して，面積を定積分で表す。

**解答** (1) 直角双曲線と直線の交点の $x$ 座標は，方程式 $\dfrac{6}{x}=-x+7$ の解である。

$\dfrac{6}{x}=-x+7$ を解くと

$$x^2-7x+6=0$$
$$(x-1)(x-6)=0$$

したがって，交点の $x$ 座標は　　1，6

また，区間 $1\leqq x\leqq 6$ で　　$-x+7\geqq\dfrac{6}{x}$

である。よって，求める面積 $S$ は

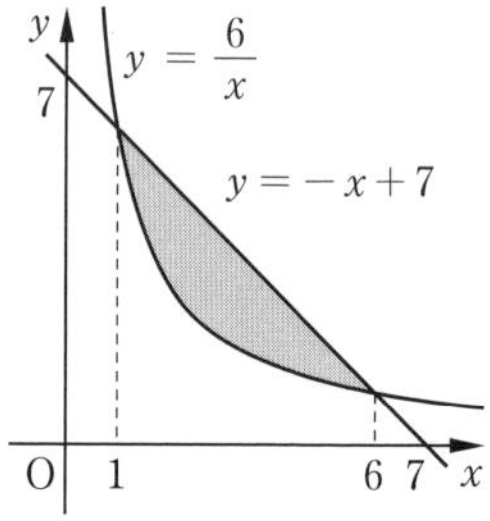


$$S=\int_1^6\left(-x+7-\frac{6}{x}\right)dx$$
$$=\left[-\frac{1}{2}x^2+7x-6\log|x|\right]_1^6$$
$$=(-18+42-6\log 6)-\left(-\frac{1}{2}+7\right)$$
$$=\frac{35}{2}-6\log 6$$

(2) 2曲線の交点の $x$ 座標は，方程式 $\sin x=\sin 2x$ の解である。

$\sin x=\sin 2x$ より　$\sin x=2\sin x\cos x$

よって

$$\sin x(2\cos x-1)=0$$

$0\leqq x\leqq\dfrac{\pi}{3}$ の範囲で解くと

$\sin x=0$ より　　$x=0$

$\cos x=\dfrac{1}{2}$ より　　$x=\dfrac{\pi}{3}$

また，区間 $0 \leqq x \leqq \dfrac{\pi}{3}$ で

$\sin 2x \geqq \sin x$

である。よって，求める面積 $S$ は

$$S = \int_0^{\frac{\pi}{3}} (\sin 2x - \sin x)dx$$

$$= \left[-\frac{1}{2}\cos 2x + \cos x\right]_0^{\frac{\pi}{3}}$$

$$= \left(\frac{1}{4} + \frac{1}{2}\right) - \left(-\frac{1}{2} + 1\right)$$

$$= \frac{1}{4}$$

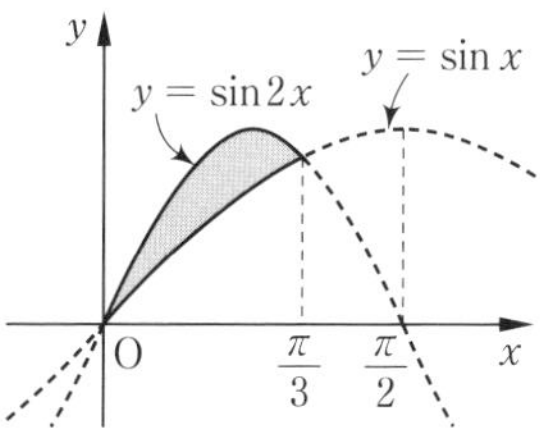


**面積(3)** **解き方のポイント**

**区間 $c \leqq y \leqq d$ において，$f(y) \geqq 0$ であるとき，曲線 $x = f(y)$ と $y$ 軸および 2 直線 $y = c$，$y = d$ で囲まれた図形の面積 $S$ は**

$$S = \int_c^d f(y)dy$$

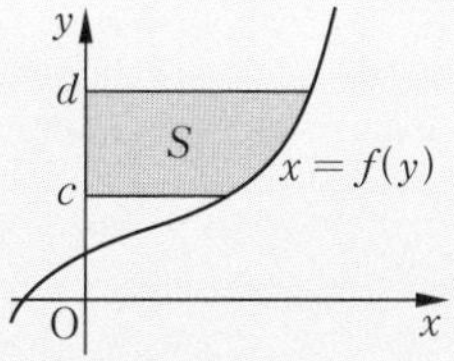


**また，区間 $c \leqq y \leqq d$ において，$f(y) \geqq g(y)$ であるとき，2 曲線 $x = f(y)$，$x = g(y)$ と 2 直線 $y = c$，$y = d$ で囲まれた図形の面積 $S$ は**

$$S = \int_c^d \{f(y) - g(y)\}dy$$

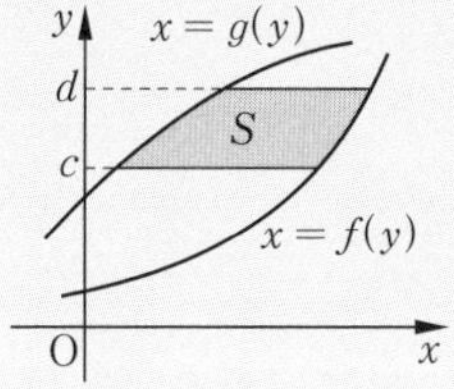


教 p.175

**問 3**　曲線 $y = \log x$，$x$ 軸，$y$ 軸および直線 $y = 2$ で囲まれた図形の面積 $S$ を求めよ。

**考え方**　$y = \log x$ を $x$ について解いて，求める面積を $y$ についての定積分で表す。

**解答**　$y = \log x$ より　$x = e^y$

よって，求める面積 $S$ は

$$S = \int_0^2 e^y dy = \left[e^y\right]_0^2 = e^2 - 1$$

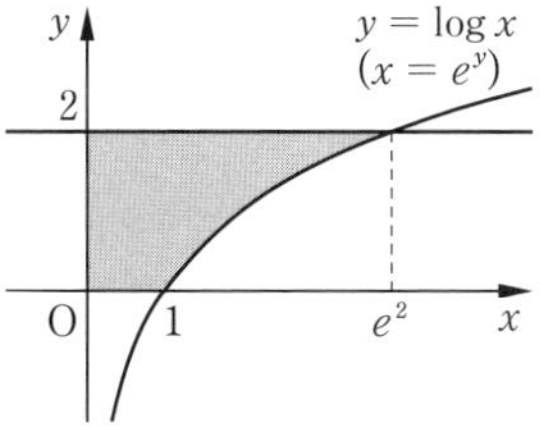


4章 積分とその応用

**教 p.176**

**問 4**　楕円 $4x^2+3y^2=1$ で囲まれた図形の面積 $S$ を求めよ。

**考え方**　楕円の方程式を $y$ について解き，面積を定積分で表す。定積分を計算するときは，$\int_{-a}^{a}\sqrt{a^2-x^2}\,dx$ が半径 $a$ の半円の面積を表すことを利用するとよい。

**解 答**　方程式を $y$ について解くと

$$y=\pm\frac{\sqrt{1-4x^2}}{\sqrt{3}}$$

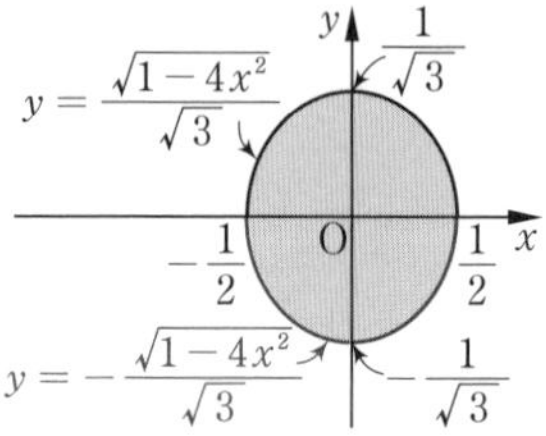


となり，この 2 式は楕円の上半分と下半分を表している。よって，求める面積 $S$ は

$$S=\int_{-\frac{1}{2}}^{\frac{1}{2}}\left\{\frac{\sqrt{1-4x^2}}{\sqrt{3}}-\left(-\frac{\sqrt{1-4x^2}}{\sqrt{3}}\right)\right\}dx$$

$$=\frac{2}{\sqrt{3}}\int_{-\frac{1}{2}}^{\frac{1}{2}}\sqrt{1-4x^2}\,dx$$

$$=\frac{4}{\sqrt{3}}\int_{-\frac{1}{2}}^{\frac{1}{2}}\sqrt{\frac{1}{4}-x^2}\,dx$$

ここで，定積分 $\int_{-\frac{1}{2}}^{\frac{1}{2}}\sqrt{\frac{1}{4}-x^2}\,dx$ は半径 $\frac{1}{2}$ の半円の面積を表すから

$$\int_{-\frac{1}{2}}^{\frac{1}{2}}\sqrt{\frac{1}{4}-x^2}\,dx=\frac{1}{2}\pi\cdot\left(\frac{1}{2}\right)^2=\frac{1}{8}\pi$$

よって

$$S=\frac{4}{\sqrt{3}}\cdot\frac{1}{8}\pi=\frac{1}{2\sqrt{3}}\pi=\frac{\sqrt{3}}{6}\pi$$

**プラス＋**　$4x^2+3y^2=1$ より　$\dfrac{x^2}{\left(\frac{1}{2}\right)^2}+\dfrac{y^2}{\left(\frac{1}{\sqrt{3}}\right)^2}=1$

よって，求める面積 $S$ は，応用例題 3 (教科書 p.176) で求めた結果より

$$\pi\cdot\frac{1}{2}\cdot\frac{1}{\sqrt{3}}=\frac{\sqrt{3}}{6}\pi$$

**教 p.176**

**問 5**　曲線 $\sqrt{x}+\sqrt{y}=1$ と $x$ 軸および $y$ 軸で囲まれた図形の面積 $S$ を求めよ。

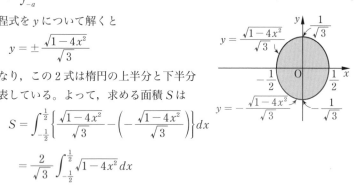

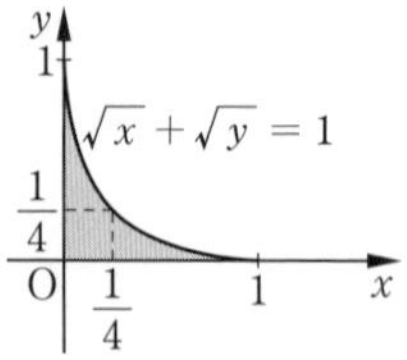

**考え方** 曲線の方程式を $y$ について解き，面積を $x$ についての定積分で表せばよい。

**解答** $\sqrt{x}+\sqrt{y}=1$ より，$y$ について解くと

$$y=(1-\sqrt{x})^2=1-2\sqrt{x}+x$$

よって，求める面積 $S$ は

$$S=\int_0^1(1-2\sqrt{x}+x)dx$$
$$=\left[x-\frac{4}{3}x^{\frac{3}{2}}+\frac{1}{2}x^2\right]_0^1$$
$$=1-\frac{4}{3}+\frac{1}{2}$$
$$=\frac{1}{6}$$

**教 p.177**

**問6** 次の媒介変数表示された曲線と $x$ 軸で囲まれた図形の面積 $S$ を求めよ。

(1) $x=2t+1,\ y=2t-t^2$ 　ただし，$0\leqq t\leqq 2$

(2) $x=2\cos\theta,\ y=3\sin\theta$ 　ただし，$0\leqq \theta\leqq \pi$

**考え方** 曲線の概形をかき，面積を $\int_a^b y\,dx$ の形に表してから，変数を媒介変数に変更する。

**解答** (1) $0\leqq t\leqq 2$ のとき

$$1\leqq x\leqq 5,\ 0\leqq y\leqq 1$$

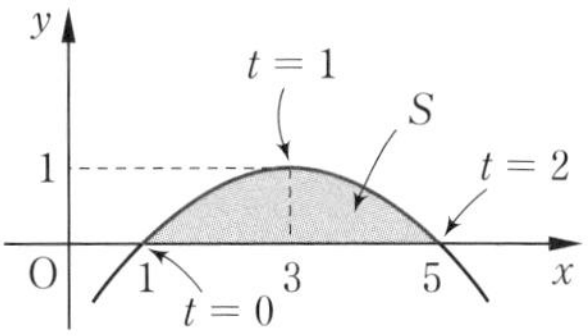


曲線の概形は右の図のようになる。求める面積は，右の図の色で示した部分の面積である。

$y$ は $x$ の関数であるから

$$S=\int_1^5 y\,dx$$

である。置換積分法によって，変数 $x$ を $t$ に置き換える。

$$x=2t+1$$

であるから　$\dfrac{dx}{dt}=2$

$x$ と $t$ の対応は右の表のようになる。

| $x$ | $1\longrightarrow 5$ |
|---|---|
| $t$ | $0\longrightarrow 2$ |

よって，求める面積 $S$ は

$$S=\int_1^5 y\,dx$$
$$=\int_0^2 (2t-t^2)\cdot 2\,dt$$
$$=2\left[t^2-\frac{1}{3}t^3\right]_0^2$$
$$=2\left(4-\frac{8}{3}\right)$$
$$=\frac{8}{3}$$

(2) $0 \leqq \theta \leqq \pi$ のとき

$$-2 \leqq x \leqq 2,\ 0 \leqq y \leqq 3$$

曲線の概形は右の図のようになる。

求める面積は，右の図の色で示した部分の面積である。

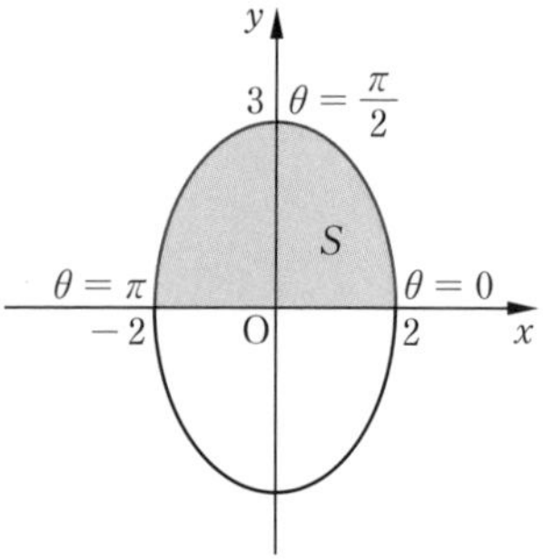


$y$ は $x$ の関数であるから

$$S=\int_{-2}^2 y\,dx$$

である。置換積分法によって，変数 $x$ を $\theta$ に置き換える。

$$x=2\cos\theta$$

であるから　$\dfrac{dx}{d\theta}=-2\sin\theta$

$x$ と $\theta$ の対応は下の表のようになる。

| $x$ | $-2 \longrightarrow 2$ |
|---|---|
| $\theta$ | $\pi \longrightarrow 0$ |

よって，求める面積 $S$ は

$$S=\int_{-2}^2 y\,dx$$
$$=\int_\pi^0 3\sin\theta\cdot(-2\sin\theta)\,d\theta$$
$$=6\int_0^\pi \sin^2\theta\,d\theta$$
$$=3\int_0^\pi (1-\cos 2\theta)\,d\theta$$
$$=3\left[\theta-\frac{1}{2}\sin 2\theta\right]_0^\pi$$
$$=3\pi$$

# 2 体積

## ● 体積 解き方のポイント

右の図のように，ある立体図形において 2 平面 $A$，$B$ が $x$ 軸と垂直に交わる点の座標をそれぞれ $a$，$b$ とし，$a<b$ とする。
また，$x$ 軸と垂直な平面 $X$ が $x$ 軸と交わる点の座標を $x$ とし，平面 $X$ でこの立体を切ったときの切り口の面積を $S(x)$ とすると，この立体の 2 平面 $A$，$B$ の間にはさまれた部分の体積 $V$ は

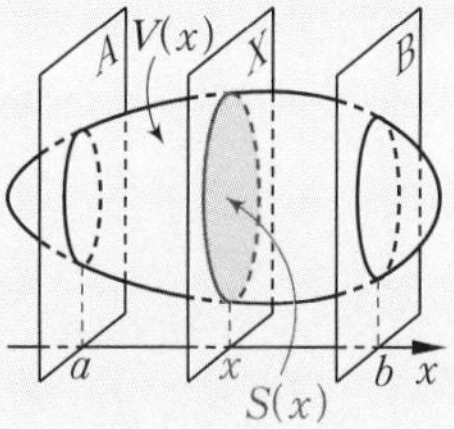


$$V=\int_a^b S(x)dx \qquad \text{ただし，} a<b$$

教 p.179

**問 7**　底面の半径 $r$，高さ $h$ の円錐の体積 $V$ を，積分を用いて求めよ。

**考え方**　頂点から底面に下ろした垂線を $x$ 軸とすると，$x$ 軸に垂直な平面による切り口は円になるから，この円の面積 $S(x)$ を積分すればよい。
相似比が $a:b$ のとき，面積比は $a^2:b^2$ となることを利用する。

**解　答**　円錐の頂点 O を原点とし，O から底面に下ろした垂線を $x$ 軸とする。
右の図のように，$x$ 軸上の座標が $x$ の点を通り，$x$ 軸に垂直な平面による円錐の切り口の面積を $S(x)$ とする。

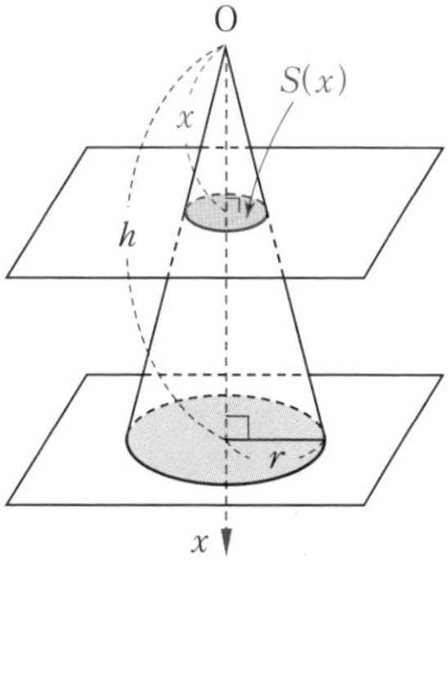


切り口の円と底面の円は相似であり，その相似比が $x:h$ であるから，面積比は

$$S(x):\pi r^2=x^2:h^2$$

よって

$$S(x)=\frac{\pi r^2}{h^2}x^2$$

したがって，求める円錐の体積 $V$ は

$$V=\int_0^h S(x)dx=\int_0^h \frac{\pi r^2}{h^2}x^2\,dx=\frac{\pi r^2}{h^2}\left[\frac{1}{3}x^3\right]_0^h=\frac{\pi r^2}{h^2}\cdot\frac{1}{3}h^3$$

$$=\frac{1}{3}\pi r^2 h$$

**教 p.180**

**問8** 円 $x^2+y^2=a^2$ 上に2点 $\mathrm{P}(x,\ -\sqrt{a^2-x^2})$，$\mathrm{Q}(x,\ \sqrt{a^2-x^2})$ をとる。このPQを底辺とし，一定の高さ $h$ の二等辺三角形PQRを $x$ 軸に垂直な平面上に右の図のようにつくる。PQの中点Mが点 $\mathrm{A}(-a,\ 0)$ から点 $\mathrm{B}(a,\ 0)$ まで動くとき，この三角形が通過してできる立体の体積 $V$ を求めよ。

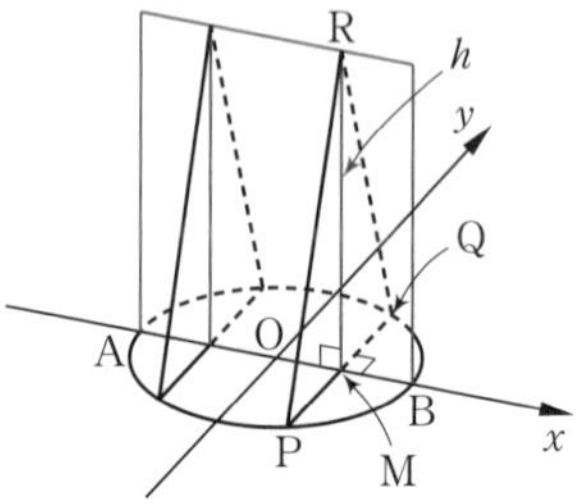


**考え方** △PQRの面積を $x$ で表し，$x=-a$ から $x=a$ まで積分すればよい。

**解 答**

$$\triangle\mathrm{PQR}=\frac{1}{2}\cdot\mathrm{PQ}\cdot\mathrm{RM}=\frac{1}{2}\cdot 2\sqrt{a^2-x^2}\cdot h=h\sqrt{a^2-x^2}$$

したがって，求める体積 $V$ は

$$V=\int_{-a}^{a}h\sqrt{a^2-x^2}\,dx=h\int_{-a}^{a}\sqrt{a^2-x^2}\,dx$$

定積分 $\int_{-a}^{a}\sqrt{a^2-x^2}\,dx$ は，半径 $a$ の半円の面積に等しいから

$$\int_{-a}^{a}\sqrt{a^2-x^2}\,dx=\frac{1}{2}\pi a^2$$

よって

$$V=h\cdot\frac{1}{2}\pi a^2=\boldsymbol{\frac{1}{2}\pi a^2h}$$

● **$x$ 軸のまわりの回転体の体積** ……………… **解き方のポイント**

$$\boldsymbol{V=\pi\int_a^b y^2dx=\pi\int_a^b\{f(x)\}^2dx}\qquad \text{ただし，}\boldsymbol{a<b}$$

**教 p.181**

**問9** 曲線 $y=1-x^2$ と $x$ 軸で囲まれた図形を，$x$ 軸のまわりに1回転させてできる回転体の体積 $V$ を求めよ。

**考え方** グラフをかいて回転させる部分を確認し，体積を定積分で表す。

**解 答** この回転体は，曲線 $y=1-x^2$ の $-1\leqq x\leqq 1$ の部分を $x$ 軸のまわりに1回転させたものである。

よって，その体積 $V$ は

$$V=\pi\int_{-1}^{1}y^2dx=\pi\int_{-1}^{1}(1-x^2)^2dx$$

$$=2\pi\int_{0}^{1}(1-2x^2+x^4)dx$$

$$=2\pi\left[x-\frac{2}{3}x^3+\frac{1}{5}x^5\right]_0^1=\frac{16}{15}\pi$$

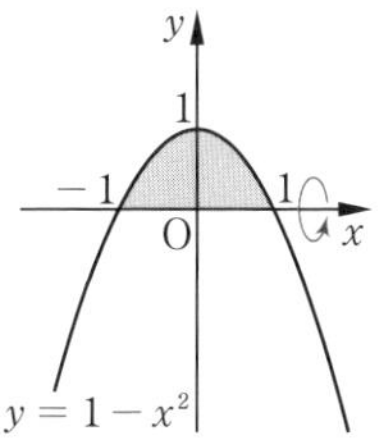


教 p.182

**問 10** 曲線 $x=-y^2+4y-3$ と $y$ 軸で囲まれた図形を，$x$ 軸のまわりに1回転させてできる回転体の体積 $V$ を求めよ。

**考え方** 得られる回転体は $0\leqq x\leqq 1$ において

(曲線 $y=2+\sqrt{1-x}$ の回転体)－(曲線 $y=2-\sqrt{1-x}$ の回転体)

となる。

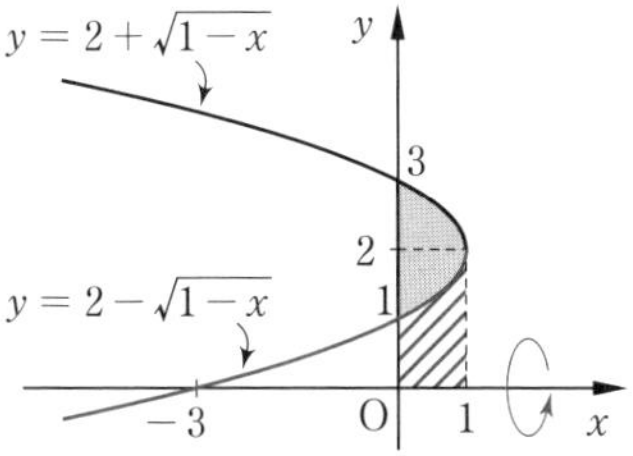


**解　答** $x=-y^2+4y-3$ より

$$y^2-4y=-x-3$$

$$(y-2)^2-4=-x-3$$

$$(y-2)^2=1-x$$

よって　$y=2\pm\sqrt{1-x}$

区間 $0\leqq x\leqq 1$ において，曲線 $y=2+\sqrt{1-x}$ を $x$ 軸のまわりに1回転させてできる回転体の体積を $V_1$ とする。

また，区間 $0\leqq x\leqq 1$ において，曲線 $y=2-\sqrt{1-x}$ を $x$ 軸のまわりに1回転させてできる回転体の体積を $V_2$ とする。

このとき，求める回転体の体積 $V$ は，$V_1$ から $V_2$ を引いたものである。

よって

$$V=V_1-V_2$$

$$=\pi\int_0^1(2+\sqrt{1-x})^2dx-\pi\int_0^1(2-\sqrt{1-x})^2dx$$

$$=\pi\int_0^1\{(2+\sqrt{1-x})^2-(2-\sqrt{1-x})^2\}dx$$

$$=\pi\int_0^1(2+\sqrt{1-x}+2-\sqrt{1-x})(2+\sqrt{1-x}-2+\sqrt{1-x})dx$$

$$=\pi\int_0^1 8\sqrt{1-x}\,dx$$

$$=8\pi\left[-\frac{2}{3}(1-x)^{\frac{3}{2}}\right]_0^1$$

$$=\frac{16}{3}\pi$$

## ● $y$ 軸のまわりの回転体の体積 ……… 解き方のポイント

$$V=\pi\int_a^b x^2dy=\pi\int_a^b\{g(y)\}^2dy \qquad \text{ただし，} a<b$$

教 p.183

**問11** 曲線 $y=1-\sqrt{x}$ と $x$ 軸，$y$ 軸で囲まれた図形を，$y$ 軸のまわりに1回転させてできる回転体の体積 $V$ を求めよ。

**考え方** $y$ 軸のまわりに1回転させてできる回転体の体積を求めるから，
$y=1-\sqrt{x}$ を $x$ について解き，回転体の体積を $\pi\int_a^b x^2dy$ の形で表す。

**解 答** $y=1-\sqrt{x}$ より　　$x=(1-y)^2$
また，曲線と $y$ 軸の共有点の $y$ 座標は1であるから，
求める体積 $V$ は

$$\begin{aligned}V&=\pi\int_0^1 x^2dy\\&=\pi\int_0^1(1-y)^4dy\\&=\pi\left[-\frac{1}{5}(1-y)^5\right]_0^1\\&=\frac{\pi}{5}\end{aligned}$$

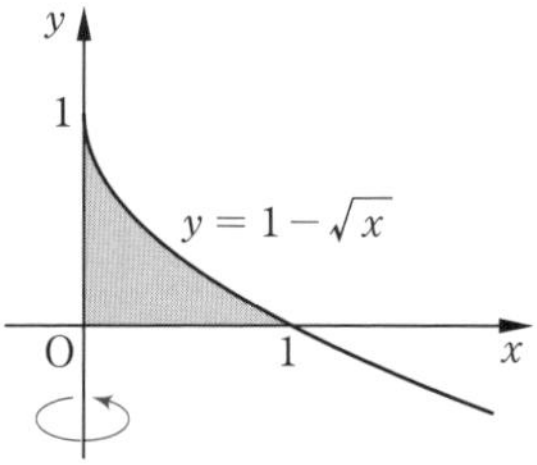


教 p.183

**問12** 曲線 $y=\log x$ と $x$ 軸，$y$ 軸および直線 $y=3$ で囲まれた図形を，$y$ 軸のまわりに1回転させてできる回転体の体積 $V$ を求めよ。

**考え方** $y=\log x$ を $x$ について解き，回転体の体積を $\pi\int_a^b x^2dy$ の形で表す。

**解 答** $y=\log x$ より　　$x=e^y$
よって，求める体積 $V$ は

$$\begin{aligned}V&=\pi\int_0^3 x^2dy\\&=\pi\int_0^3 e^{2y}dy\\&=\pi\left[\frac{1}{2}e^{2y}\right]_0^3\\&=\frac{e^6-1}{2}\pi\end{aligned}$$

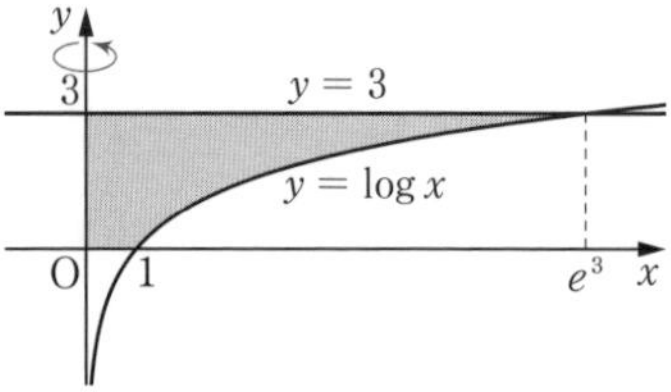

# 参考　直線のまわりの回転体の体積　教 p.184

教 p.184

**問1**　曲線 $y=x^2-x$ と直線 $y=x$ で囲まれた図形を，直線 $y=x$ のまわりに1回転させてできる回転体の体積 $V$ を求めよ。

**考え方**　回転体の体積は，回転の軸に垂直な切り口の円を考える。そのために，曲線上の点Pから直線 $y=x$ に垂線PHを下ろし，PH $=l$ として，$l$ を $x$ の式で表す。

**解答**　直線と曲線の交点の $x$ 座標は

$x^2-x=x$ より　　$x(x-2)=0$

であるから　　$x=0,\ 2$

$0\leqq x\leqq 2$ において，曲線 $y=x^2-x$ 上の点 $\mathrm{P}(x,\ x^2-x)$ から直線 $y=x$ に垂線PHを下ろし，PH $=l$，OH $=t$ とおく。

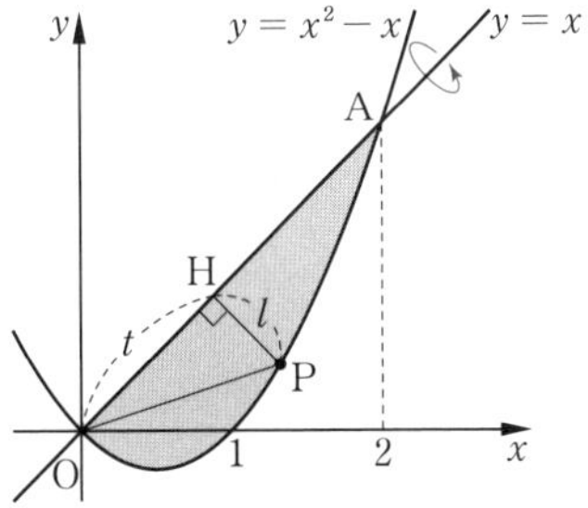


$l$ は点Pと直線 $x-y=0$ の距離であるから

$$l=\frac{|x-(x^2-x)|}{\sqrt{1^2+(-1)^2}}=\frac{|2x-x^2|}{\sqrt{2}}$$

また，点Hを通り，直線 $y=x$ に垂直な平面による回転体の切り口は，半径 $l$ の円である。

よって，OA $=2\sqrt{2}$ より，$0\leqq t\leqq 2\sqrt{2}$ であるから

$$V=\int_0^{2\sqrt{2}}\pi l^2\,dt=\pi\int_0^{2\sqrt{2}}\left(\frac{2x-x^2}{\sqrt{2}}\right)^2dt$$

$\mathrm{OH}^2=\mathrm{OP}^2-\mathrm{PH}^2$ であるから

$$t^2=\frac{x^4}{2}\quad ※$$

すなわち　　$t=\dfrac{x^2}{\sqrt{2}}$

ゆえに　　$\dfrac{dt}{dx}=\sqrt{2}\,x$

※
$$t^2=\{x^2+(x^2-x)^2\}-l^2$$
$$=\{x^2+(x^4-2x^3+x^2)\}-\left(\frac{4x^2-4x^3+x^4}{2}\right)$$
$$=\frac{x^4}{2}$$

$t$ と $x$ の対応は右の表のようになる。

| $t$ | $0\longrightarrow 2\sqrt{2}$ |
|---|---|
| $x$ | $0\longrightarrow 2$ |

したがって，求める体積 $V$ は

$$V=\pi\int_0^2\frac{(2x-x^2)^2}{2}\cdot\sqrt{2}\,x\,dx=\frac{\sqrt{2}\,\pi}{2}\int_0^2(4x^3-4x^4+x^5)\,dx$$

$$=\frac{\sqrt{2}\,\pi}{2}\left[x^4-\frac{4}{5}x^5+\frac{1}{6}x^6\right]_0^2=\frac{8\sqrt{2}}{15}\pi$$

# 3 曲線の長さと道のり

## ● 曲線の長さ(1)　解き方のポイント

曲線 $x=f(t)$, $y=g(t)\ (a\leqq t\leqq b)$ の長さを $L$ とすると

$$L=\int_a^b\sqrt{\left(\frac{dx}{dt}\right)^2+\left(\frac{dy}{dt}\right)^2}\,dt=\int_a^b\sqrt{\{f'(t)\}^2+\{g'(t)\}^2}\,dt$$

教 p.186

**問 13**　円 $\begin{cases}x=r\cos\theta\\y=r\sin\theta\end{cases}$ $(0\leqq\theta\leqq 2\pi)$ の周の長さ $L$ を，公式により求めよ。

**解答**　$\dfrac{dx}{d\theta}=-r\sin\theta$, $\dfrac{dy}{d\theta}=r\cos\theta$

であるから，求める周の長さ $L$ は，公式により

$$L=\int_0^{2\pi}\sqrt{(-r\sin\theta)^2+(r\cos\theta)^2}\,d\theta$$
$$=\int_0^{2\pi}\sqrt{r^2(\sin^2\theta+\cos^2\theta)}\,d\theta$$
$$=\int_0^{2\pi}r\,d\theta=r\int_0^{2\pi}d\theta=r\Big[\theta\Big]_0^{2\pi}=2\pi r$$

教 p.186

**問 14**　曲線

$$\begin{cases}x=a\cos^3\theta\\y=a\sin^3\theta\end{cases}$$

の $0\leqq\theta\leqq\dfrac{\pi}{2}$ の部分の長さ $L$ を求めよ。

ただし，$a>0$ とする。

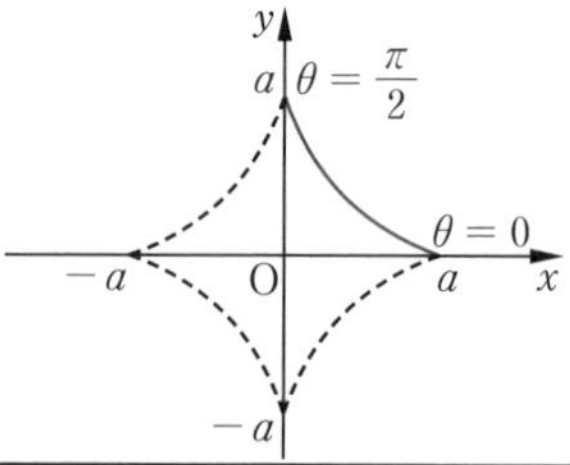


**考え方**　$\dfrac{dx}{d\theta}$ と $\dfrac{dy}{d\theta}$ を求め，前もって，$\left(\dfrac{dx}{d\theta}\right)^2+\left(\dfrac{dy}{d\theta}\right)^2$ を計算しておくとよい。

**解答**　$\dfrac{dx}{d\theta}=-3a\cos^2\theta\sin\theta$, $\dfrac{dy}{d\theta}=3a\sin^2\theta\cos\theta$

であるから

$$\left(\frac{dx}{d\theta}\right)^2+\left(\frac{dy}{d\theta}\right)^2=(-3a\cos^2\theta\sin\theta)^2+(3a\sin^2\theta\cos\theta)^2$$
$$=9a^2\cos^4\theta\sin^2\theta+9a^2\sin^4\theta\cos^2\theta$$
$$=9a^2\sin^2\theta\cos^2\theta(\cos^2\theta+\sin^2\theta)$$
$$=9a^2\sin^2\theta\cos^2\theta$$

$0 \leqq \theta \leqq \dfrac{\pi}{2}$ で，$\sin\theta \geqq 0$，$\cos\theta \geqq 0$ であるから，求める長さ $L$ は

$$L = \int_0^{\frac{\pi}{2}} \sqrt{9a^2\sin^2\theta\cos^2\theta}\,d\theta = \int_0^{\frac{\pi}{2}} 3a\sin\theta\cos\theta\,d\theta$$

$$= \frac{3a}{2}\int_0^{\frac{\pi}{2}} \sin 2\theta\,d\theta = \frac{3a}{2}\left[-\frac{1}{2}\cos 2\theta\right]_0^{\frac{\pi}{2}}$$

$$= -\frac{3a}{4}(-1-1) = \frac{3}{2}a$$

## 曲線の長さ(2) 解き方のポイント

**曲線 $y=f(x)\ (a \leqq x \leqq b)$ の長さを $L$ とすると**

$$L = \int_a^b \sqrt{1+\left(\frac{dy}{dx}\right)^2}\,dx = \int_a^b \sqrt{1+\{f'(x)\}^2}\,dx$$

教 p.187

**問 15** 曲線 $y = x\sqrt{x}$ の $0 \leqq x \leqq \dfrac{4}{3}$ の部分の長さ $L$ を求めよ。

**考え方** $x\sqrt{x} = x^{\frac{3}{2}}$ とみて $\dfrac{dy}{dx}$ を求め，曲線の長さの公式に代入する。

**解 答**

$$\frac{dy}{dx} = \left(x^{\frac{3}{2}}\right)' = \frac{3}{2}x^{\frac{1}{2}}$$

であるから，求める長さ $L$ は

$$L = \int_0^{\frac{4}{3}} \sqrt{1+\left(\frac{3}{2}x^{\frac{1}{2}}\right)^2}\,dx = \int_0^{\frac{4}{3}} \sqrt{1+\frac{9}{4}x}\,dx$$

$$= \left[\frac{4}{9}\cdot\frac{2}{3}\left(1+\frac{9}{4}x\right)^{\frac{3}{2}}\right]_0^{\frac{4}{3}} = \frac{8}{27}(8-1) = \frac{56}{27}$$

## 速度と道のり(1) 解き方のポイント

**数直線上を運動する点 P の時刻 $t$ における座標を $x=f(t)$，速度を $v$ とすると，時刻 $t=a$ から $t=b$ までの点 P の位置の変化は**

$$f(b)-f(a) = \int_a^b f'(t)\,dt = \int_a^b v\,dt$$

**$t=a$ から $t=b$ までに点 P が通過する道のりは**

$$\int_a^b |v|\,dt$$

4章 積分とその応用

教 p.188

**問 16** 数直線上を運動する点 P の時刻 $t$ における速度が $v=\sin t$ であるとき，$t=0$ から $t=2\pi$ までに点 P が通過する道のりを求めよ。

**考え方** $t=0$ から $t=\pi$ まで，$t=\pi$ から $t=2\pi$ までの位置の変化をそれぞれ計算する。

**解 答** $t=0$ から $t=\pi$ までは $v>0$，このときの点 P の位置の変化は

$$\int_0^{\pi}\sin t\,dt=\Big[-\cos t\Big]_0^{\pi}=2$$

$t=\pi$ から $t=2\pi$ までは $v<0$，このときの点 P の位置の変化は

$$\int_{\pi}^{2\pi}\sin t\,dt=\Big[-\cos t\Big]_{\pi}^{2\pi}=-2$$

よって，$t=0$ から $t=2\pi$ までに点 P が通過する道のりは

$$2+2=4$$

**別解** $\displaystyle\int_0^{2\pi}|v|dt$ を計算して求めることもできる。

$$\int_0^{2\pi}|\sin t|dt=\int_0^{\pi}\sin t\,dt+\int_{\pi}^{2\pi}(-\sin t)dt$$

$$=\Big[-\cos t\Big]_0^{\pi}+\Big[\cos t\Big]_{\pi}^{2\pi}=(1+1)+(1+1)=4$$

## 速度と道のり(2) …… 解き方のポイント

**平面上を運動する点 P の座標 $(x,\ y)$ が，時刻 $t$ を媒介変数として $x=f(t)$，$y=g(t)$ と表されるとき，点 P が時刻 $t=a$ から $t=b$ までの間に同じ点を通過することなく動く道のり $l$ は，点 P の速度を $\vec{v}=\left(\dfrac{dx}{dt},\ \dfrac{dy}{dt}\right)$ で表すと**

$$l=\int_a^b\sqrt{\left(\frac{dx}{dt}\right)^2+\left(\frac{dy}{dt}\right)^2}\,dt=\int_a^b|\vec{v}|dt$$

教 p.189

**問 17** 平面上を運動する点 P の座標 $(x,\ y)$ が時刻 $t$ の関数として

$$\begin{cases}x=3\cos t-\cos 3t\\ y=3\sin t-\sin 3t\end{cases}$$

で表されている。P が時刻 $t=0$ から $t=\pi$ までに動く道のり $l$ を求めよ。

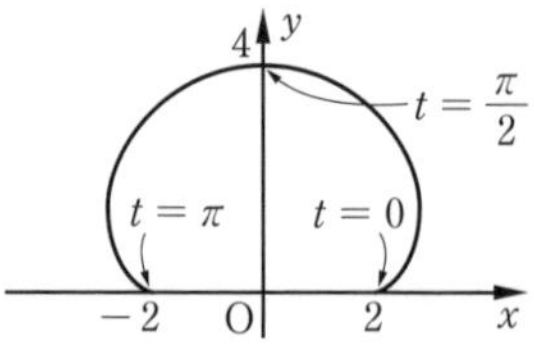

**解 答** $\dfrac{dx}{dt}=-3\sin t+3\sin 3t$, $\dfrac{dy}{dt}=3\cos t-3\cos 3t$

であるから

$$\left(\frac{dx}{dt}\right)^2+\left(\frac{dy}{dt}\right)^2$$
$$=(-3\sin t+3\sin 3t)^2+(3\cos t-3\cos 3t)^2$$
$$=9(\sin^2 t+\cos^2 t+\sin^2 3t+\cos^2 3t)-18(\sin t\sin 3t+\cos t\cos 3t)$$
$$=9(1+1)-18\cos(3t-t)$$
$$=18-18\cos 2t$$
$$=18(1-\cos 2t)$$
$$=36\sin^2 t$$

$0\leqq t\leqq\pi$ で $\sin t\geqq 0$ であるから，求める道のり $l$ は

$$l=\int_0^{\pi}\sqrt{36\sin^2 t}\,dt=\int_0^{\pi}6\sin t\,dt=6\Big[-\cos t\Big]_0^{\pi}=12$$



## 問　題

教 p.190

**14** 曲線 $y=\dfrac{2x}{x^2+1}$ と曲線 $y=x^2$ で囲まれた図形の面積 $S$ を求めよ。

**考え方** 2 曲線の交点と位置関係を調べて，面積を定積分で表す。

**解 答** 2 曲線の交点の $x$ 座標は

方程式 $\dfrac{2x}{x^2+1}=x^2$

の解である。

これを解くと　　$x=0$, $1$ ※

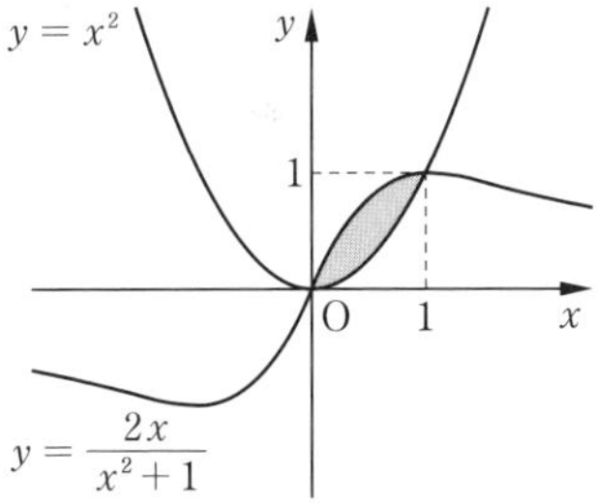


また，区間 $0\leqq x\leqq 1$ で

$$\frac{2x}{x^2+1}-x^2=\frac{2x-x^2(x^2+1)}{x^2+1}$$
$$=-\frac{x(x-1)(x^2+x+2)}{x^2+1}\geqq 0$$

※
$x^2(x^2+1)-2x=0$
$x(x^3+x-2)=0$
$x(x-1)(x^2+x+2)=0$
$x=0$, $1$

したがって　　$\dfrac{2x}{x^2+1}\geqq x^2$

である。よって，求める面積 $S$ は

$$S=\int_0^1\left(\frac{2x}{x^2+1}-x^2\right)dx=\int_0^1\left\{\frac{(x^2+1)'}{x^2+1}-x^2\right\}dx$$
$$=\left[\log(x^2+1)-\frac{1}{3}x^3\right]_0^1=\log 2-\frac{1}{3}$$

**15** $-\pi \leqq x \leqq \pi$ において，2 曲線 $y=\sin x$，$y=\cos\dfrac{x}{2}$ で囲まれた 2 つの部分の面積の和 $S$ を求めよ。

**考え方** 交点を求めて 2 曲線の概形をかき，面積の和を定積分で表す。

**解答** 2 曲線の交点の $x$ 座標は，方程式 $\sin x=\cos\dfrac{x}{2}$ の解である。

$\sin x=\cos\dfrac{x}{2}$ より

$$2\sin\frac{x}{2}\cos\frac{x}{2}-\cos\frac{x}{2}=0$$

$$\left(2\sin\frac{x}{2}-1\right)\cos\frac{x}{2}=0$$

$-\pi \leqq x \leqq \pi$ における交点の $x$ 座標は，$-\dfrac{\pi}{2} \leqq \dfrac{x}{2} \leqq \dfrac{\pi}{2}$ であるから

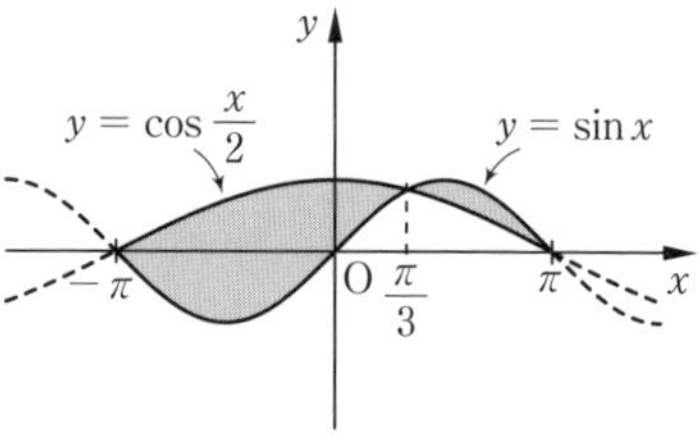


$\sin\dfrac{x}{2}=\dfrac{1}{2}$ より　　$\dfrac{x}{2}=\dfrac{\pi}{6}$

よって　　$x=\dfrac{\pi}{3}$

$\cos\dfrac{x}{2}=0$ より　　$\dfrac{x}{2}=-\dfrac{\pi}{2},\ \dfrac{\pi}{2}$

よって　　$x=-\pi,\ \pi$

また

区間 $-\pi \leqq x \leqq \dfrac{\pi}{3}$ で　　$\cos\dfrac{x}{2} \geqq \sin x$

区間 $\dfrac{\pi}{3} \leqq x \leqq \pi$ で　　$\sin x \geqq \cos\dfrac{x}{2}$

したがって，2 曲線の概形は上の図のようになり，求める面積の和 $S$ は

$$S=\int_{-\pi}^{\frac{\pi}{3}}\left(\cos\frac{x}{2}-\sin x\right)dx+\int_{\frac{\pi}{3}}^{\pi}\left(\sin x-\cos\frac{x}{2}\right)dx$$

$$=\left[2\sin\frac{x}{2}+\cos x\right]_{-\pi}^{\frac{\pi}{3}}+\left[-\cos x-2\sin\frac{x}{2}\right]_{\frac{\pi}{3}}^{\pi}$$

$$=\left(2\cdot\frac{1}{2}+\frac{1}{2}\right)-\{2\cdot(-1)+(-1)\}+\{-(-1)-2\cdot 1\}-\left(-\frac{1}{2}-2\cdot\frac{1}{2}\right)$$

$$=\frac{3}{2}+3-1+\frac{3}{2}=5$$

**16** 2曲線 $x=-y^2+5y$, $y=2\sqrt{x}$ で囲まれた図形の面積 $S$ を求めよ。

**考え方** 交点を求めて2曲線の概形をかき，面積を $y$ の定積分で表す。

**解答** $y=2\sqrt{x}$ より　$x=\dfrac{y^2}{4}$　$(y \geqq 0)$

2曲線の交点の $y$ 座標は方程式 $-y^2+5y=\dfrac{y^2}{4}$ の0以上の解である。

これを解くと

$$5y^2-20y=0$$
$$5y(y-4)=0$$

よって　　$y=0,\ 4$

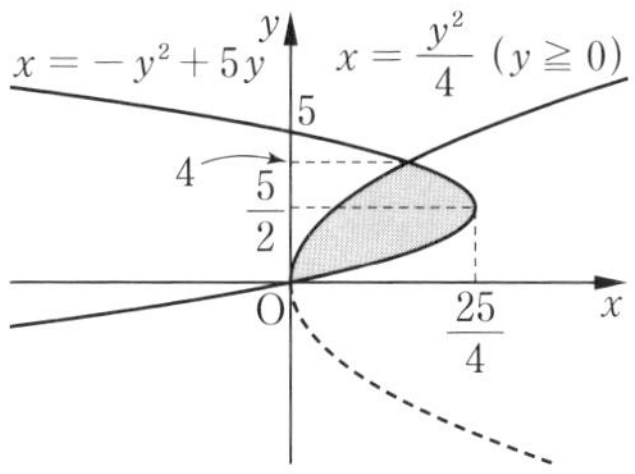


区間 $0 \leqq y \leqq 4$ で $\dfrac{y^2}{4} \leqq -y^2+5y$ で

あるから，求める面積 $S$ は

$$S=\int_0^4\left\{(-y^2+5y)-\frac{y^2}{4}\right\}dy$$
$$=\int_0^4\left(-\frac{5}{4}y^2+5y\right)dy$$
$$=\left[-\frac{5}{12}y^3+\frac{5}{2}y^2\right]_0^4$$
$$=-\frac{5}{12}\cdot 64+\frac{5}{2}\cdot 16$$
$$=\frac{40}{3}$$

**17** 曲線 $y=\log 2x$ を $C$ とし，原点から $C$ に引いた接線を $l$ とする。$C$, $l$ および $x$ 軸で囲まれた図形の面積 $S$ を求めよ。

**考え方** まず接点の $x$ 座標を $a$ とおいて接線の方程式をつくり，原点を通ることから $a$ の値を求める。次にグラフをかき，求める面積を定積分で表す。

**解答** 接点の $x$ 座標を $a$ とおく。

$y=\log 2x$ を微分すると　　$y'=\dfrac{1}{2x}\cdot(2x)'=\dfrac{1}{x}$

よって，接線 $l$ の方程式は　　$y-\log 2a=\dfrac{1}{a}(x-a)$

$l$ は原点 $(0,\ 0)$ を通るから

$$-\log 2a=-1 \quad より \quad a=\frac{e}{2}$$

よって，$l$ の方程式は　　$y=\dfrac{2}{e}x$

また，接点の座標は　　$\left(\dfrac{e}{2},\ 1\right)$　※

ここで，$y=\log 2x$ より　$x=\dfrac{e^y}{2}$

$y=\dfrac{2}{e}x$ より　$x=\dfrac{e}{2}y$

であり，区間 $0 \leqq y \leqq 1$ で

$$\frac{e^y}{2} \geqq \frac{e}{2}y$$

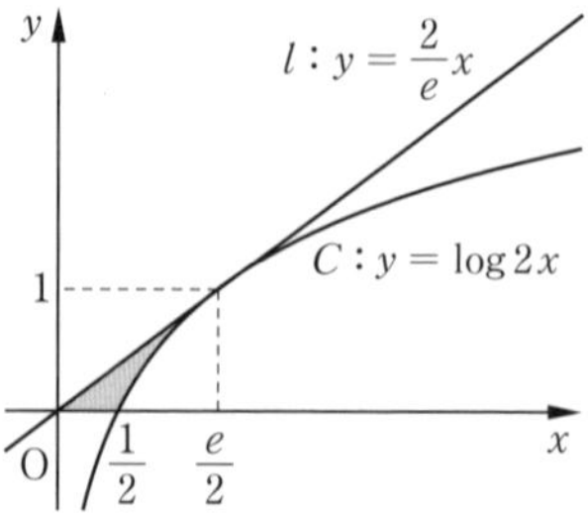


よって，求める面積 $S$ は

$$\begin{aligned} S &= \int_0^1 \left(\frac{e^y}{2}-\frac{e}{2}y\right)dy \\ &= \left[\frac{e^y}{2}-\frac{e}{4}y^2\right]_0^1 \\ &= \left(\frac{e}{2}-\frac{e}{4}\right)-\frac{1}{2} \\ &= \frac{e}{4}-\frac{1}{2} \end{aligned}$$

**別解**　(前ページの※までは解答と同じ)

区間 $\dfrac{1}{2} \leqq x \leqq \dfrac{e}{2}$ で

$$\log 2x \leqq \frac{2}{e}x$$

であるから，求める面積 $S$ は

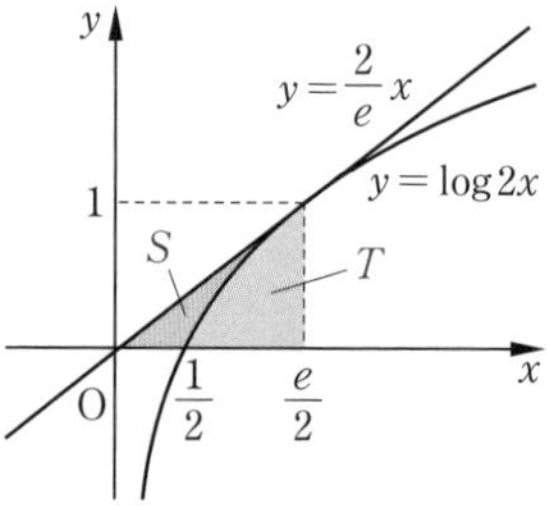


$$\begin{aligned} S &= \underbrace{\int_0^{\frac{e}{2}} \frac{2}{e}x\,dx}_{S+T} - \underbrace{\int_{\frac{1}{2}}^{\frac{e}{2}} \log 2x\,dx}_{T} \\ &= \left[\frac{1}{e}x^2\right]_0^{\frac{e}{2}} - \int_{\frac{1}{2}}^{\frac{e}{2}} \log 2x \cdot (x)'\,dx \\ &= \frac{e}{4}-\Big[x\log 2x\Big]_{\frac{1}{2}}^{\frac{e}{2}} + \int_{\frac{1}{2}}^{\frac{e}{2}} dx \\ &= \frac{e}{4}-\frac{e}{2}+\Big[x\Big]_{\frac{1}{2}}^{\frac{e}{2}} \\ &= \frac{e}{4}-\frac{1}{2} \end{aligned}$$

← 面積 $(S+T)$ は，
三角形の面積として
$\dfrac{1}{2}\cdot\dfrac{e}{2}\cdot 1=\dfrac{e}{4}$
と計算することもできる。

**18** $y$ 軸と曲線 $x=t^2-2t-3$, $y=3-t\ (-1 \leqq t \leqq 3)$ で囲まれた図形の面積 $S$ を求めよ。

**考え方** 面積を $y$ の定積分で表し，これを媒介変数 $t$ の積分に置き換えて計算する。

**解答** $x=(t-1)^2-4$, $y=3-t$ より

$-1 \leqq t \leqq 3$ のとき

$$-4 \leqq x \leqq 0,\ 0 \leqq y \leqq 4$$

ゆえに，曲線の概形は右の図のようになる。

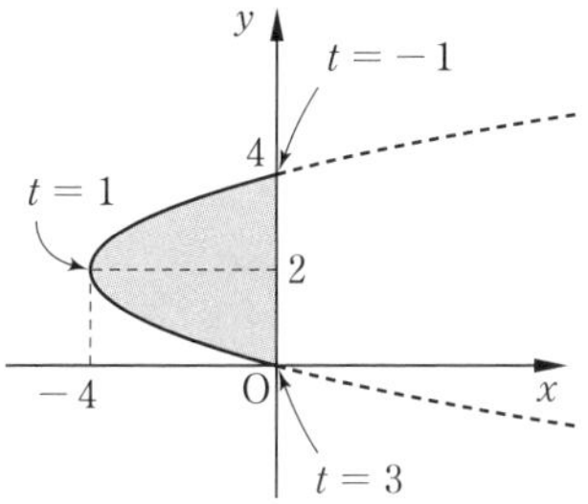


求める面積 $S$ は，右の図の色で示した部分の面積である。

$x$ は $y$ の関数であるから，$x \leqq 0$ より

$$S=-\int_0^4 x\,dy$$

である。置換積分法によって，変数 $y$ を $t$ に置き換える。

$$y=3-t$$

であるから　$\dfrac{dy}{dt}=-1$

$y$ と $t$ の対応は右の表のようになる。

| $y$ | $0 \longrightarrow 4$ |
|---|---|
| $t$ | $3 \longrightarrow -1$ |

よって，求める面積 $S$ は

$$\begin{aligned} S &= -\int_0^4 x\,dy \\ &= -\int_3^{-1}(t^2-2t-3)\cdot(-1)\,dt \\ &= \int_{-1}^3(-t^2+2t+3)\,dt \\ &= \left[-\frac{1}{3}t^3+t^2+3t\right]_{-1}^3 \\ &= 9-\left(-\frac{5}{3}\right) \\ &= \frac{32}{3} \end{aligned}$$

**19** $xy$ 平面上に 2 点 P $(x,\ 0)$，Q $(x,\ \sin x)$ をとり，PQ を斜辺とする直角二等辺三角形 PQR を，$x$ 軸に垂直な平面上に右の図のようにつくる。いま，P が $x$ 軸上を原点 O から点 A $(\pi,\ 0)$ まで動くとき，この直角二等辺三角形が通過してできる立体の体積 $V$ を求めよ。

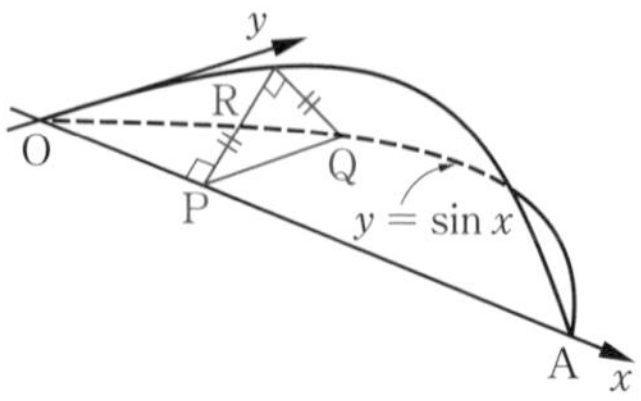


**考え方** △PQR の面積を $x$ で表し，$x=0$ から $x=\pi$ まで積分する。

**解　答** △PQR は直角二等辺三角形であるから

$$\mathrm{PR} : \mathrm{PQ} = 1 : \sqrt{2}$$

$\mathrm{PQ}=\sin x$ であるから

$$\sqrt{2}\,\mathrm{PR}=\sin x \quad \text{より} \qquad \mathrm{PR}=\frac{\sin x}{\sqrt{2}}$$

したがって，△PQR の面積は

$$\triangle \mathrm{PQR}=\frac{1}{2}\mathrm{PR}^2=\frac{1}{2}\left(\frac{\sin x}{\sqrt{2}}\right)^2=\frac{1}{4}\sin^2 x$$

よって，求める体積 $V$ は

$$V=\int_0^{\pi}\frac{1}{4}\sin^2 x\,dx=\frac{1}{8}\int_0^{\pi}(1-\cos 2x)\,dx=\frac{1}{8}\left[x-\frac{1}{2}\sin 2x\right]_0^{\pi}=\frac{\pi}{8}$$

**20** 教科書 182 ページの例題 8 について，A さんは求める回転体の体積 $V$ を次の式で表して考えた。A さんがどのように考えたかを式から予想し，説明せよ。

$$V=\int_{-r}^{r}\{\pi(b+\sqrt{r^2-x^2})^2-\pi(b-\sqrt{r^2-x^2})^2\}\,dx$$

**考え方** $b+\sqrt{r^2-x^2}$，$b-\sqrt{r^2-x^2}$ がそれぞれどの部分の長さであるか考える。

**解　答** 回転体の切り口を，$x$ 軸と垂直に交わる平面で切ったときの図形，すなわち，大きい円から小さい円を除いた図形と捉え，切り口の面積を $-r$ から $r$ まで積分することによって体積 $V$ を求めている。

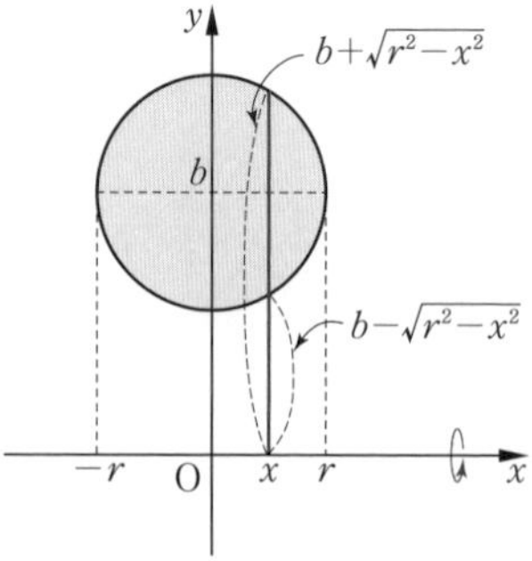


**参　考** 右の図で

$b+\sqrt{r^2-x^2}$ は大きい円の半径

$b-\sqrt{r^2-x^2}$ は小さい円の半径

を表している。

**21** $a>0$，$b>0$ とする。楕円 $\dfrac{x^2}{a^2}+\dfrac{y^2}{b^2}=1$ を，$x$ 軸のまわりに 1 回転させて得られる立体の体積を $V_1$，$y$ 軸のまわりに 1 回転させて得られる立体の体積を $V_2$ とする。このとき，体積比 $V_1:V_2$ を求めよ。

**考え方** 楕円は $x$ 軸および，$y$ 軸に関して対称であるから，$V_1$，$V_2$ を求めるには，楕円の $y\geqq 0$ の部分，$x\geqq 0$ の部分をそれぞれ回転させて考えればよい。

**解 答** $\dfrac{x^2}{a^2}+\dfrac{y^2}{b^2}=1$ を変形して

$$y^2=b^2\left(1-\frac{x^2}{a^2}\right)$$

$$x^2=a^2\left(1-\frac{y^2}{b^2}\right)$$

であるから

$$V_1=\pi\int_{-a}^{a}y^2\,dx=2\pi\int_0^a b^2\left(1-\frac{x^2}{a^2}\right)dx$$

$$=2\pi b^2\left[x-\frac{x^3}{3a^2}\right]_0^a=\frac{4}{3}\pi ab^2$$

$$V_2=\pi\int_{-b}^{b}x^2\,dy=2\pi\int_0^b a^2\left(1-\frac{y^2}{b^2}\right)dy$$

$$=2\pi a^2\left[y-\frac{y^3}{3b^2}\right]_0^b=\frac{4}{3}\pi a^2b$$

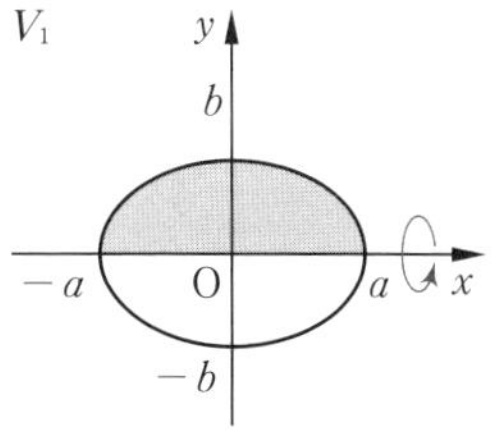


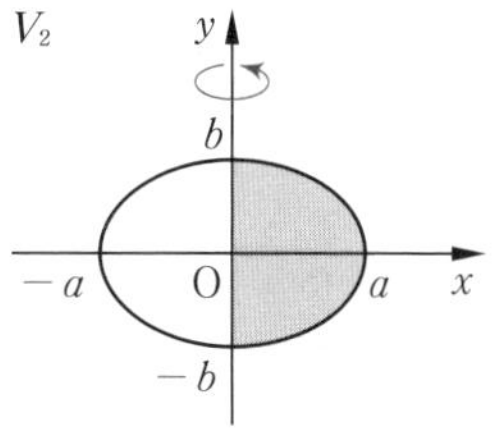


よって

$$V_1:V_2=\frac{4}{3}\pi ab^2:\frac{4}{3}\pi a^2b=b:a$$

すなわち　　$\boldsymbol{V_1:V_2=b:a}$

**22** 曲線 $x=3t^2$，$y=3t-t^3$ の $0\leqq t\leqq 2$ の部分の長さ $L$ を求めよ。

**考え方** $\displaystyle\int_0^2\sqrt{\left(\frac{dx}{dt}\right)^2+\left(\frac{dy}{dt}\right)^2}\,dt$ を計算すればよい。

**解 答**

$$\frac{dx}{dt}=6t,\quad \frac{dy}{dt}=3-3t^2$$

であるから，求める長さ $L$ は

$$L=\int_0^2\sqrt{(6t)^2+(3-3t^2)^2}\,dt=\int_0^2\sqrt{9+18t^2+9t^4}\,dt$$

$$=\int_0^2\sqrt{9(t^2+1)^2}\,dt=\int_0^2 3(t^2+1)\,dt=\left[t^3+3t\right]_0^2=14$$

# 探究 様々な断面による立体の求積［課題学習］ 教 p.191

**考察 1**　立体を $x$ 軸上の座標が $x$ の点を通り，$x$ 軸に垂直な平面で切るとき，切り口の面積 $S(x)$ を求めてみよう。また，この方法で求めた立体の体積 $V$ が例題 6 の結果と同じであることを確かめてみよう。

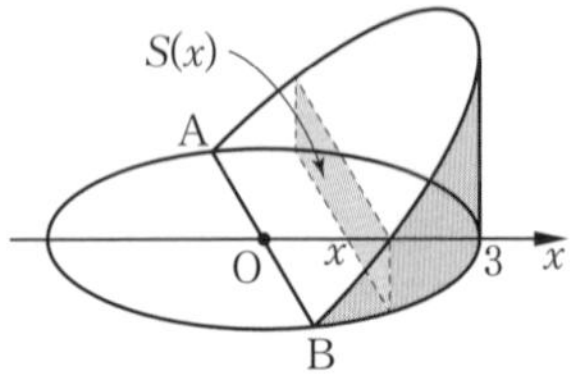


**考え方**　切り口の形は長方形である。上から見たときの図で考えてみる。

**解答**　切り口は長方形で，その隣り合う 2 辺の長さは

$2\sqrt{3^2-x^2}$，$x$

であるから，その面積は

$S(x)=2\sqrt{3^2-x^2}\cdot x=2x\sqrt{9-x^2}$

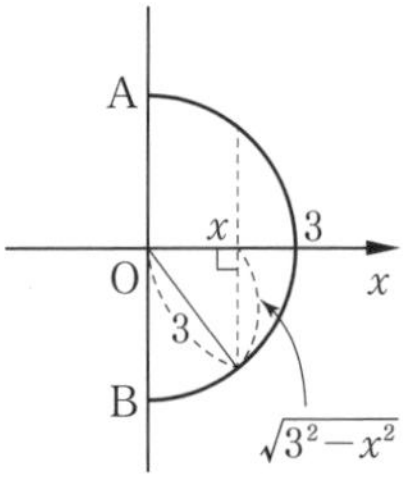


$2x=-(9-x^2)'$ であるから，求める体積 $V$ は

$$V=\int_0^3 2x\sqrt{9-x^2}\,dx=\int_0^3\sqrt{9-x^2}\cdot 2x\,dx$$

$$=\int_0^3(9-x^2)^{\frac{1}{2}}\cdot\{-(9-x^2)\}'\,dx=\left[-\frac{2}{3}(9-x^2)^{\frac{3}{2}}\right]_0^3$$

$$=\left(-\frac{2}{3}\right)\cdot(0-27)=18$$

例題 6 の結果と同じになっている。

**考察 2**　(1)　立体 C の切り口はどのような図形になるだろうか。

(2)　切り口の面積 $S(x)$ を求めてみよう。

(3)　立体 C の体積 $V$ を求めてみよう。

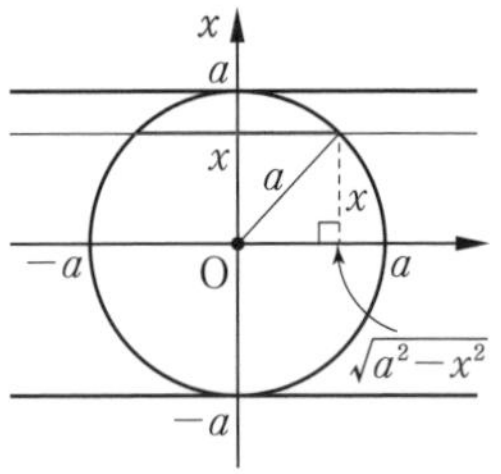


**考え方**　上の図は切り口を円の底面から見たときの投影図である。赤い線分が切り口の図形のどの部分かを考える。

**解答**　(1)　**1 辺の長さが $2\sqrt{a^2-x^2}$ の正方形**

(2)　$S(x)=(2\sqrt{a^2-x^2})^2=4(a^2-x^2)$

(3)　$V=\displaystyle\int_{-a}^{a}4(a^2-x^2)\,dx=8\int_0^a(a^2-x^2)\,dx=8\left[a^2x-\frac{1}{3}x^3\right]_0^a=\frac{16}{3}a^3$

## 練習問題A

教 p.192

**1** 次の不定積分を求めよ。

(1) $\displaystyle\int \frac{dx}{e^x+1}$　　(2) $\displaystyle\int \frac{\sin 3x}{\sin x}dx$

(3) $\displaystyle\int \frac{\log x}{\sqrt{x}}dx$　　(4) $\displaystyle\int x^2\cos x\,dx$

**考え方** (1) $t=e^x$ とおいて $t$ についての不定積分になおすと，部分分数に分解できる形になる。

(2) 加法定理や2倍角の公式を用いて，$\sin x$ で約分できる形にする。

(3) 部分積分法の公式を利用する。

(4) 部分積分法を2回繰り返す。

**解答** (1) $t=e^x$ とおくと，$x=\log t$ より $\dfrac{dx}{dt}=\dfrac{1}{t}$

$$\int \frac{dx}{e^x+1}=\int \frac{1}{t+1}\cdot\frac{dt}{t}=\int \frac{dt}{t(t+1)}=\int\left(\frac{1}{t}-\frac{1}{t+1}\right)dt$$

$$=\log|t|-\log|t+1|+C=\log\left|\frac{t}{t+1}\right|+C$$

$$=\log\frac{e^x}{e^x+1}+C$$

(2) $$\int \frac{\sin 3x}{\sin x}dx=\int \frac{\sin(2x+x)}{\sin x}dx$$

$$=\int \frac{\sin 2x\cos x+\cos 2x\sin x}{\sin x}dx$$

$$=\int \frac{2\sin x\cos^2 x+\cos 2x\sin x}{\sin x}dx$$

$$=\int (2\cos^2 x+\cos 2x)dx$$

$$=\int \{(1+\cos 2x)+\cos 2x\}dx$$

$$=\int (1+2\cos 2x)dx$$

$$=x+\sin 2x+C$$

**別解**

$$\int \frac{\sin 3x}{\sin x}dx$$

$$=\int \frac{3\sin x-4\sin^3 x}{\sin x}dx$$

$$=\int (3-4\sin^2 x)dx$$

$$=\int\left(3-4\cdot\frac{1-\cos 2x}{2}\right)dx$$

$$=\int (1+2\cos 2x)dx$$

$$=x+\sin 2x+C$$

(3) $$\int \frac{\log x}{\sqrt{x}}dx=\int (\log x)\cdot(2\sqrt{x})'\,dx$$

$$=(\log x)\cdot 2\sqrt{x}-\int \frac{1}{x}\cdot 2\sqrt{x}\,dx$$

$$=2\sqrt{x}\log x-2\int x^{-\frac{1}{2}}dx$$

$$=2\sqrt{x}\log x-4\sqrt{x}+C$$

(4) $\int x^2\cos x\,dx=\int x^2\cdot(\sin x)'\,dx$

$$=x^2\cdot\sin x-\int 2x\cdot\sin x\,dx$$

$$=x^2\sin x-2\int x\cdot(-\cos x)'\,dx$$

$$=x^2\sin x-2\left\{x\cdot(-\cos x)-\int 1\cdot(-\cos x)\,dx\right\}$$

$$=x^2\sin x+2x\cos x-2\int\cos x\,dx$$

$$=\boldsymbol{x^2\sin x+2x\cos x-2\sin x+C}$$

**2** 等式 $\dfrac{3x+2}{x(x+1)^2}=\dfrac{a}{x}+\dfrac{b}{x+1}+\dfrac{c}{(x+1)^2}$ が成り立つように，定数 $a$，$b$，$c$ の値を定め，不定積分 $\displaystyle\int\frac{3x+2}{x(x+1)^2}\,dx$ を求めよ。

**考え方** 右辺を通分した式の分子と左辺の分子の係数を比較して，$a$，$b$，$c$ の連立方程式をつくる。

**解答**

$$(\text{右辺})=\frac{a(x+1)^2+bx(x+1)+cx}{x(x+1)^2}=\frac{(a+b)x^2+(2a+b+c)x+a}{x(x+1)^2}$$

よって，左辺の分子と係数を比較して

$a+b=0$ ……①

$2a+b+c=3$ ……②

$a=2$ ……③

①，③より　$b=-2$

よって，②より　$c=1$

ゆえに

$\boldsymbol{a=2,\ b=-2,\ c=1}$

したがって

$$\int\frac{3x+2}{x(x+1)^2}\,dx=\int\left\{\frac{2}{x}-\frac{2}{x+1}+\frac{1}{(x+1)^2}\right\}dx$$

$$=2\log|x|-2\log|x+1|-\frac{1}{x+1}+C$$

$$=\boldsymbol{2\log\left|\frac{x}{x+1}\right|-\frac{1}{x+1}+C}$$

**3** 次の定積分を求めよ。

(1) $\displaystyle\int_{-1}^{2}\sqrt{|x-1|}\,dx$　　(2) $\displaystyle\int_{\frac{\pi}{3}}^{\frac{\pi}{2}}\frac{dx}{\sin x}$

(3) $\displaystyle\int_{0}^{1}\sqrt{(2-x^2)^3}\,dx$　　(4) $\displaystyle\int_{0}^{1}(1+x)\sqrt{1-x^2}\,dx$

**考え方** (1) $x-1$ の符号によって積分区間を分け，絶対値記号を外す。

(2) 分母，分子に $\sin x$ を掛けてから $\cos x=t$ とおく。

(3) $x=\sqrt{2}\sin\theta$ とおく。

(4) $(1+x)\sqrt{1-x^2}=\sqrt{1-x^2}+x\sqrt{1-x^2}$ と変形し，第1項は円の一部分の面積であること，第2項は $x=-\dfrac{1}{2}(1-x^2)'$ であることを用いる。

**解 答** (1)　$x\leqq 1$ のとき　$|x-1|=1-x$

$1\leqq x$ のとき　$|x-1|=x-1$

であるから

$$\int_{-1}^{2}\sqrt{|x-1|}\,dx=\int_{-1}^{1}\sqrt{1-x}\,dx+\int_{1}^{2}\sqrt{x-1}\,dx$$

$$=\left[-\frac{2}{3}(1-x)^{\frac{3}{2}}\right]_{-1}^{1}+\left[\frac{2}{3}(x-1)^{\frac{3}{2}}\right]_{1}^{2}$$

$$=-\frac{2}{3}(0-2\sqrt{2})+\frac{2}{3}$$

$$=\frac{2}{3}(2\sqrt{2}+1)$$

(2)　$\displaystyle\frac{1}{\sin x}=\frac{\sin x}{\sin^2 x}=\frac{\sin x}{1-\cos^2 x}$

$\cos x=t$ とおくと　$\displaystyle -\sin x=\frac{dt}{dx}$

| $x$ | $\frac{\pi}{3}\longrightarrow\frac{\pi}{2}$ |
|---|---|
| $t$ | $\frac{1}{2}\longrightarrow 0$ |

$x$ と $t$ の対応は右の表のようになる。よって

$$\int_{\frac{\pi}{3}}^{\frac{\pi}{2}}\frac{dx}{\sin x}=\int_{\frac{\pi}{3}}^{\frac{\pi}{2}}\frac{\sin x}{1-\cos^2 x}dx=-\int_{\frac{1}{2}}^{0}\frac{dt}{1-t^2}$$

$$=\int_{0}^{\frac{1}{2}}\frac{dt}{1-t^2}=\frac{1}{2}\int_{0}^{\frac{1}{2}}\left(\frac{1}{1+t}+\frac{1}{1-t}\right)dt$$

$$=\frac{1}{2}\Big[\log|1+t|-\log|1-t|\Big]_{0}^{\frac{1}{2}}=\frac{1}{2}\left[\log\left|\frac{1+t}{1-t}\right|\right]_{0}^{\frac{1}{2}}$$

$$=\frac{1}{2}\log 3$$

(3) $x=\sqrt{2}\sin\theta$ とおくと　$\dfrac{dx}{d\theta}=\sqrt{2}\cos\theta$

| $x$ | $0 \longrightarrow 1$ |
|---|---|
| $\theta$ | $0 \longrightarrow \dfrac{\pi}{4}$ |

$x$ と $\theta$ の対応は右の表のようになる。

区間 $0 \leqq \theta \leqq \dfrac{\pi}{4}$ において，$\cos\theta>0$ であるから

$$\sqrt{(2-x^2)^3}=\sqrt{(2-2\sin^2\theta)^3}=\sqrt{(2\cos^2\theta)^3}$$
$$=2\sqrt{2}\cos^3\theta$$

よって

$$\int_0^1\sqrt{(2-x^2)^3}\,dx=\int_0^{\frac{\pi}{4}}2\sqrt{2}\cos^3\theta\cdot\sqrt{2}\cos\theta\,d\theta$$
$$=\int_0^{\frac{\pi}{4}}4\cos^4\theta\,d\theta$$
$$=\int_0^{\frac{\pi}{4}}4\cdot\left(\frac{1+\cos2\theta}{2}\right)^2d\theta$$
$$=\int_0^{\frac{\pi}{4}}(1+2\cos2\theta+\cos^2 2\theta)\,d\theta$$
$$=\int_0^{\frac{\pi}{4}}\left(1+2\cos2\theta+\frac{1+\cos4\theta}{2}\right)d\theta$$
$$=\int_0^{\frac{\pi}{4}}\left(\frac{3}{2}+2\cos2\theta+\frac{1}{2}\cos4\theta\right)d\theta$$
$$=\left[\frac{3}{2}\theta+\sin2\theta+\frac{1}{8}\sin4\theta\right]_0^{\frac{\pi}{4}}$$
$$=\frac{3}{8}\pi+1$$

(4) $$\int_0^1(1+x)\sqrt{1-x^2}\,dx=\int_0^1\sqrt{1-x^2}\,dx+\int_0^1x\sqrt{1-x^2}\,dx$$

ここで，定積分 $\displaystyle\int_0^1\sqrt{1-x^2}\,dx$ は半径 1 の円の面積の $\dfrac{1}{4}$ を表すから

$$\int_0^1\sqrt{1-x^2}\,dx=\frac{1}{4}\cdot\pi\cdot1^2=\frac{\pi}{4}$$

また，$x=-\dfrac{1}{2}(1-x^2)'$ であるから

$$\int_0^1x\sqrt{1-x^2}\,dx=-\frac{1}{2}\int_0^1(1-x^2)'\cdot(1-x^2)^{\frac{1}{2}}dx$$
$$=-\frac{1}{2}\left[\frac{2}{3}(1-x^2)^{\frac{3}{2}}\right]_0^1=\frac{1}{3}$$

よって　$\displaystyle\int_0^1(1+x)\sqrt{1-x^2}\,dx=\frac{\pi}{4}+\frac{1}{3}$

**4** ( )内に示した置き換えによって，次の定積分を求めよ。

(1) $\displaystyle\int_0^1 \frac{e^{3x}}{e^x+1}dx \quad (e^x=t)$　　(2) $\displaystyle\int_0^{\frac{\pi}{2}} \frac{dx}{1+\cos x} \quad \left(\tan\frac{x}{2}=t\right)$

**考え方** (1) $t$ の定積分になおしてから，分子を分母で割って分子の次数を下げる。

(2) $\cos\theta=2\cos^2\dfrac{\theta}{2}-1$ と $1+\tan^2\theta=\dfrac{1}{\cos^2\theta}$ を用いて式を変形する。

**解答** (1) $e^x=t$ とおくと　$\dfrac{dt}{dx}=e^x$

| $x$ | $0 \longrightarrow 1$ |
|---|---|
| $t$ | $1 \longrightarrow e$ |

$x$ と $t$ の対応は右の表のようになる。

$$\int_0^1 \frac{e^{3x}}{e^x+1}dx$$
$$=\int_0^1 \frac{e^{2x}}{e^x+1}\cdot e^x dx$$
$$=\int_1^e \frac{t^2}{t+1}dt$$
$$=\int_1^e \left(t-1+\frac{1}{t+1}\right)dt \quad ※$$
$$=\left[\frac{1}{2}t^2-t+\log(t+1)\right]_1^e$$
$$=\frac{1}{2}e^2-e+\log(e+1)-\left(\frac{1}{2}-1+\log 2\right)$$
$$=\frac{1}{2}(e-1)^2+\log\frac{e+1}{2}$$

※ $\dfrac{t^2}{t+1}=\dfrac{t^2-1+1}{t+1}$
$=\dfrac{(t+1)(t-1)}{t+1}+\dfrac{1}{t+1}$
$=t-1+\dfrac{1}{t+1}$

(2) $\tan\dfrac{x}{2}=t$ とおくと

$$\frac{dt}{dx}=\frac{1}{\cos^2\frac{x}{2}}\cdot\frac{1}{2}=\frac{1}{2}\left(1+\tan^2\frac{x}{2}\right)=\frac{1+t^2}{2}$$

| $x$ | $0 \longrightarrow \dfrac{\pi}{2}$ |
|---|---|
| $t$ | $0 \longrightarrow 1$ |

$x$ と $t$ の対応は右の表のようになる。また

$$1+\cos x=2\cos^2\frac{x}{2}=\frac{2}{1+\tan^2\frac{x}{2}}=\frac{2}{1+t^2}$$

であるから

$$\int_0^{\frac{\pi}{2}}\frac{dx}{1+\cos x}=\int_0^1\frac{1+t^2}{2}\cdot\frac{2}{1+t^2}dt=\int_0^1 dt=\Big[t\Big]_0^1=1$$

**5** 次の等式を満たす関数 $f(x)$ を求めよ。

$$f(x)=\cos x+\int_0^{\frac{\pi}{3}} f(t)\tan t\,dt$$

**考え方** $\int_0^{\frac{\pi}{3}} f(t)\tan t\,dt=k$ とおいて，$f(x)=\cos x+k$ と表し，$k$ の値を求める。

**解答** $\int_0^{\frac{\pi}{3}} f(t)\tan t\,dt$ は，定数であるから

$$k=\int_0^{\frac{\pi}{3}} f(t)\tan t\,dt \quad \cdots\cdots ①$$

とおくと

$$f(x)=\cos x+k \quad \cdots\cdots ②$$

② を ① に代入すると

$$\begin{aligned} k&=\int_0^{\frac{\pi}{3}} (\cos t+k)\tan t\,dt \\ &=\int_0^{\frac{\pi}{3}} \left(\sin t+k\cdot\frac{\sin t}{\cos t}\right)dt \\ &=\int_0^{\frac{\pi}{3}} \left\{\sin t-k\cdot\frac{(\cos t)'}{\cos t}\right\}dt \\ &=\Big[-\cos t-k\log(\cos t)\Big]_0^{\frac{\pi}{3}} \\ &=-\frac{1}{2}-k\log\frac{1}{2}+1 \\ &=\frac{1}{2}+k\log 2 \end{aligned}$$

よって，$k=\frac{1}{2}+k\log 2$ より

$$k=\frac{1}{2(1-\log 2)}$$

② に代入すると

$$f(x)=\cos x+\frac{1}{2(1-\log 2)}$$

**6** 曲線 $y=\sqrt{x}$ と直線 $y=x-2$ および $y$ 軸によって囲まれた図形を，$x$ 軸のまわりに1回転させてできる回転体の体積 $V$ を求めよ。

**考え方** グラフをかいて回転させる図形を考えると，$0 \leqq x \leqq 2$ では $x$ 軸の上側と下側の両方に図形がある。そこで，直線 $y=x-2$ の $y \leqq 0$ の部分を $x$ 軸に関して折り返した直線 $y=-x+2$ を考え，$y=-x+2$ と $y=\sqrt{x}$ の $0 \leqq x \leqq 2$ での大小関係を考え，体積を定積分で表す。

**解答** 求める体積 $V$ は，右の図の色で示した部分を $x$ 軸のまわりに1回転させてできる回転体の体積に等しい。

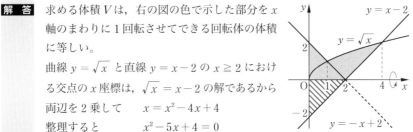

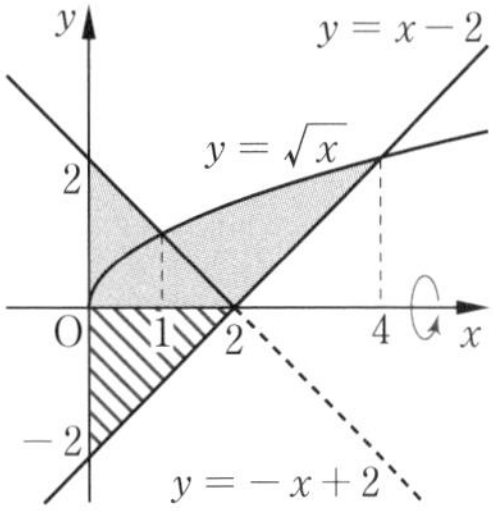


曲線 $y=\sqrt{x}$ と直線 $y=x-2$ の $x \geqq 2$ における交点の $x$ 座標は，$\sqrt{x}=x-2$ の解であるから

両辺を2乗して　　$x=x^2-4x+4$

整理すると　　$x^2-5x+4=0$

$(x-4)(x-1)=0$　　……①

$x \geqq 2$ であるから　　$x=4$

また，曲線 $y=\sqrt{x}$ と，直線 $y=x-2$ を $x$ 軸に関して対称に折り返した直線 $y=-x+2$ の $0 \leqq x \leqq 2$ における交点の $x$ 座標は，$\sqrt{x}=-x+2$ の解である。

この両辺を2乗して整理すると，① と同じ式が得られる。

$0 \leqq x \leqq 2$ であるから　　$x=1$

よって，求める体積 $V$ は

$$V=\pi\int_0^1(-x+2)^2dx+\pi\int_1^4(\sqrt{x})^2dx-\pi\int_2^4(x-2)^2dx$$

$$=\pi\left[-\frac{1}{3}(-x+2)^3\right]_0^1+\pi\left[\frac{1}{2}x^2\right]_1^4-\pi\left[\frac{1}{3}(x-2)^3\right]_2^4$$

$$=\frac{7}{3}\pi+\frac{15}{2}\pi-\frac{8}{3}\pi$$

$$=\frac{43}{6}\pi$$

**7** 半径 $r$ の半球形の容器に水を満たし，右の図のように，静かに 30° 傾けたとき，容器に残る水の体積 $V$ を求めよ。

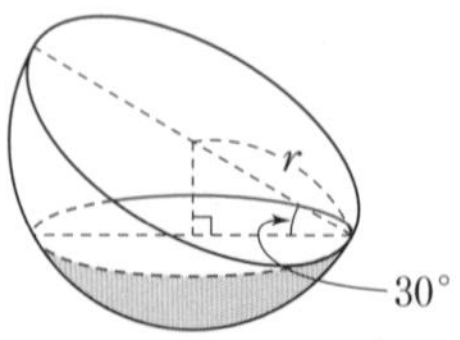


**考え方** 下の図のように，半球の中心 O から水面に引いた垂線を OH とし，直線 OH を $x$ 軸とみなして，H の $x$ 座標を $r$ で表す。求める体積は，H を通り $x$ 軸に垂直な直線と半径 $r$ の円で囲まれた図形を $x$ 軸のまわりに 1 回転させてできる回転体の体積に等しい。

**解　答** 半球の中心 O から水面に垂線を引き，垂線と水面との交点を H とすると

$$\mathrm{OH} = r\sin 30^\circ = \frac{1}{2}r$$

また，H は水面の円の中心であり，直線 OH を $x$ 軸とすると，求める水の体積は，円 $x^2+y^2=r^2$ と直線 $x=\frac{1}{2}r$ で囲まれた図形（右の図の色で示した部分）を $x$ 軸のまわりに 1 回転させてできる回転体の体積に等しい。

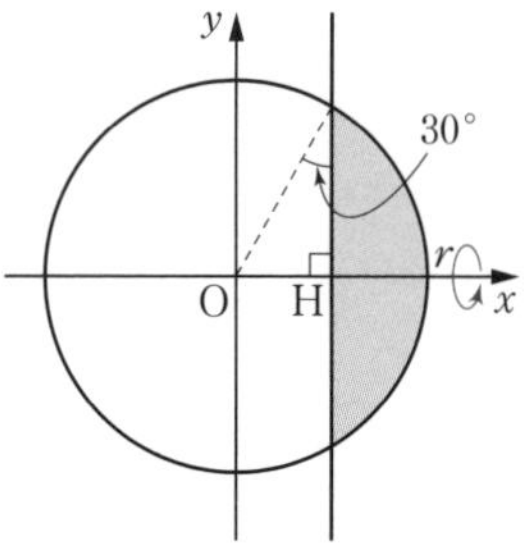


$y^2=r^2-x^2$ であるから，求める体積 $V$ は

$$V = \pi\int_{\frac{1}{2}r}^{r} y^2\,dx$$

$$= \pi\int_{\frac{1}{2}r}^{r} (r^2-x^2)\,dx$$

$$= \pi\left[r^2x-\frac{1}{3}x^3\right]_{\frac{1}{2}r}^{r}$$

$$= \pi\left\{\left(r^3-\frac{1}{3}r^3\right)-\left(\frac{r^3}{2}-\frac{r^3}{24}\right)\right\}$$

$$= \frac{5}{24}\pi r^3$$

## 練 習 問 題 B

教 p.193

**8** $m$, $n$ が 0 以上の整数のとき，定積分 $\int_0^{\pi} \cos mx \cos nx\,dx$ の値を，次の 3 通りの場合に分けて求めよ。

(i) $m=n=0$　　(ii) $m=n\neq 0$　　(iii) $m\neq n$

**考え方** (ii) は 2 倍角の公式，(iii) は積を和・差になおす公式（教科書 p.151）を用いて，変形してから積分する。

**解 答** (i) $m=n=0$ のとき，$\cos mx \cos nx=1$ であるから

$$\int_0^{\pi} dx=\Big[x\Big]_0^{\pi}=\pi$$

(ii) $m=n\neq 0$ のとき，$\cos mx\cos nx=\cos^2 mx$ であるから

$$\int_0^{\pi}\cos^2 mx\,dx=\frac{1}{2}\int_0^{\pi}(1+\cos 2mx)\,dx$$
$$=\frac{1}{2}\left[x+\frac{1}{2m}\sin 2mx\right]_0^{\pi}$$
$$=\frac{\pi}{2}$$

(iii) $m\neq n$ のとき，$m+n\neq 0$，$m-n\neq 0$ であるから

$$\int_0^{\pi}\cos mx\cos nx\,dx=\frac{1}{2}\int_0^{\pi}\{\cos(m+n)x+\cos(m-n)x\}\,dx$$
$$=\frac{1}{2}\left[\frac{\sin(m+n)x}{m+n}+\frac{\sin(m-n)x}{m-n}\right]_0^{\pi}$$
$$=0$$

**9** 関数 $F(x)=\int_x^{2x}\frac{\log t}{t^2}\,dt\ (x>0)$ について，次の問に答えよ。

(1) $F'(x)$ を求めよ。

(2) $F(x)$ の最大値を求めよ。

**考え方** (1) $\frac{\log t}{t^2}$ の原始関数を $f(t)$ とおくと

$$F(x)=\Big[f(t)\Big]_x^{2x}=f(2x)-f(x)$$

となることを利用する。

(2) (1) の結果より，$F(x)$ の増減表をつくる。

**解　答**　(1)　$f(t)=\int \frac{\log t}{t^2}dt$ とおくと

$$F(x)=\int_x^{2x}\frac{\log t}{t^2}dt=\Big[f(t)\Big]_x^{2x}=f(2x)-f(x)$$

ここで，$f'(t)=\frac{\log t}{t^2}$ であるから

$$\begin{aligned}F'(x)&=\frac{d}{dx}\int_x^{2x}\frac{\log t}{t^2}dt\\&=\{\underline{f(2x)}-f(x)\}'\\&=\underline{f'(2x)\cdot(2x)'}-f'(x)\\&=\frac{\log 2x}{(2x)^2}\cdot 2-\frac{\log x}{x^2}\\&=\frac{\log 2+\log x}{2x^2}-\frac{\log x}{x^2}\\&=\boldsymbol{\frac{\log 2-\log x}{2x^2}}\end{aligned}$$

合成関数の微分法

(2)　$F'(x)=0$ とおくと

$$\frac{\log 2-\log x}{2x^2}=0 \quad より \qquad x=2$$

| $x$ | 0 | $\cdots$ | 2 | $\cdots$ |
|---|---|---|---|---|
| $F'(x)$ | ／ | $+$ | 0 | $-$ |
| $F(x)$ | ／ | ↗ | 極大 | ↘ |

$F(x)$ の増減表は右のようになる。

したがって，$F(x)$ は $x=2$ のとき最大となり，最大値は

$$\begin{aligned}F(2)&=\int_2^4\frac{\log t}{t^2}dt=\int_2^4\left(-\frac{1}{t}\right)'\cdot\log t\,dt\\&=\left[-\frac{1}{t}\cdot\log t\right]_2^4-\int_2^4\left(-\frac{1}{t}\right)\cdot\frac{1}{t}dt=\left[-\frac{\log t}{t}\right]_2^4+\int_2^4\frac{dt}{t^2}\\&=-\frac{\log 4}{4}+\frac{\log 2}{2}+\left[-\frac{1}{t}\right]_2^4=-\frac{\log 2}{2}+\frac{\log 2}{2}-\frac{1}{4}+\frac{1}{2}\\&=\boldsymbol{\frac{1}{4}}\end{aligned}$$

**別解**　(1)　$a$ を正の定数として

$$F(x)=\int_x^a\frac{\log t}{t^2}dt+\int_a^{2x}\frac{\log t}{t^2}dt=\int_a^{2x}\frac{\log t}{t^2}dt-\int_a^x\frac{\log t}{t^2}dt$$

よって

$$\begin{aligned}F'(x)&=\frac{\log 2x}{(2x)^2}\cdot(2x)'-\frac{\log x}{x^2}=\frac{\log 2x}{2x^2}-\frac{\log x}{x^2}\\&=\frac{\log 2x-2\log x}{2x^2}=\frac{\log 2+\log x-2\log x}{2x^2}\\&=\frac{\log 2-\log x}{2x^2}\end{aligned}$$

**10** 次の等式を満たす関数 $f(x)$ を求めよ。

$$f'(x)=xe^x-2\int_0^1 f(t)dt,\qquad f(0)=0$$

**考え方** $\int_0^1 f(t)dt=k$ とおき，$f'(x)=xe^x-2k$ の両方を積分して，$f(x)$ を計算する。

**解 答** $\int_0^1 f(t)dt$ は，定数であるから

$$k=\int_0^1 f(t)dt \qquad \cdots\cdots ①$$

とおくと　$f'(x)=xe^x-2k$　$\cdots\cdots$ ②

② の両辺を積分して

$$\begin{aligned}f(x)&=\int(xe^x-2k)dx=\int x(e^x)'dx-2k\int dx\\&=x\cdot e^x-\int 1\cdot e^x dx-2kx=xe^x-e^x-2kx+C\\&=(x-1)e^x-2kx+C\end{aligned}$$

$f(0)=0$ より

$-1+C=0$　すなわち　$C=1$

よって　$f(x)=(x-1)e^x-2kx+1$　$\cdots\cdots$ ③

①，③ より

$$\begin{aligned}k&=\int_0^1\{(t-1)e^t-2kt+1\}dt\\&=\int_0^1(t-1)\cdot(e^t)'dt+\int_0^1(-2kt+1)dt\\&=\Big[(t-1)e^t\Big]_0^1-\int_0^1 1\cdot e^t dt+\Big[-kt^2+t\Big]_0^1\\&=1-\Big[e^t\Big]_0^1+(-k+1)\\&=1-(e-1)-k+1\\&=3-e-k\end{aligned}$$

したがって，$k=3-e-k$ より

$$k=\frac{3-e}{2}$$

③ に代入すると

$$\boldsymbol{f(x)=(x-1)e^x-(3-e)x+1}$$

**11** 次の極限値を求めよ。

$$\lim_{n\to\infty}\frac{1}{\sqrt{n}}\left(\frac{1}{\sqrt{n}}+\frac{1}{\sqrt{n+1}}+\cdots+\frac{1}{\sqrt{2n-1}}\right)$$

**考え方** $\displaystyle\lim_{n\to\infty}\frac{1}{n}\sum_{k=0}^{n-1}f\left(\frac{k}{n}\right)$ の形に変形し，定積分で表す。

**解答**

$$\lim_{n\to\infty}\frac{1}{\sqrt{n}}\left(\frac{1}{\sqrt{n}}+\frac{1}{\sqrt{n+1}}+\cdots+\frac{1}{\sqrt{2n-1}}\right)$$

$$=\lim_{n\to\infty}\sum_{k=0}^{n-1}\frac{1}{\sqrt{n}}\cdot\frac{1}{\sqrt{n+k}}$$

$$=\lim_{n\to\infty}\frac{1}{n}\sum_{k=0}^{n-1}\frac{1}{\sqrt{1+\frac{k}{n}}}$$

$$=\int_0^1\frac{dx}{\sqrt{1+x}}$$

$$=\left[2\sqrt{1+x}\right]_0^1$$

$$=2\sqrt{2}-2$$

**12** 曲線　$x=\sin\theta$，$y=\sin 2\theta$　$\left(0\leqq\theta\leqq\dfrac{\pi}{2}\right)$

と $x$ 軸で囲まれた図形を，$x$ 軸のまわりに1回転させてできる回転体の体積 $V$ を求めよ。

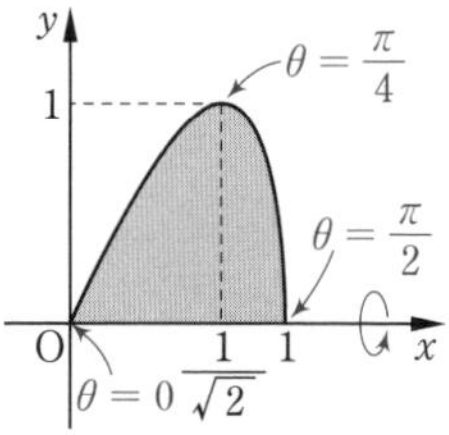


**考え方** 図より，$V=\pi\displaystyle\int_0^1 y^2dx$ と表せるから，これを $\theta$ の積分に置き換える。

**解答** 図より　$V=\pi\displaystyle\int_0^1 y^2dx$

$x=\sin\theta$ であるから　　$\dfrac{dx}{d\theta}=\cos\theta$

$x$ と $\theta$ の対応は右の表のようになる。

| $x$ | $0\longrightarrow 1$ |
|---|---|
| $\theta$ | $0\longrightarrow\dfrac{\pi}{2}$ |

よって

$$V=\pi\int_0^{\frac{\pi}{2}}\sin^2 2\theta\cdot\cos\theta\,d\theta$$

$$=\pi\int_0^{\frac{\pi}{2}}(2\sin\theta\cos\theta)^2\cos\theta\,d\theta$$

$$=4\pi\int_0^{\frac{\pi}{2}}\sin^2\theta(1-\sin^2\theta)\cos\theta\,d\theta$$

$$=4\pi\int_0^{\frac{\pi}{2}}(\sin^2\theta-\sin^4\theta)\cdot(\sin\theta)'\,d\theta$$

$$=4\pi\left[\frac{1}{3}\sin^3\theta-\frac{1}{5}\sin^5\theta\right]_0^{\frac{\pi}{2}}$$

$$=4\pi\left(\frac{1}{3}-\frac{1}{5}\right)$$

$$=\frac{8}{15}\pi$$

**13** 平面上を運動する点Pの座標 $(x,\ y)$ が，時刻 $t$ の関数として

$$x=e^{2t}\cos t,\qquad y=e^{2t}\sin t$$

で表されているとき，時刻 $t=0$ から $t=2\pi$ までの道のり $l$ を求めよ。

**考え方** $\dfrac{dx}{dt}$，$\dfrac{dy}{dt}$ を求めて，定積分 $\displaystyle\int_0^{2\pi}\sqrt{\left(\frac{dx}{dt}\right)^2+\left(\frac{dy}{dt}\right)^2}\,dt$ を計算する。

**解答**

$$\frac{dx}{dt}=2e^{2t}\cos t-e^{2t}\sin t=e^{2t}(2\cos t-\sin t)$$

$$\frac{dy}{dt}=2e^{2t}\sin t+e^{2t}\cos t=e^{2t}(2\sin t+\cos t)$$

であるから

$$\left(\frac{dx}{dt}\right)^2+\left(\frac{dy}{dt}\right)^2=e^{4t}\{(2\cos t-\sin t)^2+(2\sin t+\cos t)^2\}$$

$$=e^{4t}\{4(\cos^2 t+\sin^2 t)+(\sin^2 t+\cos^2 t)\}$$

$$=5e^{4t}$$

よって，求める道のり $l$ は

$$l=\int_0^{2\pi}\sqrt{5e^{4t}}\,dt=\int_0^{2\pi}\sqrt{5}\,e^{2t}\,dt$$

$$=\sqrt{5}\int_0^{2\pi}e^{2t}\,dt$$

$$=\sqrt{5}\left[\frac{1}{2}e^{2t}\right]_0^{2\pi}$$

$$=\frac{\sqrt{5}}{2}(e^{4\pi}-1)$$

発展

# 微分方程式

教 p.195 ～ 199

## 用語のまとめ

**微分方程式の意味**

- 未知の関数の導関数を含む方程式を，**微分方程式** という。
- 微分方程式を満たす関数をその微分方程式の **解** といい，与えられた微分方程式の解を求めることをその微分方程式を **解く** という。

**微分方程式の一般解と特殊解**

- 微分方程式の解を一般的に表す式を微分方程式の **一般解** といい，その式に含まれる任意の値をとり得る定数のことを **任意定数** という。
- 一般解に対して，1つ1つの解を **特殊解** という。

**解曲線と初期条件**

- 一般に，微分方程式の解が表す曲線をその微分方程式の **解曲線** という。
- 教科書 197 ページの解曲線の場合は，与えられた点 $(x_0,\ y_0)$ を通るものはただ1つある，すなわち

  $x=x_0$ のとき $y=y_0$ ……①

  という条件を満たす微分方程式の特殊解は1つだけである。このように，微分方程式の解に対する① のような形の条件を **初期条件** という。

## 簡単な微分方程式の解法　解き方のポイント

与えられた微分方程式が $f(y)\cdot\dfrac{dy}{dx}=g(x)$ の形に変形できるとき

1 両辺を $x$ で積分して，$\displaystyle\int f(y)\frac{dy}{dx}dx=\int g(x)dx$ とする。

2 1 の式の左辺を置換積分法により，$\displaystyle\int f(y)dy$ と変形する。

3 両辺の不定積分を計算して，$x$ と $y$ の関係式を導く。

教 p.197

**問 1** 次の微分方程式を解け。

(1) $\dfrac{dy}{dx}=x^2$　　(2) $\dfrac{dy}{dx}=2y$

**考え方** (1) 両辺を $x$ で積分する。

(2) 両辺を $y$ で割ってから，両辺を $x$ で積分する。

**解 答** (1) 与えられた微分方程式の両辺を $x$ で積分すると

$$\int \frac{dy}{dx}dx = \int x^2 dx$$

上の式の左辺は置換積分法により，$\int \frac{dy}{dx}dx = \int dy$ となるから，

求める一般解は

$$\boldsymbol{y = \frac{1}{3}x^3 + C}\text{，}C\text{ は任意定数}$$

(2) 微分方程式 $\frac{dy}{dx} = 2y$ ……①

は，$y \neq 0$ ならば

$$\frac{1}{y}\frac{dy}{dx} = 2$$

と変形される。この両辺を $x$ で積分すると

$$\int \frac{1}{y}\frac{dy}{dx}dx = \int 2dx \quad \cdots\cdots ②$$

② の左辺は置換積分法によって

$$\int \frac{1}{y}\frac{dy}{dx}dx = \int \frac{1}{y}dy = \log|y| + C_1$$

となるから，② は

$$\log|y| = 2x + C_2$$

ゆえに　$y = \pm e^{2x+C_2} = \pm e^{C_2} \cdot e^{2x}$

ここで $\pm e^{C_2} = C$ とおくと，$y = Ce^{2x}$ が得られる。

このとき，$C$ は正または負の定数であるが，$C = 0$ の場合でも関数 $y = 0$ は ① を満たす。

よって，求める一般解は

$$\boldsymbol{y = Ce^{2x}}\text{，}C\text{ は任意定数}$$

**プラス＋** (2) ① から ② の計算は，形式的に次のようにしてもよい。

① から　$\frac{1}{y}dy = 2dx$

よって　$\int \frac{1}{y}dy = \int 2dx$

これより　$\log|y| = 2x + C_2$ とすることもできる。

教 p.197

**問 2** 微分方程式 $\dfrac{dy}{dx}=3y$ において，$x=0$ のとき $y=5$ を満たす特殊解を求めよ。

**考え方** まず，一般解を求め，$x=0$ のとき $y=5$ という条件から，任意定数 $C$ の値を決定する。

**解　答** 与えられた微分方程式

$$\frac{dy}{dx}=3y$$

は，$y\fallingdotseq 0$ ならば

$$\frac{1}{y}\frac{dy}{dx}=3$$

と変形される。この両辺を $x$ で積分すると

$$\int\frac{1}{y}\frac{dy}{dx}dx=\int 3dx \qquad \cdots\cdots ①$$

① の左辺は置換積分法によって

$$\int\frac{1}{y}\frac{dy}{dx}dx=\int\frac{1}{y}dy=\log|y|+C_1$$

となるから，① は

$$\log|y|=3x+C_2$$

ゆえに　$y=\pm e^{3x+C_2}=\pm e^{C_2}\cdot e^{3x}$

ここで $\pm e^{C_2}=C$ とおくと，一般解

$$y=Ce^{3x},\ C\text{ は任意定数}$$

が得られる。

$x=0$ のとき，$y=5$ であるから

$$5=C$$

よって，求める特殊解は

$$y=5e^{3x}$$

**プラス＋** 前ページの問 1 の プラス＋ と同様に，上の計算は形式的に次のようにしてもよい。

$\dfrac{dy}{dx}=3y$ は　$\dfrac{1}{y}dy=3dx$ とも変形できる。

よって　$\displaystyle\int\frac{1}{y}dy=\int 3dx$

これより　$\log|y|=3x+C_2$ とすることもできる。

**教 p.199**

**問 3**　87 ℃ に温められた紅茶を室温 12 ℃ の部屋に 2 分 30 秒間放置したところ，72 ℃ になった。さらに 2 分 30 秒間放置すると，紅茶の温度は何 ℃ になるか。

**考え方**　紅茶の温度の下降速度は，紅茶の温度と室温との差に比例することを用いて微分方程式をつくる。

**解答**　放置し始めてから $t$ 分後の紅茶の温度を $x$ ℃ とする。

紅茶の温度の下降速度 $\dfrac{dx}{dt}$ は，紅茶の温度と室温との差 $x-12$ に比例すると考えてよい。したがって，$k$ を正の定数として，微分方程式

$$\frac{dx}{dt}=-k(x-12) \quad \cdots\cdots ①$$

が成り立つ。

$x-12>0$ であるから，① の両辺を $x-12$ で割って

$$\frac{1}{x-12}\cdot\frac{dx}{dt}=-k \quad \cdots\cdots ②$$

② の両辺を $t$ で積分すると

$$\int\frac{1}{x-12}\cdot\frac{dx}{dt}dt=\int(-k)dt$$

すなわち　$\displaystyle\int\frac{dx}{x-12}=\int(-k)dt$

よって　$\log|x-12|=-kt+C_1$　⟵ $x-12>0$ であるから $\log|x-12|=\log(x-12)$ として，解いてもよい。

したがって　$x-12=\pm e^{-kt+C_1}=\pm e^{C_1}\cdot e^{-kt}$

ここで，定数 $\pm e^{C_1}=C_2$ とおくと　$x=12+C_2e^{-kt}$ $\cdots\cdots ③$

$t=0$ のとき $x=87$ であるから，③ より

$87=12+C_2$　すなわち　$C_2=75$

よって，③ は　$x=12+75e^{-kt}$ $\cdots\cdots ④$

となる。また，$t=\dfrac{5}{2}$ のとき，$x=72$ であるから，④ より

$$72=12+75e^{-\frac{5}{2}k}$$

したがって　$e^{-\frac{5}{2}k}=\dfrac{60}{75}=\dfrac{4}{5}$ $\cdots\cdots ⑤$

ゆえに，$t=5$ のとき，④，⑤ を用いて

$$x=12+75e^{-5k}=12+75\left(e^{-\frac{5}{2}k}\right)^2=12+75\cdot\left(\frac{4}{5}\right)^2=12+48=60$$

すなわち，放置し始めてから 5 分後の紅茶の温度は，60 ℃ である。

# 活用　回転体としてのグラスの容積［課題学習］ 教 p.200

**考察1**　$V_n$ を $a$ と $n$ の式で表してみよう。

**考え方**　$y$ 軸のまわりの回転体の体積を求める公式を利用する。

**解 答**

$$V_n=\pi\int_0^{a^n}x^2dy=\pi\int_0^{a^n}y^{\frac{2}{n}}dy=\pi\left[\frac{1}{\frac{2}{n}+1}y^{\frac{2}{n}+1}\right]_0^{a^n}=\pi\left[\frac{n}{n+2}y^{\frac{n+2}{n}}\right]_0^{a^n}$$

$$=\pi\cdot\frac{n}{n+2}\cdot a^{n+2}$$

**考察2**　$\dfrac{V_n}{W_n}$ を $n$ の式で表してみよう。

また，$n$ の値を限りなく大きくしたときの $\dfrac{V_n}{W_n}$ の極限を調べてみよう。

**考え方**　グラス $G_n$ は，底面の半径 $a$，高さ $a^n$ の円柱である。

**解 答**

$$W_n=\pi a^2\cdot a^n=\pi a^{n+2}$$

$$\frac{V_n}{W_n}=\pi\cdot\frac{n}{n+2}\cdot a^{n+2}\div\pi a^{n+2}=\frac{n}{n+2}$$

よって

$$\lim_{n\to\infty}\frac{V_n}{W_n}=\lim_{n\to\infty}\frac{n}{n+2}=\lim_{n\to\infty}\frac{1}{1+\frac{2}{n}}=1$$

**考察3**　$\dfrac{V_{n+1}}{V_n}$ を $a$ と $n$ の式で表してみよう。

また，$n$ の値を限りなく大きくしたときの $\dfrac{V_{n+1}}{V_n}$ の極限を調べてみよう。

**考え方**　考察1で求めた式を利用して $V_{n+1}$ を求める。

**解 答**　考察1より

$$V_{n+1}=\pi\cdot\frac{n+1}{n+3}\cdot a^{n+3}$$

したがって

$$\frac{V_{n+1}}{V_n}=\left(\pi\cdot\frac{n+1}{n+3}\cdot a^{n+3}\right)\div\left(\pi\cdot\frac{n}{n+2}\cdot a^{n+2}\right)=\frac{a(n+1)(n+2)}{n(n+3)}$$

よって

$$\lim_{n\to\infty}\frac{V_{n+1}}{V_n}=\lim_{n\to\infty}\frac{a(n+1)(n+2)}{n(n+3)}=\lim_{n\to\infty}\frac{a\left(1+\frac{1}{n}\right)\left(1+\frac{2}{n}\right)}{1+\frac{3}{n}}=a$$

# 巻末

## 問題を解くときに働く見方・考え方

教 p.202-209

教 p.205

**問1** $n$ を 3 以上の自然数とするとき，次の不等式を証明せよ。

$$2^n > 2n$$

**考え方** $f(x)=2^x-2x$ とおき，$f(x)$ について，$x \geqq 3$ における $f'(x)$ や $f''(x)$ の符号を調べる。

**証明** $x \geqq 3$ において，関数 $f(x)=2^x-2x$ を考える。

$$f'(x)=2^x\log 2-2$$

$$f''(x)=2^x(\log 2)^2$$

$2^x>0$，$(\log 2)^2>0$ より　　$f''(x)>0$

よって，$f'(x)$ は区間 $x \geqq 3$ で増加する。

また，$e=2.7\cdots$ より

$$f'(3)=2^3\log 2-2=\log 2^8-\log e^2>0 \quad \longleftarrow \ 2^8=16^2>e^2$$

であるから，$x \geqq 3$ において　　$f'(x)>0$

よって，$f(x)$ は区間 $x \geqq 3$ で増加する。

$$f(3)=2^3-2\cdot 3=2>0$$

であるから，$x \geqq 3$ において　　$f(x)>0$

が成り立つ。

よって，$x$ が 3 以上の自然数 $n$ をとるとき，常に

$$f(n)>0$$

となる。

したがって，$n$ を 3 以上の自然数とするとき

$$2^n-2n>0$$

すなわち　　$2^n>2n$

が成り立つ。

教 p.209

**問2** $A>0$，$B>0$ のとき，次の 2 つの数の大小を比較せよ。

$$\frac{1}{2}(\log A+\log B),\ \log\frac{A+B}{2}$$

**考え方** $\dfrac{1}{2}(\log A+\log B)$ は曲線 $y=\log x$ 上の 2 点 $(A,\ \log A)$，$(B,\ \log B)$ を結ぶ線分の中点の $y$ 座標であり，$\log\dfrac{A+B}{2}$ は，$x=\dfrac{A+B}{2}$ のときの曲線 $y=\log x$ 上の点の $y$ 座標である。これらの $y$ 座標の値を，曲線 $y=\log x$ が上に凸であることを利用して比べる。

**解答** 関数 $f(x)=\log x$ を考える。

(i) $A=B$ のとき

$$\frac{1}{2}(\log A+\log B)=\frac{1}{2}(\log A+\log A)=\log A$$

$$\log\frac{A+B}{2}=\log\frac{A+A}{2}=\log A$$

よって　$\frac{1}{2}(\log A+\log B)=\log\frac{A+B}{2}$

(ii) $A\neq B$ のとき

$\frac{1}{2}(\log A+\log B)$ は，2 点 $(A,\ f(A))$，$(B,\ f(B))$ を結ぶ線分の中点

$$\mathrm{P}\left(\frac{A+B}{2},\ \frac{1}{2}(\log A+\log B)\right)$$

の $y$ 座標である。

また，$\log\frac{A+B}{2}$ は，曲線 $y=f(x)$ 上の点

$$\mathrm{Q}\left(\frac{A+B}{2},\ \log\frac{A+B}{2}\right)$$

の $y$ 座標である。

$f'(x)=\frac{1}{x}$ であるから

$$f''(x)=-\frac{1}{x^2}<0$$

したがって，曲線 $y=f(x)$ は定義域で上に凸であるから，2 点 P, Q の関係は，常に右の図のようになる。

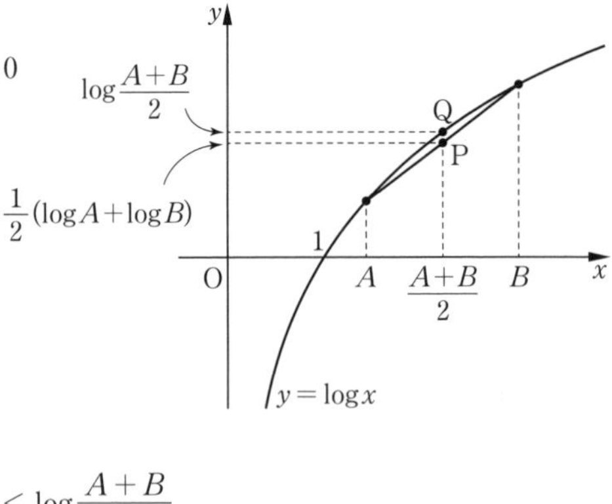


すなわち

$$\frac{1}{2}(\log A+\log B)<\log\frac{A+B}{2}$$

(i), (ii)より

$$\frac{1}{2}(\log A+\log B)\leqq\log\frac{A+B}{2}$$

# 演 習 問 題

教 p.210-213

## 1章 | 関数と極限

教 p.210

**1** 分数関数 $y=\dfrac{2x+3}{x+3}$ のグラフと，原点に関して対称な曲線を $C_1$，直線 $x=-1$ に関して対称な曲線を $C_2$ とする。2つの曲線 $C_1$，$C_2$ の交点の座標を求めよ。

**考え方** $C_2$ は，次のように考える。

　　グラフを $x$ 軸方向に1だけ平行移動

→ これを $y$ 軸に関して対称移動

→ さらに $x$ 軸方向に $-1$ だけ平行移動

曲線 $y=f(x)$ と，原点に関して対称な曲線は $-y=f(-x)$ である。

**解 答** 曲線 $C_1$ の方程式は　　$-y=\dfrac{2(-x)+3}{(-x)+3}$

すなわち　　$y=\dfrac{-2x+3}{x-3}$　　　　……①

$y=\dfrac{2x+3}{x+3}$ のグラフを $x$ 軸方向に1だけ平行移動させると

$$y=\frac{2(x-1)+3}{(x-1)+3}$$

すなわち　　$y=\dfrac{2x+1}{x+2}$

これを $y$ 軸に関して対称移動させると

$$y=\frac{2\cdot(-x)+1}{(-x)+2}$$

すなわち　　$y=\dfrac{2x-1}{x-2}$

さらに，$x$ 軸方向に $-1$ だけ平行移動させると

$$y=\frac{2(x+1)-1}{(x+1)-2}$$

よって，曲線 $C_2$ の方程式は　　$y=\dfrac{2x+1}{x-1}$　　　　……②

$C_1$ と $C_2$ の交点の $x$ 座標は，①，② より

$$\frac{-2x+3}{x-3}=\frac{2x+1}{x-1}$$

$$(-2x+3)(x-1)=(2x+1)(x-3)$$

これを解くと　$x=0,\ \dfrac{5}{2}$　※

$x=0$ のとき　　② より $y=-1$

$x=\dfrac{5}{2}$ のとき　　② より $y=4$

したがって，交点の座標は

$(0,\ -1),\ \left(\dfrac{5}{2},\ 4\right)$

※
$$(-2x+3)(x-1)=(2x+1)(x-3)$$
$$-2x^2+5x-3=2x^2-5x-3$$
$$4x^2-10x=0$$
$$2x(2x-5)=0$$

**2**　1次関数 $f(x)=ax+2$ において，$f(f(f(x)))=f^{-1}(x)$ となるように，定数 $a$ の値を定めよ。ただし，$a\neq 0$ とする。

**考え方**　$f(f(f(x)))$ と $f^{-1}(x)$ を求め，係数を比較する。

**解答**

$$\begin{aligned}f(f(x))&=af(x)+2\\&=a(ax+2)+2\\&=a^2x+2a+2\end{aligned}$$

よって

$$\begin{aligned}f(f(f(x)))&=af(f(x))+2\\&=a(a^2x+2a+2)+2\\&=a^3x+2a^2+2a+2\end{aligned}\qquad\cdots\cdots ①$$

また，$y=ax+2\ (a\neq 0)$ より $x=\dfrac{y}{a}-\dfrac{2}{a}$ となるから

$$f^{-1}(x)=\frac{x}{a}-\frac{2}{a}\qquad\cdots\cdots ②$$

$f(f(f(x)))=f^{-1}(x)$ より，①，② の係数を比較して

$$a^3=\frac{1}{a}\qquad\cdots\cdots ③$$

$$2a^2+2a+2=-\frac{2}{a}\qquad\cdots\cdots ④$$

③ より，$a^4=1$ であるから

$a=\pm 1$

$a=1$ は ④ を満たさない。$a=-1$ は ④ を満たす。

したがって　　$a=-1$

**3**　関数 $y=(x-2)^2\ \ (x\geqq 2)$ のグラフとその逆関数のグラフおよび $x$ 軸，$y$ 軸で囲まれた図形の面積を求めよ。

**考え方**　$y=f(x)$ のグラフと $y=f^{-1}(x)$ のグラフが直線 $y=x$ に関して対称であることを用いて面積を求める。

**解答**　2つの関数のグラフの交点は，$y=(x-2)^2\ (x \geqq 2)$ と直線 $y=x$ との交点であり，その $x$ 座標は，$(x-2)^2=x$ の解であるから

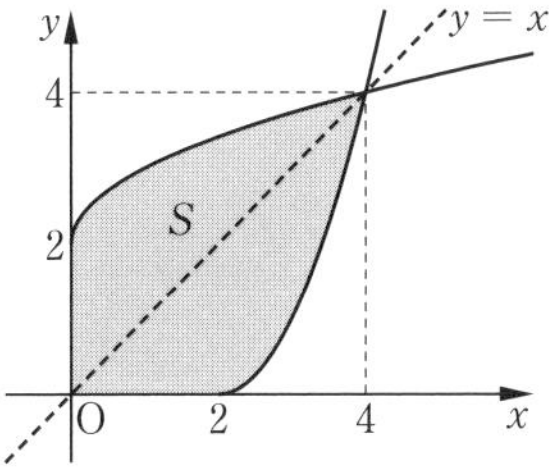


$$x^2-5x+4=0$$

$$(x-1)(x-4)=0$$

これを解くと　$x=1,\ 4$

$x \geqq 2$ であるから　$x=4$

ここで，2つの関数のグラフは直線 $y=x$ に関して対称である。

よって，求める面積 $S$ は

$$S=2\left\{\int_0^4 x\,dx-\int_2^4 (x-2)^2\,dx\right\} \quad ※$$

$$=2\left\{\left[\frac{1}{2}x^2\right]_0^4-\left[\frac{1}{3}(x-2)^3\right]_2^4\right\}$$

$$=2\left(8-\frac{8}{3}\right)$$

$$=\frac{32}{3}$$

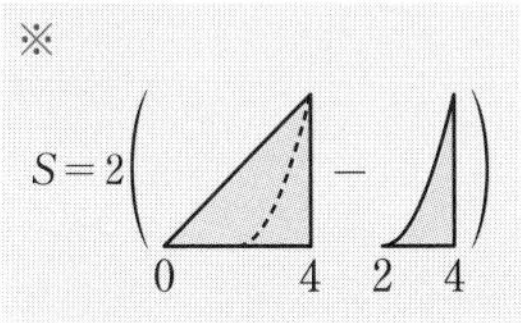


**プラス＋**　定積分 $\int_0^4 x\,dx$ は，直角をはさむ2辺の長さが4の直角二等辺三角形の面積であるから，$\frac{1}{2}\cdot4\cdot4=8$ として求めてもよい。

**4**　右の図のように，動点Pが原点Oから出発して，$P_1$，$P_2$，$P_3$，…と進んでいく。ただし，

$OP_1=1$，$P_1P_2=\frac{1}{2}OP_1$，

$P_2P_3=\frac{1}{2}P_1P_2$，…，

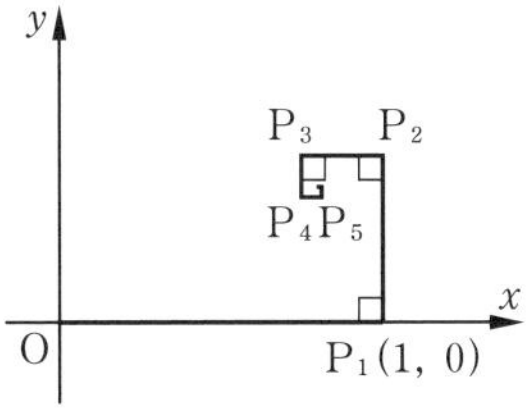


$P_{n-1}P_n=\frac{1}{2}P_{n-2}P_{n-1}$，…である。このとき，点Pが限りなく近づく点の座標を求めよ。

**考え方**　点Pの $x$ 座標，$y$ 座標がそれぞれどのように変化するか調べ，その極限を求める。

**解答**　点Pの $x$ 座標は

$$1,\ 1-\frac{1}{4},\ 1-\frac{1}{4}+\frac{1}{16},\ \cdots \longleftarrow \quad 1-\frac{1}{4}+\frac{1}{16}=1+1\cdot\left(-\frac{1}{4}\right)+1\cdot\left(-\frac{1}{4}\right)^2$$

と変化する。

巻末

よって，$x$ 座標の極限は，初項 1，公比 $-\frac{1}{4}$ の無限等比級数となる。

ゆえに，その極限は　$\frac{1}{1-\left(-\frac{1}{4}\right)}=\frac{4}{5}$

また，$P_2$ 以降について，点 P の $y$ 座標は

$\frac{1}{2},\ \frac{1}{2}-\frac{1}{8},\ \frac{1}{2}-\frac{1}{8}+\frac{1}{32},\ \cdots$ ←── $\frac{1}{2}-\frac{1}{8}+\frac{1}{32}=\frac{1}{2}+\frac{1}{2}\cdot\left(-\frac{1}{4}\right)+\frac{1}{2}\cdot\left(-\frac{1}{4}\right)^2$

と変化する。

よって，$y$ 座標の極限は，初項 $\frac{1}{2}$，公比 $-\frac{1}{4}$ の無限等比級数となる。

ゆえに，その極限は　$\frac{\frac{1}{2}}{1-\left(-\frac{1}{4}\right)}=\frac{2}{5}$

したがって，求める点の座標は

$\left(\frac{4}{5},\ \frac{2}{5}\right)$

**5**　周の長さが 1 である正 $n$ 角形 ($n=3,\ 4,\ 5,\ \cdots$) に内接する円の半径を $r_n$ とする。右の図のように正 $n$ 角形の 1 辺を AB，中心を O とし，辺 AB の中点を M とする。このとき，$r_n=\mathrm{OM}$ であることを利用して，$\lim_{n\to\infty} r_n$ を求めよ。

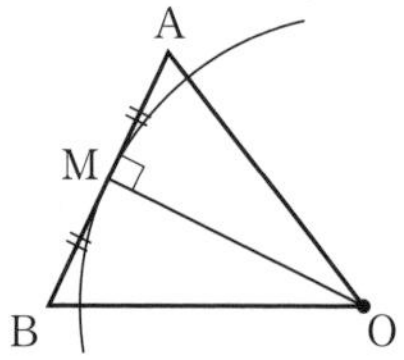


**考え方**　$r_n=\mathrm{OM}=\frac{\mathrm{AM}}{\tan\angle\mathrm{AOM}}$ であることを用いる。

**解答**　$\angle\mathrm{AOB}=\frac{2\pi}{n}$，$\mathrm{AB}=\frac{1}{n}$ より

$\angle\mathrm{AOM}=\frac{\pi}{n}$，$\mathrm{AM}=\frac{1}{2n}$

よって，$\frac{\mathrm{AM}}{\mathrm{OM}}=\tan\angle\mathrm{AOM}$ より

$$r_n=\mathrm{OM}=\frac{\mathrm{AM}}{\tan\angle\mathrm{AOM}}=\frac{1}{2n\cdot\tan\frac{\pi}{n}}=\frac{\cos\frac{\pi}{n}}{2n\cdot\sin\frac{\pi}{n}}$$

$\frac{\pi}{n}=\theta$ とおくと，$n=\frac{\pi}{\theta}$ であり，$n\to\infty$ のとき $\theta\to+0$ であるから

$$\lim_{n\to\infty} r_n=\lim_{\theta\to+0}\frac{\cos\theta}{\frac{2\pi}{\theta}\cdot\sin\theta}=\lim_{\theta\to+0}\frac{\cos\theta}{2\pi\cdot\frac{\sin\theta}{\theta}}=\frac{1}{2\pi\cdot 1}=\frac{1}{2\pi}$$

プラス＋ $r_n$ は，円周の長さが 1 である円の半径に近づく。

**6** $\displaystyle\lim_{x\to\frac{\pi}{2}}\frac{ax+b}{\cos x}=\frac{1}{2}$ が成り立つように，定数 $a$，$b$ の値を定めよ。

**考え方** $\displaystyle\lim_{x\to\frac{\pi}{2}}\cos x=0$ であるから，等式が成り立つためには $\displaystyle\lim_{x\to\frac{\pi}{2}}(ax+b)=0$ でなければならない。(本書 p.56 の **解き方のポイント** を参照)

**解答** 等式 $\displaystyle\lim_{x\to\frac{\pi}{2}}\frac{ax+b}{\cos x}=\frac{1}{2}$ が成り立つとすると，$\displaystyle\lim_{x\to\frac{\pi}{2}}\cos x=0$ であるから

$$\lim_{x\to\frac{\pi}{2}}(ax+b)=\frac{\pi}{2}a+b=0$$

すなわち

$$b=-\frac{\pi}{2}a \quad \cdots\cdots ①$$

このとき，$x-\dfrac{\pi}{2}=t$ とおくと　　$x=t+\dfrac{\pi}{2}$

$x\to\dfrac{\pi}{2}$ のとき $t\to 0$ であるから

$$\lim_{x\to\frac{\pi}{2}}\frac{ax-\frac{\pi}{2}a}{\cos x}=\lim_{t\to 0}\frac{a\left(t+\frac{\pi}{2}\right)-\frac{\pi}{2}a}{\cos\left(t+\frac{\pi}{2}\right)}$$

$$=\lim_{t\to 0}\frac{at}{-\sin t}$$

$$=-a\lim_{t\to 0}\frac{t}{\sin t}$$

$$=-a$$

よって　　$-a=\dfrac{1}{2}$

ゆえに　　$a=-\dfrac{1}{2}$

これと ① から　　$b=\dfrac{\pi}{4}$

したがって　　$a=-\dfrac{1}{2}$，$b=\dfrac{\pi}{4}$

## 2章 | 微分

教 p.211

**1** (1) 関数 $f(x)$ が $x=a$ で微分可能のとき

$$\lim_{h\to 0}\frac{f(a+3h)-f(a-4h)}{h}$$

を $f'(a)$ を用いて表せ。

(2) $\displaystyle\lim_{x\to a}\frac{a\sin x-x\sin a}{x-a}$ を求めよ。

考え方　微分係数の定義式が利用できるように式を変形する。

解答　(1)

$$\begin{aligned}&\lim_{h\to 0}\frac{f(a+3h)-f(a-4h)}{h}\\&=\lim_{h\to 0}\frac{f(a+3h)-f(a)-f(a-4h)+f(a)}{h}\\&=\lim_{h\to 0}\left\{\frac{f(a+3h)-f(a)}{3h}\cdot 3-\frac{f(a-4h)-f(a)}{-4h}\cdot(-4)\right\}\\&=3\lim_{3h\to 0}\frac{f(a+3h)-f(a)}{3h}+4\lim_{-4h\to 0}\frac{f(a-4h)-f(a)}{-4h}\\&=3f'(a)+4f'(a)\\&=\mathbf{7f'(a)}\end{aligned}$$

(2) $f(x)=\sin x$ とおくと

$$f'(x)=\cos x$$

であるから

$$\begin{aligned}\lim_{x\to a}\frac{a\sin x-x\sin a}{x-a}&=\lim_{x\to a}\frac{a\sin x-a\sin a-x\sin a+a\sin a}{x-a}\\&=\lim_{x\to a}\left\{a\cdot\frac{\sin x-\sin a}{x-a}-\frac{(x-a)\sin a}{x-a}\right\}\\&=af'(a)-\sin a\\&=\mathbf{a\cos a-\sin a}\end{aligned}$$

**2** $f(x)=x^2\sin\dfrac{1}{x}\ (x\neq 0)$，$f(0)=0$ によって定義された関数 $f(x)$ について，導関数 $f'(x)$ を求めよ。

考え方　$x\neq 0$ のときは積の導関数や合成関数の微分法の公式を用いる。$x=0$ のときは微分係数 $f'(0)$ の定義式より考える。

**解答** $x \neq 0$ のとき

$$f'(x) = 2x\sin\frac{1}{x} + x^2\cdot\left(-\frac{1}{x^2}\right)\cos\frac{1}{x} = 2x\sin\frac{1}{x} - \cos\frac{1}{x}$$

$x=0$ のとき

$$f'(0) = \lim_{h\to 0}\frac{f(0+h)-f(0)}{h} = \lim_{h\to 0}\frac{h^2\sin\frac{1}{h}-0}{h} = \lim_{h\to 0}h\sin\frac{1}{h}$$

ここで，$0 \leqq \left|h\sin\frac{1}{h}\right| \leqq |h|$ であるから

$h\to 0$ のとき　$\left|h\sin\frac{1}{h}\right| \to 0$　すなわち　$\lim_{h\to 0}h\sin\frac{1}{h}=0$

よって　$f'(0)=0$

したがって

**$x \neq 0$ のとき　$f'(x) = 2x\sin\frac{1}{x} - \cos\frac{1}{x}$**

**$x = 0$ のとき　$f'(x) = 0$**

---

**3** 関数 $f(x) = 2\sin\frac{x}{2}$ $(-\pi < x < \pi)$ の逆関数を $g(x)$ とするとき，$g'(x)$ を求めよ。

---

**考え方** $y=g(x)\,(=f^{-1}(x))$ とおき，$x=f(y)$ として，$\frac{dy}{dx} = \frac{1}{\frac{dx}{dy}}$ を用いて $x$ の式で表す。

**解答** $y=g(x)$ とおくと，$g(x)=f^{-1}(x)$ であるから，$y=f^{-1}(x)$ より

$$x = f(y) = 2\sin\frac{y}{2}$$

よって　$\frac{dx}{dy} = 2\cos\frac{y}{2}\cdot\frac{1}{2} = \cos\frac{y}{2}$

ここで，$g(x)$ の値域は $f(x)$ の定数域と一致するから　$-\pi < y < \pi$

$-\pi < y < \pi$ のとき，$-\frac{\pi}{2} < \frac{y}{2} < \frac{\pi}{2}$ であるから　$\cos\frac{y}{2} > 0$

よって　$\cos\frac{y}{2} = \sqrt{1-\sin^2\frac{y}{2}} = \sqrt{1-\left(\frac{x}{2}\right)^2} = \frac{\sqrt{4-x^2}}{2}$

したがって

$$g'(x) = \frac{dy}{dx} = \frac{1}{\frac{dx}{dy}} = \frac{1}{\cos\frac{y}{2}} = \boldsymbol{\frac{2}{\sqrt{4-x^2}}}$$

巻末

**4** 関数 $y=e^x\sin x$ について，次の問に答えよ。

(1) 第 $n$ 次導関数は $y^{(n)}=(\sqrt{2})^n e^x\sin\left(x+\dfrac{n}{4}\pi\right)$ であることを，数学的帰納法を用いて証明せよ。

(2) $\dfrac{y^{(12)}}{y}$ を求めよ。

**考え方** (1) $n=k$ のときの仮定の式 $y^{(k)}$ の両辺を $x$ で微分して，$n=k+1$ のときの $y^{(k+1)}$ の式から，$n=k+1$ のときも成り立つことを示す。

(2) (1)の結果を利用する。

**解 答** (1) $y^{(n)}=(\sqrt{2})^n e^x\sin\left(x+\dfrac{n}{4}\pi\right)$ ……① とおく。

〔1〕 $n=1$ のとき

$$\begin{aligned}y^{(1)}&=(e^x\sin x)'\\&=e^x\sin x+e^x\cos x\\&=e^x(\sin x+\cos x)\\&=\sqrt{2}\,e^x\sin\left(x+\frac{\pi}{4}\right)\end{aligned}$$

よって，$n=1$ のとき ① は成り立つ。

〔2〕 $n=k$ のとき ① が成り立つ，すなわち

$$y^{(k)}=(\sqrt{2})^k e^x\sin\left(x+\frac{k}{4}\pi\right)\ \cdots\cdots ②$$

と仮定する。

$n=k+1$ のとき，① の左辺を ② を用いて変形すると

$$\begin{aligned}y^{(k+1)}&=\{y^{(k)}\}'\\&=(\sqrt{2})^k\left\{e^x\sin\left(x+\frac{k}{4}\pi\right)\right\}'\\&=(\sqrt{2})^k\left\{e^x\sin\left(x+\frac{k}{4}\pi\right)+e^x\cos\left(x+\frac{k}{4}\pi\right)\right\}\\&=(\sqrt{2})^k e^x\left\{\sin\left(x+\frac{k}{4}\pi\right)+\cos\left(x+\frac{k}{4}\pi\right)\right\}\\&=(\sqrt{2})^k e^x\cdot\sqrt{2}\sin\left(x+\frac{k}{4}\pi+\frac{\pi}{4}\right)\\&=(\sqrt{2})^{k+1}e^x\sin\left(x+\frac{k+1}{4}\pi\right)\end{aligned}$$

よって，$n=k+1$ のときにも ① は成り立つ。

〔1〕，〔2〕より，すべての自然数 $n$ について ① は成り立つ。

(2) (1) より

$$y^{(12)}=(\sqrt{2})^{12}e^x\sin(x+3\pi)=2^6\cdot e^x\cdot(-\sin x)=-64y$$

したがって　$\dfrac{y^{(12)}}{y}=-64$

**5** (1) 対数微分法により

$$f(x)=\sqrt{\frac{1-\cos x}{1+\cos x}}$$

を微分せよ。

(2) $f'\left(\dfrac{\pi}{3}\right)$ を求めよ。

**考え方** (1) 両辺の絶対値の対数をとってから微分する。

**解　答** (1) $|f(x)|=\left|\sqrt{\dfrac{1-\cos x}{1+\cos x}}\right|$ であるから，この式の両辺の対数をとって

$$\log|f(x)|=\frac{1}{2}(\log|1-\cos x|-\log|1+\cos x|)$$

両辺を $x$ で微分すると

$$\begin{aligned}\frac{f'(x)}{f(x)}&=\frac{1}{2}\left(\frac{\sin x}{1-\cos x}-\frac{-\sin x}{1+\cos x}\right)\\&=\frac{1}{2}\cdot\frac{2\sin x}{(1-\cos x)(1+\cos x)}\\&=\frac{\sin x}{1-\cos^2 x}\\&=\frac{\sin x}{\sin^2 x}\\&=\frac{1}{\sin x}\end{aligned}$$

よって

$$f'(x)=\frac{f(x)}{\sin x}=\frac{1}{\sin x}\sqrt{\frac{1-\cos x}{1+\cos x}}$$

(2) $$f'\left(\frac{\pi}{3}\right)=\frac{1}{\sin\frac{\pi}{3}}\sqrt{\frac{1-\cos\frac{\pi}{3}}{1+\cos\frac{\pi}{3}}}=\frac{1}{\frac{\sqrt{3}}{2}}\sqrt{\frac{1-\frac{1}{2}}{1+\frac{1}{2}}}=\frac{2}{\sqrt{3}}\cdot\sqrt{\frac{1}{3}}=\frac{2}{3}$$

## 3章 ｜ 微分の応用 教 p.212

**1** 曲線 $x^{\frac{2}{3}}+y^{\frac{2}{3}}=1$ 上の点 $\mathrm{P}(x_1,\ y_1)$ における接線を $l$ とする。このとき，次の問に答えよ。ただし，$x_1>0$，$y_1>0$ とする。

(1) $l$ の方程式は $y_1{}^{\frac{1}{3}}x+x_1{}^{\frac{1}{3}}y=y_1{}^{\frac{1}{3}}x_1+x_1{}^{\frac{1}{3}}y_1$ で表されることを示せ。

(2) $l$ が座標軸によって切り取られる線分の長さは，Pの位置に関係なく一定であることを示せ。

**考え方** (1) $x^{\frac{2}{3}}+y^{\frac{2}{3}}=1$ の両辺を $x$ で微分し，点 $\mathrm{P}(x_1,\ y_1)$ における接線 $l$ の方程式を求める。

(2) まず，$l$ と座標軸の交点の座標を求める。

**証明** (1) $x^{\frac{2}{3}}+y^{\frac{2}{3}}=1$ の両辺を $x$ で微分すると

$$\frac{2}{3}x^{-\frac{1}{3}}+\frac{2}{3}y^{-\frac{1}{3}}\frac{dy}{dx}=0$$

両辺を $\frac{2}{3}$ で割って，$x^{\frac{1}{3}}y^{\frac{1}{3}}$ を掛けると

$$y^{\frac{1}{3}}+x^{\frac{1}{3}}\frac{dy}{dx}=0$$

よって，$x\fallingdotseq 0$ のとき

$$\frac{dy}{dx}=-\frac{y^{\frac{1}{3}}}{x^{\frac{1}{3}}}$$

したがって，$x_1>0$ より，点 $\mathrm{P}(x_1,\ y_1)$ における接線の方程式は

$$y-y_1=-\frac{y_1{}^{\frac{1}{3}}}{x_1{}^{\frac{1}{3}}}(x-x_1)$$

$$x_1{}^{\frac{1}{3}}y-x_1{}^{\frac{1}{3}}y_1=-y_1{}^{\frac{1}{3}}x+y_1{}^{\frac{1}{3}}x_1$$

$$y_1{}^{\frac{1}{3}}x+x_1{}^{\frac{1}{3}}y=y_1{}^{\frac{1}{3}}x_1+x_1{}^{\frac{1}{3}}y_1 \quad \cdots\cdots ①$$

(2) $l$ と $x$ 軸との交点の $x$ 座標は，① で $y=0$ とおいて

$$y_1{}^{\frac{1}{3}}x=y_1{}^{\frac{1}{3}}x_1+x_1{}^{\frac{1}{3}}y_1$$

$$x=x_1+x_1{}^{\frac{1}{3}}y_1{}^{\frac{2}{3}}=x_1{}^{\frac{1}{3}}\left(x_1{}^{\frac{2}{3}}+y_1{}^{\frac{2}{3}}\right)=x_1{}^{\frac{1}{3}}$$

$l$ と $y$ 軸との交点の $y$ 座標は，同様に ① で $x=0$ とおいて

$$x_1{}^{\frac{1}{3}}y=y_1{}^{\frac{1}{3}}x_1+x_1{}^{\frac{1}{3}}y_1$$

$$y=y_1+y_1{}^{\frac{1}{3}}x_1{}^{\frac{2}{3}}=y_1{}^{\frac{1}{3}}\left(y_1{}^{\frac{2}{3}}+x_1{}^{\frac{2}{3}}\right)=y_1{}^{\frac{1}{3}}$$

よって，$l$ が座標軸によって切り取られる線分の長さ $d$ は

$$d=\sqrt{\left(x_1{}^{\frac{1}{3}}\right)^2+\left(y_1{}^{\frac{1}{3}}\right)^2}=\sqrt{x_1{}^{\frac{2}{3}}+y_1{}^{\frac{2}{3}}}=1$$

したがって，$d$ の値は，Pの位置に関係なく $d=1$ で一定である。

**2** $0<a<b$ のとき，次の不等式を証明せよ。

$$\frac{1}{b}(b-a)<\log b-\log a<\frac{1}{a}(b-a)$$

**考え方** 平均値の定理を用いる。

**証明** $f(x)=\log x$ とおくと，$f(x)$ は $x>0$ で連続かつ微分可能であるから，$0<a<b$ のとき，閉区間 $[a,\ b]$ で連続，開区間 $(a,\ b)$ で微分可能である。

$f'(x)=\dfrac{1}{x}$ であるから，区間 $[a,\ b]$ で平均値の定理を用いると

$$\frac{\log b-\log a}{b-a}=\frac{1}{c},\quad a<c<b$$

を満たす実数 $c$ が存在する。

また，$\dfrac{1}{x}$ は $x>0$ で減少関数で $a<c<b$ より

$$\frac{1}{b}<\frac{1}{c}<\frac{1}{a}$$

したがって

$$\frac{1}{b}<\frac{\log b-\log a}{b-a}<\frac{1}{a}$$

$b-a>0$ であるから

$$\frac{1}{b}(b-a)<\log b-\log a<\frac{1}{a}(b-a)$$

**3** AB = AC = 1 である △ABC について，この △ABC の内接円の半径 $r$ が最大となるときの底辺 BC の長さを求めよ。

**考え方** 底辺 BC の長さを $2x$ とおいて，$r$ を $x$ で表し，微分して増減を調べる。

**解答** 内接円の中心を O，内接円と AB，BC の接点をそれぞれ H，M とし，BC $=2x$ とおくと，M は BC の中点であるから

$$\mathrm{BM}=x$$

また　$\mathrm{AM}=\sqrt{1-x^2}$　$(0<x<1)$

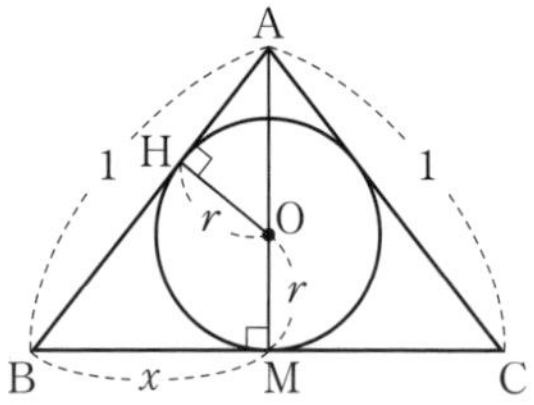


△ABM ∽ △AOH より

$$\mathrm{AB}:\mathrm{BM}=\mathrm{AO}:\mathrm{OH}$$

$$\mathrm{OH}=\frac{\mathrm{BM}\cdot\mathrm{AO}}{\mathrm{AB}}$$

であるから

$$r=x(\sqrt{1-x^2}-r)$$

$$(1+x)r=x\sqrt{1-x^2}$$

$$r=\frac{x\sqrt{1-x^2}}{1+x}$$

両辺を $x$ で微分すると

$$\frac{dr}{dx}=\frac{1}{(1+x)^2}\left\{\left(1\cdot\sqrt{1-x^2}+x\cdot\frac{-2x}{2\sqrt{1-x^2}}\right)(1+x)-x\sqrt{1-x^2}\cdot 1\right\}$$

$$=\frac{(1-2x^2)(1+x)-x(1-x^2)}{(1+x)^2\sqrt{1-x^2}}$$

$$=\frac{(1+x)\{(1-2x^2)-x(1-x)\}}{(1+x)^2\sqrt{1-x^2}}$$

$$=\frac{-x^2-x+1}{(1+x)\sqrt{1-x^2}}$$

$$=-\frac{x^2+x-1}{(1+x)\sqrt{1-x^2}}$$

$x^2+x-1=0$ の解は　$x=\dfrac{-1\pm\sqrt{5}}{2}$

$0<x<1$ において，$r$ の増減表は右のようになり，$r$ は $x=\dfrac{-1+\sqrt{5}}{2}$ のとき最大となる。このとき

$$\mathrm{BC}=2x=\sqrt{5}-1$$

| $x$ | 0 | … | $\dfrac{-1+\sqrt{5}}{2}$ | … | 1 |
|---|---|---|---|---|---|
| $\dfrac{dr}{dx}$ | ／ | + | 0 | − | ／ |
| $r$ | ／ | ↗ | 極大 | ↘ | ／ |

**4** $a$ を定数とするとき，点 $(0,\ a)$ から曲線 $y=xe^{-2x}$ に何本の接線が引けるかを調べよ。ただし，$\displaystyle\lim_{x\to\infty}\frac{x^n}{e^x}=0$ ($n$ は自然数) を用いてよい。

**考え方** 接点の $x$ 座標を $t$ とおいて，接線の方程式をつくり，この接線が点 $(0,\ a)$ を通ることから，$t$ の方程式を導く。この方程式の実数解の個数が接線の本数となる。

**解答** $y=xe^{-2x}$ を微分すると

$$y'=e^{-2x}-2xe^{-2x}=(1-2x)e^{-2x}$$

接点の $x$ 座標を $t$ とおくと，接線の方程式は

$$y-te^{-2t}=(1-2t)e^{-2t}(x-t)$$

これが点 $(0,\ a)$ を通るとき

$$a-te^{-2t}=-t(1-2t)e^{-2t}$$

よって　$a=2t^2e^{-2t}$　……①

求める接線の本数は，$t$ の方程式 ① の実数解の個数に等しい。

$f(t)=2t^2e^{-2t}$ とおくと

$$f'(t)=4te^{-2t}-4t^2e^{-2t}=4t(1-t)e^{-2t}$$

よって，$f(t)$ の増減表は次のようになる。

| $t$ | … | 0 | … | 1 | … |
|---|---|---|---|---|---|
| $f'(t)$ | − | 0 | + | 0 | − |
| $f(t)$ | ↘ | 極小 0 | ↗ | 極大 $\frac{2}{e^2}$ | ↘ |

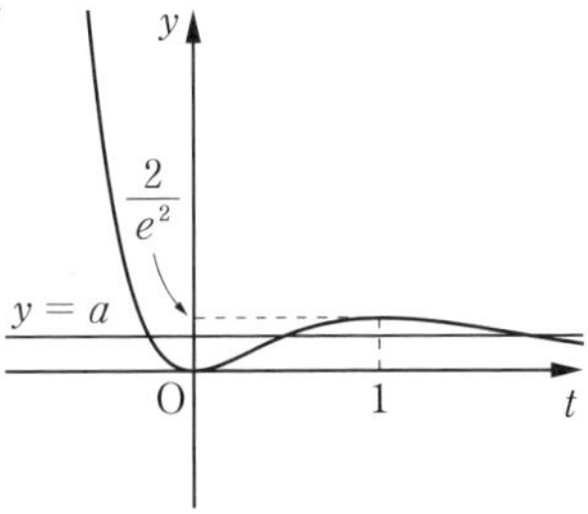


また，$\displaystyle\lim_{t\to\infty}f(t)=0$ ※，$\displaystyle\lim_{t\to-\infty}f(t)=\infty$

であるから，$y=f(t)$ のグラフは上の図のようになる。

$y=f(t)$ のグラフと直線 $y=a$ の共有点の個数が ① の実数解の個数であるから，求める接線の本数は

$a<0$ のとき　0 本

$a=0$ のとき　1 本

$0<a<\frac{2}{e^2}$ のとき　3 本

$a=\frac{2}{e^2}$ のとき　2 本

$a>\frac{2}{e^2}$ のとき　1 本

※
$\displaystyle\lim_{t\to\infty}f(t)=\lim_{t\to\infty}2\cdot\left(\frac{t}{e^t}\right)^2$ と変形して，$\displaystyle\lim_{t\to\infty}\frac{t}{e^t}=0$ を用いる。

**5** 次の問に答えよ。

(1) $x>0$ のとき，関数 $f(x)=\dfrac{\log(x+1)}{x}$ は減少関数であることを示せ。

(2) $a \geqq 1$ のとき，$a\log a \geqq (a-1)\log(a+1)$ が成り立つことを示せ。

**考え方** (1) $x>0$ のとき，$f'(x)<0$ であることを示せばよい。

$f'(x)=\dfrac{\dfrac{x}{x+1}-\log(x+1)}{x^2}$ より，$g(x)=\dfrac{x}{x+1}-\log(x+1)$ とおき，$g(x)$ の増減を調べる。

(2) (1) の結果を用いる。

**証明** (1)

$$f'(x)=\frac{\dfrac{x}{x+1}-\log(x+1)}{x^2}$$

ここで，$g(x)=\dfrac{x}{x+1}-\log(x+1)$ とおくと

$$g'(x)=\frac{(x+1)-x}{(x+1)^2}-\frac{1}{x+1}=-\frac{x}{(x+1)^2}$$

$x>0$ のとき，$g'(x)<0$ であるから，区間 $x \geqq 0$ で $g(x)$ は減少する。

よって，$x>0$ のとき　$g(x)<g(0)=0$

したがって，$x>0$ のとき $f'(x)<0$ となり，$x>0$ のとき，$f(x)$ は減少関数である。

(2) $a>1$ のとき　$0<a-1<a$

であるから，(1) より

$$f(a-1)>f(a)$$

すなわち　$\dfrac{\log a}{a-1}>\dfrac{\log(a+1)}{a}$

両辺に $a(a-1)\ (>0)$ を掛けると

$$a\log a>(a-1)\log(a+1)$$

また，$a=1$ のとき

$$a\log a=(a-1)\log(a+1)=0$$

したがって，$a \geqq 1$ のとき

$$a\log a \geqq (a-1)\log(a+1)$$

が成り立つ。

**6**　$a>0$ のとき，$y=ax+b$ のグラフが曲線 $y=e^x$ と共有点をもたないような実数 $a$，$b$ の満たす条件を求めよ。また，その条件を満たす点 $(a,\ b)$ の存在する領域を図示せよ。

**考え方**　方程式 $e^x=ax+b$ が実数解をもたないための条件を求める。

**解答**　共有点をもたない条件は，方程式 $e^x=ax+b$ が実数解をもたないことである。

$e^x=ax+b$ より　$e^x-ax=b$　……①

$f(x)=e^x-ax$ とおくと　$f'(x)=e^x-a$

$f'(x)=0$ の解は　$x=\log a$

よって，増減表は右のようになり，$f(x)$ は $x=\log a$ のとき最小となる。また

| $x$ | $\cdots$ | $\log a$ | $\cdots$ |
|---|---|---|---|
| $f'(x)$ | $-$ | $0$ | $+$ |
| $f(x)$ | ↘ | 極小<br>$a-a\log a$ | ↗ |

$\displaystyle\lim_{x\to\infty}f(x)=\infty$ ※，$\displaystyle\lim_{x\to-\infty}f(x)=\infty$

よって，$y=f(x)$ のグラフは右の図のようになる。

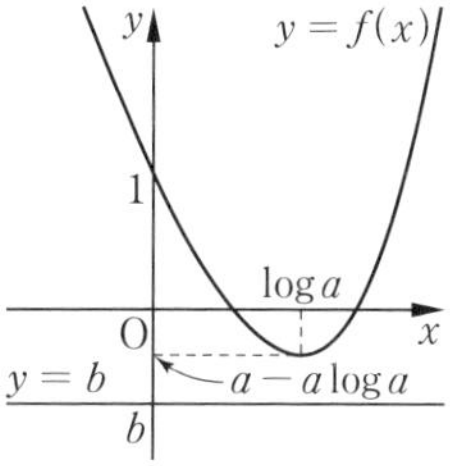


$y=f(x)$ のグラフと直線 $y=b$ が共有点をもたないとき，① が実数解をもたないから

**$b<a-a\log a$**

次に，$g(a)=a-a\log a$ $(a>0)$ とおくと

$g'(a)=1-\log a-1=-\log a$

$g'(a)=0$ の解は $a=1$ で，増減表は次のようになる。

| $a$ | $0$ | $\cdots$ | $1$ | $\cdots$ |
|---|---|---|---|---|
| $g'(a)$ | ／ | $+$ | $0$ | $-$ |
| $g(a)$ | ／ | ↗ | 極大<br>$1$ | ↘ |

※
$\displaystyle\lim_{x\to\infty}f(x)=\lim_{x\to\infty}x\left(\frac{e^x}{x}-a\right)$ と変形して，$\displaystyle\lim_{x\to\infty}\frac{e^x}{x}=\infty$ を用いる。

$\displaystyle\lim_{a\to+0}a\log a$ において，$\log a=-t$ とおくと

$a=e^{-t}$

$a\to+0$ のとき $t\to\infty$ であるから

$$\lim_{a\to+0}a\log a=\lim_{t\to\infty}e^{-t}\cdot(-t)=-\lim_{t\to\infty}\frac{t}{e^t}=0$$

よって　$\displaystyle\lim_{a\to+0}g(a)=\lim_{a\to+0}(a-a\log a)=0$

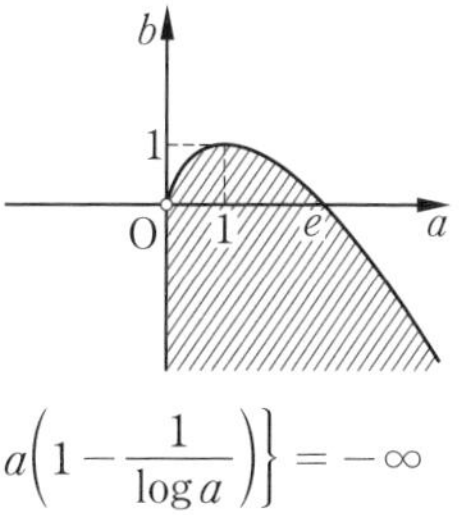


また　$\displaystyle\lim_{a\to\infty}g(a)=\lim_{a\to\infty}(a-a\log a)=\lim_{a\to\infty}\left\{-a\log a\left(1-\frac{1}{\log a}\right)\right\}=-\infty$

ゆえに，$b=a-a\log a$ のグラフは上の図の曲線である。また，求める領域は上の図の斜線部分である。ただし，境界線は含まない。

**7** 座標平面上を運動する点 P$(x,\ y)$ の時刻 $t$ における座標が

$$x=\sin t,\qquad y=\cos 2t$$

であるとき，点 P の速さの最大値を求めよ。

**考え方** 点 P の速さは $\sqrt{\left(\dfrac{dx}{dt}\right)^2+\left(\dfrac{dy}{dt}\right)^2}$ で表される。

**解 答**

$x=\sin t$ より $\dfrac{dx}{dt}=\cos t$

$y=\cos 2t$ より $\dfrac{dy}{dt}=-2\sin 2t$

点 P の時刻 $t$ における速さ $|\vec{v}|$ は

$$|\vec{v}|=\sqrt{(\cos t)^2+(-2\sin 2t)^2}=\sqrt{\cos^2 t+4\sin^2 2t}$$

$f(t)=\cos^2 t+4\sin^2 2t$ とおくと

$$\begin{aligned}f(t)&=\cos^2 t+4(2\sin t\cos t)^2\\&=\cos^2 t+16\sin^2 t\cos^2 t\\&=\cos^2 t+16(1-\cos^2 t)\cos^2 t\\&=-16\cos^4 t+17\cos^2 t\\&=-16\left(\cos^2 t-\frac{17}{32}\right)^2+\left(\frac{17}{8}\right)^2\end{aligned}$$

よって，$\cos t=\pm\sqrt{\dfrac{17}{32}}$ のとき $|\vec{v}|$ は最大値 $\dfrac{17}{8}$ をとる。

## 4章　積分とその応用　教 p.213

**1**　関数 $f(x)=\log\left|\tan\dfrac{x}{2}\right|$，$g(x)=x\sqrt{x^2+1}+\log(x+\sqrt{x^2+1})$ の導関数を求めよ。また，その結果を利用して，次の不定積分を求めよ。

(1) $\displaystyle\int\frac{dx}{\sin x}$　　(2) $\displaystyle\int\sqrt{x^2+1}\,dx$

**考え方**　合成関数の微分法により，$f'(x)$，$g'(x)$ を求める。

**解答**

$$f'(x)=\frac{1}{\tan\frac{x}{2}}\cdot\left(\tan\frac{x}{2}\right)'$$

$$=\frac{1}{\tan\frac{x}{2}}\cdot\frac{1}{\cos^2\frac{x}{2}}\cdot\frac{1}{2}$$

$$=\frac{1}{2\sin\frac{x}{2}\cos\frac{x}{2}}$$

$$=\frac{1}{\sin x}$$

$$g'(x)=1\cdot\sqrt{x^2+1}+x\cdot\frac{2x}{2\sqrt{x^2+1}}+\frac{1}{x+\sqrt{x^2+1}}\cdot\left(1+\frac{2x}{2\sqrt{x^2+1}}\right)$$

$$=\sqrt{x^2+1}+\frac{x^2}{\sqrt{x^2+1}}+\frac{1}{x+\sqrt{x^2+1}}\cdot\frac{\sqrt{x^2+1}+x}{\sqrt{x^2+1}}$$

$$=\sqrt{x^2+1}+\frac{x^2}{\sqrt{x^2+1}}+\frac{1}{\sqrt{x^2+1}}$$

$$=\sqrt{x^2+1}+\frac{x^2+1}{\sqrt{x^2+1}}$$

$$=2\sqrt{x^2+1}$$

(1) $$\int\frac{dx}{\sin x}=\int f'(x)dx$$

$$=f(x)+C$$

$$=\log\left|\tan\frac{x}{2}\right|+C$$

(2) $$\int\sqrt{x^2+1}\,dx=\int\frac{1}{2}g'(x)dx$$

$$=\frac{1}{2}g(x)+C$$

$$=\frac{1}{2}\{x\sqrt{x^2+1}+\log(x+\sqrt{x^2+1})\}+C$$

**2** 定積分 $I$, $J$ を次のように定める。このとき，次の問に答えよ。

$$I=\int_0^{\frac{\pi}{2}} e^{-x}\sin x\,dx, \qquad J=\int_0^{\frac{\pi}{2}} e^{-x}\cos x\,dx$$

(1) 部分積分を行うことにより，次の 2 つの等式が成り立つことを示せ。

$$I=-e^{-\frac{\pi}{2}}+J, \qquad J=1-I$$

(2) 定積分 $I$, $J$ の値を求めよ。

**考え方** (1) $I$, $J$ について，それぞれ部分積分を行うと，定積分として $I$ や $J$ が現れる。

(2) (1) の式を $I$, $J$ についての連立方程式とみて解く。

**解 答** (1)

$$\begin{aligned} I &= \int_0^{\frac{\pi}{2}} e^{-x}\sin x\,dx \\ &= \int_0^{\frac{\pi}{2}} (-e^{-x})'\cdot\sin x\,dx \\ &= \Big[-e^{-x}\sin x\Big]_0^{\frac{\pi}{2}} - \int_0^{\frac{\pi}{2}} (-e^{-x})\cdot\cos x\,dx \\ &= -e^{-\frac{\pi}{2}}+J \end{aligned}$$

$$\begin{aligned} J &= \int_0^{\frac{\pi}{2}} e^{-x}\cos x\,dx \\ &= \int_0^{\frac{\pi}{2}} (-e^{-x})'\cos x\,dx \\ &= \Big[-e^{-x}\cos x\Big]_0^{\frac{\pi}{2}} - \int_0^{\frac{\pi}{2}} (-e^{-x})\cdot(-\sin x)\,dx \\ &= 1-I \end{aligned}$$

(2) (1) より

$$I-J=-e^{-\frac{\pi}{2}}, \quad I+J=1$$

よって

$$\boldsymbol{I=\frac{1-e^{-\frac{\pi}{2}}}{2}, \quad J=\frac{1+e^{-\frac{\pi}{2}}}{2}}$$

**3** 曲線 $y^2 = x^2(1-x)$ で囲まれた図形の面積を求めよ。

**考え方** 曲線が $x$ 軸に関して対称であるから，$y \geqq 0$ の部分の面積の 2 倍として求める。

**解 答** $y^2 \geqq 0$ より　$1-x \geqq 0$

すなわち　　$x \leqq 1$

また，$y^2 = x^2(1-x)$ より

$$y = \pm x\sqrt{1-x}$$

$y = x\sqrt{1-x}$　……① について

$$y' = \sqrt{1-x} + x \cdot \frac{-1}{2\sqrt{1-x}} = \frac{2-3x}{2\sqrt{1-x}}$$

より，増減表は右のようになる。

| $x$ | 0 | … | $\frac{2}{3}$ | … | 1 |
|---|---|---|---|---|---|
| $y'$ | | + | 0 | − | ／ |
| $y$ | 0 | ↗ | 極大 $\frac{2\sqrt{3}}{9}$ | ↘ | 0 |

$y = -x\sqrt{1-x}$ は ① と $x$ 軸に関して対称であるから，曲線の概形は，右の図のようになる。

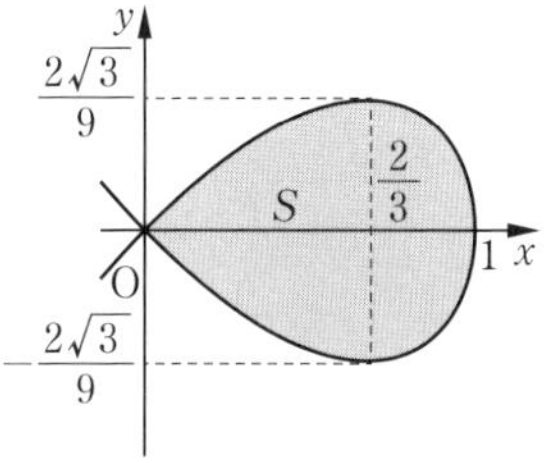


$x$ 軸に関して対称であるから，求める面積 $S$ は

$$S = 2\int_0^1 x\sqrt{1-x}\,dx$$

と表される。

ここで，$\sqrt{1-x} = t$ とおくと，$t^2 = 1-x$ より　　$x = 1-t^2$

よって　　$\dfrac{dx}{dt} = -2t$

$x$ と $t$ の対応は右の表のようになるから

| $x$ | $0 \longrightarrow 1$ |
|---|---|
| $t$ | $1 \longrightarrow 0$ |

$$S = 2\int_0^1 x\sqrt{1-x}\,dx$$
$$= 2\int_1^0 (1-t^2)\cdot t\cdot(-2t)\,dt$$
$$= 4\int_0^1 (t^2-t^4)\,dt$$
$$= 4\left[\frac{1}{3}t^3 - \frac{1}{5}t^5\right]_0^1$$
$$= 4\left(\frac{1}{3} - \frac{1}{5}\right)$$
$$= \frac{8}{15}$$

巻末

**4** 1辺の長さが1の立方体 ABCD−EFGH がある。
3点 A, B, C を頂点とする三角形を直線 FG のまわりに1回転してできる回転体の体積を求めよ。

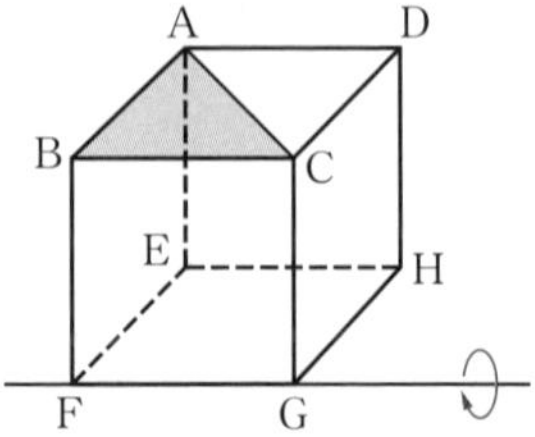


**考え方** 回転軸に垂直な平面による断面積を求めて積分する。

**解答** 辺 FG 上に点 G から距離 $x$ $(0 \leqq x \leqq 1)$ にある点 P をとる。P を通り回転軸に垂直な平面と AC, BC との交点をそれぞれ Q, R とすると，この平面による回転体の断面は，半径 PQ の円から半径 PR$(=1)$ の円を除いた図形である。

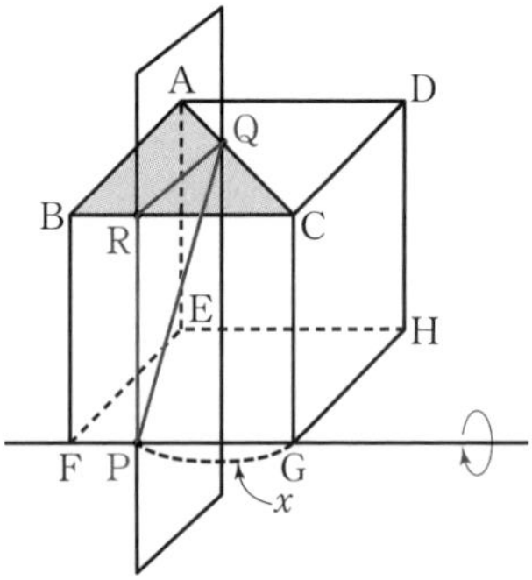


$\mathrm{QR} = \mathrm{CR} = x$ であるから

$$\mathrm{PQ}^2 = 1 + x^2$$

よって，断面積は

$$\pi\mathrm{PQ}^2 - \pi\mathrm{PR}^2 = \pi(1 + x^2) - \pi = \pi x^2$$

したがって，求める回転体の体積は

$$\int_0^1 \pi x^2\,dx = \pi\left[\frac{1}{3}x^3\right]_0^1 = \frac{\pi}{3}$$

**5** 次の定積分の値を最小にするような正の数 $a$ の値を求めよ。

$$F(a)=\int_0^{\frac{\pi}{2}}(x-a\cos x)^2dx$$

**考え方** 定積分を計算すると，$F(a)$ は $a$ の 2 次式となる。平方完成によって，最小となる $a$ の値を求める。

**解 答**

$$F(a)=\int_0^{\frac{\pi}{2}}(x^2-2ax\cos x+a^2\cos^2 x)dx$$

$$=\int_0^{\frac{\pi}{2}}x^2dx-2a\int_0^{\frac{\pi}{2}}x\cos x\,dx+a^2\int_0^{\frac{\pi}{2}}\cos^2 x\,dx$$

ここで

$$\int_0^{\frac{\pi}{2}}x^2dx=\left[\frac{1}{3}x^3\right]_0^{\frac{\pi}{2}}=\frac{\pi^3}{24}$$

$$\int_0^{\frac{\pi}{2}}x\cos x\,dx=\int_0^{\frac{\pi}{2}}x(\sin x)'dx=\left[x\sin x\right]_0^{\frac{\pi}{2}}-\int_0^{\frac{\pi}{2}}\sin x\,dx$$

$$=\frac{\pi}{2}-\left[-\cos x\right]_0^{\frac{\pi}{2}}=\frac{\pi}{2}-1$$

$$\int_0^{\frac{\pi}{2}}\cos^2 x\,dx=\frac{1}{2}\int_0^{\frac{\pi}{2}}(1+\cos 2x)dx=\frac{1}{2}\left[x+\frac{1}{2}\sin 2x\right]_0^{\frac{\pi}{2}}=\frac{\pi}{4}$$

よって

$$F(a)=\frac{\pi^3}{24}-2a\cdot\left(\frac{\pi}{2}-1\right)+a^2\cdot\frac{\pi}{4}$$

$$=\frac{\pi}{4}a^2-(\pi-2)a+\frac{\pi^3}{24}$$

$$=\frac{\pi}{4}\left\{a-\frac{2(\pi-2)}{\pi}\right\}^2-\frac{(\pi-2)^2}{\pi}+\frac{\pi^3}{24}$$

よって，$F(a)$ を最小にする正の数 $a$ の値は

$$a=\frac{2}{\pi}(\pi-2)$$

**6** 2 以上の自然数 $n$ について，次の不等式が成り立つことを証明せよ。ただし，$n! = 1 \times 2 \times 3 \times \cdots \times n$ である。

$$\int_1^n \log x\,dx < \log n! < \int_1^{n+1} \log x\,dx$$

**考え方** $\log x$ は増加関数であるから，$k \leqq x \leqq k+1$ において

$$\int_k^{k+1} \log k\,dx < \int_k^{k+1} \log x\,dx < \int_k^{k+1} \log(k+1)\,dx$$

が成り立つ。

**証 明** $y = \log x$ は $x > 0$ で増加関数であるから，自然数 $k$ に対して，

$k \leqq x \leqq k+1$ のとき

$$\log k \leqq \log x \leqq \log(k+1)$$

が成り立つ。$k < x < k+1$ で等号が成り立たないから

$$\int_k^{k+1} \log k\,dx < \int_k^{k+1} \log x\,dx < \int_k^{k+1} \log(k+1)\,dx$$

よって

$$\log k < \int_k^{k+1} \log x\,dx < \log(k+1) \qquad \cdots\cdots ①$$

① の左側の不等式で，$k = 1,\ 2,\ 3,\ \cdots,\ n$ とおき，辺々を加えると

$$\log 1 + \log 2 + \log 3 + \cdots + \log n < \int_1^{n+1} \log x\,dx$$

この不等式の左辺は

$$\begin{aligned}\log 1 + \log 2 + \log 3 + \cdots + \log n &= \log(1 \times 2 \times 3 \times \cdots \times n)\\ &= \log n!\end{aligned}$$

したがって　$\log n! < \displaystyle\int_1^{n+1} \log x\,dx \qquad \cdots\cdots ②$

① の右側の不等式で，$k = 1,\ 2,\ 3,\ \cdots,\ n-1$ とおき，辺々を加えると

$$\int_1^n \log x\,dx < \log 2 + \log 3 + \cdots + \log n$$

$\log 1 = 0$ であるから

$$\begin{aligned}\log 2 + \log 3 + \cdots + \log n &= \log 1 + \log 2 + \log 3 + \cdots + \log n\\ &= \log n!\end{aligned}$$

したがって　$\displaystyle\int_1^n \log x\,dx < \log n! \qquad \cdots\cdots ③$

②，③ より，2 以上の自然数 $n$ について

$$\int_1^n \log x\,dx < \log n! < \int_1^{n+1} \log x\,dx$$